PyQt 6

实战派

杨奋飞◎著

电子工业出版社.
Publishing House of Electronics Industry
北京•BEIJING

内 容 简 介

本书旨在引导具有一定 Python 基础的开发者学习 PyQt 6 的开发技能。本书不仅详细介绍了 PyQt 6 的基础知识，还深入探讨了进阶技巧。

本书内容涵盖了 PyQt 6 的各个方面，从窗体设计基础到高级控件的使用，再到多线程编程和图形处理，都进行了深入浅出的讲解。每个章节都配有丰富的程序案例，如龟兔赛跑、涂鸦板、计算器、AI 问答小工具、飞机碰撞大挑战等，让读者通过实际操作加深理解，提升实战能力。

本书特别注重实践应用，最后一章提供的简单记账本综合案例既可以作为课程设计的参考，也可以作为毕业设计的参考。

本书附带丰富的开发资源，包括代码库、MySQL 数据库驱动，以及开发工具等，为读者提供了全方位的学习支持。

通过阅读本书，读者能够熟练掌握 PyQt 6 的开发技能，为未来的项目开发奠定坚实的基础。

图书在版编目（CIP）数据

PyQt 6 实战派 / 杨奋飞著. -- 北京：电子工业出

版社，2025. 1. -- ISBN 978-7-121-49525-0

Ⅰ. TP311.561

中国国家版本馆 CIP 数据核字第 2025M1D003 号

责任编辑：吴宏伟　　　　特约编辑：田学清
印　　刷：三河市华成印务有限公司
装　　订：三河市华成印务有限公司
出版发行：电子工业出版社
　　　　　北京市海淀区万寿路 173 信箱　　　邮编：100036
开　　本：787×980　　1/16　　印张：31.25　　字数：750 千字
版　　次：2025 年 1 月第 1 版
印　　次：2025 年 1 月第 1 次印刷
定　　价：128.00 元

凡所购买电子工业出版社图书有缺损问题，请向购买书店调换。若书店售缺，请与本社发行部联系。
联系及邮购电话：(010) 88254888，88258888。
质量投诉请发邮件至 zlts@phei.com.cn，盗版侵权举报请发邮件至 dbqq@phei.com.cn。
本书咨询联系方式：faq@phei.com.cn。

前言

如今 GUI 已经成为人机交互的主流方式。在众多的 GUI 开发工具中，PyQt 6 因高效、灵活和功能强大而备受开发者青睐。为了满足广大读者对 PyQt 6 的学习需求，帮助读者更高效地开发高质量的 GUI，笔者特意编写了本书。

笔者希望本书不仅能为读者提供丰富的 PyQt 6 知识，还能引导读者在实际开发中灵活运用这些知识，以提升开发效率和用户体验。

一、编写背景与目的

Python 因简洁、易读的语法和广泛的应用领域广受欢迎，而 Qt 则以跨平台特性和丰富的 GUI 组件备受推崇。PyQt 6 作为 Python 和 Qt 相结合的产物，为用户提供了一个功能强大且易于使用的工具，用于开发高质量的 GUI。

目前，市面上的 PyQt 6 教程和资源相对较少，导致许多开发者在学习和应用过程中遇到了困难。笔者本身是软件工程专业的毕业生，持有信息系统管理师和注册信息安全专业人员等相关职业证书，目前从事网络运维和 IT 设备维护工作。在工作中，笔者经常深入参与各种信息系统的开发和维护工作，积累了丰富的实践经验。同时，笔者在微信公众号"学点编程吧"和知乎专栏上分享的编程知识与经验，受到了广大读者的喜爱，并获得了大量反馈。基于这样的背景和需求，笔者决定编写这本书，旨在帮助读者充分理解和掌握 PyQt 6，从而能够高效、灵活地开发出符合自己需求的 GUI。

二、本书内容

本书从 PyQt 6 的基础知识讲起，逐步深入高级特性，确保读者能够从零开始，建立起完整的 PyQt 6 知识体系，具体内容如下。

- 基础知识与入门：详细讲解 PyQt 6 的基本概念、安装配置及开发环境的搭建，以及 Qt 的发展等基础知识，帮助读者获得必要的前置知识。
- 窗体设计与布局：深入剖析窗体设计的原则和技巧，介绍各种布局管理器的使用方法，同时探讨如何设计出既美观又易用的 GUI。
- 事件处理和信号与槽方法机制：详细阐述 PyQt 6 中的事件处理机制，包括信号与槽方法的基本概念、使用方法，以及在实际开发中的应用场景。
- 控件的使用与自定义：全面介绍 PyQt 6 中各种常用控件（如按钮、文本框、列表框等）的使用方法，并引导读者进行自定义控件的开发，以满足特定的业务需求。

- 高级特性与功能扩展：深入探讨 PyQt 6 的多线程编程、图形处理、动画处理等高级特性，同时介绍如何与数据库进行交互、实现 Web 浏览等扩展功能。
- 综合案例与实践：提供一个综合案例——简单记账本，帮助读者将理论与实践相结合，提升实际开发能力。这个案例将融合前面所学的所有知识，帮助读者巩固所学内容。

三、本书特色

本书的特色主要体现在以下几个方面。

（1）系统性强。

本书从 PyQt 6 的基础知识出发，逐步深入，涵盖了窗口部件、布局管理、事件处理、绘图与动画等核心内容，为读者构建了一个完整且有序的学习框架。

（2）实战性强。

本书通过大量的实战案例将理论与实践紧密结合，不仅让读者了解 PyQt 6 的各项功能和特性，还能通过动手实践快速掌握其开发技巧。

（3）时效性强。

本书紧跟 PyQt 6 的最新发展，详细解析其最新特性，确保内容始终与时俱进，帮助读者及时了解并应用新技术。

（4）易读性与实用性强。

本书采用通俗易懂的语言和清晰明了的结构，适合不同层次的读者阅读和学习。丰富的代码示例和图解增强了本书的实用性，帮助读者更加直观地理解和掌握 PyQt 6 的开发要点。

四、本书架构

本书内容分为 4 篇。

（1）初识篇。

该篇引领读者了解 PyQt 6，包括 PyQt 6 的简介、安装与配置，以及创建一个简单的 PyQt 6 应用程序的步骤。该篇旨在帮助读者快速入门，为后续的学习打下坚实的基础。

（2）入门篇。

该篇详细介绍 PyQt 6 的窗体、事件、信号与槽方法、布局，以及常用控件等，帮助读者快速上手。

（3）进阶篇。

该篇深入探讨 PyQt 6 的高级特性和功能扩展，包括高级控件、视图模型设计模式、绘图与动画、多线程应用等。该篇旨在帮助读者提升技能，掌握更多高级开发技巧。

（4）综合实例篇。

该篇通过实际项目案例，帮助读者整合并应用所学知识。这个案例不仅涵盖 GUI 设计的各个方面，还注重实用性和创新性，旨在培养读者的综合实践能力和问题解决能力。

从整体来看，本书的架构从基础知识出发，逐步深入高级应用，最终通过实际项目案例帮助读者巩固和提升技能。这种循序渐进的学习方式确保了内容的连贯性和系统性，使读者能够在学习过程中持续进步。

五、对读者的建议

在学习 PyQt 6 和 GUI 设计的过程中，建议读者保持积极探索和持续学习的态度，通过不断地实践、尝试与创新，逐渐熟练掌握这个功能强大的工具，并开发出令人满意的 GUI。同时，希望读者能够注重代码的可读性、可维护性和可扩展性，养成良好的编程习惯。

随着技术的不断进步和用户需求的日益多样化，GUI 开发将面临更多的挑战与机遇。笔者相信，通过学习和实践本书所介绍的知识与技能，能够紧跟时代步伐，在 GUI 开发领域取得更大的成就。期待读者在未来的学习和工作中不断探索、创新！

杨奋飞

2024 年 6 月

目录

初识篇

入门篇

进阶篇

综合实例篇

初识篇

第 1 章
PyQt 6 简介

Python 作为近年来发展迅速的编程语言，因语法简单、上手快、用途广泛的特点而深受好评。Python 拥有强大且丰富的第三方库和应用框架支持。例如，Requests 库能够方便地访问网页链接，Selenium 库可以直接调用浏览器完成输入验证码等自动化工作，Django 是一个高级 Web 开发应用框架，可以实现 Web 功能的快速开发和呈现。这些第三方库和应用框架的存在使 Python 更加强大。

PyQt 6 是 Python 中非常著名的第三方库，主要用于 GUI 的开发。本书通过对 PyQt 6 的知识点进行梳理，旨在帮助读者在较短的时间内完成从入门到实战的过程，提升相关技能。

1.1 PyQt 6、Qt 6、PySide 6 之间的关系

PyQt 6 和 PySide 6 都是 Python 与 Qt 6 库的绑定实现。这两者均允许 Python 开发者利用 Qt 6 的功能构建桌面应用程序，但在许可和使用细节方面略有差异。

1.1.1 GUI 框架 Qt 的简介

GUI（Graphical User Interface，图形用户界面）是指采用图形的方式显示用户操作的界面，它极大地方便了用户的操作。

1. GUI 框架的概念

GUI 框架是专门针对 GUI 程序而开发的编程工具，具有软件的设计重用性和系统的可扩充性，能够缩短大型应用软件系统的开发周期，提高开发质量。

2. Qt 的特点

Qt 作为 GUI 开发中的佼佼者，具有跨平台的特性。它包含一整套高度直观、模块化的 C++ 库类，包括 GUI、网络、线程、正则表达式、SQL 数据库、SVG（Scalable Vector Graphics，可

缩放矢量图形）、OpenGL、XML、用户与应用程序设置和定位服务、短距离通信（NFC 和蓝牙）、基于 Chromium 的网络浏览器、3D 动画、图表、3D 数据可视化等功能。

3. Qt 的发展

Qt 的发展历史悠久，自 1995 年 Trolltech 发布了 Qt 的第一个版本，经历了一系列重大事件：2008 年诺基亚公司宣布完成对 Trolltech 的收购，2012 年 Digia 公司收购了 Qt 软件技术和业务，最终在 2016 年 Digia 公司拆分业务时，将 Qt 的全部相关业务转移到了新成立的 Qt 公司。这些年的演变使 Qt 在 GUI 框架编程领域占据着重要地位。

4. PyQt 的诞生

由于 Qt 是使用 C++语言编写的，而 C++语言的学习相对复杂，对初学者来说并不容易。相反，Python 具有语法简洁、可扩展性强和上手快的特点，因此基于 Python 的 GUI 框架 PyQt 应运而生。

> 👁 提示　在 Python 中有许多 GUI 框架，如标准库中的 Tkinter、跨平台第三方库 WxPython 等。但是，在学习资料和开发公司的支持力度方面，笔者认为 PyQt 是最佳选择。

1.1.2　PyQt 6 与 Qt 6 的关系

PyQt 6 由河岸计算有限公司（RiverBank Computing Ltd）发布，是 Qt 6 应用程序框架的 Python 绑定，包括 1000 多个类。PyQt 的发展与 Qt 一样经历了多个阶段，PyQt 6 支持 Qt v6，PyQt 5 支持 Qt v5，PyQt4 支持 Qt v4。由于历史原因，河岸计算有限公司不再支持 PyQt 4，也不会发布它的新版本。

PyQt 6 包含 PyQt 6 本身和许多与 Qt 附加库相对应的附加组件，适用于 Windows、Linux 和 macOS。

PyQt 结合了 Qt 和 Python 的优点，让用户既能享受 Qt 的所有功能，又能利用 Python 的简单性。这很赞！

1.1.3　PyQt 6 与 PySide 6 的关系

在学习 PyQt 6 的过程中，人们最喜欢与之比较的就是 PySide 6。实际上，它们可以说是同根同源的。PySide 实际上是 Qt for Python 项目的一部分，由 Qt 公司开发，作为跨平台 GUI 工具包 Qt 的 Python 绑定，同样支持跨操作系统工作。这点与 PyQt 非常相似。

2009 年，当时 Qt 的所有者诺基亚公司希望 Python 绑定可以在 LGPL 许可下使用。但是，诺基亚公司未能与 PyQt 的开发者河岸计算有限公司达成合作。于是，当年 8 月，诺基亚公司便自行发布了 PySide，提供了与 PyQt 类似的功能。遗憾的是，随着时间的推移，PySide 的开发逐渐落后于 PyQt，导致很多人使用 PyQt 而非 PySide。不过，或许将来 PySide 和 PyQt 能够并驾齐驱吧!

PyQt 与 PySide 在代码上非常相似,这使得我们能够轻松地在不同的开发环境中修改代码。读者可能会问,如何选择 PyQt 和 PySide 呢? 这取决于你的使用习惯。笔者个人认为 PyQt 更优秀,因为它在后续支持方面更有力度,并且学习资料相对更容易获取。

1.2 PyQt 6 的组成及其扩展模块

在安装完 PyQt 6 之后,进入安装目录,结合帮助手册可以进一步了解其主要组成部分。

1.2.1 PyQt 6 的组成

PyQt 6 的组成包括 Python 扩展模块、插件、实用工具。

1. Python 扩展模块

Python 扩展模块(文件扩展名为.pyd)都安装在 PyQt 6 的 Python 包中。每个扩展模块都有一个由相应 PEP 484 定义的存根文件(文件扩展名为.pyi),其中包含了该扩展模块 API 的类型提示。

> ☛提示　PEP(Python Enhancement Proposal):提供各种增强功能的优化技术建议。PEP 484 旨在为类型注解提供标准语法,并提供一种潜在的运行时类型检查方案。

2. 插件

PyQt 6 包含的插件使 Qt Designer 和 qmlscene 可以使用 Python 代码进行扩展。

3. 实用工具

PyQt 6 包含以下两个实用程序。

- pyuic6:用于将使用 Qt Designer 创建的 GUI 转换为 Python 代码。
- pylupdate6:从 Python 代码中提取所有可翻译的字符串并创建或更新.ts 翻译文件。

1.2.2 PyQt 6 中的扩展模块

在 PyQt 6 中,大约有 30 多个常用扩展模块,大致分为 9 大类。其中,有 3 个模块特别重要,分别是 QtWidgets、QtGui、QtCore。

表 1-1 所示为 PyQt 6 常用扩展模块(基于 PyQt 6.4)。

表 1-1 PyQt 6 常用扩展模块(基于 PyQt 6.4)

类别	序号	扩展模块	说明
核心模块	1	QtWidgets	包含通过一组 UI 元素来创建经典桌面样式用户界面的类

续表

类别	序号	扩展模块	说明
核心模块	2	QtGui	包含用于窗体系统集成、事件处理、2D 图形、基本成像、字体和文本的类。应用程序开发人员通常会将该模块与更高级别的 API（如 QtWidgets 模块中包含的 API）结合使用
	3	QtCore	包含核心类、事件循环、Qt 的信号和时隙机制、动画、状态机、线程、映射文件、共享内存、正则表达式，以及用户和应用程序设置的平台独立抽象
硬件相关	4	QtSensors	包含访问系统硬件传感器（如加速计、高度计、环境光和温度传感器、陀螺仪和磁力计）的类
	5	QtBluetooth	包含支持蓝牙设备之间进行连接的类
	6	QtDBus	包含支持 D-Bus 协议的类
	7	QtPositioning	包含通过使用各种可能的来源（如卫星、Wi-Fi 或文本文件等）来确定位置的类
	8	QtNfc	包含提供支持 NFC 设备之间进行连接的类
	9	QtSerialPort	包含支持基本功能的类，其中包括配置、I/O 操作、获取和设置 RS-232 引脚排列的控制信号
网络相关	10	QtNetwork	包含用于编写 UDP 和 TCP 客户端和服务器的类，其中包括实现 HTTP 客户端并支持 DNS 查找的类
	11	QtWebChannel	包含支持服务器（QML/Python 应用程序）和客户端（HTML/ JavaScript 或 QML 应用程序）之间进行点对点通信的类
	12	QtWebSockets	包含实现 RFC6455 中描述的 WebSocket 协议的类
界面相关	13	QtQml	包含允许应用程序集成对 QML 和 JavaScript 进行支持的类。Python 对象可被导出到 QML 中，也可以从 QML 中创建
	14	QtQuick	包含的类提供了使用 QML 创建用户界面所需的基本元素
	15	QtQuick3D	提供了一个高级 API，用于基于 QtQuick 创建 3D 内容或用户界面
	16	QtQuickWidgets	包含支持在传统窗体控件中显示 QML 场景的类
多媒体相关	17	QtMultimedia	包含用于处理多媒体内容的类及访问摄像头和音频功能
	18	QtMultimediaWidgets	包含提供其他多媒体相关控件的类。这些类扩展了 QtMultimedia 和 QtWidgets 模块的功能
图形相关	19	QtOpenGL	包含允许使用 OpenGL 图形 API 编写的代码，以及 QtQuick 和 QtWidgets 模块
	20	QtOpenGLWidgets	包含允许在 QWidget 类中呈现 OpenGL 的类
	21	QtSvg	包含用于呈现 SVG 文件内容的类
	22	QtSvgWidgets	包含允许在 QWidget 类中呈现 SVG 文件内容的类

续表

类别	序号	扩展模块	说明
文档相关	23	QtHelp	包含一些类，使开发人员能够在其应用程序中集成在线帮助和文档
	24	QtPdf	包含用于呈现 PDF 文档的函数和类
	25	QtPrintSupport	包含允许应用程序将内容打印到本地连接打印机和远程打印机的类。它还支持生成 PostScript 和 PDF 文件
	26	QtTextToSpeech	使 PyQt 应用程序能够使用语音合成功能，将文本换为语音并进行播放
	27	QtPdfWidgets	包含一个与 QtPdf 模块结合使用的 PDF 查看器
数据相关	28	QtXml	包含实现 Qt XML 解析器的 DOM 接口的类
	29	QtSql	包含与 SQL 数据库集成的类。QtSql 包括可以与 GUI 类结合使用的数据表的可编辑数据模型，其中包括了 SQLite 的实现
其他	30	QtDesigner	包含允许使用 Python 扩展 Qt Designer 的类
	31	QAxContainer	包含允许访问 ActiveX 控件和 COM 对象的类
	32	QtTest	包含支持 PyQt 6 应用程序单元测试的功能

1.3 可以与 PyQt 6 结合使用的产品

河岸计算有限公司除了发布了 PyQt 6，还发布了同时支持 PyQt 5 和 PyQt 6 的其他产品，如 PyQt-3D、PyQt-Charts、PyQt-DataVisualization、PyQt-NetworkAuth、PyQt-WebEngine。

表 1-2 对这些产品进行了简单的介绍，大家可以根据自身需要自行选择学习和使用。

表 1-2　与 PyQt 6 兼容的产品

产品名称	产品简介
PyQt-3D	它是 Qt 公司 Qt 3D 库的一组 Python 绑定。PyQt-3D 为近实时仿真系统提供了功能，支持 Python 和 Qt Quick 应用程序中的 2D 和 3D 渲染
PyQt-Charts	它是 Qt 公司 Qt Charts 库的一组 Python 绑定。Qt Charts 可以用作 QWidgets、QGraphicsWidget 或 QML 类型，轻松实现饼图、折线图等图表
PyQt-DataVisualization	它是 Qt 公司 Qt Data Visualization 库的一组 Python 绑定，提供了一种以条形图、散点图和曲面图形式来可视化 3D 数据的方法
PyQt-NetworkAuth	它是 Qt 公司 Qt 网络授权库的一组 Python 绑定，使应用程序能够在不暴露用户密码的情况下获取对在线账户和 HTTP 服务的有限访问权限
PyQt-WebEngine	它是 Qt 公司 Qt WebEngine 库的一组 Python 绑定，提供了渲染动态 Web 内容区域的功能

1.4　使用 PyQt 6 的注意事项

1. Windows 运行环境

截至 2023 年 3 月，当前的 Qt 6.4 版本无法在 Windows 7 中使用。同理，PyQt 6 和 PySide 6 需要在 Windows 10 及以上系统中安装和使用。

2. Python 的版本

根据帮助文档，PyQt 6.4、PySide 6.4 要求 Python 版本为 Python 3.7 及以上。

3. 授权许可（License）

PyQt 在 GNU GPLv3 和河岸计算有限公司商业许可证下的所有支持平台上都有双重许可。与 Qt 不同，PyQt 不可以在 LGPL 下使用。简单地说，在使用 PyQt 进行商业开发时，建议在未开源的情况下购买商业授权。这点与 PySide 不同，PySide 可以在 LGPLv3/GPLv2 下使用，对商业开发更加友好。

由于 PyQt 和 PySide 在支持方面存在差异，因此读者可以根据自身需要进行选择。不过这不会影响我们学习 PyQt 6，因为两者在代码上的差异不大，也不会影响我们完成毕业设计或实用小工具的开发。

1.5　学习 PyQt 6 的建议

笔者结合自己学习 PyQt 6 的经历，讲一讲自己的学习体会吧！

1. 提高英语水平

笔者从 PyQt 4 版本开始学习，经历了从 PyQt 5 到现在的 PyQt 6 版本的变化。当时遇到资料匮乏的困境，后来发现其原因是中文的 PyQt 资料相对较少。如果使用英文进行搜索，则结果会比较多。于是，笔者采用 Bing 国际版，并将关键词或句子转为英文，这样搜索到的资料显著增加。建议在条件允许的情况下，优先使用谷歌搜索。

2. 善用帮助文档

这里介绍两个帮助文档，一个是 PyQt 6 文档，另一个是 Qt 文档。PyQt 6 文档介绍了在 Python 环境下类的使用方法。Qt 文档侧重介绍类的设计和使用思路。有时，Qt 文档更加重要，因为 Qt 文档介绍得更全面。读者不必过分关注其中关于 C++语言的实现细节，关键在于类的说明。帮助文档才是自己最好的老师！

3. 善用 GitHub

GitHub 上面有大量的 Qt 和 PyQt 开源代码，非常适合我们学习。因此，读者不要抱怨没有例子啦！

4. 学习 C++语言

如果读者有时间，则可以了解一下 C++语言的语法和使用方法，不需要精通，只要能够理解即可。因为互联网上有大量的 Qt 例子，了解 C++语言能够帮助我们更好地理解这些例子，同时有利于将 Qt 代码修改成 PyQt 代码。

以上就是笔者学习的一些方法，仅供参考！

第 2 章
搭建开发环境

本章主要介绍不同场景下 PyQt 6 开发环境的搭建，旨在帮助读者根据自身情况选择合适的开发环境。在安装及使用 PyQt 6 前，应确保在 Windows 10 及以上操作系统中安装了 Python 3.7 及以上版本。本书使用的测试环境中的 Python 版本是 Python 3.9.13。

2.1　安装 PyQt 6 及其工具

本节主要介绍 PyQt 6.4 和 pyqt6-tools 6.4 的安装。

2.1.1　使用 pip 安装 PyQt 6

由于 Python 默认从国外下载第三方软件包和应用框架，再加上各地网络速度的差异，可能会导致下载速度过慢，进而导致安装失败。为了解决这个问题，可以通过添加国内源的方式进行下载。

（1）使用 pip 安装的命令如下：

```
pip install PyQt6
```

（2）临时使用国内源的 pip 安装的命令如下：

```
pip install PyQt6 -i [豆瓣源地址]
```

这里以使用豆瓣源地址安装为例，提高 PyQt 6 的下载速度，具体地址见本书配套资料（含常用的国内源，下同）。

（3）永久使用国内源的 pip 安装方式（以豆瓣源地址为例）。

使用如下命令：

```
C:\Users\xdbcb8>
pip config set global.index-url [豆瓣源地址]
Writing to C:\Users\xdbcb8\AppData\Roaming\pip\pip.ini
```

系统会在用户指定目录下生成 pip 配置文件 pip.ini，内容如下：

```
[global]
index-url = [豆瓣源地址]
```

此时，直接使用 pip 安装 PyQt 6，效果如下：

```
C:\Users\xdbcb8>pip install PyQt6
Looking in indexes: [豆瓣源地址]
Collecting PyQt6
......
Installing collected packages: PyQt6-Qt6, PyQt6-sip, PyQt6
Successfully installed PyQt6-6.4.2 PyQt6-Qt6-6.4.3 PyQt6-sip-13.4.1
```

从上述结果可以看出，系统将在豆瓣源地址中进行搜索。

（4）使用 pip 升级软件包。

```
pip install --upgrade 软件包名称
```

以上是关于 pip 安装和使用的常规操作，读者可以根据自身情况自行选择和使用。

如果国内源存在更新不同步且所需软件包需要最新版本的情况，则可考虑切换至默认源或通过本地下载安装软件包的方式来完成安装。

切换方式：直接将生成的配置文件 pip.ini 删除。

2.1.2 使用 pip 安装 pyqt6-tools

安装 PyQt 6 不提供 Qt 设计师（Qt Designer）类工具。pyqt6-tools 旨在通过单独的软件包提供这类工具。

pyqt6-tools 的安装要根据 PyQt 6 的版本进行选择。由于本书使用的是 PyQt 6.4 版本，因此 pyqt6-tools 的版本要与之匹配，使用最新的 pyqt6-tools 6.4.2.3.3 版本。若版本不匹配，则建议使用 pip 指定版本进行安装。虽然 pyqt6-tools 可以自动进行匹配安装，即将原来不匹配的 PyQt 6 版本删除并重新安装，但是可能会出错。

使用 pip 安装的命令如下：

```
pip install pyqt6-tools
```

使用 pip 指定版本进行安装的命令如下：

```
pip install pyqt6-tools~=6.4
```

若不清楚应选择哪个软件包版本，则可以使用如下命令：

```
pip install pyqt6-tools==
Looking in indexes: [豆瓣源地址]
ERROR: Could not find a version that satisfies the requirement pyqt6-
tools== (from versions: 6.0.1.3.2, 6.0.2.3.2, 6.0.3.3.2, 6.1.0.3.2, 6.3.1.3.
```

```
3, 6.4.2.3.3)
    ERROR: No matching distribution found for pyqt6-tools==
```

若在线安装失败，则可以在本书提供的资源目录"TOOLS/chapter2/pyqt6-tools6.4"中手动安装 pyqt6-tools 6.4，其对应的依赖资源已经同步下载到目录中，命令如下（需切换到 TOOLS/chapter2/pyqt6-tools6.4 目录中）：

```
pip install --no-index --find-links=./res pyqt6_tools-6.4.2.3.3-py3-none-
any.whl
```

2.1.3　使用集成开发环境 Anaconda 安装 PyQt 6

虽然本书使用的 Anaconda 版本最高支持 PyQt 5.9，但仍可以通过命令行安装 PyQt 6。

在进入虚拟工作环境（假设为 xdbcb8_pyqt6）后，使用 pip 进行安装时，注意切换目录。命令如下：

```
C:\Windows\system32>cd c:\Anaconda3\condabin
c:\Anaconda3\condabin>conda activate xdbcb8_pyqt6
(xdbcb8_pyqt6) c:\Anaconda3\condabin>pip install PyQt6
```

介绍完 PyQt 6 的安装，下面将介绍 3 种 PyQt 6 编程中常用的代码编辑器，即 Eric 7、VS Code、PyCharm。其中，Eric 7 与 PyQt 6 编程结合紧密，使用便捷；VS Code 由微软开发，拥有丰富的扩展插件，使用范围广泛；PyCharm 用户众多，使用便捷。

2.2　搭建基于 Eric 7 的 PyQt 6 开发环境

Eric 是一个全功能的代码编辑器。它集成了高度灵活的 Scintilla 编辑器控件，既可以作为日常的代码编辑器，也可以作为一个专业的项目管理工具。Eric 还支持扩展插件，能够轻松扩展 IDE 的功能。目前 Eric 的稳定版本是 Eric 7。

☎提示　Scintilla 是一个免费的源代码编辑组件，其中包括语法样式、错误指示器、折叠、代码完成和调用提示等功能。

2.2.1　安装及配置 Eric 7

1. 下载和安装 Eric 7

进入 Eric 7 下载页面（见图 2-1），下载软件包。

由于下载的是 zip 文件，因此直接进行解压缩安装。在安装过程中，需要安装 PyQt6-WebEngine-Qt6 等第三方软件包，建议

图 2-1　Eric 7 下载页面

将默认源修改为国内源，以加快下载速度。直接输入以下命令进行安装：

```
C:\PyQt6develop\eric7-23.4.1>python install.py
```

安装程序会自动执行并查询当前环境的适配情况。在安装过程中，会询问是否安装"pywin32"，选择"Y"选项。

在安装完成后，可以在桌面上看到代码编辑器和 Web 浏览器的图标。

双击代码编辑器图标，打开代码编辑器，可以看到一个全英文的界面，如图 2-2 所示。

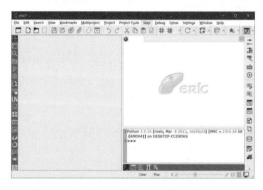

图 2-2　Eric 7 编辑器界面

2. 配置 Qt 工具

选择"Settings"→"Preferences..."→"Qt"命令，弹出"Configure Qt"对话框，填写 Qt 工具所在的路径，如图 2-3 所示。在安装完 pyqt6-tools 后，一般该路径为"Python 安装目录\Lib\site-packages\qt6_applications\Qt\bin"，读者需要将这里的 Python 安装目录换为自己的安装目录，并单击"确定"按钮。

图 2-3　Qt 工具配置

3. 编辑配置

（1）APIs 配置。

选择"Settings"→"Preferences..."命令，弹出"Preferences"窗口，选择"Editor"选项下的"APIs"子选项，进入"Configure API files"界面，勾选"Compile APIs automatically"多选框，将"Language"设置为"Python3"，单击"Add from installed APIs"按钮，从弹出的对话框中勾选相应的 API 多选框，如图 2-4 所示。

（2）键盘录入配置。

选择"Settings"→"Preferences..."命令，弹出"Preferences"窗口，选择"Editor"选

项下的"Typing"子选项，进入"Configure typing"界面，配置编辑 Python 代码时的输入辅助内容，如图 2-5 所示。

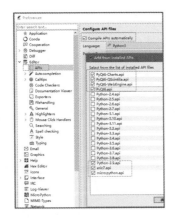

图 2-4 APIs 配置   图 2-5 键盘录入配置

2.2.2 Eric 7 的基本使用方法

1. 新建项目

选择"Project"→"New..."命令，弹出"Project Properties"对话框，填写相关的项目信息。本书将"Project Name"设置为"test"，如图 2-6 所示。

图 2-6 Eric 7 新建项目

单击"确定"按钮，弹出对话框，询问"Add existing files to the project？"（是否将现有文件添加到项目中？）。因为这里是新建项目，所以选择"No"选项。

2. 新建窗体

在"Forms"选项卡中单击鼠标右键，在弹出的右键菜单中选择"New form..."命令，如图 2-7 所示。

在弹出的"New Form"对话框中先选择窗体类型，这里选择"Widget"，并单击"确定"按钮，再选择 UI 文件的保存位置，如图 2-8 所示。

图 2-7 选择"New form..."命令

图 2-8 选择类型及文件保存位置

3. 使用 Qt 设计师

Qt 设计师能够帮助用户快速设计窗体，后面会对其进行详细介绍，这里仅做演示。拖动 QLabel 控件到窗体上，即插入了 QLabel 控件，如图 2-9 所示。

接下来插入一张图片。插入图片有两种方式：选择资源和选择文件，如图 2-10 所示。这里使用选择文件的方式，从弹出的图片选择对话框中选择所需图片，并单击"确定"按钮，即可将图片插入 QLabel 控件。

图 2-9 插入 QLabel 控件

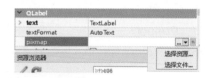
图 2-10 插入图片方式

4. 编译窗体

关闭 Qt 设计师，返回 Eric 7。在"Forms"选项卡中，在所选 UI 文件上单击鼠标右键，在弹出的右键菜单中选择"Compile form"命令，如图 2-11 所示。

双击自动生成的 Python 文件 Ui_main.py，即可看到其中的代码，如图 2-12 所示。

图 2-11 选择"Compile form"命令

图 2-12 窗体代码

5. 运行程序

按 "F2" 键运行程序，即可看到程序执行结果，如图 2-13 所示。

以上就是使用 Eric 7 完成的一个简单的 PyQt 6 窗体小程序，对于该程序无须编写代码，代码完全由工具自动生成，非常方便。

Eric 7 作为一款英文编辑器，在使用上存在不便之处，本书提供了其他使用方式，由于篇幅有限，详细内容可以在配套资料中查阅。

图 2-13　程序执行结果

2.2.3　在集成开发环境 Anaconda 下使用 Eric 7

在 Anaconda 下使用 Eirc 7 也比较简单，只需在虚拟工作环境下安装即可。假设目前存在名为 xdbcb8_pyqt6 的虚拟工作环境。

激活虚拟工作环境的命令如下：

```
C:\Anaconda3\condabin>conda activate xdbcb8_pyqt6
(xdbcb8_pyqt6) C:\Anaconda3\condabin>
```

在虚拟工作环境下，首先参照 2.2.1 节中的步骤安装 Eric 7，然后安装 pyqt6-tools 6.4，最后参照 2.2.1 节中的步骤将虚拟工作环境中的 Qt 工具添加到 Eric 7 设置中。

2.3　搭建基于 VS Code 的 PyQt 6 开发环境

VS Code（Visual Studio Code）是由微软研发的一款免费、开源且功能强大的跨平台代码编辑器，可用于 Windows、macOS 和 Linux 操作系统。

2.3.1　安装及配置 VS Code

进入 VS Code 官网，根据操作系统下载合适版本的软件包。下载完成后，双击软件包开始安装，之后依次单击 "下一步" 按钮，中间会有一些个性化的配置需求，读者可酌情选择。最后单击 "安装" 按钮即可。

安装完成后的 VS Code 不建议直接使用，需要进行一些配置。

1. 安装中文插件

VS Code 的初始界面是英文界面，需要安装中文插件。

单击界面左侧的 Extensions 按钮，在搜索框中输入 "Chinese" 即可找到插件（见图 2-14），单击 "Install" 按钮，重启 VS Code 即可换成中文界面。

图 2-14 安装中文插件

2. 安装 Python 插件

搜索 Python，选择安装量最高的插件进行安装，如图 2-15 所示。

图 2-15 安装 Python 插件

3. 添加 Python 虚拟工作环境

假设使用 Anaconda 建立了 Python 虚拟工作环境 xdbcb8_pyqt6。

（1）将 Anaconda 中的 condabin 目录添加到系统环境变量中。

（2）打开自己建立的 Python 文件，单击 VS Code 右下角（见图 2-16 中的区域）。

图 2-16 Python 解释器选择

（3）在 VS Code 顶部区域选择需要使用的 Python 解释器。注意：这里选择虚拟工作环境 xdbcb8_pyqt6，如图 2-17 所示。在选择完成后，即可执行 PyQt 6 代码。

图 2-17 选择 xdbcb8_pyqt6

4. Qt for Python 插件介绍

Qt for Python 是专门针对 PySide 6、PySide 2、PyQt 6 和 PyQt 5 的 VS Code 插件。在这个插件中，用户可以使用 Qt 设计师进行窗体设计等。笔者认为这款插件更适合与 PySide 结合使用。如果读者感兴趣，则可以自行下载并使用。

2.3.2　VS Code 的简单使用

VS Code 的使用比较简单。只需选择"文件"→"新建文本文件"命令，打开一个名为 Untitled-1

的文件，选择语言为 Python，将文件另存为 helloPyQt6.py 即可。

在文件中填入如下测试程序，其主要目的是显示 PyQt 6 的版本。该程序位于本书配套资料的 PyQt6\chapter2\helloPyQt6.py 中。

```
from PyQt6.QtWidgets import QApplication
from PyQt6.QtCore import PYQT_VERSION_STR

if __name__=='__main__':
    import sys
    app=QApplication(sys.argv)
    print(f"Hello PyQt{PYQT_VERSION_STR}")
    sys.exit(app.exec())
```

按快捷键"Ctrl + F5"执行程序。注意：若存在虚拟工作环境，请参照 2.3.1 节进行配置。程序执行结果如下：

```
Hello PyQt 6.4.2
```

2.4　搭建基于 PyCharm 的 PyQt 6 开发环境

PyCharm 是由 JetBrains 开发的一款 Python 代码编辑器，使用人数较多。它具有如下特点：智能辅助编码，内置开发人员工具，支持 VCS 部署和远程开发等特点。

2.4.1　安装及配置 PyCharm

PyCharm 分为专业版（Professional）和社区版（Community）。专业版需要付费使用，社区版可以免费使用。社区版具有智能 Python 编辑器、图形调试器和测试运行程序、导航和重构、代码检查、VCS 支持功能；专业版除了具有社区版的全部功能，还具有科学工具、Web 开发、Python Web 框架、Python 分析器、远程开发能力、数据库和 SQL 支持等功能。

本书中的 PyCharm 为社区版。PyCharm 的安装非常简单，只需双击下载到本地的 PyCharm 社区版软件包，依次单击"Next"按钮，随后单击"Install"按钮即可。

1. 安装中文插件

初次安装完 PyCharm 后是英文界面，在启动页面的"Plugins"选项卡中搜索"Chinese"，选择"Chinese（Simplified）LanguagePack/中文语言包"并进行安装。安装完成后，重启 PyCharm，即进入中文界面。

2. 设置工作环境

在使用 PyCharm 前，需要新建项目，如图 2-18 所示。

图 2-18　新建项目

填写项目的基本信息，如果没有安装 Conda，则选择"Virtualenv"选项，如图 2-19 所示。若已经安装 Conda，则选择"Conda"选项，如图 2-20 所示。

图 2-19　新建环境 1

图 2-20　新建环境 2

在设置完成后，Conda 会新建一个 PycharmExample 的虚拟工作环境。

> ◼ 提示　若使用 Conda 新建虚拟工作环境，则以管理员身份运行 PyCharm。

3. 配置 PyQt 6 工具

假设已经安装 PyQt 6.4 和 pyqt6-tools 6.4。若未安装，则在安装工具的过程中会出现如下提示。此时，读者可以考虑将提示中涉及的路径添加到系统环境变量中。

```
Consider adding this directory to PATH or, if you prefer to suppress this
warning, use --no-warn-script-location.
```

为了在 PyCharm 中更方便地编写 PyQt 6 程序，需要手动添加 Qt 设计师和 pyuic 6 这两个工具。因为 PyQt 6 已经不支持 Qt 资源系统，所以没有 pyrcc6 工具，但是 PyQt 5 中有 pyrcc5 工具。

- Qt 设计师：主要用于进行 UI 设计。选择"文件"→"设置"→"工具"→"外部工具"命令，单击"添加"按钮，配置参数如图 2-21 所示。

其中，将"程序"设置为 designer.exe 的位置，"实参"设置为"$FilePath$"，"工作目录"设置为"$FileDir$"。

- pyuic 6：主要用于将 UI 文件转换成 Python 文件，Python 文件的扩展名为.py，配置参数如图 2-22 所示。

图 2-21　Qt 设计师配置参数

图 2-22　pyuic 6 配置参数

其中,将"程序"设置为 pyuic6.exe 的位置,"实参"设置为"$FileName$ -o UI_
$FileNameWithoutExtension$.py","工作目录"设置为"$FileDir$"。

2.4.2 PyCharm 的基本使用——新建窗体、编译窗体、运行文件

下面简单介绍在 PyCharm 中使用 PyQt 6 进行编程的方法。

1. 新建窗体

在项目 PycharmExample 上单击鼠标右键,在弹出的右键菜单中选择"ExternalTools"→
"Qt 设计师"命令,弹出错误对话框(见图 2-23),不必在意,单击"新建窗体"按钮,新建一个
名为 untitled.ui 的窗体,如图 2-24 所示。

图 2-23 错误对话框

图 2-24 新建窗体

后续在编辑过程中,在 untitled.ui 上修改窗体时,将不再弹出错误对话框。

2. 编译窗体

在 untitled.ui 上单击鼠标右键,在弹出的右键菜单中选择"ExternalTools"→"UI 编译工具"
命令,将原来的 UI 文件转换成 Python 文件 UI_untitled.py。

3. 运行 Python 文件

打开 UI_untitled.py 文件并进行修改(直接运行程序是不会显示窗体的)。

下面的程序位于本书配套资料的 PyQt6\chapter2\PycharmExample\UI_untitled.py 中。

```
# 加粗、倾斜代码为人为添加部分,而不是自动生成的
from PyQt6 import QtCore, QtGui, QtWidgets
from PyQt6.QtWidgets import QApplication


class Ui_Form(object):
    def setupUi(self, Form):
        Form.setObjectName("Form")
        Form.resize(400, 300)

        self.retranslateUi(Form)
        QtCore.QMetaObject.connectSlotsByName(Form)
```

```
    def retranslateUi(self, Form):
        _translate = QtCore.QCoreApplication.translate
        Form.setWindowTitle(_translate("Form", "Form"))


if __name__ == "__main__":
    import sys
    app = QApplication(sys.argv)
    w = QtWidgets.QWidget()
    ui = Ui_Form()
    ui.setupUi(w)
    w.show()
    sys.exit(app.exec())
```

按快捷键 "Shift + F10" 运行该程序，即可显示窗体。

☞ 提示　读者可以根据自己的喜好选择合适的代码编辑器。笔者喜欢使用 VS Code 编写代码，使用 Eric 7 进行窗体设计，Eric 7 编译的窗体代码会更加流畅。总之，适合自己的就是最好的。

本章涉及的开发环境和工具均可在本书配套资源 TOOLS 目录中找到。

第 3 章
上手 PyQt 6

本章将通过一个简单的 PyQt 6 代码展示窗体，帮助读者熟悉 PyQt 6 的编程框架，为下一阶段的学习做好准备。

3.1 【实战】简单的 PyQt 6 程序——使用代码实现

PyQt 6 的窗体可以使用两种方式来实现——使用代码方式和使用 Qt 设计师方式。它们在本质上是一样的，但用 Qt 设计师设计的 UI 文件最终需要转换成代码文件。

3.1.1 实现一个简单的窗体

在使用计算机时，大部分操作都是在窗体内完成的，并且在一般情况下该窗体能够实现关闭、最大化、最小化等基本功能。

1. 使用 PyQt 6 实现最基本的窗体

在本书配套资料的 PyQt6\chapter3\firstWindows.py 中有一个简单的程序示例，其执行结果如图 3-1 所示。从程序执行结果中可以看到一个具有标题和窗体改变按钮的典型窗体。

图 3-1　程序执行结果

2. 代码解析

【代码片段 1】

```
import sys
from PyQt6.QtWidgets import QApplication, QWidget
```

这段代码引入了 Python 的相关模块，包括 sys 模块及 PyQt 6 中的 QtWidgets 扩展模块。

在 QtWidgets 扩展模块中，QApplication 类用于管理 GUI 应用程序的控制流和主要设置，并处理控件特定的初始化和终止操作；QWidget 类是所有 UI 对象的基类。

【代码片段 2】

```
app = QApplication(sys.argv)
```

在每个 PyQt 6 应用程序中，都必须创建一个应用程序对象。sys.argv 参数是从命令行中获取的参数列表。通过编写这段代码，可以实现从命令行启动程序。

【代码片段 3】

```
w = QWidget()
```

QWidget 类是所有用户界面对象的基类。控件会从窗体系统接收鼠标、键盘等事件，并在屏幕上进行绘制。未嵌入父控件的控件被称为窗体。通常，窗体包含框架和标题栏等。

【代码片段 4】

```
w.resize(400, 300)
```

resize()方法用于调整窗体的尺寸。这段代码设置窗体的宽为 400px，高为 300px，如图 3-2 所示。需要注意的是，窗体的尺寸不包含标题栏。

图 3-2　窗体尺寸

【代码片段 5】

```
w.setWindowTitle('微信公众号：学点编程吧')
```

这段代码表示为窗体设置一个标题，方法非常简单。

【代码片段 6】

```
w.show()
```

这段代码表示在屏幕上显示窗体小控件。小控件首先会在内存中创建，然后才会在屏幕上显示。

【代码片段 7】

```
sys.exit(app.exec())
```

这段代码表示进入应用程序的主事件循环。主事件循环会从窗体系统接收事件并将它们分派给

应用程序小控件。若调用 exit()方法或主窗体小控件被破坏，则主事件循环会结束。这里使用
sys.exit()方法实现退出功能。

> 📌 **提示**　GUI 应用程序都是由事件（如鼠标事件等）驱动的，甚至包括系统内部的事件，如定时
> 事件等。在没有任何事件发生的情况下，应用程序会处于"空闲"状态。为了控制应用程序的行为，
> GUI 应用程序需要一个主事件循环来确定何时执行哪些操作。

3.1.2　增加"退出"按钮

给窗体增加一个按钮控件 QPushButton（见图 3-3），单击"退出"按钮，将关闭整个窗体。
该程序的相关代码位于本书配套资料的 PyQt6\chapter3\firstWindows_pb.py 中。

图 3-3　按钮控件

代码解析

【代码片段 1】

```
from PyQt6.QtWidgets import QApplication, QWidget, QPushButton
from PyQt6.QtCore import QCoreApplication
```

因为需要增加按钮，所以这里引入 QPushButton 类，同时引入来自 QtCore 模块的类。

【代码片段 2】

```
class Example(QWidget):
    def __init__(self):
        super().__init__()
```

当子类继承父类时，若子类需要使用父类__init__()方法中的属性，则需要在子类__init__()方
法中进行显式调用。例如，在上述代码中，子类 Example 显式调用了 super().__init__()方法。

【代码片段 3】

```
bp = QPushButton("退出", self)
```

这段代码表示创建一个按钮，该按钮是 QPushButton 类的一个实例。其中，第 1 个参数表示
按钮的标签，即按钮上显示的内容，第 2 个参数表示父窗体小控件。父窗体小控件是示例窗体小控
件，它是通过 QWidget 类继承的。如果不写 self 关键字，则按钮将无法在窗体中显示。

【代码片段 4】

```
bp.move(150, 100)
```

这段代码表示指定按钮的位置坐标，如图 3-4 所示。这里的坐标是相对窗体而言的。

图 3-4　按钮的位置坐标

【代码片段 5】

```
bp.clicked.connect(QCoreApplication.instance().quit)
```

PyQt 6 中的事件处理系统采用信号与槽机制来构建。当单击按钮时，会发出单击的信号并连接槽方法。槽方法既可以是 PyQt 的内置槽方法，也可以是自定义的方法。

在上述代码中，QCoreApplication 包含主事件循环，负责处理和调度来自操作系统的所有事件（如计时器和网络事件），同时处理应用程序的初始化和终止，以及系统范围和应用程序范围的设置。instance() 方法用于返回当前存在的 QCoreApplication（或其子类，如 QApplication）的实例，读者可以将其理解为应用对象本身。单击信号连接终止应用程序的 quit() 方法。

通信在两个对象之间完成：发送方和接收方。发送方是按钮，接收方是应用对象。简单来说，按钮发出被单击的信号，连接退出程序的方法。在 PyQt 6 中，信号与槽机制十分重要，第 6 章会专门进行说明。

3.2　【实战】简单的 PyQt 6 程序——使用 Qt 设计师实现

Qt 设计师是用于设计和构建具有 Qt Widgets 图形用户界面的 Qt 工具，可以通过"所见即所得"的方式来撰写和自定义窗体或对话框。

使用 Qt 设计师创建的小控件和窗体可以无缝集成到编程代码中，使用 Qt 的信号与槽方法可以轻松地将行为分配给图形元素。

3.2.1　初识 Qt 设计师

启动 Qt 设计师，其界面分为 7 个区域，如图 3-5 所示。

在图 3-5 中，①为布局及小控件区域；②为编辑窗体、信号与槽方法、伙伴、Tab 顺序区域；③为窗体布局区域；④为设置窗体区域；⑤为查看窗体对象区域；⑥为设置窗体属性区域；⑦为信号/槽、动作编辑器、资源浏览器区域。

下面简单介绍这 7 个区域的使用方法。

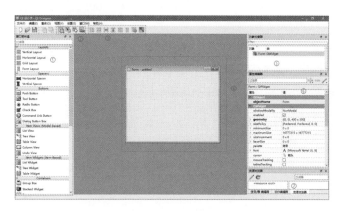

图 3-5　Qt 设计师界面

1. 布局及小控件区域

（1）通过拖曳小控件可以将其放到窗体上，以实现该窗体的功能，如图 3-6 所示。

（2）控件布局的方法与添加小控件的方法相同，可以通过拖曳来实现布局，如图 3-7 所示。详细的布局使用方法将在第 7 章进行介绍。

图 3-6　拖曳小控件

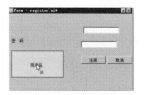

图 3-7　控件布局中

2. 编辑窗体、信号与槽方法、伙伴、Tab 顺序区域

（1）在 Qt 设计师默认的编辑窗体界面，可以实现窗体界面设计和属性设置等功能。

（2）单击"编辑信号与槽"按钮，可以进入相应的编辑信号与槽界面，按住鼠标左键并拖曳窗体中的"取消"按钮，会出现类似于信号线的红色线条，如图 3-8 所示。

图 3-8　编辑信号与槽

当松开鼠标左键后，会出现配置连接，显示可以连接的槽方法，用于快速连接信号与槽方法。

（3）通过"编辑伙伴"按钮，可以实现类似于使用快捷键访问控件的功能。若想使用快捷键快速定位用户名和密码文本框，则先在用户名和密码后面增加可用的快捷字母，如用户名(&U)、密码(&P)（见图 3-9），再单击"编辑伙伴"按钮，进入编辑伙伴界面，拖动用户名和密码标签，使其指向对应的文本框，如图 3-10 所示。

在 Qt 设计师中，在选择"窗体"→"预览"命令后，当按快捷键"Alt + U"时，光标将自动定位到用户名文本框中；当按快捷键"Alt + P"时，光标将自动定位到密码文本框中。

（4）编辑 Tab 顺序有助于通过按"Tab"键快速切换焦点。单击"编辑 Tab 顺序"按钮，进入编辑 Tab 顺序界面，标记控件焦点的顺序，如图 3-11 所示。

  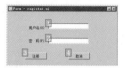

图 3-9　增加快捷键　　　　图 3-10　编辑伙伴　　　图 3-11　编辑 Tab 顺序

这样在预览窗体时，在按"Tab"键后，焦点将按照图 3-11 中的顺序移动。

3. 窗体布局区域

这个区域主要用于对窗体进行布局。其中，按钮依次为水平布局、垂直布局、使用分裂器水平布局、使用分裂器垂直布局、网格布局、在窗体布局中布局、打破布局、调整大小，如图 3-12 所示。下面演示各布局的不同之处。

原始窗体及其控件分布情况如图 3-13 所示。

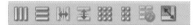　　　　　　　　　

图 3-12　窗体布局区域　　　　　　图 3-13　原始窗体及其控件分布情况

（1）水平布局效果如图 3-14 所示。

（2）垂直布局效果如图 3-15 所示。

图 3-14　水平布局效果　　　　　　图 3-15　垂直布局效果

（3）使用分裂器水平布局效果如图 3-16 所示。这里为仅针对两个按钮进行布局的效果。

（4）使用分裂器垂直布局效果如图 3-17 所示。这里为仅针对两个按钮进行布局的效果。

图 3-16　使用分裂器水平布局效果　　　　图 3-17　使用分裂器垂直布局效果

（5）网格布局效果如图 3-18 所示。

（6）在窗体布局中布局效果如图 3-19 所示。

图 3-18　网格布局效果

图 3-19　在窗体布局中布局效果

（7）打破布局效果如图 3-20 所示。这里为打破图 3-19 的布局的效果。

（8）调整大小效果如图 3-21 所示。

图 3-20　打破布局效果

图 3-21　调整大小效果

4. 设置窗体区域

该区域用于对窗体添加各种布局或控件。

5. 查看窗体对象区域

该区域用于查看窗体中使用的小控件和布局等，如图 3-22 所示。

6. 设置窗体属性区域

用户通过该区域，可以方便地修改窗体属性，如图 3-23 所示。

图 3-22　窗体对象区域

图 3-23　窗体属性区域

7. 信号/槽、动作编辑器、资源浏览器区域

该区域用于添加或修改信号与槽方法，以及对主页面菜单和窗体中涉及的图片资源进行修改，如图 3-24 所示。

图 3-24　信号/槽、动作编辑器、资源浏览器区域

> **提示** PyQt 6.4 已经不支持 Qt 的资源管理模式，但实际上仍然可以使用，后文将介绍如何操作。

3.2.2 使用 Qt 设计师创建一个简单窗体

下面通过 Eric 7 并结合 Qt 设计师来完成窗体设计与程序实现。

（1）新建 QWidget 类型的窗体，名称为"firstUI"，并设置窗体标题为"第一个窗体"，如图 3-25 所示。

（2）将 QLabel 标签拖曳到窗体上，并在 QLabel 标签上插入一张图片（以"选择文件"方式插入），如图 3-26 所示。该图片是 Qt 设计师的软件截图。

图 3-25　修改窗体标题　　　　　　　　　　图 3-26　插入图片

3.2.3 预览窗体并查看相关代码

选择"窗体"→"预览"命令，可以预览窗体的实现效果，如图 3-27 所示。

由于 UI（User Interface，用户界面）是以 XML 语言进行描述的，因此使用文本编辑器打开 firstUI.ui，即可查看其中的描述语言，如图 3-28 所示。

图 3-27　窗体预览　　　　　　　　　　图 3-28　描述语言

3.2.4 增加"退出"按钮

为了增加程序的互动性，可以为窗体增加一个"退出"按钮，如图 3-29 所示。

在 Qt 设计师中，进入编辑信号/槽界面，拖动按钮直到弹出配置连接对话框，完成如图 3-30 所示的设置。

图 3-29　"退出"按钮

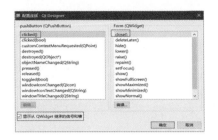

图 3-30　信号与槽设置

3.2.5　将 .ui 文件转换成 .py 文件

打开 Eric 7，在 firstUI.ui 上单击鼠标右键，在弹出的右键菜单中选择"编译窗体"命令。编译成功后，即可看到转换后的 Python 文件 Ui_firstUI.py。

3.2.6　图片的路径信息

我们之前在插入图片时采用的是"选择文件"的方式。如果程序仅在本地运行，则一般情况下不会出现问题。但是，如果将程序交给他人，则可能会出现图片无法显示的情况。这是因为图片在代码中使用的是绝对路径，代码如下：

```
self.label.setPixmap(QtGui.QPixmap("C:\\Users\\Administrator\\Desktop\\firstForm\\res/pic.png"))
```

一旦图片的路径发生改变，程序运行后将无法显示该图片。那么，应该如何解决这个问题呢？

1. 使用 Qt 的资源管理体系

（1）在 Qt 设计师中，单击"资源浏览器"选区中的"编辑资源"按钮，弹出"编辑资源"对话框，单击"新建资源文件"按钮，将新建的资源文件 picRes.qrc 保存在项目文件夹中。

（2）在"编辑资源"对话框中，单击"添加前缀"按钮，填写"pic"名称；在"pic"选项上单击鼠标右键，在弹出的右键菜单中选择"添加文件"命令；选择合适的图片（"res/pic.png"），并单击"确定"按钮，如图 3-31 所示。

（3）在 QLabel 标签中，以"选择资源"的方式插入图片，如图 3-32 所示。

图 3-31　添加资源

图 3-32　以"选择资源"的方式插入图片

（4）重新编译.ui 文件，发现如下图片代码。

```
self.label.setPixmap(QtGui.QPixmap(":/pic/res/pic.png"))
```

程序已不再使用绝对路径，但是运行后仍无法显示图片。为什么会这样呢？

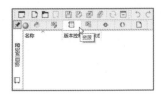

图 3-33　Eric 6 中的资源选项卡

因为 PyQt 6.4 不再支持 Qt 的资源管理系统，因此已经没有 pyrcc6.exe 程序，无法将资源文件.qrc 编译成.py 文件。但是，PyQt 5 仍然支持资源管理系统，存在 pyrcc5.exe 程序，这点通过对比 Eric 6 与 Eric 7 选项卡可以明显看出。Eric 6 中存在相关的资源选项卡（见图 3-33），而 Eric 7 中却没有。

为了更好地解决这个问题，我们使用 pyqt6-tools 6.4 中提供的 rcc.exe 来完成编译工作。需要注意的是，使用 rcc.exe 编译的资源文件是无法直接使用的，将编译后的资源文件修改后方可使用。

为方便使用，笔者制作了一个小工具，用于编译资源文件。该工具位于本书配套资料的"TOOLS\资源编译"目录中。

（1）打开资源编译工具，界面如图 3-34 所示。

（2）分别按照顺序执行：单击"找到 rcc"按钮，选择 rcc.exe 的位置；单击"打开 qrc"按钮，选中待编译的.qrc 文件；单击"保存文件"按钮，保存编译后的资源文件；生成.py 文件并执行该文件，此时会弹出对话框，告知用户编译成功，如图 3-35 所示。

图 3-34　资源编译工具界面

图 3-35　编译成功

（3）打开经过编译的文件 Ui_firstUI.py，在程序中导入由编译小工具生成的 picRes_rc.py 文件，参考代码如下。其中，加粗、斜体部分为自行添加的代码。

完整程序代码位于本书配套资料的 PyQt6\chapter3\firstForm 中。

```
import picRes_rc
from PyQt6 import QtCore, QtGui, QtWidgets
......
```

此时，在 Eric 7 中按"F2"键并单击"确定"按钮可运行该程序，单击"退出窗体"按钮可退出窗体。

> 📢提示　每次在编译 UI 窗体时，之前生成的相同窗体的 Python 文件都会被覆盖，从而导致引入资源文件的代码丢失。强烈建议在将界面和功能分离后（第 6 章会介绍），将引入资源文件的代码放在功能文件中。

2. 图片相对路径的引用

可以将相关的图片代码改为:

```
# 使用"选择文件"的方式插入图片
import picRes_rc
self.label.setPixmap(QtGui.QPixmap(":/pic/res/pic.png"))

# 使用相对路径的方式插入图片
QtCore.QDir.addSearchPath('icons', 'res/')
self.label.setPixmap(QtGui.QPixmap("icons:pic.png"))
```

运行该程序仍然会成功。

3.3　【实战】更复杂一点——四则运算小游戏

为了更好地帮助读者理解 PyQt 6 的程序,下面制作一个简单的四则运算小游戏:输入运算结果,检查答案是否正确。

执行程序,如果输入的运算结果正确,则弹出对话框进行通知,否则继续等待正确答案,如图 3-36 所示。

由于篇幅有限,这里仅展示核心代码。程序主要使用的控件包括 QLabel(标签)、QLineEdit(输入栏)、QPushButton(按钮)和 QMessageBox(消息对话框),整体比较简单。

图 3-36　简单的四则运算小游戏

完整程序位于本书配套资料的 PyQt6\chapter3\calculation.py 中。

```python
class Calculation(QWidget):
    def __init__(self):
        super().__init__()
        self.initUI()

    def createCalculation(self):
        """生成随机算式"""
        num = "123456789"
        op = ["+", "-", "*", "//"]        # 随机运算符
        formula =
random.choice(num) + random.choice(op) + random.choice(num)
        return formula, eval(formula)     # eval()函数将直接计算由字符串组成的
算式

    def refresh(self):
```

```python
        """刷新算式"""
        newFormula, self.result = self.createCalculation()
        # 重新生成新的算式
        self.lb.setText(f"请计算 {newFormula} 的结果是多少（除法是整除）？")

    def initUI(self):
        """构建UI"""
        self.resize(400, 300)                                    # 窗体尺寸
        self.setWindowTitle("微信公众号：学点编程吧——四则运算")  # 标题
        self.lb = QLabel(self)                                   # 显示算式
        self.lb.move(90, 50)
        self.inputLine = QLineEdit(self)                         # 输入算式结果
        self.inputLine.move(130, 90)
        pb = QPushButton("确定", self)
        pb.move(160, 130)
        pb.clicked.connect(self.getResult)
        # 单击"确定"按钮将连接getResult()方法，判断答案是否正确
        self.refresh()
        self.show()

    def getResult(self):
        """比较答案"""
        calculationResult = self.inputLine.text()
        if str(self.result) == calculationResult:
            QMessageBox.information(self, "提示", "答案正确！") # 弹出对话框
            self.refresh()
            self.inputLine.clear()                               # 清除输入的数字
```

入门篇

第 4 章
窗体设计基础

从本章开始，将正式介绍 PyQt 6 的程序设计。窗体设计和功能实现是非常重要的知识点。其中，QWidget 类是所有用户界面类的基类，QMainWindow 和 QDialog 类是较为常见的窗体类型。这点可以从 Qt 设计师的新建窗体对话框的内容中看出，如图 4-1 所示。

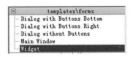

图 4-1　Qt 设计师的新建窗体对话框

4.1　QWidget 类——用户界面类的基类

QWidget 类用于接收窗体系统发出的鼠标事件、键盘事件和其他事件，并负责在屏幕上绘制窗体样式。通常，窗体包含框架和标题栏。用户也可以使用合适的 Window Flags（窗体标志）来创建一些个性化的窗体。

QWidget 类属于 PyQt6.QtWidgets 模块，其继承关系如图 4-2 所示。继承 QWidget 类的类较多，详见本书配套资料。

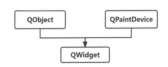

图 4-2　QWidget 类的继承关系

4.1.1　顶级窗体控件和子窗体控件

没有父窗体控件（Parent Widget）的小窗体控件始终是一个独立的窗体。非窗体控件是子窗体控件，它们显示在其父窗体控件中。PyQt 中的大多数窗体控件主要用作子窗体控件。另外，也可以将"按钮"显示为顶级窗体（Top-Level Widget）控件（见图 4-3），但很少有人会这么做。

图 4-4 显示了一个 QGroupBox 控件，用于在 QGridLayout 类提供的布局中容纳各种子窗体控件。这种控件被称为复合控件。

图 4-3　顶级窗体　　　　　　　　图 4-4　父窗体控件与子窗体控件的布局

4.1.2　控件的绘制与尺寸

由于 QWidget 类继承自 QObject 和 QPaintDevice 类，因此 QWidget 类型的控件都通过其内部的 paintEvent()方法执行所有绘制操作。在需要重绘控件时，会调用 paintEvent()方法。在实现新控件时，重新实现 sizeHint()方法可以设置控件的默认大小；使用 setSizePolicy()方法可以设置控件的默认布局行为，默认策略是 Preferred/Preferred，即控件可以自由调整大小。例如，在如图 4-5 所示的示例中，窗体采用垂直布局，QPushButton 控件(PushButton)默认的"sizePolicy"是 Minimum/Fixed，即水平方向有最小尺寸，垂直方向是固定的。

在将水平策略调整为 Fixed 模式后，发现 QPushButton 控件水平方向的尺寸会保持原始尺寸，固定不变。QPushButton 控件不同"sizePolicy"的对比如图 4-6 所示。

图 4-5　QPushButton 控件默认的"sizePolicy"　　　图 4-6　QPushButton 不同"sizePolicy"的对比

4.1.3　事件

控件通常响应由用户操作引起的事件。通过使用包含每个事件信息的 QEvent 子类实例，可以调用特定的事件来处理程序。例如，当按下鼠标按键而不释放时，会调用 mousePressEvent()方法；当释放鼠标按键时，会调用 mouseReleaseEvent()方法。更多事件名称请参考本书的配套资料。

4.1.4　方法与属性组

QWidget 类的主要方法和属性较多，详见本书的配套资料。

4.1.5　QWidget 类的个性化设置

使用 Window Flags 可以创建个性化的窗体。例如，窗体只有关闭按钮，窗体没有边框等。图 4-7 所示为自定义窗体演示。下面介绍如何自定义窗体标题、自定义窗体图标、设置窗体的透明度和设置多种窗体样式。

（1）自定义窗体标题。

通过 setWindowTitle()方法可以设置窗体的标题，如图 4-8 所示。

图 4-7　自定义窗体演示　　　　　　　　　图 4-8　自定义窗体标题

（2）自定义窗体图标。

通过 setWindowIcon()方法可以设置窗体的图标，如图 4-9 所示。

图 4-9　自定义窗体图标

（3）设置窗体的透明度。

通过 setWindowOpacity()方法可以设置窗体的透明度，范围为 0~1，按步长 0.1 进行调节。其中，0 表示完全透明，1 表示不透明。

（4）设置多种窗体样式。

窗体的样式非常多，可以通过 setWindowFlags()方法进行设置。由于篇幅有限，这里仅演示其中的几种方法，完整程序位于本书配套资料的"PyQt6\chapter4\widgetExample"中，或者参阅 PyQt 6 的帮助文档。

图 4-10 所示为对话框窗体，其中设置 WindowFlags 为 Dialog。

图 4-11 所示为闪屏窗体，其中设置 WindowFlags 为 SplashScreen。通常，闪屏窗体用于在进入软件界面前显示载入的具体项目。

图 4-10　对话框窗体　　　　　　　　　　图 4-11　闪屏窗体

图 4-12 所示为仅有最大化按钮的窗体，其中设置 WindowFlags 为 WindowMaximizeButtonHint。

图 4-13 所示为无边框的窗体，其中设置 WindowFlags 为 FramelessWindowHint。

图 4-12　仅有最大化按钮的窗体

图 4-13　无边框的窗体

4.1.6　【实战】设计一个六角星窗体

本节主要介绍实现六角星窗体的方法。在图 4-14 中，即使其中两个文件被六角星窗体遮挡，也不影响对其进行访问。

下面的代码中使用了蒙版。它会从像素图的 Alpha 通道中提取位图蒙版，对所包含的图像进行遮挡。这样做会让人感觉图像是以不规则形状直接绘制在屏幕上的。WA_TranslucentBackground 表示窗体具有半透明背景，这有助于清除图像的毛边。

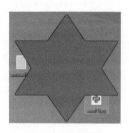

图 4-14　六角星窗体

当单击鼠标左键时，会计算鼠标指针全局坐标与窗体左上角坐标的差值。因为每次单击时鼠标指针的位置都不同，所以这个值会随之发生变化。globalPosition()方法返回的是 QPointF 类型。用户可以使用 toPoint()方法将该类型转换成 QPoint 类型，以便与窗体左上角坐标类型保持一致。

完整程序位于本书配套资料的 PyQt6\chapter4\diyWidget.py 中。

```python
current_dir = os.path.dirname(os.path.abspath(__file__))    # 当前目录
class DIYWidget(QWidget):
    def __init__(self):
        super().__init__()
        self.initUI()


    def initUI(self):
        """初始化界面"""
        pixmap = QPixmap(f"{current_dir}\\six.png")
        self.resize(pixmap.size())
        self.setMask(pixmap.mask())                         # 设置蒙版
        self.setAttribute(Qt.WidgetAttribute.WA_TranslucentBackground)
    # 清除六角星的毛边

    def mousePressEvent(self, event):
        """鼠标按下（单击鼠标按键后不释放）事件"""
```

```
        if event.button() == Qt.MouseButton.LeftButton:
            self.dragPosition=event.globalPosition().toPoint()- self.
frameGeometry().topLeft()
            # 记录鼠标指针全局坐标与窗体左上坐标的差值
        elif event.button() == Qt.MouseButton.RightButton:
            self.close()  # 单击鼠标右键将关闭窗体

    def mouseMoveEvent(self, event):
        """鼠标移动事件"""
        if event.buttons() == Qt.MouseButton.LeftButton:
            self.move(event.globalPosition().toPoint()- self.dragPosition)
            # 通过换算得到窗体左上角的坐标

    def paintEvent(self, event):
        """绘图事件"""
        p = QPainter(self)
        p.drawPixmap(0, 0, QPixmap(f"{current_dir}\\six.png"))
        # 使用绘图事件从窗体坐标(0,0)开始绘制六角星
        ……# 省略部分代码
```

4.2　QMainWindow 类——主窗体

QMainWindow 类用于构建应用程序的用户界面。QMainWindow 类有自己的布局（见图 4-15），用户可以在其中添加 QToolBars 对象（工具栏 Toolbars）、QDockWidget 对象（悬停窗体控件 Dock Widgets）、QMenuBar 对象（菜单栏 Menu Bar）和 QStatusBar 对象（状态栏 Status Bar）。布局具有一个中心区域，可以被设置为任何类型的控件（中心控件 Central Widget）。

图 4-15　主窗体布局

4.2.1　使用代码创建主窗体

主窗体中心区域的控件可以是标准的 PyQt 控件，也可以是自定义的高级控件，其具有单个（SDI）或多个（MDI）文档界面，通过 setCentralWidget()方法进行设置。

☞提示　QMdiArea 类可以创建 MDI 应用程序。读者可以将 QMdiArea 类设置为 QMainWindow 类的中心控件，也可以将其放置在任何布局中。

1. 创建菜单

在 PyQt 中，QMainWindow 类包含一个默认的菜单栏。要实现菜单，可以使用 QMenu 类。QMainWindow 类会将菜单保存在 QMenuBar 对象中。将 QAction 对象添加到菜单中，菜单会将它们显示为菜单项。通过调用 menuBar()方法可以返回窗体的 QMenuBar 对象，使用 addMenu()方法可以添加菜单。简单菜单示例如下，完整程序位于本书配套资料的 PyQt6\chapter4\simplemenus.py 中。

```
menu = self.menuBar().addMenu("文件(&F)")
menu.addAction(QAction("打开(&O)", self))
menu.addAction(QAction("新建...(&N)", self))
menu.addAction(QAction("退出(&E)", self))
self.menuBar().addMenu("设置(&S)")
self.menuBar().addMenu("关于(&A)")
```

实现效果如图 4-16 所示。

在这个程序中，创建了 3 个菜单，其中"文件"菜单包含 3 个菜单项。"(&F)"是"文件"菜单的快捷键，按快捷键"Alt + F"可展开"文件"菜单。

QMainWindow 类的 createPopupMenu()方法会在主窗体收到上下文菜单事件时创建弹出式菜单。若想要自定义菜单，则需要重新实现 createPopupMenu()方法。

图 4-16　实现效果

> 📌 **提示**　上下文菜单通常指鼠标右键菜单。

实际上，结合 QMenu 和 QAction 类，可以实现更丰富多样的菜单形式。

- QMenu 类提供了一个菜单控件，用于在菜单栏上显示菜单、上下文菜单和其他弹出菜单。菜单控件可以是选择菜单，也可以是菜单栏中的下拉菜单，甚至是独立的上下文菜单。当用户选择相应的项目或按相应的快捷键时，菜单栏会展开与该项目或快捷键对应的下拉菜单。使用 addMenu()方法可以将菜单插入菜单栏。

- QAction 类用于为应用程序界面中的命令提供抽象接口。在应用程序中，许多常用命令可以通过菜单、工具栏按钮和快捷键进行调用。QAction 类可以包含图标、描述性文本、图标文本、键盘键、状态文本、"这是什么？"文本提示和工具提示。所有属性都可以使用 setIcon()、setText()、setIconText()、setShortcut()、setStatusTip()、setWhatsThis() 和 setToolTip()等方法来单独设置。图标和文本作为两个较为重要的属性，可以在初始化方法中进行设置。另外，可以使用 setFont()方法来设置单个字体。

下面通过几个例子展示菜单样式的丰富性。由于篇幅有限，这里仅展示核心代码。

（1）增加图标、快捷键并实现退出功能，效果如图 4-17 所示，完整程序位于本书配套资料的 PyQt6\chapter4\shortcutmenus.py 中。

图 4-17 菜单样式

【代码片段 1】

```
current_dir = os.path.dirname(os.path.abspath(__file__)) # 当前目录
QDir.addSearchPath("icon", f"{current_dir}/menuIcon")
openAct = QAction(QIcon("icon:open.png"), "打开(&O)", self)
openAct.setShortcut(QKeySequence.StandardKey.Open)
```

为"打开"菜单添加图标和快捷键"Ctrl+N"。这里使用了标准代码来表示"Ctrl+N"，类似的代码还有很多，详见本书配套资料。如果配套资料的表中没有可以使用的快捷键，则可以使用自定义快捷键，如将退出菜单的快捷键设置为"Ctrl+E"。

【代码片段 2】

```
exitAct.triggered.connect(QApplication.instance().quit)
```

这段代码实现了在单击"退出"菜单项时，关闭窗体。

【代码片段 3】

```
menuBar = self.menuBar()
fileMenu = menuBar.addMenu("文件(&F)")
fileMenu.addSeparator()
```

这段代码实现了在菜单中添加一条分隔线，用于将同一类型的菜单项划分到同一组中，以增加菜单的美观性。

【代码片段 4】

```
fileMenu.addActions([saveAct, saveasAct])
```

这段代码实现了一次将多个菜单项添加到"文件"菜单中。

（2）增加子菜单项，效果如图 4-18 所示。其中，"保存"和"另存为"子菜单项位于同一个菜单项中。

图 4-18 子菜单项

核心代码如下，这里不再展示之前介绍过的代码。将"保存"和"另存为"两个子菜单项添加到同一个菜单对象 saveMenu 中，将 saveMenu 对象添加到菜单对象 fileMenu 中，从而实现子菜单项的功能。

完整程序位于本书配套资料的 PyQt6\chapter4\submenus.py 中。

```
saveMenu = QMenu("保存方式(&S)", self)
saveAct = QAction(QIcon("icon:save.png"), "保存(&S)", self)
saveAct.setShortcut(QKeySequence.StandardKey.Save)
saveasAct = QAction(QIcon("icon:saveas.png"), "另存为...(&S)", self)
saveasAct.setShortcut("Ctrl+Shift+S")
saveMenu.addActions([saveAct, saveasAct])
menuBar = self.menuBar()
fileMenu = menuBar.addMenu("文件(&F)")
fileMenu.addMenu(saveMenu)
```

（3）实现上下文菜单。

单击鼠标右键将弹出上下文菜单（见图 4-19），在选择"未勾选"命令后，再次单击鼠标右键，此时弹出的上下文菜单中的"未勾选"将变成"已勾选"（见图 4-20），反之恢复为如图 4-19 所示的状态。

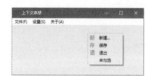

图 4-19　上下文菜单

图 4-20　已勾选

核心代码如下，上下文菜单的实现主要是通过 contextMenuEvent()方法完成的。

完整程序位于本书配套资料的 PyQt6\chapter4\contextmenu.py 中。

```
    self.checkAct = QAction("未勾选", self)
    self.checkAct.setCheckable(True)
    # 定义一个菜单项 checkAct，并将其设置为可选。若不设置为可选，则无法选择


def contextMenuEvent(self, event):
    """上下文菜单"""
    contextMenu = QMenu(self)
    newAct = QAction(QIcon("icon:new.png"), "新建...", self)
    saveAct = QAction(QIcon("icon:save.png"), "保存", self)
    exitAct = QAction(QIcon("icon:exit.png"), "退出", self)
    contextMenu.addActions([newAct, saveAct, exitAct, self.checkAct])
    action = contextMenu.exec(self.mapToGlobal(event.pos()))
    # 使用 exec()方法显示上下文菜单。从事件对象中获取鼠标指针的坐标
    # mapToGlobal()方法可以将窗体控件坐标转换为全局屏幕坐标
    if action == exitAct:
        QApplication.instance().quit() # 退出
    elif action == self.checkAct:
```

```
if self.checkAct.isChecked():          # 判断是否为已勾选状态
    self.checkAct.setChecked(True)      # 将勾选状态改变为已勾选
    self.checkAct.setText("已勾选")      # 设置上下文菜单中的内容
else:
    self.checkAct.setChecked(False)
    self.checkAct.setText("未勾选")
```

2. 创建工具栏

工具栏提供了包含一组控件的可移动面板。工具栏按钮可以通过 addAction()方法来添加。按钮组可以使用 addSeparator()方法或 insertSeparator()方法进行分隔。如果工具栏按钮不合适，则可以使用 addWidget()方法或 insertWidget()方法来插入控件。

工具栏可以固定在特定区域（如窗体顶部）的位置，也可以在工具栏区域之间移动。当工具栏太小，无法显示所有工具栏按钮时，扩展按钮将作为工具栏中的最后一项显示。单击扩展按钮将弹出一个下拉菜单，其中包含当前未展示的工具栏按钮。下面举例说明。

（1）工具栏按钮仅显示为图标，如图 4-21 所示。

图 4-21　仅显示为图标的工具栏按钮

完整程序位于本书配套资料的 PyQt6\chapter4\toolbarmenu.py 中，核心代码如下：

```
toolbar = self.addToolBar("工具栏")
toolbar.addAction(newAct)
toolbar.addAction(openAct)
toolbar.addAction(saveAct)
```

（2）工具栏按钮仅显示为文字，如图 4-22 所示。

核心代码如下：

```
toolbar.setToolButtonStyle(Qt.ToolButtonStyle.ToolButtonTextOnly)
```

（3）工具栏按钮同时显示为图标和文字，并且文字在图标下方，如图 4-23 所示。

图 4-22　仅显示为文字的工具栏按钮　　　图 4-23　文字在图标下方的工具栏按钮

核心代码如下：

```
toolbar.setToolButtonStyle(Qt.ToolButtonStyle.ToolButtonTextUnderIcon)
```

（4）工具栏按钮同时显示为图标和文字，并且文字在图标旁边，如图 4-24 所示。

核心代码如下：

```
toolbar.setToolButtonStyle(Qt.ToolButtonStyle.ToolButtonTextBesideIcon)
```

3．状态栏

用户可以使用 setStatusBar()方法自定义状态栏，或者调用 QMainwindow 类自带的 statusBar()方法返回主窗体的状态栏，效果如图 4-25 所示。

图 4-24　文字在图标旁边的工具栏　　　　图 4-25　状态栏

完整程序位于本书配套资料的 PyQt6\chapter4\statusbarmenu.py 中，核心代码如下：

```
self.statusBar().showMessage("我就是状态栏")
```

4.2.2　使用 Qt 设计师创建记事本窗体

使用 Qt 设计师可以非常方便地创建常规的 QMainwindow 窗体。

（1）使用 Eric 7 新建窗体 Main Window（主窗体），如图 4-26 所示。

（2）在窗体上单击鼠标右键，在弹出的右键菜单中选择"创建菜单栏"命令，新建主窗体菜单栏。参照相同的方法，在弹出的右键菜单中选择"添加工具栏"命令，新建工具栏；在弹出的右键菜单中选择"创建状态栏"命令，新建状态栏，如图 4-27 所示。

图 4-26　新建窗体　　　　　　图 4-27　新建菜单栏、工具栏、状态栏

（3）添加各种菜单，如图 4-28 所示。

图 4-28　添加各种菜单

（4）为"文件"菜单添加菜单项并在合适的位置添加分隔线，如图 4-29 所示。

（5）为"保存方式"菜单项添加子菜单项，如图 4-30 所示。

图 4-29　添加菜单项和分隔线　　　　　　　　　图 4-30　添加子菜单项

💬 提示　在添加子菜单项时，可能会出现无法输入中文的情况，这时可以先在记事本上输入所需的文字，再将其粘贴进去。

（6）在右侧属性栏中，为"打开"等菜单项添加图片和快捷键等属性（见图 4-31），效果如图 4-32 所示。在预览窗体后展开菜单时，可以显示添加的图片及快捷键。

图 4-31　添加菜单属性　　　　　　　　　图 4-32　添加属性后的效果

（7）在右侧动作编辑器中，可以将需要使用的菜单项拖动到工具栏上。

（8）可以通过修改 QToolBar 的属性来调整图标和文字的位置，如图 4-33 所示。

使用 Qt 设计师制作的主窗体如图 4-34 所示，该窗体与 4.2.1 节中使用代码编写的窗体基本相同，实现方式非常简单。接下来可以编译生成 Python 代码。

图 4-33　调整图标和文字的位置　　　　　　　图 4-34　使用 Qt 设计师制作的主窗体

4.3　QDialog 类——对话框

QDialog 类是对话框的基类，包含 QErrorMessage、QFileDialog 和 QFontDialog 等 11

个子类，详见本书配套资料。对话框主要用于应用程序与用户进行交互。对话框可以是模态的，也可以是非模态的。QDialog 类可以提供一个返回值和获取对话框中用户的数据。

对话框是一个顶级窗体控件，但如果它有父窗体控件，则它的默认位置为父窗体控件的中心，同时共享父窗体控件的任务栏条目。为了确保对话框始终处于激活状态，需要将其设置为模态，这同样适用于对话框内的子窗体。为了确保对话框的子窗体始终位于对话框的顶部，同样需要将子窗体设置为模态。

4.3.1　模态对话框与非模态对话框

由于对话框分为模态对话框和非模态对话框，因此它们具有不同的特征。下面对这两种类型的对话框进行介绍。

1. 模态对话框

模态对话框在日常使用过程中经常出现，如在保存文件时要求输入文件名的对话框，或者用于设置应用程序的对话框。模态对话框可以是 ApplicationModal（应用程序模态）或 WindowModal（窗口模态）。当打开 ApplicationModal 对话框时，用户必须完成与该对话框的交互后才能将它关闭，从而访问应用程序中的其他窗体。

使用 exec() 方法可以显示模态对话框。模态对话框会阻塞当前线程，直到用户将其关闭。使用 show() 方法可以显示非模态对话框。非模态对话框不会阻塞当前线程，用户可以在打开的对话框和主窗体之间进行切换。当关闭对话框时，exec() 方法将提供一个有用的返回值。为了关闭对话框并返回适当的值，必须连接一个默认的按钮，如将"OK"按钮连接至 accept() 方法，将"Cancel"按钮连接至 reject() 方法。

实现模态对话框的另一种方式是先调用 setModal(bool) 方法或 setWindowModality() 方法，再调用 show() 方法。setModal(bool) 方法中 bool 的默认值为 False；show() 方法会以非模态方式显示对话框。若将 setModal(bool) 方法中的 bool 设置为 True，则该方法等同于 setWindowModality(Qt.WindowModality.ApplicationModal) 方法。但是，exec() 方法会忽略这个属性的值，并且总是以模式化的方式弹出对话框。

WindowModality 属性分为如表 4-1 所示的 3 种。

表 4-1　WindowModality 属性

属性	描述
Qt.WindowModality.ApplicationModal	该窗体对应用程序是模态的，会阻止其他窗体的输入
Qt.WindowModality.NonModal	该窗体是非模态的，不会阻止其他窗体的输入
Qt.WindowModality.WindowModal	该窗体对单一的窗体层次是模态的，会阻止对其父窗体、所有的子窗体，以及其父窗体和子窗体的兄弟窗体的输入

这里举一个关于 WindowModality 属性的例子。

- 当设置对话框为 NonModal 模式时，在同一个程序中可以选择对话框之外的窗体，QMainwindow 窗体将处于激活状态，如图 4-35 所示。
- 当设置对话框为 WindowModal 或 ApplicationModal 模式时，同一个程序中的对话框将始终处于激活状态，如图 4-36 所示。

图 4-35　NonModal 模式

图 4-36　WindowModal 或 ApplicationModal 模式

完整程序位于本书配套资料的 PyQt6\chapter4\windowmodality.py 中，核心代码如下：

```python
class MainWindow(QMainWindow):
    def __init__(self):
        super().__init__()
        self.setWindowTitle("QMainWindow")
        self.resize(400, 300)
        self.button = QPushButton("打开一个对话框", self)
        self.button.move(50, 50)
        self.show()
        self.button.clicked.connect(self.open_dialog)

    def open_dialog(self):
        """打开对话框"""
        dialog = Dialog(self)
        dialog.setWindowModality(Qt.WindowModality.WindowModal)
        # dialog.setWindowModality(Qt.WindowModality.NonModal)
        # dialog.setWindowModality(Qt.WindowModality.ApplicationModal)
        dialog.show()

class Dialog(QDialog):
    """对话框代码"""
    def __init__(self, parent=None):
        super().__init__(parent=parent)
        self.setWindowTitle("Dialog")
        self.resize(200, 100)
```

2. 非模态对话框

非模态对话框是在同一个程序中独立于其他窗体运行的对话框。文本编辑器中的查找和替换对话框通常是非模态的，以允许用户与应用程序的主窗体和对话框进行交互。

非模态对话框使用 show()方法来调用，这会立即将控制权返回给调用方。例如，在 WPS 软件中调用查找对话框后，用户仍然可以自由编辑文本。

4.3.2　默认按钮与"Esc"键

对话框的默认按钮是用户按"Enter"（在 macOS 系统中被称为"Return"）键时触发的按钮。此按钮用于表示用户接受对话框的设置并希望关闭对话框。使用 setDefault()、isDefault()和 autoDefault()方法可以设置和控制对话框的默认按钮。如果用户在对话框中按"Esc"键，将调用 reject()方法，并且关闭窗体。

"Enter"键或"Esc"键的使用如图 4-37 所示，当按"Enter"键或"Esc"键时，将关闭对话框。

图 4-37　"Enter"键或"Esc"键的使用

完整程序位于本书配套资料的 PyQt6\chapter4\defaultpbdialog.py 中，核心代码如下：

```python
class Dialog(QDialog):
    """对话框代码"""
    def __init__(self, parent=None):
        super().__init__(parent=parent)
        self.setWindowTitle("Dialog")
        self.resize(200, 100)
        pb = QPushButton("关闭", self)
        pb.move(50, 50)
        pb.setDefault(True)                       # 默认按钮
        pb.clicked.connect(lambda :self.close()) # 关闭对话框
```

4.3.3　对话框返回值（模态对话框）

模态对话框通常用于需要返回值的情况，如指示用户是按"Enter"键还是按"Esc"键。用户可以通过调用 accept()或 reject()方法来关闭对话框。exec()方法将根据需要返回"已接受"（Accepted）或"已拒绝"（Rejected），其返回码如表 4-2 所示。

表 4-2　已接受或已拒绝的返回码

返回码	值
QDialog.DialogCode.Accepted	1
QDialog.DialogCode.Rejected	0

exec()方法用于调用返回对话框的结果。如果对话框尚未关闭，则可以通过 result()方法获取结果。

下面通过具体的代码来说明：当单击对话框中的"确定"按钮时，在主窗体中显示"单击了'确定'按钮"字样，如图 4-38 所示；当单击对话框中的"取消"按钮时，在主窗体中显示"单击了'取消'按钮"字样，如图 4-39 所示。这样实现了对话框和主窗体之间的互动。

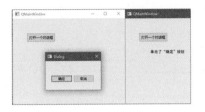

图 4-38　单击"确定"按钮

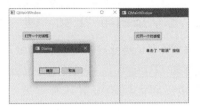

图 4-39　单击"取消"按钮

完整程序位于本书配套资料的 PyQt6\chapter4\returnvaluedialog.py 中，核心代码如下：

```python
class MainWindow(QMainWindow):
    def __init__(self):
        super().__init__()
        …… #省略部分代码
        self.lb = QLabel(self)
        self.lb.move(100, 100)     # 在主窗体中创建标签对象


    def open_dialog(self):
        """打开对话框"""
        dialog = Dialog(self)
        result = dialog.exec()     # 利用 exec()方法生成对话框窗体对象
        if result == dialog.DialogCode.Accepted:
        # if result == 1:          # DialogCode.Accepted 也能使用 1 来表示
            self.lb.setText("单击了'确定'按钮") # 显示"单击了'确定'按钮"字样
        elif result == dialog.DialogCode.Rejected:
        # elif result == 0:        # DialogCode.Rejected 也能使用 0 来表示
            self.lb.setText("单击了'取消'按钮") # 显示"单击了'取消'按钮"字样


class Dialog(QDialog):
    """对话框代码"""
    def __init__(self, parent=None):
        super().__init__(parent=parent)
        …… # 省略部分代码
        pbok = QPushButton("确定", self)
        pbok.clicked.connect(lambda :self.accept())     # 调用 accept()方法
        pbCancel = QPushButton("取消", self)
        pbCancel.clicked.connect(lambda :self.reject()) # 调用 reject()方法
```

第 5 章
PyQt 6 中的事件

在使用应用程序的过程中，会产生各种各样的事件，如单击鼠标、拖动鼠标等。本章介绍 PyQt 6 中的事件体系及常用事件类型。

事件对象的基类是 QEvent 类，该类用于表示应用程序内部发生的事件或应用程序需要了解的外部活动的结果。例如，当使用 exec()方法启动主事件循环（Main Event Loop）时，会从事件队列中获取本地窗体系统事件，并将其转换成 QEvent 类；随后由 QObject（所有 PyQt 对象的基类）子类的实例对象接收和处理这些事件。这个过程会持续循环，直至退出。

QEvent 类属于 PyQt6.QtCore 模块，其子类较多，详见本书配套资料。

5.1.1 事件的分发

当事件发生时，PyQt 会通过构造相应的 QEvent 子类（如 QMouseEvent 等）来创建一个事件对象，并通过调用 event()方法将其传递给 QObject 的特定实例或其子类。

event()方法本身不处理事件，而是根据事件类型调用该类型事件的处理程序，并根据事件是否被接受（accepted）或被忽略（ignored）来发送响应。在事件类型中，一些事件（如 QMouseEvent 和 QKeyEvent）来自窗体系统，一些事件（如计时器事件）由系统自动发出，而另一些事件来自应用程序本身。

为了帮助读者更好地理解 event()方法，这里查看 Qt 中 QObject 类 event()方法的 C++源代码（其中省略了部分代码），具体内容如下：

```
bool QObject::event(QEvent *e)
{
```

```
    switch (e->type()) {
    case QEvent::Timer:
        timerEvent((QTimerEvent *)e);
        break;
    case QEvent::ChildAdded:
    case QEvent::ChildPolished:
    case QEvent::ChildRemoved:
        childEvent((QChildEvent *)e);
        break;
    case QEvent::DeferredDelete:
        qDeleteInEventHandler(this);
        break;
    case QEvent::MetaCall:
        { ... break; }
    case QEvent::ThreadChange:
        { ... break; }
    default:
        if (e->type() >= QEvent::User) {
            customEvent(e);
            break;
        }
        return false;
    }
    return true;
}
```

从上面的代码中可以看出，event()方法是根据具体的 QEvent 类型来调用具体方法的。例如，对于 Timer 类型的事件，event()方法会调用 timerEvent()方法。这样读者就可以更好地理解事件的传递过程了。

5.1.2　事件处理程序

这里使用两种方式来处理事件，第 1 种是重写 event()方法，第 2 种是重写特定事件。

1. 重写 event()方法

5.1.1 节提到 event()方法主要实现了事件的传递，重写该方法可以中断传递，只传递特定事件。

在普通输入栏中，用户可以输入任意字符，单击鼠标右键会弹出上下文菜单，如图 5-1 所示。通过自定义输入栏，可以屏蔽其他事件，只响应按"T"键后产生的事件，如图 5-2 所示。此时，输入栏中将不显示光标。

图 5-1　普通输入栏

图 5-2　自定义输入栏

完整程序位于本书配套资料的 PyQt6\chapter5\eventexample.py 中，核心代码如下。

当按"T"键时，将在窗体命令行中显示相应的文字。然而，因为输入栏不会响应其他事件，所以不能在输入栏中进行输入。

```python
def event(self, event):
    if event.type() == QEvent.Type.KeyPress:
        if event.key() == Qt.Key.Key_T:
            currentTime=datetime.strftime(datetime.now(), "%Y-%m-%d,
%H:%M:%S")
            print(f"{currentTime} 按"T"键!")
            return True
    return False
```

如果想在按"T"键时显示相应的文字，并且可以正常响应其他事件，则可以将以上代码改为：

```python
def event(self, event):
    if event.type() == QEvent.Type.KeyPress:
        if event.key() == Qt.Key.Key_T:
            currentTime=datetime.strftime(datetime.now(), "%Y-%m-%d,
%H:%M:%S")
            print(f"{currentTime} 按"T"键!")
            return True
    return super().event(event)
```

将最后的语句改为基类的 event()方法，这样就可以响应基类事件，如图 5-3 所示。

图 5-3　改为基类的 event()方法

2. 重写特定事件

传递事件可以重写控件中的特定方法。例如，QPaintEvent 事件可以通过调用 QWidget.paintEvent()方法进行传递，该方法通常用于绘制控件。重写 paintEvent()方法可以满足绘制控件的个性化需求，即使方法中没有具体的操作，也可以直接返回基类来实现。

例如，多选框只有在单击鼠标左键时才能勾选。如果希望在单击鼠标右键时也能勾选多选框（见图 5-4），则可以通过重写 mousePressEvent()方法来实现。

图 5-4　单击鼠标右键也能勾选多选框

完整程序位于本书配套资料的 PyQt6\chapter5\eventhandler.py 中，核心代码如下。

在下面的代码中，将构建一个新的多选框，同时重写 mousePressEvent()方法。

```python
def mousePressEvent(self, event):
    if event.button() == Qt.MouseButton.RightButton:
    # 当通过单击鼠标右键来勾选多选框时
        if self.checkState() == Qt.CheckState.Unchecked:
            self.setChecked(True)
            # 判断多选框的状态是否是未勾选。若是未勾选，则将状态改为勾选
        elif self.checkState() == Qt.CheckState.Checked:
            self.setChecked(False)
            # 若已勾选，则取消勾选
        self.setText("单击我的是鼠标右键")  # 显示相应的文字信息
    else: # 在单击鼠标左键后，多选框仍然保持原来的勾选方式
        super().mousePressEvent(event)
        self.setText("单击我的是鼠标左键")
```

5.1.3　事件过滤器

有时，可能需要屏蔽一些特定的事件，如在输入 QQ 登录密码时，需要无法使用鼠标选中密码，单击鼠标右键无任何反应，"Ctrl+A"等快捷键也会失效。这是因为使用事件过滤器，过滤了一些特定的事件。

通过使用 installEventFilter()方法设置事件过滤器，可以监视特定的控件，使其在 eventFilter()方法中接收目标对象的事件。事件过滤器会在目标对象之前处理事件，允许其检查和丢弃事件。使用 removeEventFilter()方法可以删除现有的事件过滤器。

在调用 eventFilter()方法对事件进行过滤时，事件对象可以接受或拒绝事件，并允许或拒绝事件的进一步处理。如果所有事件过滤器都允许继续处理事件（返回 False），则将该事件发送给目标对象本身；如果其中一个停止处理（返回 True），则会过滤该事件。

在下面的例子中，如果没有对输入栏进行事件过滤，则当在输入栏中双击鼠标左键时，可以全选输入栏中的内容，如图 5-5 所示；如果对输入栏进行事件过滤，则当在输入栏中双击鼠标

左键时，不会有任何反应，如图 5-6 所示。

图 5-5　全选成功

图 5-6　全选失败

完整程序位于本书配套资料的 PyQt6\chapter5\eventfilter.py 中，核心代码如下：

```
self.edit = QLineEdit(self)
self.edit.installEventFilter(self)
# 创建一个输入栏，并安装事件过滤器，用于监视输入栏中产生的事件
def eventFilter(self, object, event):
    if object == self.edit:
        if event.type() == QEvent.Type.MouseButtonDblClick:
            self.lable.setText("双击了鼠标，但是无法全选。")
            return True
            # 监视对象是输入栏，并且此时产生的事件是双击鼠标左键，会显示相应的文本
            # 同时过滤该事件
    return super().eventFilter(object, event)
    # 如果监视对象不是输入栏，则调用基类中的事件过滤器方法进行处理（不过滤）
```

5.2　事件类型

事件的类型非常多，表 5-1 仅列举了一部分，其他类型详见本书配套资料。

表 5-1　部分事件类型

类型	描述
QEvent.Type.DragEnter	在拖放操作期间，鼠标指针将进入窗体控件（QDragEnterEvent）
QEvent.Type.DragLeave	在拖放操作期间，鼠标指针将离开窗体控件（QDragLeaveEvent）
QEvent.Type.DragMove	拖放操作正在进行（QDragMoveEvent）
QEvent.Type.Drop	拖放操作完成（QDropEvent）

5.3　【实战】事件的两个例子

本节将介绍两个与事件相关的例子，一个是龟兔赛跑小游戏，另一个是涂鸦板。

5.3.1 龟兔赛跑小游戏

本程序将实现一个乌龟和兔子赛跑的小游戏。

1. 程序功能

在执行程序后，乌龟和兔子将位于窗体左侧，随时准备赛跑，如图 5-7 所示。

按 "D" 键和右方向键，可以移动乌龟和兔子。每按一次按键，乌龟或兔子就会移动一次。先跑出窗体的一方将成为获胜者（见图 5-8），之后重新开始比赛。

图 5-7 龟兔赛前准备

图 5-8 比赛结果

2. 程序实现

完整程序位于本书配套资料的 PyQt6\chapter5\tortoiseRabbitRace.py 中，核心代码如下：

```python
class Track(QWidget):
    def __init__(self):
        super().__init__()
        self.xt, self.xr = 0, 0
        # 记录乌龟和兔子起始位置 x 轴的坐标
        # self.xt 表示乌龟的 x 轴坐标, self.xr 表示兔子的 x 轴坐标
        self.initUI()

    def initUI(self):
        self.tortoise = QLabel("<b>乌龟</b>", self)
        self.tortoise.setGeometry(self.xt, 20, 30, 30)
        …… # 兔子的代码与乌龟的代码类似, 为了节约篇幅, 这里进行了省略
            # 使用标签作为乌龟和兔子, 并设置乌龟和兔子标签的原始坐标和尺寸
        self.show()

    def running(self, runner):
        """
        跑步
        runner: 参数运动员, 该运动员可能是乌龟或兔子
        """
        if runner == self.tortoise:
            self.xt += 30 # 乌龟每移动一次, 其 x 轴坐标就增加 30px
            runner.move(self.xt, 20)
```

```
        …… # 省略兔子的代码

    def resetMatch(self):
        """重置比赛"""
        self.xt, self.xr = 0, 0 # 将乌龟和兔子的 x 轴坐标重置为 0
        self.tortoise.move(self.xt, 20)
        self.rabbit.move(self.xr, 80)

    def matchResults(self):
        """判断比赛结果，哪一方的 x 轴坐标先超过 500px，哪一方就获胜，之后重新开始比赛"""
        if self.xt >= 500:
            QMessageBox.information(self, "比赛结果", "恭喜乌龟获得胜利，比赛重新
开始！")
            self.resetMatch()
        …… # 省略兔子的代码

    def keyPressEvent(self, event):
        """重写按键事件"""
        if event.key() == Qt.Key.Key_D:        # 乌龟的按键
            self.running(self.tortoise)        # 每按一次按键，就移动一次乌龟
        elif event.key() == Qt.Key.Key_Right:  # 兔子的按键
            self.running(self.rabbit)          # 每按一次按键，就移动一次兔子
        self.matchResults()                    # 判断当前的比赛结果
        return super().keyPressEvent(event)
```

5.3.2　涂鸦板

本程序将实现通过鼠标在窗体上随意涂鸦。

1. 程序功能

在执行程序后，按住鼠标左键不释放可以在涂鸦板上随意写字，
如图 5-9 所示。如果对涂鸦效果不满意，则可以通过单击鼠标右键
来清除。

图 5-9　涂鸦板

2. 程序实现

完整程序位于本书配套资料的 PyQt6\chapter5\mousedraw.py 中，核心代码如下：

```
class drawingTablet(QWidget):
    def __init__(self):
        super().__init__()
        self.setFixedSize(800, 600)
        self.paths = [[]]
```

```python
        # 记录多组线段的坐标，列表中的每个元素表示一个列表，默认为空
        self.setWindowTitle("涂鸦板")

    def paintEvent(self, event):
        # 每次执行 update()方法时，都会调用绘图事件
        # 将存储的坐标按照二维列表的方式进行读取，并绘制成线段，即可实现如图 5-9 所示的效果
        painter = QPainter(self)
        painter.setPen(QPen(Qt.GlobalColor.red, 2))  # 红色，线宽为 2px
        for path in self.paths:
            for i in range(len(path)-1):
                painter.drawLine(path[i], path[i + 1])

    def mousePressEvent(self, event):
        if event.buttons() == Qt.MouseButton.LeftButton:
            self.paths[-1].append(event.pos())
            # 当按下鼠标左键后，意味着新线段的开始
            # 因此从 self.paths[-1]开始记录当前鼠标指针的坐标
        elif event.buttons() == Qt.MouseButton.RightButton:
            self.paths.clear()
            # 当按下鼠标右键后，清除窗体中的涂鸦，即删除所有坐标
        self.update()
        # 用于刷新当前窗体的图像。若不编写该方法，则无法显示线段

    def mouseMoveEvent(self, event):
        if event.buttons() == Qt.MouseButton.LeftButton:
            self.paths[-1].append(event.pos())
            # 当按住鼠标左键并移动鼠标时，记录每次移动的鼠标指针坐标
            self.update()

    def mouseReleaseEvent(self, event):
        self.paths.append([])
        # 当释放鼠标按键后，意味着旧线段的完成和新线段的开始
        # 因此需要为二维列表增加一个空白列表
```

第 6 章
信号与槽方法

信号与槽方法是 PyQt 的一个核心特征。在 GUI 编程中，当一个控件发生变化时，通常希望另一个控件能收到通知。不同的 GUI 框架实现这种通信的方式不同，有的采用回调方式，而 PyQt 则采用信号与槽方法机制。

6.1 信号与槽方法简介

在 PyQt 中，信号与槽方法是一种重要的编程机制，它们能够实现对象之间的通信。信号是由一个对象发出的特定事件，槽方法则是相应的事件处理方法。信号与槽方法一起形成了一个强大的编程机制。

一个槽方法可以连接多个信号，而一个信号可以连接到多个槽方法上（见图 6-1），甚至可以直接连接到另一个信号上（这将在第一个信号发出后立即发出第二个信号）。如果多个槽方法连接到同一个信号上，则当该信号被发送时，这些槽方法将按照连接顺序执行。

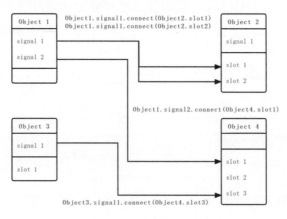

图 6-1　信号与槽方法模拟

在 PyQt 中，控件有许多预定义的信号，用户可以通过对控件进行子类化来添加自定义信号。同样地，PyQt 中的控件也有许多预定义的槽方法，可以连接到特定的信号上。但通常的做法是对控件进行子类化并添加自定义的槽方法。当信号被触发时，与之相关联的槽方法会自动执行。这种机制用于实现对象之间的信息传递、动态连接和事件响应等。

6.2　事件和信号与槽方法机制的共同点及区别

在 PyQt 中，事件和信号与槽方法机制都用于实现对象之间的通信，它们的共同点如下。

（1）基于 PyQt 的对象模型，通过对象之间的连接来实现通信。

（2）对象之间可以相互独立，同时易于维护和扩展。

（3）可以处理异步事件，从而提高程序的响应和并发能力。

它们的区别如下。

（1）事件通常用于处理操作系统级别的事件。对于键盘和鼠标事件，可以通过重写对象的事件处理方法来实现对事件的响应。

（2）信号与槽方法机制是一种高层次的事件驱动方法，信号是对象发出的通知，槽方法是收到信号后需要执行的操作。

总之，事件和信号与槽方法机制都是 PyQt 中非常重要的通信方式，仅适用场景不同。

6.3　内置信号与槽方法的使用方法

在 PyQt 中，许多控件已经定义了可以直接使用的信号，具体如下。

- QComboBox 类：它被定义为 activated(int)信号。当在下拉列表中选择选项时，将发出此信号，参数是索引。
- QLineEdit 类：它被定义为 textChanged(str)信号。当文本发生变化时，将发出此信号，参数是新的文本。

在 PyQt 中，使用 connect()方法可以实现信号与槽方法的连接，使用 disconnect()方法可以实现信号与槽方法的中断，用法如下：

```
connect(slot[,type=PyQt6.QtCore.Qt.AutoConnection[, no_receiver_check=
False]]) → PyQt6.QtCore.QMetaObject.Connection
```

上述代码用于将信号连接到槽方法上。如果连接失败，则会引发异常。

其中，主要参数如下。

- slot：需要连接的槽方法，它可以是 Python 可调用对象或另一个已绑定信号。
- type：需要连接的类型。

```
disconnect([slot])
```

上述代码用于断开一个或多个槽方法与信号的连接。如果槽方法未连接到信号上或信号根本没有连接，则会引发异常。

主要参数如下。

slot：需要断开连接的可选槽方法，它可以是由 connect() 方法返回的 connection 对象、Python 可调用对象或另一个已绑定信号。如果省略该参数，则会断开所有与该信号连接的槽方法。

6.3.1　默认参数内置信号与槽方法的使用方法

本节通过一个简单的示例来演示默认参数内置信号与槽方法的使用方法。在执行程序后，进度条可以随滑块的拖动而发生变化，如图 6-2 所示。

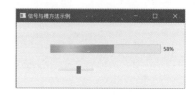

当滑块值发生变化时，将发出 valueChanged 信号，并且会将新的滑块值传递给槽方法，槽方法在收到滑块的新值后，会将进度条的当前值设置为该值。这样即可实现滑块与进度条的联动。

图 6-2　参数内置信号与槽方法示例

> 📢 提示　在 connect() 方法中，槽方法名称后面不带 ()。例如，代码写成这样是错误的：slider.valueChanged.connect(self.setProgress())

完整程序位于本书配套资料的 PyQt6\chapter6\simple.py 中，核心代码如下：

```
self.bar = QProgressBar(self)        # 建立进度条控件
slider = QSlider(self)               # 建立滑块控件
slider.setMaximum(100)               # 将滑块的最大值设置为 100
slider.setOrientation(Qt.Orientation.Horizontal)
# 滑块的滑动方向为水平方向（读者可以将其设置为垂直方向）
slider.valueChanged.connect(self.setProgress)

def setProgress(self, v):
    # 参数 v 用于接收 valueChanged 信号传递过来的滑块变化值
    self.bar.setValue(v)             # 设置进度条的进度值
```

6.3.2　自定义参数内置信号与槽方法的使用方法

6.3.1 节介绍了在产生信号后，如何将默认参数信号传递给槽方法。有时，很多信号所携带的参数并不符合需要。例如，一个显示数字的按钮 QPushButton 控件的 clicked(checked: bool =

False)信号，其参数的含义是判断按钮是否已经被单击。然而，在程序中，希望将按钮上显示的数字传递过来，这与需要不符。为了解决这个问题，可以采用如下办法。

1. 使用 lambda 函数

使用 lambda 函数可以解决这个问题，举例如下。

程序设计了一个简单的密码输入功能。当单击窗体中的按钮时，窗体上会显示该按钮上对应的数字，用于输入密码，如图 6-3 所示。如果密码输入错误，则可以通过单击鼠标右键来清除密码。正确的密码应该是 321，当输入正确密码时，会提示密码正确，如图 6-4 所示。

图 6-3 校对密码　　　　　　　　　　　图 6-4 密码正确

完整程序位于本书配套资料的 PyQt6\chapter6\simplePasswd.py 中，核心代码如下。QPushButton 控件的 clicked(checked: bool = False)信号本身不能传递按钮上显示的数字，但在connect()方法中，采用 lambda 函数的方式将每个按钮上显示的数字传递给槽方法。这样可以间接实现自定义参数内置信号的传递。

```python
class MyWidget(QWidget):
    def __init__(self):
        super().__init__()
        self.passwd = ""                        # 正在输入的密码
        self.correctPwd = "321"                 # 正确的密码
        self.initUI()

    def initUI(self):
        self.label = QLabel(self)
        pb1 = QPushButton("1", self)
        pb1.clicked.connect(lambda:self.getPwd("1")) # 传递 "1"
        …… # 另外两个按钮的代码与 pb1 的代码类似，此处省略
        self.show()

    def getPwd(self, pwd):
        self.passwd += pwd
        self.label.setText(f"当前密码: {self.passwd}")
        if self.passwd == self.correctPwd:              # 校验密码
```

```
            QMessageBox.information(self, "提示", "密码正确！")

    def mousePressEvent(self, event):
        if event.buttons() == Qt.MouseButton.RightButton:
            self.label.clear()          # 通过单击鼠标右键清除 QLabel 中的数字
            self.passwd = ""            # 清除存储当前输入密码的实例变量
```

2. 使用 sender()方法

修改上面程序中的部分代码后，sender()方法返回的是连接到该槽方法的信号发出对象（这里指按钮）；可以利用按钮上显示的数字或文字进行匹配和校验密码。完整程序位于本书配套资料的 PyQt6\chapter6\simplePasswd2.py 中，核心代码如下：

```
    pb1.clicked.connect(self.getPwd)
    pb2.clicked.connect(self.getPwd)
    pb3.clicked.connect(self.getPwd)


def getPwd(self):
    if self.sender().text() == "1":
        self.passwd += "1"
    elif self.sender().text() == "2":
        self.passwd += "2"
    elif self.sender().text() == "3":
        self.passwd += "3"
    self.label.setText(f"当前密码: {self.passwd}")
    if self.passwd == self.correctPwd:
        QMessageBox.information(self, "提示", "密码正确！")
```

6.3.3　多控件内置信号与槽方法的使用方法

6.3.1 节和 6.3.2 节针对数量有限的按钮进行信号与槽方法的连接，但是如果控件较多，如有 100 个按钮，那么为每个按钮编写信号与槽方法的连接代码会非常麻烦。这时，可以使用 QSignalMapper 类（位于 PyQt6.QtCore 模块中）进行多控件内置信号与槽方法的映射管理。

QSignalMapper 类用于捆绑来自不同发送方的信号。该类支持使用 setMapping()方法将特定字符串、整数、对象和控件与特定对象进行映射，并且可以将对象的信号连接到 map()槽方法上。该槽方法将发出一个信号（可以是 mappedInt、mappedObject 和 mappedString），其值与原始信号发出对象相关联。映射可以使用 removeMappings()方法来删除。

1. 3 种信号的说明

3 种信号的说明如下。

- mappedInt(int)：当 QSignalMapper 类的 map()槽方法被调用，并且调用它的对象具有整数映射时，将发出此信号，传递的参数为 int 类型数据。

- mappedObject(QObject)：当 QSignalMapper 类的 map()槽方法被调用，并且调用它的对象具有对象映射时，将发出此信号，传递的参数为 QObject 类型对象。
- mappedString(str)：当 QSignalMapper 类的 map()槽方法被调用，并且调用它的对象具有字符串映射时，将发出此信号，传递的参数为 str 类型数据。

2. 举例说明

下面仍通过一个校验密码的例子来说明多控件内置信号与槽方法的使用方法。窗体共包含 12 个按钮，前 10 个按钮是数字 0~9，第 11 个按钮是后退按钮（删除输入错误的按钮），第 12 个按钮是全部清除按钮。每单击一次按钮，窗体上会显示该按钮上对应的内容，如图 6-5 所示。当输入正确密码后，会给出提示信息，如图 6-6 所示。

图 6-5　显示内容　　　　　　　　　　　　　图 6-6　提示信息

完整程序位于本书配套资料的 PyQt6\chapter6\passwd.py 中，核心代码如下。

本程序使用 setMapping()方法将按钮对象与数字进行映射，将按钮的 clicked 信号与 QSignalMapper 对象的 map()槽方法进行连接。

```python
class MyWidget(QWidget):
    def __init__(self):
        super().__init__()
        self.passwd = ""
        self.correctPwd = "321"
        self.initUI()

    def initUI(self):
        self.label = QLabel(self)
        signal_mapper = QSignalMapper(self)   # 构建信号映射
        for i in range(12):                    # 将按钮放到布局中
            button = QPushButton(f"{i}")
            …… # 省略控件布局代码
            signal_mapper.setMapping(button, i)
            # 使用 setMapping()方法将按钮对象与数字进行映射
            button.clicked.connect(signal_mapper.map)
            # 将按钮的 clicked 信号与 QSignalMapper 对象的 map()槽方法进行连接
        signal_mapper.mappedInt.connect(self.getPwd)
```

```
# 当单击数字按钮时, 发出 mappedInt 信号并连接按钮与槽方法


def getPwd(self, index):
    if 0 <= index <= 9:
        # 当传递的索引是 0~9 时, 构建与校验输入的密码
        self.passwd += str(index)
        self.label.setText(f"当前密码: {self.passwd}")
        if self.passwd == self.correctPwd:
            QMessageBox.information(self, "提示", "密码正确! ")
    elif index == 10:              # 删除当前输入密码的最后一位
        self.passwd = self.passwd[0:-1]
        self.label.setText(f"当前密码: {self.passwd}")
    elif index == 11:
        self.label.clear()         # 清除全部密码
        self.passwd = ""
```

6.4　自定义信号与槽方法的使用方法

6.3 节介绍了 PyQt 多控件内置信号与槽方法的使用方法, 但有时内置信号并不能满足使用需求, 此时可以构建自定义信号。

在 PyQt 中, 使用 pyqtSignal (位于 PyQt6.QtCore 模块中) 可以构建自定义信号, 方法如下:

```
PyQt6.QtCore.pyqtSignal(types[, name[, revision=0[, arguments=[]]]])
```

主要参数如下。

- types: 用于指定信号的参数类型。
- name: 可选参数, 用于定义信号的名称。
- revision: 用于指定信号的版本号。
- arguments: 用于指定字符串形式的参数名称。

在构建自定义信号后, 在需要时使用 emit()方法发送该信号即可。

6.4.1　无参数自定义信号与槽方法的使用方法

在下面的例子中, 构建了两个类: MyCustomSignal 和 Example。其中, MyCustomSignal 类中仅包含一个自定义信号 diy_signal。在执行程序后, 单击窗体中的按钮, 将发出 MyCustomSignal 类的对象 my_custom_signal 的 diy_signal 信号; diy_signal 信号将连接到槽方法 show_signal 上, 从而实现在窗体上显示 "收到自定义信号!" 信息, 如图 6-7 所示。

图 6-7　显示信息

完整程序位于本书配套资料的 PyQt6\chapter6\diysignalNopar.py 中，核心代码如下。

下面代码的核心在于首先使用 pyqtSignal 构建信号，然后在合适的地方发出该信号，最后将信号与槽方法进行连接。需要注意的是，MyCustomSignal 类必须继承 QObject 类。

```python
class MyCustomSignal(QObject):
    diy_signal = pyqtSignal()  # 自定义信号


class Example(QWidget):
    def __init__(self):
        super().__init__()
        self.initUI()

    def initUI(self):
        btn = QPushButton("发送自定义信号", self)
        btn.clicked.connect(self.btn_click)
        self.label = QLabel(self)  # 创建一个 QLabel 控件，用于显示信号
        …… # 省略部分代码
        self.my_custom_signal = MyCustomSignal() # 自定义信号类的对象
        self.my_custom_signal.diy_signal.connect(self.show_signal)
        # 将自定义信号与槽方法 show_signal 进行连接

    def btn_click(self):
        self.my_custom_signal.diy_signal.emit()  # 发送自定义信号

    def show_signal(self):
        self.label.setText("收到自定义信号!")
```

6.4.2　带参数自定义信号与槽方法的使用方法

在 6.4.1 节的例子中，自定义的信号不带参数，但实际上经常使用带参数的自定义信号。在下面的例子中，窗体包含 5 个按钮。单击前两个按钮后将发送信号，并分别传递 int 类型和 str 类型的参数（见图 6-8）；单击第 3 个按钮后，将传递两个不同类型的参数（见图 6-9）；单击第 4 个和第 5 个按钮后，将传递重载信号参数（见图 6-10）。

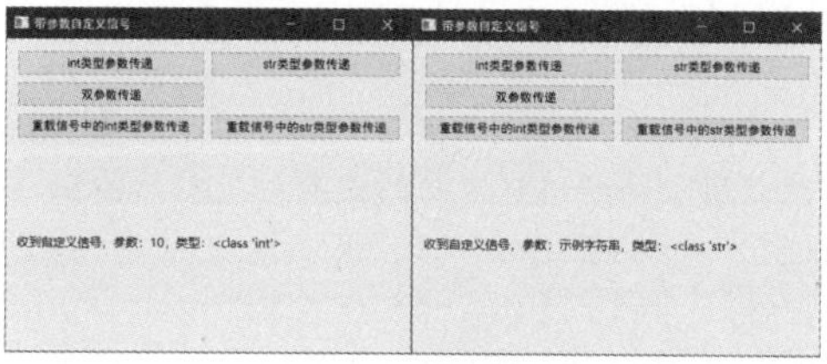

图 6-8 int 类型与 str 类型参数的传递

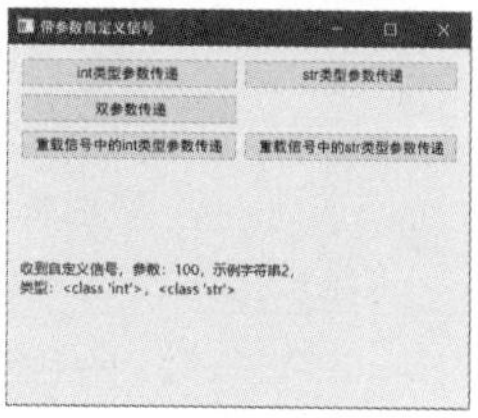

图 6-9 双参数的传递

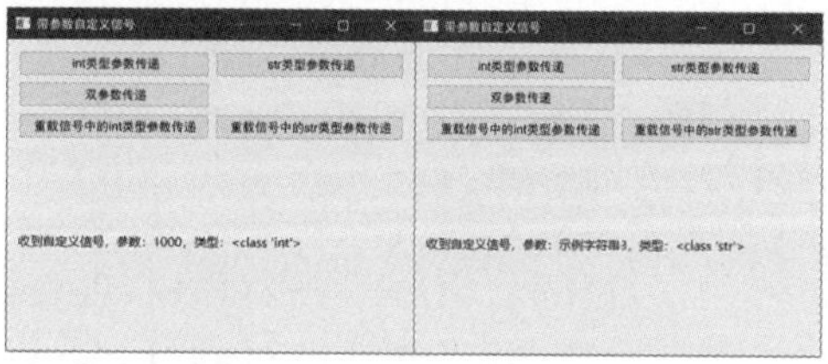

图 6-10 重载信号参数的传递

提示 重载信号是指在一个信号名下定义了多个信号方法。这些信号方法的参数列表不同，但是信号触发时机和信号名称相同。因此，重载信号可以被看作方法重载的一种特殊情况。

完整程序位于本书配套资料的 PyQt6\chapter6\diysignalPar.py 中，核心代码如下。

注意：重载信号 diy_signal_int_str2 无论传递的是 int 类型的参数还是 str 类型的参数，都可以使用 diy_signal_int_str2 信号的名称，这是重载信号一大的特点。

```python
class MyCustomSignal(QObject):
    diy_signal_int = pyqtSignal(int)              # 单参数信号
    diy_signal_str = pyqtSignal(str)              # 单参数信号
    diy_signal_int_str = pyqtSignal(int, str)     # 双参数信号
    diy_signal_int_str2 = pyqtSignal([int], [str]) # 重载信号


class Example(QWidget):
    def __init__(self):
        super().__init__()
        self.initUI()

    def initUI(self):
        self.resize(400, 300)
        self.setWindowTitle("带参数自定义信号")
        bt_int = QPushButton("int 类型参数传递", self)
        bt_str = QPushButton("str 类型参数传递", self)
        bt_int_str = QPushButton("双参数传递", self)
        bt_int_str2_int = QPushButton("重载信号中的 int 类型参数传递", self)
```

```
            bt_int_str2_str = QPushButton("重载信号中的 str 类型参数传递", self)
            self.label = QLabel(self)
            …… # 省略有关布局等部分代码
            # lambda 函数可以传递不同的数值，用于区分用户单击的是哪种类型的按钮
            bt_int.clicked.connect(lambda: self.btn_click(0))
            bt_str.clicked.connect(lambda: self.btn_click(1))
            bt_int_str.clicked.connect(lambda: self.btn_click(2))
            bt_int_str2_int.clicked.connect(lambda: self.btn_click(3))
            bt_int_str2_str.clicked.connect(lambda: self.btn_click(4))
            self.my_custom_signal = MyCustomSignal()
    self.my_custom_signal.diy_signal_int.connect(self.show_signal)
    self.my_custom_signal.diy_signal_str.connect(self.show_signal)
    self.my_custom_signal.diy_signal_int_str.connect(self.show_signal_2)
    self.my_custom_signal.diy_signal_int_str2[int].connect(self.show_signal)
    self.my_custom_signal.diy_signal_int_str2[str].connect(self.show_signal)
    # 最后两个信号的名称相同，但是传递的参数类型不同


        def btn_click(self, p):
            if p == 0:
                self.my_custom_signal.diy_signal_int.emit(10)
            elif p == 1:
                self.my_custom_signal.diy_signal_str.emit("示例字符串")
            elif p == 2:
                self.my_custom_signal.diy_signal_int_str.emit(100, "示例字符串2")
            elif p == 3:
                self.my_custom_signal.diy_signal_int_str2[int].emit(1000)
            elif p == 4:
                self.my_custom_signal.diy_signal_int_str2[str].emit("示例字符串
3") # 当p为3或4时，发出的信号名称相同，但携带的参数类型不同


        def show_signal(self, p):
            self.label.setText(f"收到自定义信号，参数：{p}，类型：{type(p)}")


        def show_signal_2(self, p1, p2):
            self.label.setText(f"收到自定义信号，参数：{p1}，{p2}，\n 类型：{type(p1)}，
{type(p2)}")
```

　　为了节省篇幅，上面的代码中省略了布局部分代码。在 6.4.1 节和 6.4.2 节中，自定义信号是定义在另外一个类中的。实际上，也可以将信号的定义放到同一个类中，但是信号定义应该放在初始化方法之前，代码如下：

```
class Example(QWidget):
```

```
diy_signal = pyqtSignal()                    # 定义一个自定义信号

def __init__(self):
    super().__init__()
    self.initUI()

def initUI(self):
    btn = QPushButton("发送自定义信号", self)
    btn.clicked.connect(self.btn_click)
    self.label = QLabel(self)   # 创建一个 QLabel 控件, 用于显示信号
    # 将自定义信号连接到 QLabel 控件的槽方法中
    self.diy_signal.connect(self.show_signal)

def btn_click(self):
    self.diy_signal.emit()                    # 发送自定义信号

def show_signal(self):
    self.label.setText("收到自定义信号!")   # 在 QLabel 控件中显示自定义信号
```

6.5 带装饰器槽方法的使用方法

在 PyQt 中, 使用 connect()方法可以将 Python 函数作为槽方法来连接信号, 但有时可以使用 @pyqtSlot()装饰器 (位于 PyQt6.QtCore 模块中) 来构建槽方法, 这样可以提高代码的可读性和性能。

> **提示** 在使用@pyqtSlot()装饰器时, PyQt 会使用元对象系统来优化 Python 函数, 以缩短信号的连接和断开时间。此外, 该装饰器还可以防止在运行时由错误的参数类型等问题导致的槽方法连接错误。

pyqtSlot()方法的语法格式如下:

```
PyQt6.QtCore.pyqtSlot(types[, name[, result[, revision=0]]])
```

主要参数如下。

- types: 每个类型可以是 Python 类型对象。
- name: 使 C++识别槽方法的名称。如果省略该参数, 将使用正在修饰的 Python 方法的名称。

构建槽方法的格式如下:

```
@pyqtSlot(参数)
def on_发送信号的对象名称_发送信号的名称(self, 参数):
```

　　需要注意的是，对象名称和信号名称一定要准确，否则将无法触发信号与槽方法。对象名称可使用 setObjectName(str)方法来确定，参数是设定的对象名称。

　　程序举例如下，代码中没有使用用于连接信号与槽方法的 connect()方法。当执行程序时，单击"按钮 1"或"按钮 2"按钮，窗体上将显示相应的信息，如图 6-11 所示；当在输入栏中输入字符时，窗体会随之显示相应的字符，如图 6-12 所示。

图 6-11　单击按钮

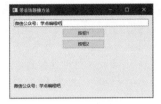

图 6-12　输入字符

完整程序位于本书配套资料的 PyQt6\chapter6\decoratorSlot.py 中。

```
from PyQt6.QtCore import pyqtSlot, QMetaObject
# pyqtSlot 用于构建槽方法，QMetaObject 用于实现 PyQt 中对象信号与槽方法的自动绑定
class MyWidget(QWidget):
    def __init__(self):
        super().__init__()
        self.initUi()

    def initUi(self):
        line = QLineEdit(self)
        line.setObjectName("lineinput")
        # 设置输入栏的对象名称"lineinput"
        btn1 = QPushButton("按钮 1", self)
        btn1.setObjectName("button1")  # 设置按钮对象名称
        btn2 = QPushButton("按钮 2", self)
        btn2.setObjectName("button2")
        self.label = QLabel(self)
        self.show()
        QMetaObject.connectSlotsByName(self)
        # 自动绑定对象的信号与槽方法，绑定的依据是对象的名称。必须编写这段代码

    @pyqtSlot()  # 使用装饰器来构建槽方法
    def on_button1_clicked(self):
        self.label.setText("收到"按钮 1"的单击信号")
        # 若单击按钮后产生 clicked 信号，则窗体的 QLabel 对象中将显示相应内容
```

```
@pyqtSlot()
def on_button2_clicked(self):
    self.label.setText("收到"按钮2"的单击信号")


@pyqtSlot(str)
def on_lineinput_textChanged(self, text):
    self.label.setText(text)
    # 当输入栏中的内容发生变化时, 在窗体的 QLabel 对象中显示相应内容
```

在上述程序中, 之所以不使用 connect()方法也能实现信号与槽方法的连接, 是因为使用了 QMetaObject.connectSlotsByName()方法。该方法能够实现 PyQt 中对象信号与槽方法的自动绑定。其中, QMetaObject (元对象) 是 PyQt 的一个特殊机制, 主要提供 QObject 类继承层次结构的运行时类型信息, 包括对象的属性、方法、信号与槽方法等; 元对象系统是 PyQt 实现信号与槽方法机制的基础, 也是 PyQt 能够提供诸多高级功能的关键。

6.6 实现界面与功能的分离

之前编写的 PyQt 程序总是将控件的界面设计和功能实现放到同一个程序中, 虽然这种写法比较方便, 但是缺点很明显: 每次界面设计发生变化时, 可能需要调整相应的功能。为了解决这个问题, 可以采用将界面设计与功能分离的方法。

6.6.1 采用 Eric 7 实现界面与功能的分离

在 Eric 7 中, 实现界面与功能的分离十分方便, 只需简单几步即可。假设在 Eric 7 中已经存在如图 6-13 所示的 UI 文件。

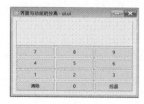

图 6-13 UI 文件

按照以下步骤进行操作。

（1）在 UI 文件上单击鼠标右键, 在弹出的右键菜单中选择 "Generate Dialog Code..." 命令（见图 6-14）, 生成对话框代码。

（2）在窗体代码生成器中, 单击 "New..." 按钮, 在弹出的 "New Dialog Class" 对话框中设置 "Classname" 和 "Filename" 选项（见图 6-15）, 单击 "确定" 按钮, 新建功能文件。

图 6-14　选择命令

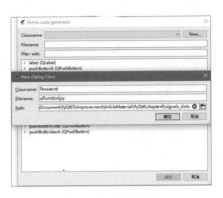

图 6-15　设置选项

（3）选择程序中需要使用的控件，以及该控件产生的 clicked 信号，如图 6-16 所示。

这样将自动生成与界面相关的功能文件 uiFunction.py。使用 Eric 7 可以非常方便地根据控件的信号生成功能文件。

> 📢 提示　对于控件较多的 UI 文件，在设计时一定要设定清楚每个控件的名称，否则在生成对话框代码时，程序会搞不清具体每个控件的作用。

打开自动生成的 uiFunction.py 文件，如图 6-17 所示。

图 6-16　选择控件和信号

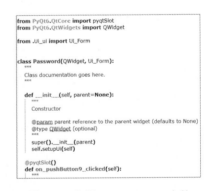

图 6-17　打开 uiFunction.py 文件

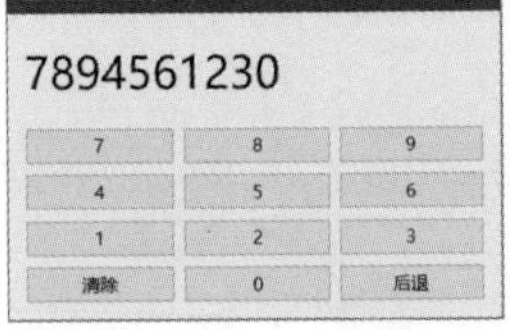

这样的文件不能直接拿来使用，需要根据个人需要进行修改。假设需要达到如下目的：当单击不同的数字按钮后，窗体上会显示不同的数字组合；当单击"清除"按钮后，将删除数字组合；当单击"后退"按钮后，将删除最后一位数字。程序示例如图 6-18 所示。

图 6-18　程序示例

修改后的完整程序位于本书配套资料的 PyQt6\chapter6\signals_slots\uiFunction.py 中，核心代码如下（加粗部分代码是修改后的代码）。

自动生成的代码在 Ui_ui 前面有一个点 ".", 但由于 uiFunction.py 作为执行文件, 这会导致出现如下错误:

ImportError: attempted relative import with no known parent package

将 "." 去掉即可。

```python
import sys
from PyQt6.QtCore import pyqtSlot
from PyQt6.QtWidgets import QWidget, QApplication
from Ui_ui import Ui_Form

class Password(QWidget, Ui_Form):
    def __init__(self, parent=None):
        super().__init__(parent)
        self.setupUi(self)  # 载入 UI 设计
        self.num = ""  # 记录当前的数字组合

    @pyqtSlot()
    def on_pushButton9_clicked(self):
        self.num += "9"  # 当单击数字按钮后，会将数字添加到数字组合字符串中
        self.label.setText(self.num)
        # 在窗体的 Qlabel 对象上显示被单击按钮上的内容
        ......
        # 省略类似代码

    @pyqtSlot()
    def on_pushButtonClear_clicked(self):
        self.num = ""  # 实现删除数字组合功能
        self.label.setText(self.num)

    @pyqtSlot()
    def on_pushButtonback_clicked(self):
        self.num = self.num[0:-1]  # 实现删除最后一位数字功能
        self.label.setText(self.num)

if __name__ == "__main__":
    app = QApplication(sys.argv)
    pwd = Password()
    pwd.show()
    sys.exit(app.exec())
```

6.6.2 采用单继承方式实现界面与功能的分离

在 6.6.1 节中,实现的界面与功能分离采用的是多继承方式,即 Password 类继承了 QWidget 和 Ui_Form 两个基类,其中 Ui_Form 类是设计的用户界面类。

```
class Password(QWidget, Ui_Form):
    def __init__(self, parent=None):
        super().__init__(parent)
```

除了可以使用多继承方式实现界面与功能的分离,还可以使用单继承方式来实现。

修改后的完整程序位于本书配套资料的 PyQt6\chapter6\signals_slots\uiFunctionSingleInheritance. py 中,核心代码如下(注意加粗部分代码):

```
class Password(QWidget):
    def __init__(self, parent=None):

        super().__init__(parent)
        self.ui = Ui_Form()
        self.ui.setupUi(self)
        ......
```

在上述程序中,将 Ui_Form 类放到了初始化方法中,同时使用属性 self.ui 的对象实现界面。在后续代码中,界面中的控件均以 self.ui 作为前缀。

6.6.3 多继承与单继承方式的对比

多继承方式和单继承方式都可以实现界面与功能的分离,但两者存在区别,具体如下。

(1)多继承方式可以使用 Eric 7 中的工具来自动生成生成对话框代码,非常方便,而单继承无法实现该功能。

(2)多继承虽然可以方便地使用用户界面类中的控件对象,但过于开放,不完全符合面向对象编程中的低耦合和高内聚思想。

(3)单继承方式简单直观,只有一个基类。但是,在添加复杂的功能时,单继承方式可能会导致子类的代码过于臃肿。多继承方式更加灵活,但容易引起命名冲突等问题。

在选择采用哪种方式时,可以根据具体功能需求和复杂度等因素进行考虑和权衡。本书采用由 Eric 7 自动生成的多继承方式来实现界面和功能的分离。

6.7 跨线程信号与槽方法的使用方法

进程是操作系统中的基本执行单位,线程是进程中的一个执行单位。在 PyQt 中,每个线程都是一个 QThread 对象。多线程之间可以利用信号与槽方法机制实现通信。

　　下面通过一个简单的程序进行举例。在执行程序后，单击"启动"按钮，会启动一个新的线程，该线程将模拟一个耗时操作，并不断地发送当前进度的信号；主线程在收到该信号后，会在窗体上显示当前模拟进度，同时禁用按钮。当子线程完成工作后，会向主线程发送完成信号；主线程在收到该信号后，将重新启用按钮，并等待启动新的线程，如图 6-19 所示。

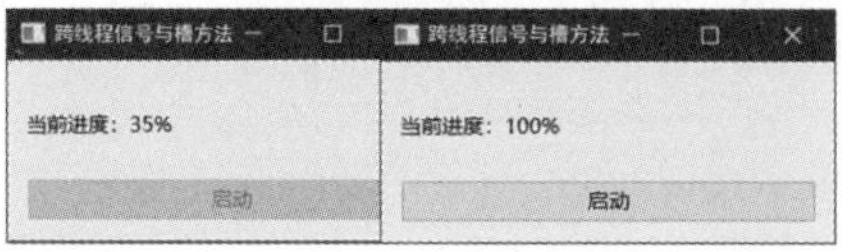

图 6-19　跨线程信号与槽方法的使用方法

　　完整程序位于本书配套资料的 PyQt6\chapter6\thread_signal_slot.py 中，核心代码如下。

【代码片段 1】

　　创建一个自定义线程 Worker，并创建两个自定义信号 finished 和 progress。其中，finished 信号会在线程中的耗时工作结束后发送，progress 信号用于发送耗时工作的当前进度。

```python
class Worker(QThread):
    finished = pyqtSignal()  # 线程的自定义信号
    progress = pyqtSignal(int)

    def run(self):
        for i in range(101):
            time.sleep(0.1)
            self.progress.emit(i)
        self.finished.emit()
```

【代码片段 2】

```python
class myWindow(QWidget):
    def __init__(self):
        super().__init__()
        self.initUI()

    def initUI(self):
        self.label = QLabel(f"当前进度：0%", self)
        self.button = QPushButton("启动")
        self.button.clicked.connect(self.begin)

    def begin(self):
        self.button.setEnabled(False)
        self.worker = Worker(self)
```

```
        self.worker.start()
        # 在单击“启动”按钮后，将创建新的线程，同时禁用该按钮
        self.worker.progress.connect(self.updateLabel)   # 收到进度信号
        self.worker.finished.connect(self.finishWork)    # 收到完成信号

    def updateLabel(self, value):
        # 窗体中的 QLabel 对象将显示当前的工作进度
        self.label.setText(f"当前进度: {value}%")

    def finishWork(self):
        self.worker.deleteLater
        self.button.setEnabled(True)
        # 在新线程工作结束后，删除线程并启用按钮
```

在执行程序后，多出了一个新线程，如图 6-20 所示。

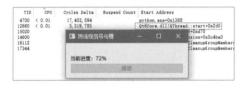

图 6-20　多出的新线程

使用信号与槽方法机制可以十分方便地进行跨线程通信，从而及时了解耗时工作进展情况。关于线程的更多知识，请参考本书第 14 章。

6.8　多窗体值的传递

在不同窗体之间经常需要传递数据，如获取对话框返回的内容等。通过如下两种方式可以实现多窗体值的传递。

6.8.1　使用信号与槽方法机制传递多窗体值

图 6-21　多窗体值的传递

这里通过程序进行举例。在执行程序后，单击“打开子对话框”按钮，在弹出的对话框中输入任意字符，单击“发送”按钮，主窗体中即可显示相应内容，如图 6-21 所示。若单击“取消”按钮，则不会发送任何内容。

子对话框中的自定义信号负责发送输入栏中的内容，而主窗体在收到信号后负责将信号中的内容显示出来。

完整程序位于本书配套资料的 PyQt6\chapter6\multiformSignal.py 中，核心代码如下：

```python
class SubWidget(QDialog):
    send_text = pyqtSignal(str)  # 自定义一个可以传递字符串的信号 send_text

    def __init__(self, Parent=None):
        super().__init__(Parent)
        self.initUI()

    def initUI(self):
        self.line_edit = QLineEdit(self)
        sendbt = QPushButton("发送", self)
        bt = QPushButton("取消", self)
        sendbt.clicked.connect(self.send2main)
        bt.clicked.connect(self.reject)    # 单击"取消"按钮将关闭对话框

    def send2main(self):
        ntext = self.line_edit.text()
        self.send_text.emit(ntext)         # 发送 send_text 信号
        self.accept()                      # 单击"发送"按钮将关闭对话框

class MainWidget(QWidget):
    def __init__(self):
        super().__init__()
        self.initUI()

    def initUI(self):
        self.label = QLabel(self)
        button = QPushButton("打开子对话框", self)
        button.clicked.connect(self.open_subwindow)

    def open_subwindow(self):
        sub_window = SubWidget(self)
        sub_window.send_text.connect(self.receive_text)
        # 在收到 send_text 信号后，将触发 receive_text 槽方法
        sub_window.exec()                  # 生成对话框

    def receive_text(self, text):
        self.label.setText(f"收到的对话框信息：{text}")
        # 将信号中的内容显示在窗体的 QLabel 对象中
```

以上是使用信号与槽方法机制实现多窗体值传递的基本流程。

6.8.2 使用 QSettings 类传递多窗体值

除了可以使用信号与槽方法机制传递多窗体值,还可以使用 QSettings 类(位于 PyQt6.QtCore 模块中)进行传递。QSettings 是 PyQt 中的一个类,主要用于保存和读取应用程序的配置信息。使用 QSettings 类可以将应用程序设置保存在注册表、INI 文件或 XML 文件等不同的存储介质中。

QSettings 类的基本使用方法如下。

(1)创建 QSettings 对象,并指定配置文件的位置和名称。例如:

```
settings = QSettings("Myapp", "Multiform")
```

上面的代码会在注册表中创建一个路径为 "HKEY_CURRENT_USER\SOFTWARE\Myapp\Multiform" 的分支,用于保存应用程序的配置信息。

(2)通过 QSettings 对象提供的不同方法来操作保存在配置文件中的各种配置信息。例如:

```
settings.setValue("info", "微信公众号--学点编程吧")
```

上面的代码会将字符串 "微信公众号--学点编程吧" 保存在名为 "info" 的配置项中,如图 6-22 所示。

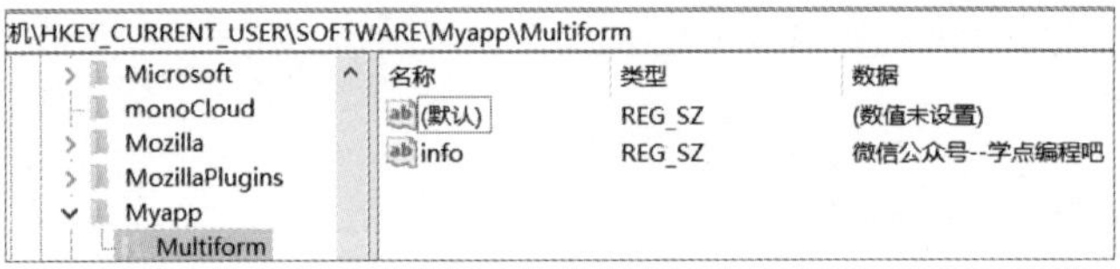

图 6-22 配置项

(3)当再次启动程序时,可以通过调用 QSettings 类的 value()方法来获得 info 配置项的值。例如:

```
settings.value("info")
```

QSettings 类提供了一种灵活的方法,用于存储和读取应用程序的配置信息,操作非常方便。将 6.8.1 节中的程序修改为在弹出对话框后,创建 QSettings 对象;只有在子对话框中单击 "发送" 按钮,而不是 "取消" 按钮后,才从 QSettings 对象的 info 配置项中获取数据。

完整程序位于本书配套资料的 PyQt6\chapter6\multiformShare.py 中,核心代码如下:

```
class SubWidget(QDialog):
    def __init__(self, settings, Parent=None):
        super().__init__(Parent)
        self.settings = settings # 将 QSettings 对象作为子对话框中的实例变量
        self.initUI()

    def initUI(self):
        self.line_edit = QLineEdit(self)
```

```
        sendbt = QPushButton("发送", self)
        sendbt.clicked.connect(self.send2main)

    def send2main(self):
        ntext = self.line_edit.text()
        self.settings.setValue("info", ntext)
        # 将输入栏的内容存入 QSettings 对象的 info 配置项

class MainWidget(QWidget):
    def __init__(self):
        super().__init__()
        self.initUI()

    def initUI(self):
        button.clicked.connect(self.open_subwindow)

    def open_subwindow(self):
        settings = QSettings("Myapp", "Multiform")
        sub_window = SubWidget(settings, self)
        res = sub_window.exec()
        if res == 1:  # 当 res 为 1 时，表示单击了子对话框中的"发送"按钮
            self.label.setText(f"收到的对话框信息：{settings.value('info')}")
```

以上是 PyQt 6 中传递多窗体值的两种方式。

第 7 章
布局管理

PyQt 布局系统提供了一种简单且强大的方法来自动排列控件,以确保这些控件可以充分利用可用空间。如果没有进行布局,那么随意改变控件尺寸可能会导致子控件无法完全显示,这将严重影响用户的使用体验。因此,学习布局有助于使整个软件系统更加美观和实用。

7.1 绝对位置

在控件中,以 px 为单位为每个子控件指定所在位置。使用绝对位置定位每个子控件会导致一系列的问题。例如,在调整控件尺寸时,子控件的尺寸和位置不会随之改变;在不同操作系统上,程序的显示效果也可能有所不同;当在程序中更改字体时,可能会破坏布局等。

图 7-1 绝对位置布局

在下面的程序中,3 个按钮使用绝对位置在窗体中布局,当改变窗体尺寸后,会导致严重的后果——按钮"布"被遮挡了,如图 7-1 所示。

完整程序位于本书配套资料的 PyQt6\chapter7\absoluteLayout.py 中,核心代码如下。其中,使用 move()方法及 x 和 y 坐标来定位按钮。坐标系的原点位于左上角。x 值(横坐标)从左到右增加,y 值(纵坐标)保持不变,以确保按钮位于同一行。

```python
bt1 = QPushButton("剪刀",self)
bt1.move(50,250)
bt2 = QPushButton("石头",self)
bt2.move(150,250)
bt3 = QPushButton("布",self)
bt3.move(250,250)
```

7.2　布局系统

使用绝对位置来定位控件会带来许多问题，PyQt 的布局系统正是为了解决该问题而设计的。

布局系统主要分为 4 种布局方式：箱式布局、网格布局、表单布局和堆栈布局。这 4 种布局方式均位于 PyQt6.QtWidgets 模块中。其中，箱式布局又可以分为水平箱式布局和垂直箱式布局。

7.2.1　QBoxLayout 类——箱式布局

箱式布局是简单且常用的布局方法。

1. 箱式布局的方式

箱式布局将控件中的子控件按照水平或垂直的方式进行布局。

（1）若采用水平箱式布局，则可以直接使用 QBoxLayout 类的子类 QHBoxLayout。

（2）若采用垂直箱式布局，则可以直接使用 QBoxLayout 类的子类 QVBoxLayout。

在创建 QBoxLayout 对象时，可以直接指定布局方向为 LeftToRight（从左到右）、RightToLeft（从右到左）、TopToBottom（从上到下）或 BottomToTop（从下到上）。指定布局方向如图 7-2 所示，注意数字的排列顺序。

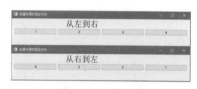

图 7-2　指定布局方向

完整程序位于本书配套资料的 PyQt6\chapter7\layoutDirection.py 中，核心代码如下：

```
bt1 = QPushButton("1",self)
bt2 = QPushButton("2",self)
bt3 = QPushButton("3",self)
bt4 = QPushButton("4",self)
layout = QBoxLayout(QBoxLayout.Direction.LeftToRight, self) #从左到右
# layout = QBoxLayout(QBoxLayout.Direction.RightToLeft, self) #从右到左
layout.addWidget(bt1)
layout.addWidget(bt2)
layout.addWidget(bt3)
layout.addWidget(bt4)
self.setLayout(layout)  # 设置布局方式
```

2. 箱式布局中的常用方法

箱式布局中常用的 4 个方法如下。

- addWidget(QWidget, stretch, alignment)：将小控件添加到布局中，其中 stretch 为拉伸系数，alignment 为对齐方式。

- addSpacing(int)：创建一个空白间隔。
- addStretch(stretch: int = 0)：创建一个可拉伸的空白间隔。
- addLayout(QLayout, stretch: int = 0)：添加布局，并设置该布局的拉伸系数。

3. 设置箱式布局边距宽度的方法

设置箱式布局边距宽度的方法如下。

- setContentMargins()：用于设置控件每侧外边框的宽度。
- setSpacing()：用于设置相邻框之间的宽度。

> 📖 提示　在大多数 PyQt 样式中，子控件的默认边距是 9px，窗体的默认边距是 11px，间距默认为与顶级布局的边距宽度相同或与父布局相同。

图 7-3 显示的是在 Qt 设计师中，调整边距宽度后的布局，其中 Left 和 Right 为 40px，Top 和 Bottom 为 70px。

图 7-3　调整边距宽度后的布局

4. 箱式布局的简单举例

下面举两个简单的例子来介绍箱式布局。

第 1 个例子是使用 addStretch()方法实现箱式布局，效果如图 7-4 所示。

从图 7-4 中可以看到，按钮之间的间隔比例分别是 1：2：3，这个比例不会随着窗体尺寸的变化而变化，直到窗体尺寸被压缩到只能容纳按钮的尺寸为止（类似于弹簧被压到了极限），如图 7-5 所示。

图 7-4　箱式布局效果 1　　　　　图 7-5　只能容纳按钮尺寸的状态

完整程序位于本书配套资料的 PyQt6\chapter7\stretch.py 中，核心代码如下：

```python
bt1 = QPushButton("1",self)
bt2 = QPushButton("2",self)
bt3 = QPushButton("3",self)
bt4 = QPushButton("4",self)
layout = QHBoxLayout(self)
```

```
layout.addWidget(bt1)      # 增加一个按钮
layout.addStretch(1)       # 增加拉伸系数：1
layout.addWidget(bt2)
layout.addStretch(2)       # 增加拉伸系数：2
layout.addWidget(bt3)
layout.addStretch(3)       # 增加拉伸系数：3
layout.addWidget(bt4)
self.setLayout(layout)     # 设置布局方式
```

第 2 个例子是使用 addSpacing() 方法实现箱式布局，效果如图 7-6 所示。

图 7-6　箱式布局效果 2

addSpacing() 方法会使按钮之间保持固定间距，这个固定间距不会随着窗体尺寸的变化而变化。完整程序位于本书配套资料的 PyQt6\chapter7\spacing.py 中，核心代码如下：

```
bt1 = QPushButton("1",self)
bt2 = QPushButton("2",self)
bt3 = QPushButton("3",self)
bt4 = QPushButton("4",self)
layout = QHBoxLayout(self)
layout.addWidget(bt1)  # 增加一个按钮
layout.addSpacing(20)  # 增加一个空白间距，距离为20px
layout.addWidget(bt2)
layout.addSpacing(40)  # 增加一个空白间隔，距离为40px
layout.addWidget(bt3)
layout.addSpacing(80)  # 增加一个空白间隔，距离为80px
layout.addWidget(bt4)
self.setLayout(layout)
```

7.2.2　QGridLayout 类——网格布局

网格布局也被称为栅格布局，它将控件放入一个网状的栅格。网格布局可以将提供给它的空间合理地划分成若干个行（Row）和列（Column）。行和列交叉所划分出来的空间被称为单元格（Cell）。每个控件均被放置在合适的单元格中。网格布局中使用的坐标如图 7-7 所示。

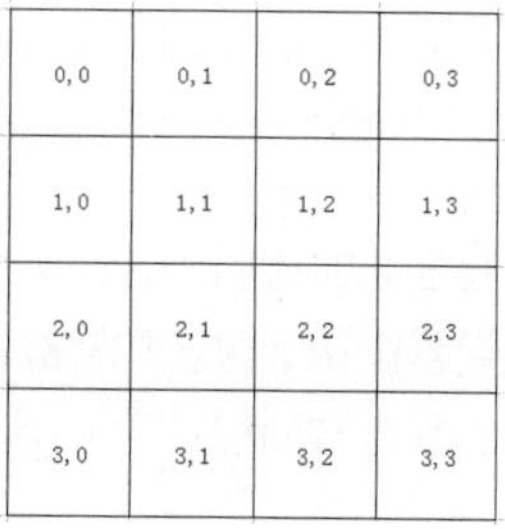

0, 0	0, 1	0, 2	0, 3
1, 0	1, 1	1, 2	1, 3
2, 0	2, 1	2, 2	2, 3
3, 0	3, 1	3, 2	3, 3

图 7-7　网格布局中使用的坐标

1. 网格布局的常用方法

在网格布局中，主要使用 addWidget() 方法，它有两种使用方式。

（1）addWidget(QWidget, int row, int column, alignment)：将指定的控件添加到行、列的单元格中。在默认情况下，左上角的位置为(0,0)，默认对齐方式为 0，这意味着控件将填满整个单元格。

（2）addWidget(QWidget, int fromRow, int fromColumn, int rowSpan, int columnSpan, alignment)：将指定的控件添加到单元格中，跨越多行/多列。单元格将从 fromRow 和 fromColumn 开始，跨越 rowSpan 行和 columnSpan 列。如果 rowSpan 和（或）columnSpan 为−1，则将控件分别扩展到底部和（或）右边缘。

2. 网格布局的简单举例

图 7-8　程序执行结果

这里使用网格布局来模拟一个小键盘的布局，其完整程序位于本书配套资料的 PyQt6\chapter7\gridlayout.py 中，程序执行结果如图 7-8 所示。

整个程序由两个类构成。

（1）Button 类：继承自 QToolButton 类，并自定义了尺寸策略。在本实例中，使用该类用于实现按钮。

（2）MyWidget 类：在本程序中用于实现窗体中控件布局及程序。

在小键盘的布局中，Button 类的实现如下：

```
import sys
from PyQt6.QtWidgets import QApplication, QWidget, QGridLayout,
QSizePolicy, QToolButton

class Button(QToolButton):
    def __init__(self, text, Parent=None):
        super().__init__(Parent)
        self.setText(text)
        self.setSizePolicy(QSizePolicy.Policy.Expanding, QSizePolicy.
Policy.Preferred)
```

在上面的代码中，通过继承 QToolButton 类自定义了一个简单的按钮。在初始化方法中，可以直接设置按钮上显示的字符。通过 setSizePolicy()方法，将按钮的水平方向设置为 Expanding，将按钮的垂直方向设置为 Preferred。这些属性均属于 QSizePolicy.Policy。

💡提示

Expanding 和 Preferred 的不同之处如下。

（1）Expanding：sizeHint()方法返回的是合理尺寸，如果有额外的可用空间，则控制会扩展尺寸，占用所有可用空间。

（2）Preferred：sizeHint()方法返回的是最佳选择，但控件仍能伸缩，这是 QWidget 类的默认策略。

为什么这里要设置尺寸策略？这是因为不设置这个策略，小键盘的布局会显得非常丑陋，如图 7-9 所示。

图 7-9　未设置尺寸策略效果

在小键盘的布局中，MyWidget 类的核心代码如下：

```python
digitButtons = []
for i in range(10):
    digitButtons.append(Button(str(i), self))
    # 创建一个用于存储按钮对象的列表，并向其中添加数字为 0～9 的 10 个按钮
lockButton = Button("Num\nLock", self)
divButton = Button("/", self)
timesButton = Button("*", self)
minusButton = Button("-", self)
plusButton = Button("+", self)
enterButton = Button("Enter", self)
pointButton = Button(".", self)
layout = QGridLayout(self)                          # 创建网络布局
layout.addWidget(lockButton, 0, 0)
layout.addWidget(divButton, 0, 1)
layout.addWidget(timesButton, 0, 2)
layout.addWidget(minusButton, 0, 3)
layout.addWidget(plusButton, 1, 3, 2, 1)           # 跨行的布局
layout.addWidget(enterButton, 3, 3, 2, 1)          # 跨行的布局
layout.addWidget(pointButton, 4, 2)
layout.addWidget(digitButtons[0], 4, 0, 1, 2)      # 跨列的布局
# 使用循环的方式将数字按钮 1～9 分别按照特定的坐标放在相应的单元格中
n = 1
while(n < 10):
    for i in range(3, 0, -1):
```

```
        for j in range(0, 3):
            layout.addWidget(digitButtons[n], i, j)
            n += 1
    self.setLayout(layout)  # 设置窗体布局为网格布局
```

7.2.3　QFormLayout 类——表单布局

表单布局通常以两栏形式管理输入控件及其相关标签，左栏由标签组成，右栏由字段控件组成。网格布局也能实现该功能，那么表单布局有何不同之处呢？

（1）遵循不同平台的观感准则。例如，macOS Aqua 和 KDE 指南规定标签应该右对齐，而 Windows 和 GNOME 应用程序通常为左对齐。

图 7-10　表单

（2）支持长行换行。例如，对于具有小显示屏的设备，如果一行中的控件（如标签和文本框）太长，那么这些长行会换行。

（3）能够快速创建标签与控件对。

这里针对第（3）点，举一个简单的例子。在执行程序后，将生成如图 7-10 所示的表单。

完整程序位于本书配套资料的 PyQt6\chapter7\formlayout.py 中，核心代码如下：

```
nameLineEdit = QLineEdit("")
addLineEdit = QLineEdit("")
introductionLineEdit = QTextEdit("")
formlayout = QFormLayout(self)
formlayout.addRow("姓名 (&N)", nameLineEdit)
formlayout.addRow("电话 (&T)", addLineEdit)
formlayout.addRow("简介 (&I)", introductionLineEdit)
self.setLayout(formlayout)
```

从上面代码中可以看出，只需要通过 addRow()方法即可将标签和控件一一对应起来。按住"Alt"键不释放，同时按"N"（"T"或"I"）键，可以快速在不同的控件区域之间进行切换，使用起来非常方便。但如果采用网格布局，则要实现与上方相同的功能会复杂很多，需要使用 addWidget()方法多次添加标签（QLabel 对象）等相关控件。

7.2.4　QStackedLayout 类——堆栈布局

QStackedLayout 类提供了一种可以添加多个控件，但是一次只有一个控件可见的布局方式。这种方式类似于在播放 PPT 时，一次只显示放一张幻灯片。

在填充布局时，可以使用 addWidget()方法将控件添加到布局的末尾，也可以使用 insertWidget()方法将控件添加到指定的索引处。

removeWidget()方法用于从布局中删除指定索引处的控件。屏幕上显示的控件索引由 currentIndex()方法返回，可以使用 setCurrentIndex()方法进行更改。

下面举一个简单的例子。在执行程序后，每隔 1s 窗体上的画面会进行切换，依次显示五边形、五角星和气团，效果如图 7-11 所示。

图 7-11　切换效果

完整程序位于本书配套资料的 PyQt6\chapter7\stackedlayout.py 中，核心代码如下：

```python
from PyQt6.QtWidgets import QApplication, QWidget, QStackedLayout, QLabel
from PyQt6.QtGui import QPixmap
from PyQt6.QtCore import QTimer


current_dir = os.path.dirname(os.path.abspath(__file__))    # 当前目录
class MyWidget(QWidget):
    def __init__(self):
        super().__init__()
        self.currentPage = 0 # 记录当前展示画面的索引
        self.initUI()

    def initUI(self):
        label1 = QLabel(self)
        label1.setPixmap(QPixmap(f"{current_dir}\\1.png"))
        label1.setScaledContents(True)
        # 使用标签对象来展示图片，并设置图片按比例缩小或放大，以适应 QLabel 控件的大小
        label2 = QLabel(self)
        label2.setPixmap(QPixmap(f"{current_dir}\\2.png"))
        label2.setScaledContents(True)
        label3 = QLabel(self)
        label3.setPixmap(QPixmap(f"{current_dir}\\3.png"))
        label3.setScaledContents(True)
        timer = QTimer(self)                                    # 定时器
        timer.timeout.connect(self.nextPage)
        timer.start(1000)
        # 设置一个定时器，每隔 1s 连接 1 次 nextPage 槽方法
```

```
        self.stackLayout = QStackedLayout(self)
        self.stackLayout.addWidget(label1)
        self.stackLayout.addWidget(label2)
        self.stackLayout.addWidget(label3)
        # 使用堆栈布局添加 3 个标签对象
        self.setLayout(self.stackLayout)
        self.show()

    def nextPage(self):
        """定时显示下一个标签"""
        self.stackLayout.setCurrentIndex(self.currentPage)
        # 使用 self.currentPage 设置当前展示的图片
        if self.currentPage == 2:
            self.currentPage = 0
        else:
            self.currentPage += 1
        # 如果 self.currentPage 等于 2, 则自动变为 0, 否则自加 1
        # 以此实现每次展示不同的画面
```

7.3　嵌套布局

嵌套布局是指将一个布局放到另一个布局中的方式。如果适当使用这种布局方式, 则可以更加灵活地控制窗体中各个控件的位置和尺寸。

> 提示　嵌套布局可能会导致布局的层级结构变得复杂、代码的可读性降低等问题, 应慎重选择。

7.2.4 节的程序是通过定时器来实现画面的定时切换的, 现在将该程序修改为通过下拉列表实现画面的切换。整个窗体采用垂直布局, 上方是下拉列表, 下方是展示画面的区域。展示画面的区域采用堆栈布局。嵌套布局如图 7-12 所示。

图 7-12　嵌套布局

完整程序位于本书配套资料的 PyQt6\chapter7\layoutnest.py 中, 核心代码如下:

```
    # 创建下拉列表，其中包含 3 个选项
    combox = QComboBox(self)
    items = ["第一幅", "第二幅", "第三幅"]
    combox.addItems(items)
    # 在选择下拉列表中的选项后，将连接 nextPage 槽方法
    combox.activated.connect(self.nextPage)
    # 创建 QStackedLayout，并将标签添加到其中
    self.stackLayout = QStackedLayout()
    self.stackLayout.addWidget(label1)
    self.stackLayout.addWidget(label2)
    self.stackLayout.addWidget(label3)
    # 将 QVBoxLayout 设置为主窗体的布局
    mainLayout = QVBoxLayout(self)
    mainLayout.addWidget(combox)
    mainLayout.addLayout(self.stackLayout)
    self.setLayout(mainLayout)

def nextPage(self, index):
    """通过下拉列表筛选画面功能"""
    self.stackLayout.setCurrentIndex(index)  # 设置当前展示的画面
```

7.4　QSplitter 类——分裂器控件

　　QSplitter 类实现了分裂器控件，它同样位于 PyQt6.QtWidgets 模块中。分裂器允许用户通过拖动子控件之间的边界来控制子控件的大小。

　　使用 insertWidget()或 addWidget()方法可以添加子控件。如果在调用 insertWidget()或 addWidget()方法时，子控件已经存在于 QSplitter 类中，则子控件将移动到新位置。使用 indexOf()、widget()和 count()方法可以访问分裂器控件中的控件。QSplitter 类默认使用水平方式布置子控件，用户可以使用 setOrientation(Qt.Orientation.Vertical)方法将其设置成垂直方式。另外，setStretchFactor(int index, int stretch)方法可以按照伸拉系数对分裂器控件进行尺寸控制。其中，index 表示分裂器控件中每个控件的索引，stretch 表示伸拉系数。

　　在下面的例子中，使用 QSplitter 类将窗体分成两部分，上部分是下拉列表，下部分是文本输入控件，通过分裂器控件实现尺寸调节，鼠标指针将变成可调节的形状，如图 7-13 所示。

　　完整程序位于本书配套资料的 PyQt6\chapter7\qsplitter.py

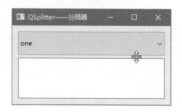

图 7-13　鼠标指针形状

中，核心代码如下。需要注意的是，在下方代码中，将通过 setSizePolicy()方法对下拉列表对象 up
设置尺寸策略，将垂直方向的 Preferred 设置为 Expanding。如果不设置该策略，则将无法向下拖
动分裂器控件。

```
vbox = QVBoxLayout(self)                               # 创建一个垂直布局
# 创建一个分裂器控件并将其添加到垂直布局中
splitter = QSplitter(self)
splitter.setOrientation(Qt.Orientation.Vertical)       # 垂直分隔
vbox.addWidget(splitter)
up = QComboBox(splitter)
up.addItems(["one", "two", "three"])                   # 向下拉列表中添加选项
up.setSizePolicy(QSizePolicy.Policy.Preferred, QSizePolicy.Policy.
Expanding)
down = QTextEdit(splitter)
# 在分裂器控件中添加 up 和 down 两个控件
splitter.addWidget(up)
splitter.addWidget(down)
```

7.5 【实战】动态布局——设计一个简单的表单

之前介绍的布局都是基于已知控件数量的情况，但有时需要根据情况进行动态布局。

7.5.1 程序功能

本节所举的例子可以实现根据需要动态地添加多种类型控件，从而形成一个简单的表单，如
图 7-14 所示。

程序的主要功能如下。

（1）可以实现多种类型控件的添加，包括单行文本框、多行文本框、单选按钮、多选框和 OK-
Cancel 按钮箱，如图 7-15 所示。

图 7-14　简单的表单

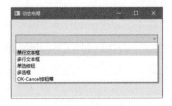

图 7-15　多种类型控件的添加

（2）当选择单行文本框或多行文本框时，会弹出一个属性对话框（见图 7-16），用于设置单行文本框或多行文本框的属性，如图 7-14 中的姓名和个人简介。

（3）当选择单选按钮或多选框时，同样会弹出一个属性对话框（见图 7-17），用于设置单选按钮或多选框的属性及具体的选项名称，如图 7-14 中的男和女。

图 7-16　属性对话框 1

图 7-17　属性对话框 2

（4）当选择 OK-Cancel 按钮箱时，窗体底部显示"OK"和"Cancel"按钮，并禁用下拉列表。

7.5.2　程序结构

整个程序由以下两个类组成。

（1）InputDialog 类：主要负责实现各种对话框，以及以信号形式发送用户填写的信息。

（2）MyWidget 类：主要负责实现在布局窗体中新增各种控件，以及接收来自 InputDialog 类发送的用户信息，并在窗体中展示。

程序中涉及的控件包括单行文本框（QLineEdit）、多行文本框（QTextEdit）、下拉列表（QComboBox）、OK-Cancel 按钮箱（QDialogButtonBox）、普通按钮（QPushButton）、控件组（QGroupBox）、单选按钮（QRadioButton）、多选框（QCheckBox）。

7.5.3　程序实现

程序的实现分为 InputDialog 和 MyWidget 类的代码编写，完整程序位于本书配套资料的 PyQt6\chapter7\dynamiclayout.py 中。

1．InputDialog 类的实现

输入对话框采用表单布局，第一行是属性输入栏。对话框的标题根据用户选择的控件类型来确定，若用户选择单行文本框，则标题为"单行文本框输入"。若用户选择单选按钮或多选框，则对话框中会出现一个添加选项按钮，该按钮将连接 addOp() 方法，以实现添加选项功能。对话框的底部是"OK"和"Cancel"按钮。若单击"Cancel"按钮，则清除对话框中的内容；若单击"OK"按钮，则连接 getInfo() 方法，并发送对话框中的属性及选项。自定义信号 propertyNameSignal 是单行或多行信息的发送信号，propertyOpSignal 是单选或多选操作的发送信号。

2. MyWidget 类的实现

MyWidget 类的核心代码由 4 个方法构成，这里采用代码片段的方式进行展示。

【代码片段 1】

在下面的代码中，下拉列表对象 self.combox 使用 addItems()方法来添加下拉列表中的选项。当用户选中具体选项后，将连接 createDialog 槽方法，以创建对话框。整个窗体采用垂直布局，其中下拉列表控件的下方采用表单布局。动态添加的控件都会被添加到表单布局中。

```python
def initUi(self):
    self.resize(400, 300)
    self.setWindowTitle("动态布局")
    self.combox = QComboBox(self)
    self.combox.addItems(["", "单行文本框", "多行文本框", "单选按钮", "多选框",
"OK-Cancel 按钮箱"])
    self.combox.activated.connect(self.createDialog)
    layout = QVBoxLayout(self)
    layout.addWidget(self.combox)
    self.formLayout = QFormLayout()
    layout.addLayout(self.formLayout)
    self.setLayout(layout)
```

【代码片段 2】

在下面的代码中，根据被选中选项的索引来生成不同的属性对话框。其中，1 表示单行文本框，2 表示多行文本框，3 表示单选按钮，4 表示多选框，5 表示 OK-Cancel 按钮箱。当选中 OK-Cancel 按钮箱时，窗体底部将显示"OK"和"Cancel"按钮，并禁用下拉列表。

```python
def createDialog(self, index):
    if index == 1:
        self.textInputDialog(0)
    elif index == 2:
        self.textInputDialog(1)
    …… # 省略类似代码
    elif index == 5:
        self.combox.setEnabled(False)
        buttonBox = QDialogButtonBox(QDialogButtonBox.StandardButton.Ok |
QDialogButtonBox.StandardButton.Cancel)
        self.formLayout.addWidget(buttonBox)
```

【代码片段 3】

在下面的代码中，flag 表示用户所选控件的类型。应用程序会根据不同的类型生成不同功能的对话框。不同功能的对话框产生的信号会连接不同的槽方法。

```
def textInputDialog(self, flag):
    inputDialog = InputDialog(flag, self)
    if flag in [0, 1]:
        inputDialog.propertyNameSignal.connect(self.setTextInput)
    else:
        inputDialog.propertyOpSignal.connect(self.setTextInput)
    inputDialog.exec()
```

【代码片段 4】

下面的代码实现了与信号连接的槽方法，其中 info 参数表示传递过来的信息，flag 参数表示用户所选控件类型属性对话框的样式。

- 对于单行文本框或多行文本框，info 参数为字符型，表示该行属性名称。
- 对于单选按钮或多选框，info 参数为列表，其中第 0 项表示该行属性名称，第 1 项表示选项内容列表。
- flag 参数用来决定当用户在对话框里选择了不同类型的控件后，这个对话框应该如何显示。换句话说，flag 参数的值控制着对话框根据用户选择显示的样式。
- 如果 flag 参数为 0 或 1，则直接在表单布局中插入一行。
- 如果 flag 参数为 2 或 3，则首先创建一个控件组（采用垂直布局方式），然后遍历选项内容列表，并将单选按钮或多选框放到控件组中，最后分别将该行属性名称和控件组插入表单布局。

```
def setTextInput(self, info, flag):
    if flag == 0:
        lineInput = QLineEdit(self)
        self.formLayout.addRow(info, lineInput)
    elif flag == 1:
        textInput = QTextEdit(self)
        self.formLayout.addRow(info, textInput)
    elif flag == 2:
        propertyName = info[0]
        group1 = QGroupBox(self)
        vbox = QVBoxLayout()
        for itemradio in info[1]:
            radio = QRadioButton(itemradio, self)
            vbox.addWidget(radio)
        group1.setLayout(vbox)
        self.formLayout.addRow(propertyName, group1)
    elif flag == 3:
        propertyName = info[0]
        group2 = QGroupBox(self)
        vbox = QVBoxLayout()
```

```
    for itemcheck in info[1]:
        check = QCheckBox(itemcheck, self)
        vbox.addWidget(check)
    group2.setLayout(vbox)
    self.formLayout.addRow(propertyName, group2)
```

7.6 在 Qt 设计师中实现布局

在 Qt 设计师中，能够快速进行控件布局。对于大部分布局，可以通过左侧菜单栏来实现。布局工具如图 7-18 所示。对于窗体布局，可以通过"窗体"菜单来实现。窗体布局工具如图 7-19 所示。

图 7-18 布局工具

图 7-19 窗体布局工具

7.6.1 水平和垂直布局

在 Layouts 中，将 Horizontal Layout 或 Vertical Layout 拖入窗体，并将控件拖入红色方框，即可实现水平或垂直布局，效果如图 7-20 所示。表单布局和网格布局的操作方法与此类似。

7.6.2 表单布局

在 Layouts 中，将 Form Layout 拖入窗体，并将控件拖入红色方框，即可实现表单布局，效果如图 7-21 所示。

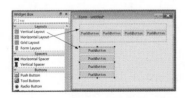

图 7-20 水平或垂直布局效果

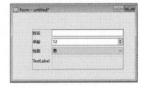

图 7-21 表单布局效果

7.6.3 网格布局

在 Layouts 中，将 Grid Layout 拖入窗体，并将控件拖入红色方框，即可实现网格布局，效果如图 7-22 所示。其中，QLineEdit 控件（单行文本框）跨 3 列。

7.6.4 Spacer 的应用

Spacers 分为 Vertical Spacer 和 Horizontal Spacer。在 Spacers 中，将 Vertical Spacer 拖入红色方框，即可实现 Spacer 的应用，如图 7-23 所示。在图 7-23 中，两个按钮的中间区域被 Spacer 占据，并且预览后按钮之间有明显的空白区域。Horizontal Spacer 的作用与 Vertical Spacer 相同，只是在方向上是水平的。

图 7-22 网格布局效果

图 7-23 Spacer 的应用

7.6.5 窗体布局的应用

1. 打破布局

想要重新布局已经设计好的窗体布局，应该怎么操作？在 Qt 设计师中，选中布局后，选择"窗体"→"打破布局"命令即可清除之前的布局。

2. 窗体整体布局

对于窗体整体布局，采用水平或垂直布局即可，方法为在 Qt 设计师中单击需要布局的窗体，选择"窗体"→"水平布局"（或"窗体"→"垂直布局"）命令，并进行相应操作。这个命令类似于以下代码。

```
self.setLayout(layout)
```

3. 使用分裂器控件

在 Qt 设计师中，可以使用分裂器控件（见图 7-24），方法为先选中至少两个控件或布局，再选择"窗体"→"使用分裂器水平布局"（或"窗体"→"使用分裂器垂直布局"）命令。

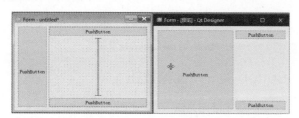

图 7-24 使用分裂器控件

第 8 章
常用控件

PyQt 提供了丰富的控件,包括按钮、文本框、下拉列表、表格、菜单等。这些控件能够帮助开发人员快速、轻松地开发出具有良好交互性的 GUI 应用程序,提高用户体验。开发人员还可以直接利用这些控件设计出新的个性化需求控件,降低开发难度。

8.1 按钮类控件

按钮是 GUI 应用程序中频繁使用的控件,主要用于响应用户的交互操作。

当用户单击按钮时,程序可以通过按钮控件的信号连接相应的操作或响应某个事件。例如,"发送"按钮可以用于发送验证码,"保存"按钮可以用于将编辑的文本保存到文件中。按钮可以切换状态,如单选按钮(QRadioButton)或多选框(QCheckBox)控件可以在不同的选项之间进行切换。总之,按钮控件有助于程序更加灵活地响应用户需求。

下面将介绍 QAbstractButton、QPushButton、QToolButton、QRadioButton、QCheckBox 类,这 5 个类均属于 PyQt6.QtWidgets 模块。类之间的继承关系如图 8-1 所示。

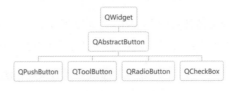

图 8-1　类之间的继承关系

8.1.1　QAbstractButton 类——抽象按钮

1. QAbstractButton 类的基本使用方法

QAbstractButton 类可以被理解为一个高度抽象的按钮类。基于 QAbstractButton 类,所有的按钮都具备相同的方法和属性，它提供了按钮的常见功能。

QAbstractButton 类支持普通按钮和开关按钮（按下去不会弹起来的按钮）。按钮能否被选中特性是通过 QRadioButton 和 QCheckBox 类实现的。普通按钮的特性是通过 QPushButton 和 QToolButton 类实现的。如果有需要，普通按钮也可以提供类似于开关按钮的功能。

任何按钮都可以显示文本和图标。setText()方法用于设置文本，setIcon()方法用于设置图标。如果按钮被禁用，则会更改该按钮的标签，以使其呈现"禁用"外观。

如果按钮是文本按钮，并且带有一个包含"&"的字符串，则 QAbstractButton 类会自动创建一个快捷键。例如：

```
button = QPushButton("确定(&OK)", self)
```

在这个例子中，快捷键是"Alt+O"。若想要显示"&"符号，则需要使用"&&"来表示。

另外，setShortcut()方法也可以自定义快捷键。例如：

```
button.setIcon(QIcon("print.png"))
button.setShortcut("Ctrl+K")
```

QPushButton、QToolButton、QCheckBox、QRadioButton 类提供的按钮都可以显示文本和图标。

大多数按钮都具有以下几种状态。

- isDown()方法：用于返回按钮是否被按下。
- isChecked()方法：用于表明按钮是否被选中。只有被选中的按钮才能显示其选中的状态。
- isEnabled()方法：用于表明按钮是否可以启用。

isDown()和 isChecked()方法的区别如下：当用户单击一个开关按钮（选中该按钮）时，按钮先被按下（isDown()方法的返回值是 True），再释放，此时按钮会切换到选中（Checked）状态（isChecked()方法的返回值是 True）。当用户再次单击该按钮（取消选中该按钮）时，按钮先切换到按下（Down）状态，再切换到未选中（Unchecked）状态。此时，isChecked()和 isDown()方法的返回值是 False。isDown()方法的返回值可以通过按钮的 pressed 信号进行捕获和验证。

为了子类化 QAbstractButton 类，至少需要重新实现 paintEvent()方法，用于绘制按钮的轮廓及其文本或像素图。通常建议重新实现 sizeHint()方法（有时还可以使用 hitButton()方法）来确定按钮是否被按下。对于具有两个以上状态的按钮（如三态按钮），必须重新实现 checkStateSet()和 nextCheckState()方法。

2. QAbstractButton 类的常用方法

QAbstractButton 类的常用方法详见本书配套资料。

3. QAbstractButton 类的信号

- clicked(bool checked = False)：当按钮被激活（当将鼠标指针移动到按钮内时按下鼠标左

键，随后释放)时，或者当快捷键被键入时，或者当 click()或 animateClick()方法被调用时，将发出该信号。如果调用 setDown()、setChecked()或 toggle()方法，则不会发出此信号。如果按钮是开关按钮，并且已被选中，则 checked 为 True；如果按钮是开关按钮，并且未被选中，则 checked 为 False。

- pressed()：当按钮被按下时，将发出该信号。
- released()：当释放按钮时，将发出此信号。
- toggled(bool checked)：每当改变开关按钮状态时，就会发出该信号。如果按钮被选中，则 checked 为 True；如果按钮未被选中，则 checked 为 False。

4. QAbstractButton 类的简单举例

在下面的例子中，通过继承 QAbstractButton 类自定义一个灰色的圆形按钮。当单击该按钮后，按钮形状将变成一个宝石红色的同心圆，并且命令行输出"选中了圆形按钮"信息；当再次单击按钮后，按钮将变成灰色的圆，并且命令行输出"未选中圆形按钮"信息，如图 8-2 所示。

图 8-2 圆形按钮

整个程序由 CircleButton 和 Mywidget 两个类组成。其中，CircleButton 类继承自 QAbstractButton 类，用于实现一个圆形按钮；Mywidget 主要是对 CircleButton 类的实际应用。完整程序位于本书配套资料的 PyQt6\chapter8\abstractbutton.py 中。

CircleButton 类的核心代码实现如下。由于这部分代码较多，因此采用代码片段的方式进行解析。

【代码片段 1】

在下面的代码中，checked 是用于描述按钮是否被选中的标志；CircleButton 类实现的核心在于 paintEvent()方法的实现，需要绘制控件被选中前后的状态；sizeHint()和 minimumSizeHint()方法主要用于控制按钮尺寸；isChecked()方法用于返回当前按钮的选中状态；setChecked()方法主要用于设置当前按钮是否被选中。需要注意的是，当前按钮状态需要与 checked 保持一致。

```python
class CircleButton(QAbstractButton):
    def __init__(self, Parent=None):
        super().__init__(Parent)
        self.checked = False  # 按钮被选中的标志

    def sizeHint(self):
        """推荐尺寸"""
        return self.minimumSizeHint()
```

```python
    def minimumSizeHint(self):
        """最小推荐尺寸"""
        return QSize(36, 36)

    def isChecked(self):
        """返回按钮是否被选中"""
        return self.checked

    def setChecked(self, checked):
        """
        设置被选中状态
        checked: bool, True 为被选中
        """
        self.checked = checked
```

【代码片段 2】

下面重点介绍 paintEvent() 和 mouseReleaseEvent() 方法的实现。关于绘图事件，将在第 15 章详细介绍，这里仅简单说明。下面代码片段共分为 3 个部分。

第 1 部分首先使用 self.rect().size() 方法返回控件内部几何图形的尺寸（不包括任何窗体框架）；然后设置绘图的效果，分别为 Antialiasing（消除图元边缘的锯齿）和 SmoothPixmapTransform（平滑的像素映射转换），以便使图像更美观；最后设置笔刷的颜色，该颜色类似于灰色。

第 2 部分使用判断语句来判断按钮是否被选中。若按钮被选中，则将画笔颜色设置为宝石红色，反之将画笔颜色设置为灰色。另外，使用 drawEllipse() 方法来绘制一个圆形。

第 3 部分用于当按钮被选中时，在圆形的内部绘制一个宝石红色的圆。

```python
def paintEvent(self, event):
    # 第 1 部分
    size = self.rect().size()
    qp = QPainter(self)
    qp.setRenderHint(QPainter.RenderHint.Antialiasing)
    qp.setRenderHint(QPainter.RenderHint.SmoothPixmapTransform)
    qp.setBrush(QColor(225, 225, 225))  # 灰色
    # 第 2 部分
    if self.isChecked():
        qp.setPen(QColor(201, 37, 88))
    else:
        qp.setPen(QColor(225, 225, 225)) # 宝石红色
    qp.drawEllipse(0, 0, size.width() - 1, size.height() - 1)
    # 第 3 部分
```

```
        if self.isChecked():
            qp.setBrush(QColor(201, 37, 88))
            margin = 5
            qp.drawEllipse(QRect(margin, margin, size.width() - margin * 2,
size.height() - margin * 2))
```

【代码片段 3】

在按钮上单击鼠标左键后，将当前选中状态设置为与原状态相反的状态，同时发送 clicked 信号，连接到该信号的槽方法将执行相应的动作。

```
    def mouseReleaseEvent(self, event):
        if event.button() == Qt.MouseButton.LeftButton:
            self.checked = not self.checked
            self.clicked.emit(self.checked)
            self.update()  # 立即刷新按钮画面
```

另一个 MyWidget 类的实现较为简单，这里不再展示，感兴趣的读者可以查看本书配套资料。

8.1.2　QPushButton 类——普通按钮

QPushButton 类用于提供 GUI 应用程序中的普通按钮（见图 8-3）。用户可以通过单击按钮来命令计算机执行某个操作。

图 8-3　普通按钮

1．QPushButton 类的基本使用方法

普通按钮通常是矩形的，并且具有一个描述其动作的文本标签。按钮不仅可以显示为文本标签，还可以显示为小图标，如图 8-4 所示。

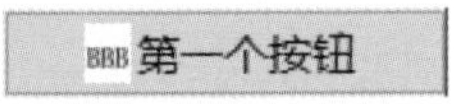

图 8-4　带图标的按钮

如果不想使用按钮，则可以将其"禁用"。当按钮被鼠标、空格键或快捷键激活时，将发出 clicked 信号，连接到这个信号的槽方法会执行相应的动作。对话框中的命令按钮为自动默认按钮，当用户在对话框中按"Enter"或"Return"键时，会激活该按钮。

💡 提示　在 macOS 系统中，当按钮的宽度小于 50px 或高度小于 30px 时，将变为方角按钮。使用 setMinimumSize(int)方法可以阻止该行为的发生。

命令按钮的变体是菜单按钮。当单击菜单按钮时，会弹出一个选项菜单，以提供多个命令选项。使用 setMenu(QMenu)方法可以将弹出的选项菜单与按钮相关联。举例的完整程序位于本书配套资料的 PyQt6\chapter8\pushbutton.py 中。

```
button = QPushButton(self)
menu = QMenu()
```

```
menu.addAction("第一个菜单")
menu.addSeparator()
menu.addAction("第二个菜单")
menu.addSeparator()
menu.addAction("第三个菜单")
button.setMenu(menu)
```

程序运行结果如图 8-5 所示。

QPushButton 类继承自 QAbstractButton 类。除了可以使用 QAbstractButton 类来设置普通按钮的样式，还可以使用 setFlat(bool)方法来设置，即按钮边框是否凸起。若该方法的参数为 True，则表示不凸起，如图 8-6 所示。

图 8-5　程序运行结果

图 8-6　按钮样式

2. QPushButton 类的简单举例

下面举 3 个 QPushButton 类的例子。

（1）模拟发送验证码。

当单击"发送验证码"按钮后，将发送验证码，同时进入 20s 倒计时并禁用该按钮；当倒计时结束后，将再次启用该按钮。

图 8-7　模拟发送验证码

在下面的代码中，将使用 QTimer 类来创建一个定时器，设置超时时间为 1000ms，即每隔 1s 连接一次 Refresh 槽方法。其中，时间 self.time 每隔 1s 自减 1。若 self.time 值大于 0，则在按钮上显示等待 n 秒后发送验证码并禁用按钮。当倒计时结束后，启用按钮，并且定时器停止工作。完整程序位于本书配套资料的 PyQt6\chapter8\pushbutton2.py 中，核心代码如下：

```
        self.button = QPushButton("发送验证码...", self)
        self.button.clicked.connect(self.emitCode)


def emitCode(self):
```

```
        """"发送验证码"""
        self.button.setEnabled(False)
        self.button.setText("20 秒后重发...")
        self.timer = QTimer(self)
        self.timer.start(1000)
        self.timer.timeout.connect(self.Refresh)

    def Refresh(self):
        """"等待验证码"""
        self.time -= 1
        if self.time > 0:
            self.button.setText(f"{self.time}秒后重发...")
        else:
            self.button.setText("发送验证码...")
            self.button.setEnabled(True)
            self.timer.stop()
```

（2）开关按钮。

当单击按钮后，按钮不会弹起，同时窗体中显示该按钮上的数字；当再次单击该按钮后，按钮弹起，同时窗体中不会显示该按钮上的数字（见图 8-8）。这类似于插线板的开关，当按下开关后，电路会一直接通，当再次按下开关后，电路将中断。

图 8-8　开关按钮

完整程序位于本书配套资料的 PyQt6\chapter8\pushbutton3.py 中，核心代码如下：

```
        self.label = QLabel("   ", self)
        bt1 = QPushButton("1", self)
        bt1.setCheckable(True)      # 确保按钮能够像开关一样可以按下和弹起
        self.password = ''          # 需要显示的字符串
        bt1.clicked.connect(self.setPassword)
        …… # 省略类似代码

    def setPassword(self, pressed):
        """
        显示按钮上的数字
        pressed: bool 类型，用于判断此时按钮是否被按下
```

```
"""
    number = self.sender().text()  # 按钮上的数字
    if pressed:
        if len(self.password) < 3:
            # 窗体上显示的数字的长度不能超过 3 位
            self.password += number
    else:  # 当按钮弹起后，该按钮上的数字会从窗体中消失
        self.password = self.password.replace(number, "")
    self.label.setText(self.password)
```

（3）互斥开关按钮。

本例中仍然使用 3 个按钮，但是这 3 个按钮之间是互斥的，即同一时刻只能有一个按钮处于按下状态，其他按钮处于弹起状态，如图 8-9 所示。

图 8-9　互斥开关按钮

与第 2 个例子相比，本例中增加了以下代码：

```
bt1.setAutoExclusive(True)
bt2.setAutoExclusive(True)
bt3.setAutoExclusive(True)
```

这样这 3 个按钮就会出现互斥的效果了（默认为非互斥状态）。完整程序位于本书配套资料的 PyQt6\chapter8\pushbutton4.py 中。

8.1.3　QToolButton 类——工具按钮

工具按钮是一个特殊的按钮，用于快速访问特定的命令或选项。与普通命令按钮不同，工具按钮通常不显示文本，而是显示一个图标，如图 8-10 所示。在图 8-10 中，字母 B 是图标。

图 8-10　工具按钮

1. QToolButton 类的基本使用方法

工具按钮通常位于工具栏，也可以与其他控件一起排列在布局中。它的一个经典用途是选择工具，如绘图程序中的"笔"工具，可以通过将 QToolButton 类来作为开关按钮来实现。QToolButton 类

支持自动上浮（setAutoRaise(True)）。在该模式下，只有当鼠标指针指向按钮时，按钮才会浮起。当 QToolButton 类作为工具栏中的按钮时，会自动启用这个功能。图 8-11 所示为在 Windows 10 操作系统中自动上浮的对比。

图 8-11　在 Windows 10 操作系统中自动上浮的对比

工具按钮的外观和尺寸可以通过 setToolButtonStyle()和 setIconSize()方法来调整，样式如表 8-1 所示。

表 8-1　工具按钮样式

类型	描述
Qt.ToolButtonStyle.ToolButtonFollowStyle	遵循系统设置，一般为工具按钮默认样式
Qt.ToolButtonStyle.ToolButtonIconOnly	仅显示图标
Qt.ToolButtonStyle.ToolButtonTextBesideIcon	文本在图标左侧显示
Qt.ToolButtonStyle.ToolButtonTextOnly	仅显示文本
Qt.ToolButtonStyle.ToolButtonTextUnderIcon	文本在图标下方显示

工具按钮样式效果如图 8-12 所示。

仅显示图标　文本在图标左侧显示　仅显示文本　文本在图标下方显示

图 8-12　工具按钮样式效果

工具按钮中还可以显示箭头符号，使用 arrowType 即可实现该效果，箭头样式如表 8-2 所示。

表 8-2　箭头样式

类型	描述
Qt.ToolButtonStyle.NoArrow	无箭头（默认值）
Qt.ToolButtonStyle.UpArrow	向上箭头
Qt.ToolButtonStyle.DownArrow	向下箭头
Qt.ToolButtonStyle.LeftArrow	向左箭头
Qt.ToolButtonStyle.RightArrow	向右箭头

箭头样式效果如图 8-13 所示。

图 8-13　箭头样式效果

setMenu()方法可以设置工具按钮的弹出菜单，而 setPopupMode()方法可以设置工具按钮弹出菜单的模式，默认模式为 DelayedPopupMode。例如，长按 Web 浏览器中的"返回"按钮，将弹出菜单，显示可跳转到的页面列表。工具按钮弹出菜单的类型如表 8-3 所示。

表 8-3　工具按钮弹出菜单的类型

类型	描述
Qt.ToolButtonPopupMode.DelayedPopup	当长按工具按钮时，将弹出菜单
Qt.ToolButtonPopupMode.InstantPopup	当单击工具按钮时，将立即弹出菜单，无任何延迟
Qt.ToolButtonPopupMode.MenuButtonPopup	工具按钮中会显示一个特殊箭头，用于表示存在菜单，当单击该箭头时，将弹出菜单

2. QToolButton 类的简单举例

QToolButton 弹出菜单的效果如图 8-14 所示。

图 8-14　QToolButton 弹出菜单的效果

注意观察工具按钮旁边的三角形位置。完整程序位于本书配套资料的 PyQt6\chapter8\toolbutton.py 中，核心代码如下：

```
button = QToolButton(self)
menu = QMenu()
openAct = QAction("打开(&O)", self)
openAct.setShortcut(QKeySequence.StandardKey.Open)  #"打开"快捷方式
newAct = QAction("新建...(&N)", self)
newAct.setShortcut(QKeySequence.StandardKey.New)    #"新建"快捷方式
menu.addSeparator()
saveAct = QAction("保存(&S)", self)
saveAct.setShortcut(QKeySequence.StandardKey.Save)
saveasAct = QAction("另保存为...(&S)", self)
saveasAct.setShortcut("Ctrl+Shift+S")
menu.addSeparator()
```

```
exitAct = QAction("退出(&E)", self)
exitAct.setShortcut("Ctrl+E")
menu.addActions([openAct, newAct, saveAct, saveasAct, exitAct])
button.setMenu(menu)
# button.setPopupMode(QToolButton.ToolButtonPopupMode.DelayedPopup)
# button.setPopupMode(QToolButton.ToolButtonPopupMode.InstantPopup)
button.setPopupMode(QToolButton.ToolButtonPopupMode.MenuButtonPopup)
```

8.1.4 QRadioButton 类——单选按钮

QRadioButton 类提供了一个带有文本的单选按钮。它本质上是一个按钮，可用于选择打开（选中）或关闭（取消选中），如图 8-15 所示。

◉ RadioButton

图 8-15 单选按钮

1. QRadioButton 类的基本使用方法

QRadioButton（单选按钮）控件通常为用户提供"多选一"操作：在一组单选按钮中，一次只能选中一个单选按钮；如果用户选择另一个按钮，则之前选中的按钮会变为取消选中状态。单选按钮默认为 autoExclusive（自动互斥），同一个父窗体中的单选按钮属于同一个互斥按钮组。

> 提示　将单选按钮加入不同的 QButtonGroup 类中，能够实现多组单选按钮的互斥效果。

在选中或取消选中单选按钮时，会发出 toggled 信号。使用 isChecked()方法可以查看是否选中了某个特定按钮。与工具按钮一样，单选按钮也可以显示为文本和图标。

2. QRadioButton 类的简单举例

在本例中，单选按钮分为两组（左、右列各为一组），每组中的单选按钮互斥。从两组中各选中一个单选按钮并提交，将显示相应的句子，如图 8-16 所示。若有一组没有选中单选按钮，则显示相应的提示信息，如图 8-17 所示。

图 8-16 已选中单选按钮

图 8-17 未选中单选按钮

完整程序位于本书配套资料的 PyQt6\chapter8\radiobutton.py 中，核心代码如下。

在下面的代码中，QButtonGroup 类提供了一个抽象容器，用于容纳按钮控件。QButtonGroup

类不提供容器的可视化表示形式，而是管理组中每个按钮的状态。用户可以使用 addButton()方法将按钮添加到组中，使用 removeButton()方法删除按钮。组中的按钮列表由 buttons()方法返回。QButtonGroup 类可以在整数和按钮之间进行对应，checkedId()方法用于表示当前选中按钮的 ID。使用该方法可以判断哪个单选按钮被选中。ID 为−1 表示没有这样的按钮。

```python
        rb11 = QRadioButton("你是", self)
        rb21 = QRadioButton("苹果", self)
        bt1 = QPushButton("提交", self)
        bt1.setSizePolicy(QSizePolicy.Policy.Fixed, QSizePolicy.Policy.Fixed)
        # 按钮尺寸不会随着布局的变化而变化
        #单选按钮组 1, 后面的数字是按钮组 ID
        self.bg1 = QButtonGroup(self)
        self.bg1.addButton(rb11, 11)
        …… # 省略类似代码
        self.info1 = ""    # 相关信息
        self.info2 = ""
        self.bg1.buttonClicked.connect(self.rbclicked)
        self.bg2.buttonClicked.connect(self.rbclicked)
        bt1.clicked.connect(self.submit)


    def submit(self):
        """提交"""
        if self.info1 == "" or self.info2 == "":
            QMessageBox.information(self, "What?", "还有选项尚未选择, 赶快选择一个
吧! ")
        else:
            QMessageBox.information(self, "What?", self.info1 + self.info2)

    def rbclicked(self):
        """从单选组 1（self.bg1）和单选组 2（self.bg2）中各选择一个单选按钮, 并将值赋给
self.info1 和 self.info2"""
        sender = self.sender()
        if sender == self.bg1:
            if self.bg1.checkedId() == 11:
            # 若按钮组的 ID 为 11, 则将 self.info1 赋值为 "你是"。下方代码与此相同
                self.info1 = "你是"
            elif self.bg1.checkedId() == 12:
                self.info1 = "我是"
            …… # 省略类似代码
        else:
            if self.bg2.checkedId() == 21:
```

```
        self.info2 = "苹果"
    elif self.bg2.checkedId() == 22:
        self.info2 = "橘子"
…… # 省略类似代码
```

8.1.5 QCheckBox 类——多选框

QCheckBox 类是一个带文本标签的多选框，如图 8-18 所示。

☑ CheckBox

图 8-18　多选框

1. QCheckBox 类的基本使用方法

多选框与单选按钮都可以在选中或未选中之间切换，不同之处是，单选按钮是"多选一"，而多选框是"多选多"。只要多选框被选中或取消选中，都会发送一个 stateChanged() 信号。如果想在多选框状态发生改变时触发一个行为，则可以连接这个信号。另外，使用 isChecked() 方法可以查询多选框是否被选中。

多选框除了提供了常用的选中和未选中两种状态，还提供了第 3 种状态——半选中状态。如果需要启用第 3 种状态，则可以通过 setTristate() 方法来实现，并使用 checkState() 方法来查询当前的选择状态。

2. QCheckBox 类的简单举例

这个例子说明了如何使用 QCheckBox 类，如图 8-19 所示。在执行程序后，会有 4 个多选框，其中 1 个多选框为"全选"多选框，另外 3 个多选框为其他多选框。当选中"全选"多选框时，同时选中其他 3 个多选框；当 3 个多选框中被选中的数量少于 3 个时，"全选"多选框呈半选中状态（▣）。最下方是"提交"按钮，在单击该按钮后，将连起并显示被选中的内容。

图 8-19　多选框的使用

在下面的代码中，使用 setTristate(True) 方法使多选框具有 3 种状态（选中、半选中、未选中）。使用 setCheckState(Qt.CheckState.PartiallyChecked) 方法使多选框处于半选中状态。其中，选中状态为 Qt.CheckState.Checked，未选中状态为 Qt.CheckState.Unchecked。完整程序位于本书配套资料的 PyQt6\chapter8\checkbox.py 中，核心代码如下：

```
    self.cb1 = QCheckBox("全选", self)
```

```python
        bt = QPushButton("提交", self)
        self.cb1.stateChanged.connect(self.changecb1)
        bt.clicked.connect(self.go)
        …… # 省略类似代码


    def go(self):
        """根据多选框的状态输出内容"""
        if self.cb2.isChecked() and self.cb3.isChecked()
 and self.cb4.isChecked():
            QMessageBox.information(self, "友谊万岁", "你是我的朋友！")
        …… # 省略类似代码


    def changecb1(self):
        """多选框 cb1 的全选和反选"""
        if self.cb1.checkState() == Qt.CheckState.Checked:
            self.cb2.setChecked(True)
            self.cb3.setChecked(True)
            self.cb4.setChecked(True)
        elif self.cb1.checkState() == Qt.CheckState.Unchecked:
            self.cb2.setChecked(False)
            self.cb3.setChecked(False)
            self.cb4.setChecked(False)


    def changecb2(self):
        """当多选框 cb2、cb3、cb4 的状态不同时，多选框 cb1 状态的变化情况"""
        if self.cb2.isChecked() and self.cb3.isChecked()
            and self.cb4.isChecked():
            # 当多选框 cb2、cb3、cb4 被全部选中时，多选框 cb1 的状态是全选状态
            self.cb1.setCheckState(Qt.CheckState.Checked)
        elif self.cb2.isChecked() or self.cb3.isChecked()
            or self.cb4.isChecked():
            # 当多选框 cb2、cb3、cb4 中有一个被选中时，多选框 cb1 的状态是半选状态
            self.cb1.setTristate(True)
            # 半选中状态
            self.cb1.setCheckState(Qt.CheckState.PartiallyChecked)
        else:
            # 必须将 self.cb1 的三种状态设置为否，否则多选框 cb1 会出现半选中状态
            self.cb1.setTristate(False)
            # 若多选框 cb2、cb3、cb4 均未被选中，则多选框 cb1 的状态是未被选中状态
            self.cb1.setCheckState(Qt.CheckState.Unchecked)
```

8.1.6 【实战】自制虚拟键盘

本节制作一个简单的虚拟键盘。

1. 程序功能

当单击窗体上的按钮时，单行文本框将显示按钮上对应的字符；单击"←"按钮可以删除单行文本框中的最后一个字符；单击"↑"按钮可以实现大小写字母的切换。程序执行效果如图 8-20 所示。

2. 程序实现

完整程序位于本书配套资料的 PyQt6\chapter8\virtualkeyboard.py 中。

【代码片段 1】

在下面的核心代码中，使用 self.flag 作为判断是否进行字母大小写切换的标识。self.key2Value 字典用于存储按钮上字符和 PyQt 键盘标志的对应关系，完整的字典对应关系如图 8-21 所示，其中包括数字 0~9、26 个字母和"Backspace"键。

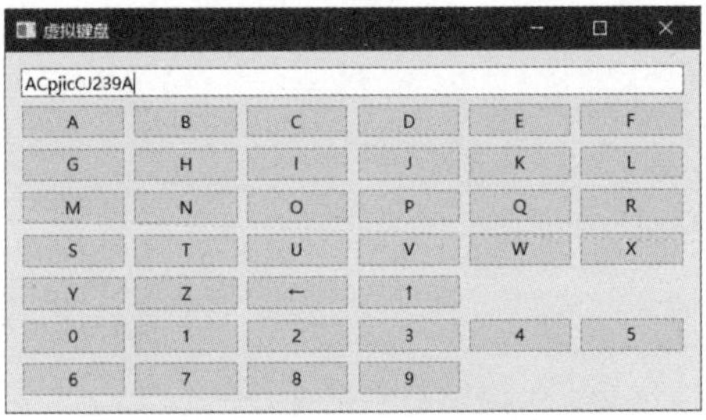

```
self.key2Value = {"0":Qt.Key.Key_0, "1":Qt.Key.Key_1, "2":Qt.Key.Key_2, "3":Qt.Key.Key_3,
"4":Qt.Key.Key_4, "5":Qt.Key.Key_5, "6":Qt.Key.Key_6, "7":Qt.Key.Key_7,
"8":Qt.Key.Key_8, "9":Qt.Key.Key_9, "A":Qt.Key.Key_A, "B":Qt.Key.Key_B,
"C":Qt.Key.Key_C, "D":Qt.Key.Key_D, "E":Qt.Key.Key_E, "F":Qt.Key.Key_F,
"G":Qt.Key.Key_G, "H":Qt.Key.Key_H, "I":Qt.Key.Key_I, "J":Qt.Key.Key_J,
"K":Qt.Key.Key_K, "L":Qt.Key.Key_L, "M":Qt.Key.Key_M, "N":Qt.Key.Key_N,
"O":Qt.Key.Key_O, "P":Qt.Key.Key_P, "Q":Qt.Key.Key_Q, "R":Qt.Key.Key_R,
"S":Qt.Key.Key_S, "T":Qt.Key.Key_T, "U":Qt.Key.Key_U, "V":Qt.Key.Key_V,
"W":Qt.Key.Key_W, "X":Qt.Key.Key_X, "Y":Qt.Key.Key_Y, "Z":Qt.Key.Key_Z,
"←":Qt.Key.Key_Backspace}
```

图 8-20　程序执行效果　　　　　　　图 8-21　完整的字典对应关系

initUI()方法用于将相关按钮布局到窗体中；"↑"按钮为开关按钮，以便进行字母大小写的切换。

```
class VirtualKeyboard(QWidget):
    def __init__(self):
        super().__init__()
        self.initUI()
        self.flag = False                        # "↑"按钮是否被按下的标志
        self.key2Value = {"0":Qt.Key.Key_0, ……}
        # 省略部分对应关系，完整关系见图 8-21

    def initUI(self):
        # 创建26个字母和0~9数字按键
        letters = "ABCDEFGHIJKLMNOPQRSTUVWXYZ←↑"   # 创建字母按键
```

```
        digits = "0123456789"                    # 创建数字按键
        self.lineEdit = QLineEdit(self)           # 创建单行文本框
        # 创建字母按键
        for i, letter in enumerate(letters):
            self.button = QPushButton(letter, self)
            if letter == "↑":
                self.button.setCheckable(True)    # 开关按钮
            self.button.clicked.connect(self.keyBoard)
            layout.addWidget(self.button, i // 6 + 1, i % 6)
        # 创建数字按键
        for i, digit in enumerate(digits):
            self.button = QPushButton(digit, self)
            self.button.clicked.connect(self.keyBoard)
        …… # 省略部分代码
```

【代码片段 2】

在下面的核心代码中，单击“↑”按钮会使 self.flag 在 True 和 False 之间切换一次。

单击字母（“A”～“Z”）按钮会触发按键事件（QKeyEvent）。这里 QKeyEvent.Type.KeyPress 表示按下键盘，具体按下的是哪个键则需要根据 self.key2Value 字典进行对应。Qt.KeyboardModifier. NoModifier 表示没有使用键盘修饰符（用于修改其他按键行为的按键，如“Shift”“Ctrl”“Alt”等），而参数 text（或 text.lower()）表示输出当前大（小）写字母。

QCoreApplication 主要负责处理和调度来自操作系统的所有事件。postEvent() 方法用于将按键事件提交给单行文本框对象 self.lineEdit，这样即可在 self.lineEdit 上显示字母或数字。

setFocus() 方法用于将焦点设置到单行文本框上。

```
    def keyBoard(self):
        """单击按钮以模拟键盘输入"""
        text = self.sender().text()              # 获取当前按键上的字符
        if text == "↑":
            self.flag = not self.flag
        else:
            if "A" <= text <= "Z" and self.flag: # 小写字母输入
                keyEvent = QKeyEvent(QKeyEvent.Type.KeyPress, self.
key2Value[text], Qt.KeyboardModifier.NoModifier, text.lower())
            else:                                 # 大写字母输入
                keyEvent = QKeyEvent(QKeyEvent.Type.KeyPress, self.
key2Value[text], Qt.KeyboardModifier.NoModifier, text)
            QCoreApplication.postEvent(self.lineEdit, keyEvent)
            self.lineEdit.setFocus()
```

8.2　数字输入类控件

在应用程序中，经常会遇到输入数字的情况。如果每次都需要按键盘上的数字键，则会非常麻烦。为了解决这个问题，数字输入类控件应运而生。有了它，只需通过鼠标单击操作即可输入数字，非常方便。

图 8-22　类之间的继承关系

本节介绍的 QSpinBox 类用于输入整数，QDoubleSpinBox 类用于输入小数。它们均位于 PyQt6.QtWidgets 模块中。类之间的继承关系如图 8-22 所示。

QAbstractSpinBox 是 QSpinBox 和 QDoubleSpinBox 类的父类，是一个抽象的数字输入类控件，类似于 QAbstractButton 类。

使用 setButtonSymbols() 方法可以调整按钮的样式。按钮具有 3 种样式，如表 8-4 所示。

表 8-4　按钮的样式

类型	描述
QAbstractSpinBox.ButtonSymbols.NoButtons	不显示按钮
QAbstractSpinBox.ButtonSymbols.PlusMinus	显示 "+" 和 "−" 符号
QAbstractSpinBox.ButtonSymbols.UpDownArrows	经典风格的小箭头样式

按钮样式效果如图 8-23 所示。

图 8-23　按钮样式效果

提示　如果要显示 "+" 和 "−" 符号，则需要对程序进行调整，具体如下。完整程序位于本书配套资料的 PyQt6\chapter8\abstractspinbox.py 中。

```
app = QApplication(sys.argv)
app.setStyle("Fusion")
# app.setStyle("windows") # 不同的操作系统样式，读者可自行体验
# app.setStyle("windowsvista")
```

8.2.1　QSpinBox 类——整数输入框

QSpinBox 类允许使用整数输入。它允许用户通过单击向上/向下按钮或按键盘的 "↑"/"↓" 键来增加/减少当前显示值，或者手动输入值，如图 8-24 所示。

图 8-24　整数输入框

1．QSpinBox 类的基本使用方法

当 QSpinBox 类的值改变时，它会发出 valueChanged 和 textChanged 信号。前者传递 int 类型数据，而后者传递 str 类型数据。textChanged 信号提供带有 prefix()和 suffix()方法返回的值（带前缀和后缀字符）。使用 value()方法可以获取 QSpinBox 类的当前值，使用 setValue()方法可以设置新的值。

当单击向上/向下按钮（或按键盘的"↑"和"↓"键）时，QSpinBox 类将按照 singleStep()方法返回的步长逐步增大/减小当前值。最小值、最大值及步长可以在初始化方法中设置，也可以使用 setMinimum()、setMaximum()和 setSingleStep()方法来修改。

QSpinBox 类的数据调整可以从最小值逐渐增大到最大值，或者从最大值逐渐减小到最小值。如果想循环调整数据，则需要使用 setWrapping(True)方法。

读者可以为 QSpinBox 类所显示的值添加前（后）缀字符，如在数值前加上"￥"符号。若使用 text()方法，则 QSpinBox 类中的文本包含前（后）缀字符；若使用 cleanText()方法，则 QSpinBox 类中的文本不包含前（后）缀字符。

使用 validate()、textFromValue()和 valueFromText()方法可以自定义 QSpinBox 类。

2．QSpinBox 类的常用方法

QSpinBox 类的常用方法详见本书配套资料。

3．QSpinBox 类的信号

- textChanged(str)：当文本发生变化时会发出此信号，新文本以带前缀和后缀字符的形式传递，参数为已更改的文本。
- valueChanged(int)：当值发生变化时会发出此信号，参数为已更改的值。

4．QSpinBox 类的简单举例

下面将通过 3 种方式介绍如何使用 QSpinBox 类。

（1）普通应用。

创建一个普通的整数输入框，数值范围为 1000～10000；单步步长为 10；可以循环调整整数值，即在当前数值为最大值时，在单击向下按钮后数值变为最小值；当前值默认为 1100；显示千位分隔符。程序执行效果如图 8-25 所示。

图 8-25　程序执行效果 1

完整程序位于本书配套资料的 PyQt6\chapter8\spinbox.py 中，核心代码如下：

```
spbox = QSpinBox(self)
spbox.setRange(1000, 10000)  # 数值范围为 1000～10000
spbox.setSingleStep(10)      # 单步步长
```

```
spbox.setWrapping(True)              # 可以循环调整数值
spbox.setValue(1100)                 # 设置当前值为 1100
spbox.setGroupSeparatorShown(True)   # 显示千位分隔符
```

在上面的代码中，每次增加或减少的值是 10，要达到 10000 会需要很长时间。使用 QSpinBox 类提供的自适应单步步长可以提高增减速度，只需要在代码中增加以下内容：

```
spbox.setStepType(QSpinBox.StepType.AdaptiveDecimalStepType)
```

增减值会由默认的 10 变成 100（该值是根据 setRange(1000, 10000)的范围自动确定的，范围不同值也会不同）。QSpinBox 类的上限数值越大，每次增加的数值也会变得更大，如图 8-26 所示。

图 8-26 自适应单步步长

（2）带前缀和后缀字符及特殊数值的整数输入框。

本例模拟一个用于显示充电进度的整数输入框，该输入框中的数值带前缀和后缀字符。当数值达到最大值后，将弹出提示对话框；当数值达到最小值后，将显示特定的文字信息。程序执行效果如图 8-27 所示。完整程序位于本书配套资料的 PyQt6\chapter8\spinbox.py 中。

图 8-27 程序执行效果 2

```
    self.spbox2 = QSpinBox(self)
    self.spbox2.setValue(10)
    self.spbox2.setRange(0, 100)
    self.spbox2.setSingleStep(10)
    self.spbox2.setPrefix("当前进度")          # 前缀字符
    self.spbox2.setSuffix("%, 正在充电中……") # 后缀字符
    self.spbox2.setSpecialValueText("真的一点电都没了！")
    self.spbox2.valueChanged.connect(self.showV)

def showV(self, p):
    print(self.spbox2.text(), " ", self.spbox2.cleanText())
    if p == self.spbox2.maximum():
        QMessageBox.information(self, "提示", "不能再充电了，已经充满了！")
```

在使用 setSpecialValueText()方法后，若当前值等于 minimum()方法的返回值，则整数输入框将显示设置的文本而不是数值。

```
print(self.spbox2.text(), " ", self.spbox2.cleanText())
```

```
# 输出结果:
当前进度20%,正在充电中……    20
当前进度30%,正在充电中……    30
当前进度40%,正在充电中……    40
当前进度50%,正在充电中……    50
当前进度60%,正在充电中……    60
当前进度70%,正在充电中……    70
```

从输出结果可以发现,text()方法返回的值带前缀和后缀字符,而 cleanText()方法返回的不带前缀和后缀符。

（3）自定义月份输入框。

本例通过自定义一个月份输入框来实现月份的选择。在选定月份后,返回该月份的数字,如在选择"六月"后返回数字"6",如图 8-28 所示。

图 8-28　月份输入框

要实现该功能,需继承 QSpinBox 类,并重写 textFromValue()和 valueFromText()方法。这里以自定义类 MonthSpinBox 为例。它继承自 QSpinBox 类。完整程序位于本书配套资料的 PyQt6\chapter8\diyspinbox.py 中,核心代码如下:

```
class MonthSpinBox(QSpinBox):
    def __init__(self, Parent = None):
        super().__init__(Parent)


    def textFromValue(self, value):
        months = ["一月", "二月", "三月", "四月", "五月", "六月",
                "七月", "八月", "九月", "十月", "十一月", "十二月"]
        return months[value-1]

    def valueFromText(self, text):
        months = ["一月", "二月", "三月", "四月", "五月", "六月",
                "七月", "八月", "九月", "十月", "十一月", "十二月"]
        return months.index(text) + 1
```

textFromValue(value)方法根据 value 值返回具体的月份,而 valueFromText(text)方法根据月份返回具体的数值。

8.2.2　QDoubleSpinBox 类——小数输入框

QDoubleSpinBox 类与 QSpinBox 类相似,这里主要介绍两者的不同之处。

- QDoubleSpinBox 类用于控制显示小数的位数。例如,将 QDoubleSpinBox 类的小数位数设置为 2,调用 setValue(2.555)方法将导致 value()方法返回 2.56。

- QDoubleSpinBox 类的默认精度为 2 位小数，但可以使用 setDecimals()方法来修改。
- 除前缀和后缀内容外，QDoubleSpinBox 类的显示值被限制为 18 个字符。

通过整数输入框来调整小数输入框的数据精度，程序执行效果如图 8-29 所示。在下面的代码中，使用 setDecimals()和 setSingleStep()方法来设置精度和单步步长，实现了整数输入框和小数输入框的联动。

图 8-29 程序执行效果

完整程序位于本书配套资料的 PyQt6\chapter8\doublespinbox.py 中，核心代码如下：

```python
self.doublespinbox = QDoubleSpinBox(self)
self.doublespinbox.setRange(0, 1)           # 数值范围
self.doublespinbox.setDecimals(1)           # 初始精度为1
self.doublespinbox.setSingleStep(0.1)       # 初始单步步长
self.label1 = QLabel(f"单步步长：{0.1}", self)
label2 = QLabel("QDoubleSpinBox 精度：", self)
self.spinbox = QSpinBox(self)
self.spinbox.setRange(1, 8) # QDoubleSpinbox 类可调整的精度范围为1~8
self.spinbox.valueChanged.connect(self.setDecimal)

def setDecimal(self, value):
    '''设置精度'''
    singleStep = 1.0/pow(10, value)         # 精度
    self.doublespinbox.setDecimals(value)   # 设置精度
    self.label1.setText(f"单步步长：{singleStep:.{value}f}")
    self.doublespinbox.setSingleStep(singleStep)
```

8.3 选择类控件

在生活中，我们经常会遇到需要选择的情况，如选择性别、籍贯等。针对这类需求，除了单选按钮和多选框，PyQt 还提供了选择类控件供用户使用。下面主要针对 QComboBox 类（下拉列表）和 QFontComboBox 类（字体选择框）进行介绍，这两个控件均位于 PyQt6.QtWidgets 模块中。类之间的继承关系如图 8-30 所示。

图 8-30 类之间的继承关系

8.3.1　QComboBox 类——下拉列表

QComboBox 类是一个用于向用户展示下拉列表的控件，如图 8-31 所示。

图 8-31　QComboBox 类

1. QComboBox 类的基本使用方法

QComboBox 类允许用户修改下拉列表中的每个选项，这些选项可以包含图像及字符串。对于可编辑的下拉列表，使用 clearEditText() 方法可以清除显示的字符串，并且不会更改下拉列表中的选项内容。在可编辑的下拉列表中，用户输入文本后按"Enter"键，会将输入的文本作为新的选项插入下拉列表。在默认情况下，内容会被插入选项的末尾（采用 InsertAtBottom 策略），但可以通过 setInsertPolicy() 方法来更改插入策略。setCompleter() 方法可以启用自动完成功能。setDuplicatesEnabled() 方法可以设置用户是否可以重复添加选项。插入策略如表 8-5 所示。

表 8-5　插入策略

插入策略	描述
QComboBox.InsertPolicy.InsertAfterCurrent	将字符串插入当前项之后
QComboBox.InsertPolicy.InsertAlphabetically	按字母顺序插入字符串中
QComboBox.InsertPolicy.InsertAtBottom	将字符串插入末尾
QComboBox.InsertPolicy.InsertAtCurrent	将当前项替换为插入内容
QComboBox.InsertPolicy.InsertAtTop	将字符串作为开头
QComboBox.InsertPolicy.InsertBeforeCurrent	将字符串插入当前项之前
QComboBox.InsertPolicy.NoInsert	不插入字符串

下拉列表中显示的当前选项由 currentText() 方法返回，也可以通过选项索引并使用 setCurrentIndex() 方法来设置。count() 方法可以返回下拉列表中的选项数量，也可以使用 setMaxCount() 方法设置选项的最大数量。

2. QComboBox 类的常用方法

QComboBox 类的常用方法详见本书配套资料。

3. QComboBox 类的信号

- currentIndexChanged(int)：每当下拉列表中的当前索引通过用户交互或以编程方式来更改时，就会发送此信号，参数为选项的索引。
- currentTextChanged(str)：每当下拉列表中的当前文本发生更改时，就会发送此信号，参数为新的文本。

- activated(int)：当用户在下拉列表中选中项目时，会发送此信号，参数为选中选项的索引。
- textActivated(str)：当用户在下拉列表中选中项目时，会发送此信号，参数为选中选项的文本。
- editTextChanged(str)：当下拉列表编辑栏中的文本发生更改时，会发出此信号，参数为新的文本。
- highlighted(int)：当用户通过鼠标指针突出显示下拉列表中的选项时，会发送此信号，参数为突出显示选项的索引。
- textHighlighted(str)：当用户突出显示下拉列表中的选项时，会发送此信号，参数为突出显示选项的文本。

📢 提示　currentIndexChanged(int)和 currentTextChanged(str)信号在选项发生更改时立即触发，可以用于实时响应选择的变化。

activated(int)和 textActivated(str)信号在用户完成选择后触发，适合执行与选择项有关的操作，并且只在用户界面产生交互时才会触发。

4. QComboBox 类的简单举例

在这个例子中，下拉列表中共包含 4 个选项，其中前 3 个选项是文本，最后一个选项带图标。当鼠标指针在选项上移动时，窗体中会显示相应的文本；选中一个选项后，窗体中同样会显示相应的文本。程序执行效果如图 8-32 所示。

图 8-32　程序执行效果

完整程序位于本书配套资料的 PyQt6\chapter8\combobox.py 中，核心代码如下：

```
combobox = QComboBox(self)
infomation = ["选项一", "选项二", "选项三"]
combobox.addItems(infomation) # 增加选项列表
combobox.insertItem(3,
QIcon(f"{current_dir}\\toolbtnicon.png"), "这个选项是带图标的哦")
# 插入一个带图标的选项，current_dir 表示当前目录
    self.label1 = QLabel("你选中了: ", self)
    self.label2 = QLabel("当前待选择项: ", self)
    …… # 省略类似代码
combobox.textActivated.connect(self.showActivated)
```

```
    combobox.textHighlighted.connect(self.showHighlighted)
    self.show()

def showActivated(self, Activatedtext):
    """
    当选中选项后，在窗体中显示相应文本，Activatedtext 表示选中的文本
    """
    self.label1.setText(f"你曾经选中过：{Activatedtext}")

def showHighlighted(self, Highlightedtext):
    """
    当鼠标指针在选项上移动时，在窗体中显示相应文本，Highlightedtext 表示突出显示的文本
    """
    self.label2.setText(f"当前待选择项：{Highlightedtext}")
```

8.3.2　QFontComboBox 类——字体选择框

QFontComboBox 类允许用户从中选择字体，如图 8-33 所示。

1. QFontComboBox 类的基本使用方法

QFontComboBox（字体选择框）类中预置了按字母顺序排列的字体系列名称列表，如 Arial、Times New Roman 等。对于 Symbol 等字体，如果名称在字体本身中无法正确表示，QFontComboBox 类通常会显示一个字体示例，即在族名称旁边显示使用该字体渲染的文本。QFontComboBox 类通常与一个 QComboBox 类（用于控制字体大小）和两个 QToolButton（用于控制粗体和斜体）一起出现在工具栏上。

图 8-33　选择字体

在用户选择新字体后，除了会发送 currentIndexChanged 信号，还会发送 currentFontChanged 信号。

使用 setWritingSystem()方法可以设置 QFontComboBox 类仅显示特定语言的字体（如简体中文）；使用 setFontFilters()方法可以过滤不需要的字体类型。字体过滤器的选项如表 8-6 所示。

表 8-6　字体过滤器的选项

选项	描述
QFontComboBox.FontFilter.AllFonts	显示所有字体
QFontComboBox.FontFilter.MonospacedFonts	显示等宽字体
QFontComboBox.FontFilter.NonScalableFonts	显示不可缩放的字体
QFontComboBox.FontFilter.ProportionalFonts	显示比例字体
QFontComboBox.FontFilter.ScalableFonts	显示可缩放字体

2. QFontComboBox 类的简单举例

这个例子演示如何通过字体下拉列表改变"微信公众号：学点编程吧"的字体样式和大小。字体样式可以通过字体名称列表来设置，而字体的大小可以通过另一个下拉列表来设置。程序执行效果如图 8-34 所示。

图 8-34　程序执行效果

完整程序位于本书配套资料的 PyQt6\chapter8\fontcombobox.py 中，核心代码如下：

```python
from PyQt6.QtGui import QFont, QFontDatabase
class MyWidget(QWidget):
    def __init__(self):
        super().__init__()
        self.label = QLabel("微信公众号：学点编程吧")
        font_combo = QFontComboBox(self)
        font_combo.setWritingSystem(QFontDatabase.WritingSystem.
SimplifiedChinese)
        # 仅显示简体中文字体。通过设置 WritingSystem 实现仅显示某些特定语言的字体
        font_combo.setFontFilters(QFontComboBox.FontFilter.ScalableFonts)
        # 过滤并显示可缩放字体
        self.size_combo = QComboBox(self)# 设置字体大小下拉列表
        self.size_combo.addItems(["10", "12", "14", "16", "18", "20", "22",
"24", "26", "28"])
        # 获取字体名称列表当前被选中的字体
        self._font = font_combo.currentFont()
        # 设置字体大小。由于下拉列表返回的数值是 str 类型的，因此需要将其转换成 int 类型的
        self._font.setPointSize(int(self.size_combo.currentText()))
        self.label.setFont(self._font)
        font_combo.currentFontChanged.connect(self.update_font)
        self.size_combo.textActivated.connect(self.update_font)
        …… # 省略部分代码
        self.show()

    def update_font(self, var):
        """
        更新标签的字体，var 表示字体样式或字体大小
        """
```

```
# 判断传递过来的参数类型是否为 QFont 类型
if isinstance(var, QFont):
    self._font = var
    self._font.setPointSize(int(self.size_combo.currentText()))
else:
    self._font.setPointSize(int(var))
self.label.setFont(self._font)
```

8.3.3　【实战】模拟 QQ 的登录方式

本节将模拟 QQ 的登录方式。

1. 程序功能

使用过 QQ 的读者都知道，在登录时可以自己输入 QQ 号，还可以从下拉列表中选择 QQ 账号。本节模拟 QQ 的这种登录方式，程序执行效果如图 8-35 所示。

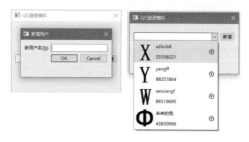

图 8-35　程序执行效果

2. 程序结构

整个程序是由 3 个类构成，分别是 ChooseUser（主程序）、DialogAddUser（新增用户）、ComboBoxItem（下拉列表中的账号），而每个类又由若干个方法和属性构成，其构成图详见本书配套资料。

3. 程序实现

完整程序位于本书配套资料的 PyQt6\chapter8\qqmock.py 中。

（1）ChooseUser（主程序）的核心代码。在这段代码中使用了 QSS（Qt Style Sheets，Qt 样式表）。QSS 是一种用于定义应用程序界面样式的设计语言，类似于 CSS（Cascading Style Sheets，层叠样式表）。QSS 允许使用一些简单的语法来自定义界面元素的外观和样式。该段代码主要定义了每个账号所在控件的尺寸。

同时，在 setmode()方法中，应用了 PyQt 中非常重要的一个概念——模型-视图（Model-View）。这是一种在应用程序中处理和显示数据的设计模式。它将数据（Model）与界面元素（View）分开。这种分离的设计，使得数据和视图可以互相独立地变化，从而提高了代码的可维护性和可扩展性。setmod()方法的代码表明下拉列表使用了 QListWidget 类的模型和视图。

在 getUserInfo()方法中，将获取的用户 QQ 号、名称和头像图标添加到自定义下拉列表的每个选项中。每个选项都作为 QListWidget 对象 self.listw 的一个项目，这样可以使 QQ 账号与下拉列表中的项目相对应。

```python
current_dir = os.path.dirname(os.path.abspath(__file__))   # 当前目录
class ChooseUser(QDialog):
    def __init__(self):
        super().__init__()
        self.initUI()
        # 这个列表用于存储所有联系人的 QQ 号
        self.storage_qq = []
    def initUI(self):
        self.resize(300, 200)
        self.setWindowTitle("模拟 QQ 选择登录用户")
        self.comboBox = QComboBox(self)
        # 设置下拉列表为可编辑状态
        self.comboBox.setEditable(True)
        self.comboBox.setInsertPolicy(QComboBox.InsertPolicy.NoInsert)
        # 不允许插入字符串
        self.button = QToolButton(self)
        self.button.setText("新增")
        ......                                              # 省略部分代码
        self.comboBox.activated.connect(self.chooseQQ)
        self.button.clicked.connect(self.addNew)
        self.show()
        self.setmode()


    def setmode(self):
        '''设置模型'''
        # QSS 样式，这里设置 QComboBoxItem 的尺寸
        self.setStyleSheet("""
            QComboBox QAbstractItemView::item{
            min-height: 60px;
            min-width: 60px;
            outline:0px;
            }
            """)
        self.listw = QListWidget()                         # 列表控件
        # 将 QComboBox 的 View 设置为 QListWidget
        # 将 QComboBox 的 Model 设置为 QListWidget 的 Model。这是模型-视图的运用
```

```python
        self.comboBox.setModel(self.listw.model())
        self.comboBox.setView(self.listw)

    def addNew(self):
        """新增用户"""
        # 调用新增用户对话框
        user = DialogAddUser()
        user.newUserSignal.connect(self.getUserInfo)
        user.exec()

    def getUserInfo(self, qq, name, icon):
        """
        在 QComboBox 中显示新增加的用户
        qq 表示用户的 QQ 号
        name 表示用户的名称
        icon 表示用户的头像
        """
        item = ComboBoxItem(qq, name, icon)
        item.itemOpSignal.connect(self.itemDel)
        self.storage_qq.append(qq)
        self.listwitem = QListWidgetItem(self.listw)
        # 使用给定的父项（self.listw）构造指定类型的空列表项目
        self.listw.setItemWidget(self.listwitem, item)
        # 将自定义的 Item 显示在 self.listwitem 中

    def itemDel(self, qq):
        """
        删除用户
        qq 表示用户的 QQ 号
        """
        indexqq = self.storage_qq.index(qq)
        self.listw.takeItem(indexqq)
        # 根据获取的 QQ 号得到相应的索引，并根据索引删除 self.listw 中的项目
        del self.storage_qq[indexqq]
        # storage_qq 列表中存储的数据

    def chooseQQ(self, index):
        """
        选择显示的 QQ 号
        index 表示 QQ 号的索引
        """
```

```
        qq = self.storage_qq[index]
        # 在输入栏中显示选中的 QQ 号
```

（2）DialogAddUser（新增用户）的核心代码。这里为了便于演示，根据用户名的首字母来确定用户的头像，以减少代码量。若用户名是以非英文字母开头的，则使用默认图标（default.png）。

```
class DialogAddUser(QDialog):
    """自定义新增联系人对话框"""
    newUserSignal = pyqtSignal(str, str, str)    # 发送新用户的自定义信号
    def __init__(self, Parent=None):
        super().__init__(Parent)
        self.initUI()


    def initUI(self):
        # 默认头像图标
        self.iconpath = "default.png"
        # 随机 QQ 号
        self.qq = str(random.randint(33333333, 88888888))
        self.resize(200, 100)
        self.setWindowTitle("新增用户")
        self.nameLine = QLineEdit(self)
        layout = QFormLayout(self)
        layout.addRow("新用户名(&N)", self.nameLine)
        # 增加 "OK" 和 "Cancel" 按钮
        buttonBox = QDialogButtonBox(QDialogButtonBox.StandardButton.Ok |
QDialogButtonBox.StandardButton.Cancel)
        layout.addWidget(buttonBox)
        self.setLayout(layout)
        buttonBox.accepted.connect(self.AddNew)
        buttonBox.rejected.connect(self.reject)    # 取消对话框


    def AddNew(self):
        """新增用户"""
        # 新用户名
        self.username = self.nameLine.text()
        if self.username == "":
            QMessageBox.warning(self, "警告", "联系人姓名为空")
            self.nameLine.setFocus()
        else:
            if 'A' <= self.username[0].upper() <= 'Z':
                # 根据用户名的首字母来确定用户的头像
                self.iconpath = self.username[0].upper() + ".png"
```

```
        # 通过信号发送 QQ 号、用户名和头像图标
        self.newUserSignal.emit(self.qq, self.username, self.iconpath)
        self.accept()
```

（3）ComboBoxItem（下拉列表中的账号）的核心代码。在下面的代码中，自定义的 ComboBoxItem 继承自 QWidget 类。头像图片位于本地目录的 qqres 文件夹中。为了让每个账号更美观，在事件过滤器 eventFilter()中设置了鼠标指针移入移出时 ComboBoxItem 的样式，以及在单击"关闭"按钮后发出删除账号的 itemOpSignal 信号。

```
class ComboBoxItem(QWidget):
    '''下拉列表中的每个账号'''
    # 自定义 str 信号。在删除 QQ 账号时，发送该信号
    itemOpSignal = pyqtSignal(str)

    def __init__(self, qq, username, user_icon):
        super().__init__()
        self.username = username      # 用户的名称
        self.qq = qq                  # 用户的 QQ 号
        self.user_icon = user_icon    # 用户的头像
        self.initUi()

    def initUi(self):
        '''界面设置'''
        lb_username = QLabel(self.username, self)
        lb_qq = QLabel(self.qq, self)
        lb_icon = QLabel(self)
        lb_icon.setPixmap(QPixmap(f"{current_dir}\\qqres\\{self.user_
icon}"))
        self.bt_close = QToolButton(self)
        self.bt_close.setIcon(QIcon(f"{current_dir}\\qqres\\close.ico"))
        # 自动悬浮按钮
        self.bt_close.setAutoRaise(True)
        …… # 省略部分代码
        self.bt_close.installEventFilter(self)
        # 为 bt_close 按钮和 ComboBoxItem 安装事件过滤器
        self.installEventFilter(self)

    def eventFilter(self, object, event):
        '''事件过滤器'''
        if object is self:
            if event.type() == QEvent.Type.Enter:
                # 当鼠标指针移入后，用户名和账户将显示为白色
```

```
            self.setStyleSheet("QWidget{color:white}")
        elif event.type() == QEvent.Type.Leave:
            # 当鼠标指针移出后，用户名和账户将显示为黑色
            self.setStyleSheet("QWidget{color:black}")
    elif object is self.bt_close:
        if event.type() == QEvent.Type.MouseButtonPress:
            # 单击"删除账号"按钮将发送信号
            self.itemOpSignal.emit(self.qq)
    return super().eventFilter(object, event)
```

这个实战部分涉及的知识点较多，建议读者反复阅读源代码。

8.4　控制类控件

　　在使用应用程序的过程中，经常需要控制或了解某些事件的进展，如调整音乐播放声音的大小、了解某个资源的下载进度等。PyQt 提供了相应的类，主要包括 QSlider（滑块）、QDial（圆形拨号盘）、QScrollBar（滚动条）、QProgressBar（进度条）这 4 种。它们均位于 PyQt6.QtWidgets 模块中。

　　类之间的继承关系如图 8-36 所示。下面将分别进行相关介绍。

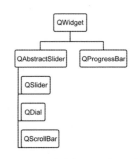

图 8-36　类之间的继承关系

8.4.1　QAbstractSlider 类——抽象滑块

　　QAbstractSlider 类作为 QSlider、QDial 和 QScrollBar 类的父类，包含了它们的大部分方法，常用方法详见本书配套资料。

8.4.2　QSlider 类——滑块

　　QSlider 类是用于控制有界值的经典控件，提供了垂直和水平两种滑块。水平滑块如图 8-37 所示。

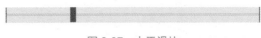

图 8-37　水平滑块

1. QSlider 类的基本使用方法

　　QSlider 类包含水平或垂直两种滑块，可以将滑块的位置转换为一定范围内的整数值。

　　在 QSlider 类中，较为常用的方法是 setValue()，用于将滑块直接设置为某个值。用户可以使用 setSingleStep()和 setPageStep()方法来设置步长，使用 setMinimum()和 setMaximum()方

法来定义滑块的范围。

QSlider 类提供了带记号标记的滑块，如图 8-38 所示。

图 8-38　带记号标记的滑块

使用 setTickPosition()方法可以指定记号标记的位置，使用 setTicketInterval()方法可以指定所需的记号标记数量。QSlider 类仅提供整数范围滑块。

QSlider 类的刻度位置如表 8-7 所示。

表 8-7　QSlider 类的刻度线位置

刻度位置	描述
QSlider.TickPosition.NoTicks	不显示刻度
QSlider.TickPosition.TicksAbove	在（水平）滑块上方显示刻度
QSlider.TickPosition.TicksBelow	在（水平）滑块下方显示刻度
QSlider.TickPosition.TicksBothSides	在凹槽的两侧显示刻度
QSlider.TickPosition.TicksLeft	在（垂直）滑块的左侧显示刻度
QSlider.TickPosition.TicksRight	在（垂直）滑块的右侧显示刻度

2. QSlider 类的信号

- valueChanged(int)：当滑块的值发生更改时，会发射此信号，参数为改变的值。
- sliderPressed()：当用户开始拖动滑块时，会发出此信号。
- sliderMoved(int)：当用户拖动滑块时，会发出此信号，参数为移动的值。
- sliderReleased()：当用户释放滑块时，会发出此信号。

3. QSlider 类的简单举例

在这个例子中，当拖动滑块时，"微信公众号：学点编程吧"字体的大小会随之发生变化，程序执行效果如图 8-39 所示。

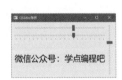

图 8-39　程序执行效果

完整程序位于本书配套资料的 PyQt6\chapter8\slider.py 中，核心代码如下：

```python
class MyWidget(QWidget):
    def __init__(self):
        super().__init__()
        # 垂直方向
        self.sld1 = QSlider(Qt.Orientation.Vertical, self)
        # 水平方向
        self.sld2 = QSlider(Qt.Orientation.Horizontal, self)
```

```python
        self.sld3 = QSlider(Qt.Orientation.Horizontal, self)
        # 刻度线在下方
        self.sld3.setTickPosition(QSlider.TickPosition.TicksBelow)
        # 间隔设置为1
        self.sld3.setTickInterval(1)
        # 滑块值的范围
        self.sld1.setRange(10, 30)
        self.sld2.setRange(10, 30)
        self.sld3.setRange(10, 30)
        # 构建一个由 3 个滑块对象组成的列表
        self.sldList = [self.sld1, self.sld2, self.sld3]
        self.label = QLabel("微信公众号：学点编程吧", self)
        …… # 省略部分代码
        self.sld1.valueChanged.connect(self.changevalue)
        self.sld2.valueChanged.connect(self.changevalue)
        self.sld3.valueChanged.connect(self.changevalue)
        self.show()


    def changevalue(self, value):
        """
        当拖动滑块时，标签上的字体会随之发生变化
        value: 滑块当前值
        """
        # 清除当前拖动的滑块，将剩余滑块组成一个新的列表
        new_sld_list = [item for item in self.sldList if item != self.
sender()]
        for newItem in new_sld_list:
        # 设置剩下两个滑块的当前值
            newItem.setValue(value)
        font = QFont()
        font.setPointSize(value)
        # 设置标签字体的大小
        self.label.setFont(font)
```

8.4.3 QDial 类——圆形拨号盘

QDial 类提供类似于拨号盘的控件，如图 8-40 所示。

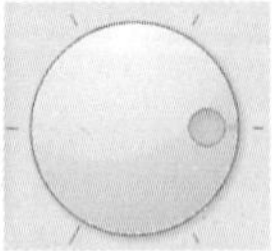

1. QDial 类的基本使用方法

当用户需要将值控制在一定范围内，并且该范围是可以循环改变的（使用
setWrapping(True)方法）或布局需要圆形控件时，可以使用 QDial 类。作为

图 8-40　圆形拨号盘

QAbstractSlider 类的子类，QDial 类的大部分方法与 QAbstractSlider 类相同，也使用 setValue() 方法来设置当前进度。

当拨号盘转动时，它会连续发送 valueChanged 信号；当按下和释放鼠标按键时，拨号盘会发送 sliderPressed 和 sliderReleased 信号。

与 QSlider 类不同，QDial 类尝试绘制合适数量的槽口，类似于如图 8-40 所示的拨号盘外围的线条，而不是每个步长绘制一个槽口。

2. QDial 类的常用方法

QDial 类的常用方法详见本书配套资料。

3. QDial 类的简单举例

使用 QDial 类模拟左轮手枪游戏，如图 8-41 所示。

图 8-41　左轮手枪游戏

当单击"开动扳机"按钮时，拨号盘转动一次，此时产生的值会和一个随机数字列表中的数字相对应，即拨号盘产生的值充当了随机数字列表中的索引。当这个对应的数字和程序随机产生的目标数字一致时，表明你"中枪"了，游戏结束，此时可以单击"重新开始"按钮。

完整程序位于本书配套资料的 PyQt6\chapter8\dial.py 中，核心代码如下：

```python
class MyWidget(QWidget):
    def __init__(self):
        super().__init__()
        self.initData()
        self.initUI()

    def initData(self):
        """数据初始化"""
        # 目标随机数
        self.target = random.randrange(0, 6)
        # 让拨号盘每次产生的值都对应列表中的一个数字，而这个数字是随机的
        self.random_list = random.sample(range(0, 6), 6)
        self.currentValue = 0  # 拨号盘当前值
```

```python
def initUI(self):
    self.pistol = QDial(self)                  # 用拨号盘表示左轮手枪
    self.pistol.setRange(0, 5)                 # 设置范围
    self.pistol.setNotchesVisible(True)        # 槽口可见
    self.pistol.setEnabled(False)              # 开始时为禁用状态
    self.button_start = QToolButton(self)
    self.button_start.setText("开动扳机")
    self.button_start.setAutoRaise(True)       # 自动悬浮
    self.button_reset = QToolButton(self)
    self.button_reset.setText("重新开始")
    self.button_reset.setEnabled(False)        # 重置按钮初始状态为禁用
    …… # 省略部分代码
    self.button_start.clicked.connect(self.shoot)
    self.button_reset.clicked.connect(self.reset)
    self.show()

def shoot(self):
    """射击"""
    self.pistol.setEnabled(True)               # 启用
    # 每"开枪"一次，让拨号盘转动一次，就像左轮手枪转盘转动一样
    self.pistol.setValue(self.currentValue)
    # 当与目标随机数字匹配时弹出对话框
    if self.random_list[self.currentValue] == self.target:
        QMessageBox.critical(self, "哎呀", "你中枪了！")
        self.button_reset.setEnabled(True)
        self.button_start.setEnabled(False)
    self.currentValue += 1

def reset(self):
    """重新开始"""
    self.initData()
    self.pistol.setValue(self.currentValue)
    self.button_start.setEnabled(True)
    self.button_reset.setEnabled(False)
```

8.4.4 QScrollBar 类——滚动条

QScrollBar 类用于提供垂直或水平滚动条，使用户能够访问文档中超出显示区域的内容，如图 8-42 所示。

1. QScrollBar 类的基本使用方法

滚动条通常包括滑块、滚动箭头和页面控件，分别对应图 8-42 中的（1）、（2）和（3）。

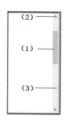

图 8-42　滚动条

- 滑块：它提供了一种快速定位到文档任何位置的方法，但不支持在大型文档中进行准确导航。
- 滚动箭头：它是按钮，可用于准确定位到文档中的特定位置。对于文本编辑器的垂直滚动条，它们通常将当前位置向上或向下移动一"行"，同时微调滑块的位置。在编辑器和列表框中，"行"可能表示一行文本；在图像查看器中，"行"可能表示 20px。
- 页面控件：它是拖动滑块的区域（滚动条的背景），单击此处可以将滚动条移动到一个"页面"（page）。

每个滚动条都有一个值，该值用于表示滑块距滚动条起点的距离。用户可以使用 value()方法来获取该值，并使用 setValue()方法进行设置。QScrollBar 类仅提供整数范围，范围为从 minimum()到 maximum()方法的返回值。用户可以使用 setMinimum()和 setMaximum()方法来设置值的范围。在滑块的值为最小值时，滑块位于滚动条的最上边（对于垂直滚动条）或最左边（对于水平滚动条）。

在许多常见情况下，文档长度、滚动条中使用的值范围和 pageStep()方法之间的关系很简单，如图 8-43 所示。

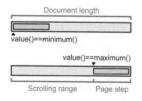

图 8-43　滚动条的值范围

滚动条的值范围是通过从表示文档长度的某个值中减去 pageStep()方法的返回值（页面步长）来确定的，公式如下

$$文档长度 = maximum() - minimum() + pageStep()$$

2. QScrollBar 类的简单举例

在这个例子中，当拖动滚动条时，窗体上将显示当前值，如图 8-44 所示。

图 8-44　滚动条简单例子

完整程序位于本书配套资料的 PyQt6\chapter8\scrollbar.py 中，核心代码如下：

```
class MyWidget(QWidget):
    def __init__(self):
        super().__init__()
        scroll_bar = QScrollBar(self)
        scroll_bar.setMaximum(20)          # 设置最大值为 20
        scroll_bar.setMinimum(0)           # 设置最小值为 0
        scroll_bar.setPageStep(2)          # 设置滑块的步长为 2
        # 设置滚动条为水平方向
        scroll_bar.setOrientation(Qt.Orientation.Horizontal)
        ......                             # 省略部分代码
        self.show()
        scroll_bar.valueChanged.connect(self.on_value_changed)

    def on_value_changed(self, value):
        """value 表示滚动条值"""
        font = QFont()
        font.setPointSize(20)
        self.label.setText(str(value))
        self.label.setFont(font)           # 字体大小设置成 20
```

8.4.5　QProgressBar 类——进度条

QProgressBar 类提供了一个水平或垂直进度条。水平进度条如图 8-45 所示。

图 8-45　水平进度条

1. QProgressBar 类的基本使用方法

QProgressBar 类（进度条）用于向用户指示操作的进度，并确保应用程序仍在运行。进度条使用"步"（Step）的概念。步可以通过指定最小值和最大值进行设置。当将当前值赋给进度条时，它将显示已经完成的百分比。百分比的计算公式如下：

百分比=(value() − minimum()) / (maximum() − minimum())

使用 setMinimum()和 setMaximum()方法可以指定最小值和最大值，默认为 0 和 100。当前值由 setValue()方法来设置，也可以通过 reset()方法重新开始。如果最小值和最大值都为 0，那么进度条会显示为繁忙状态，而不显示完成的百分比。

2. QProgressBar 类的常用方法

QProgressBar 类的常用方法详见本书配套资料。

3. QProgressBar 类的信号

valueChanged(int)：QProgressBar 类中进度发生变化时发出的信号，参数为改变的值。

4. QProgressBar 类的简单举例

这是一个关于两组（四匹）马同时比赛的例子，两组马相向而行。上面两个进度条代表第一组马，下面两个进度条代表第二组马。最下面的进度条始终处于繁忙状态。这里使用进度条来表示马，哪个进度条先达到最大值，就表示这匹马赢得了比赛。程序执行效果如图 8-46 所示。

图 8-46　程序执行效果

完整程序位于本书配套资料的 PyQt6\chapter8\progressbar.py 中，核心代码如下。

程序启动定时器后，每隔 1s 会自动执行 running()方法。如果想让比赛快速结束，则可以减小self.timer.start()方法中的参数值。

```
self.pb11runway = 0                  # 第一组的第一匹马的奔跑距离
self.pb12runway = 0                  # 第一组的第二匹马的奔跑距离
self.pb21runway = 0                  # 第二组的第一匹马的奔跑距离
self.pb22runway = 0                  # 第二组的第二匹马的奔跑距离
self.pb11 = QProgressBar(self)       # 表示第一组的第一匹马
self.pb12 = QProgressBar(self)       # 表示第一组的第二匹马
self.pb21 = QProgressBar(self)       # 表示第二组的第一匹马
self.pb22 = QProgressBar(self)       # 表示第二组的第二匹马
# 第二组马的行进方向与第一组是相反的
self.pb21.setInvertedAppearance(True)
self.pb22.setInvertedAppearance(True)
pb3 = QProgressBar(self)
pb3.setRange(0, 0)                   # 用于展示比赛的激烈程度和紧张氛围
self.button = QToolButton(self)
```

```python
        self.button.setText("比赛开始")
        ......                              # 省略部分类似代码
        self.button.clicked.connect(self.start)
        self.show()

    def start(self):
        """比赛开始"""
        self.button.setEnabled(False)       # 禁用开始按钮
        self.timer = QTimer(self)           # 设定一个定时器
        self.timer.timeout.connect(self.running)
        self.timer.start(1000)              # 每隔1s所有马匹都会行动一次

    def running(self):
        """赛马"""
        # 两组赛道不同马匹的瞬时速度
        randompb11 = random.randrange(1, 8)
        randompb12 = random.randrange(1, 8)
        randompb21 = random.randrange(1, 8)
        randompb22 = random.randrange(1, 8)
        # 两组赛道不同马匹的累积跑步距离
        self.pb11runway += randompb11
        self.pb12runway += randompb12
        self.pb21runway += randompb21
        self.pb22runway += randompb22
        # 进度条的最大值为100，若超过100，则强制将值修改为100
        self.pb11.setValue(self.pb11runway if self.pb11runway <= 100 else 100)
        self.pb12.setValue(self.pb12runway if self.pb12runway <= 100 else 100)
        self.pb21.setValue(self.pb21runway if self.pb21runway <= 100 else 100)
        self.pb22.setValue(self.pb22runway if self.pb22runway <= 100 else 100)

        if self.pb11.value() == self.pb11.maximum():
            QMessageBox.information(self, "喜报", "恭喜第一组的第一匹马获得冠军！")
            self.reset()
        ......  # 省略类似代码

    def reset(self):
        """重置所有的参数"""
        self.timer.stop()
        del self.timer                      # 定时器停止并删除对象
        self.pb11.reset()
        self.pb11runway = 0
```

```
......                      # 省略类似代码
self.button.setEnabled(True)    # 重新启用开始按钮
```

8.5　时间和日期类控件

在使用应用程序的过程中，经常需要选择日期和时间，如选择出生年月、预定会议时间等。在 PyQt 中，通过 QDateTimeEdit（日期时间选择）、QDateEdit（日期选择）、QTimeEdit（时间选择）和 QCalendarWidget（日历选择）这 4 个类可以满足这些需求。它们均位于 PyQt6.QtWidgets 模块中。类之间的继承关系如图 8-47 所示。

图 8-47　类之间的继承关系

此外，读者还需要了解 PyQt 中的日期和时间的类型（QDate 和 QTime），它们均位于 PyQt6.QtCore 模块中。

8.5.1　QDate、QTime 和 QDateTime 类

1. QDate 类的基本使用方法

QDate 类的实例化对象可以表示特定的日期，通常通过提供的年、月和日数字来创建。year()、month()和 day()方法用于返回年、月和日。

使用 dayOfWeek()和 dayOfYear()方法可以返回日期在一周或一年中的天数。

```
>>> date = QDate(2023,7,7)
>>> date.dayOfYear()
188
>>> date.dayOfWeek()
5
```

使用 toString()方法可以将日期转换成字符串，使用 fromString()方法可以将字符串转换成日期，代码如下。

```
>>> date = QDate(2023,7,7)
>>> date.toString("yyyy-MM-dd")
'2023-07-07'
>>> date.toString("yy-MMM-dddd")
'23-Jul-Friday'
>>> date = QDate.fromString("2023-06-01","yyyy-MM-dd")
>>> date
PyQt6.QtCore.QDate(2023, 6, 1)
```

日期字符串格式如表 8-8 所示。

表 8-8　日期字符串格式

字符	描述	备注
d	不带前导数字 0 的数字形式的日期（1~31）	—
dd	以数字形式表示的日期（01~31）	—
ddd	缩写的日期名称（Mon~Sun）	具体结果是英文还是中文月份，需要进行本地化处理。中文操作系统一般默认显示中文
dddd	非缩写日期名称（Monday~Sunday）	
M	不带前导数字 0 的数字形式的月份（1~12）	—
MM	以数字形式表示的月份（01~12）	—
MMM	缩写的月份名称（Jan~Dec）	与 ddd 或 dddd 类似
MMMM	非缩写的月份名称（January~December）	
yy	以两位数字表示的年份（00~99）	—
yyyy	年份为 4 位数字。如果年份为负数，则需要在前面加上减号，即 5 个字符	—

QDate 类提供了一组完整的运算符，用于比较两个 QDate 对象，其中较小的对象表示日期较早，较大的对象表示日期较晚，代码如下：

```
>>> date1 = QDate(2021, 1, 2)
>>> date2 = QDate(2023, 1, 2)
>>> date1 > date2
False
>>> date1 < date2
True
>>> date1 == date2
False
>>> date1 != date2
True
```

QDate 类通过 daysTo() 方法返回两个日期之间的天数，代码如下：

```
>>> date1 = QDate(2021, 1, 2)
>>> date2 = QDate(2023, 1, 2)
>>> date1.daysTo(date2)
730
>>> date2.daysTo(date1)
-730
```

addDays(int) 方法可以将日期增加（或减少）指定的天数。addMonths(int) 和 addYears(int) 方法可以增加（或减少）指定月份数和年份数，代码如下：

```
>>> date = QDate(2021, 1, 2)
>>> date.addDays(100)
PyQt6.QtCore.QDate(2021, 4, 12)
>>> date.addMonths(10)
PyQt6.QtCore.QDate(2021, 11, 2)
>>> date.addYears(10)
PyQt6.QtCore.QDate(2031, 1, 2)
```

daysInMonth()和 daysInYear()方法分别用于返回该日期的月份和年份中的天数，代码如下：

```
>>> date = QDate(2021, 1, 2)
>>> date.daysInMonth()
31
>>> date.daysInYear()
365
```

isLeapYear(int)方法用于判断指定年份是否为闰年，代码如下：

```
>>> QDate.isLeapYear(2800)
True
```

toPyDate()方法可以将 QDate 类型转换成 Python 中的 datetime.date，代码如下：

```
>>> QDate(2023, 7, 8).toPyDate()
datetime.date(2023, 7, 8)
```

2. QTime 类的基本使用方法

QTime 对象包含时钟时间，表示自午夜以来的小时数、分钟数、秒数和毫秒数，并提供了用于比较时间和通过添加毫秒数来操纵时间的方法。

> ☛ 提示 QTime 使用 24 小时制时钟格式。

QTime 对象通常通过指定小时数、分钟数、秒数和毫秒数来创建，或者通过使用静态方法 currentTime()来创建。currentTime()方法可以创建表示系统本地时间的 QTime 对象。

```
>>> time = QTime(15,5,5,500)
>>> time
PyQt6.QtCore.QTime(15, 5, 5, 500)
>>> QTime.currentTime()
PyQt6.QtCore.QTime(16, 49, 15, 731)
>>>
```

QTime 中有很多方法与 QDate 类似。hour()、minute()、second()和 msec()方法用于返回小时数、分钟数、秒数和毫秒数。toString()方法可以将时间转换成字符串。fromString()方法可以将字符串转换成时间对象。日间字符串格式如表 8-9 所示。

表 8-9 时间字符串格式

字符	描述
h	不带前导数字 0 的小时（12 小时制）
hh	带前导数字 0 的小时（12 小时制，如 01）
H	不带前导数字 0 的小时（24 小时制）
HH	带前导数字 0 的小时（24 小时制，如 01）
m	不带前导数字 0 的分钟（0~59）
mm	以 0 开头的分钟（00~59）
s	不带前导 0 的秒（0~59）
ss	在适用情况下，具有前导数字 0 的秒（00~59）
z or zz	秒的小数部分。在小数点之后，不带后缀数字 0。例如，"s.z" 可以表示 "0.25" 秒
zzz	秒的小数部分，精度为毫秒，包括适用的后缀数字 0（000~999）。例如，"ss.zzz" 可以表示 "00.250" 秒
AP、A、ap、a、aP or Ap	"AM" 表示 12:00 之前的时间，而 "PM" 表示 12:00 之后的时间，不区分大小写

将 QTime 类的实例对象转换成字符串，代码如下：

```
>>> time = QTime(5,5,5,500)
>>> time.toString("hh:mm:ss zzz")
'05:05:05 500'
>>> time = QTime(15,5,5,500)
>>> time.toString("hh:mm:ss zzz A")
'03:05:05 500 PM'
>>> time.toString("hh:mm:ss zzz a")
'03:05:05 500 pm'
>>> time = QTime.fromString("15:05:05 500", "HH:mm:ss zzz")
>>> time
PyQt6.QtCore.QTime(15, 5, 5, 500)
```

addSecs()方法用于将指定时间增加（或减少）指定秒数，addMSecs()方法用于将指定时间增加（或减少）指定毫秒数，代码如下：

```
>>> time = QTime(15,5,5,500)
>>> time.addSecs(100)
PyQt6.QtCore.QTime(15, 6, 45, 500)
>>> time.addMSecs(100)
PyQt6.QtCore.QTime(15, 5, 5, 600)
```

secsTo()或 msecsTo()方法可以计算两个时间的差值，单位为秒数或毫秒数。如果 A.msecsTo(B)为正，则 A<B，即较早的时间小于较晚的时间，代码如下：

```
>>> time1 = QTime(15,5,5,500)
```

```
>>> time2 = QTime(8,8,8,8)
>>> time1.secsTo(time2)
-25017
>>> time2.msecsTo(time1)
25017492
```

与 QDate 类相同，QTime 类同样提供了一组完整的运算符，用于比较两个 QTime 对象，代码如下：

```
>>> time1 = QTime(15,5,5,500)
>>> time2 = QTime(8,8,8,8)
>>> time1 < time2
False
>>> time1 > time2
True
>>> time1 == time2
False
>>> time1 != time2
True
```

toPyTime()方法可以将 QTime 类型转换成 Python 中的 datetime.time，代码如下：

```
>>> QTime.currentTime().toPyTime()
datetime.time(9, 57, 54, 104000)
```

3. QDateTime 类的基本使用方法

QDateTime 类是 QDate 和 QTime 的结合，其中许多方法都与 QDate、QTime 类相似，这里仅进行简单介绍，有需要的读者可以查看帮助手册。

（1）日期和时间的访问。

QdateTime 类提供了日期和时间的处理方法，通常使用初始化方法或静态方法（如 currentDateTime()或 fromMSecsSinceEpoch()）来创建。日期和时间可以使用 setDate()和 setTime() 方 法 进 行 更 改 ，也 可 以 使 用 setMSecsSinceEpoch() 方 法 进 行 设 置 。setMSecsSinceEpoch()方法用于获取自 1970 年以来的时间（以毫秒为单位）。fromString()方法可以返回一个 QDateTime 类，参数为一个指定的字符串和一种用于解释日期字符串的日期格式，并根据这个格式来解释前面的日期字符串。

> 💡提示　UTC（Coordinated Universal Time，协调世界时）是世界协调时间的标准，用于协调全球各个时区的时间。UTC 的目的是提供一种统一的时间标准，在全球范围内实现时间的一致。UTC 并不是每个地区的当地时间，不受夏令时或时区差异的影响。在将 UTC 时间转换为当地时间时，需要考虑时区的偏移。

currentDateTime()方法的返回值为 QDateTime 类，表示当前日期和时间；currentDateTimeUtc() 方法的返回值为 QDateTime 类，表示相对于 UTC 的当前日期和时间；date()和 time()方法可以返回日期和时间；toString(format)方法可以将日期时间转换成字符串。

（2）日期和时间的比较。

QDateTime 类提供了一组完整的运算符，用于比较两个 QDateTime 对象，其中较小的对象表示日期较早，较大的对象表示日期较晚。addMSecs()方法用于将指定时间增加（或减少）指定毫秒数，addSecs()方法用于将指定时间增加（或递减）指定秒数，addDays()方法用于将日期增加（或减少）指定的天数，addMonths()和 addYears()方法可以增加（或减少）指定月份数（或年份数）。daysTo()方法用于返回两个日期时间之间相差的天数，secsTo()方法用于返回两个日期时间之间相差的秒数，msecsTo()方法用于返回两个日期时间之间相差的毫秒数。toTimeZone()方法用于处理不同时区的时间。QDateTime 类使用系统的时区信息来确定当前本地时区及其与 UTC 的偏移量。如果系统配置不正确或不是最新的，则 QDateTime 类可能会产生错误结果。

以下是一段示例代码，用于打印北京时间、纽约时间和 UTC 时间。完整程序位于本书配套资料的 PyQt6\chapter8\datetimeExample.py 中。

```
beijing_time = QDateTime.currentDateTime()  # 获取当前本地时间
# 将本地时间转换为纽约时间
newyork_time=beijing_time.toTimeZone(QTimeZone(QByteArray(b'America/New_
York')))
# 获取北京时间的字符串表示
beijing_time_str = beijing_time.toString(Qt.DateFormat.ISODate)
# 获取纽约时间的字符串表示
newyork_time_str = newyork_time.toString(Qt.DateFormat.ISODate)
# 获取 UTC 时间的字符串表示
utc_time_str = beijing_time.toUTC().toString(Qt.DateFormat.ISODate)
print("北京时间: ", beijing_time_str)
print("纽约时间: ", newyork_time_str)
print("UTC 时间: ", utc_time_str)

# 输出结果
# 北京时间: 2023-07-09T21:11:38
# 纽约时间: 2023-07-09T09:11:38-04:00
# UTC 时间: 2023-07-09T13:11:38Z
```

从输出结果可以看出，北京时间与纽约时间相差 12 个小时，与 UTC 时间相差 8 个小时，符合 UTC 的时区标准。

8.5.2 QDateTimeEdit、QDateEdit 和 QTimeEdit 类

QDateTimeEdit 类提供了一个用于编辑日期和时间的控件，如图 8-48 所示。

2004/3/1 2:05

图 8-48 日期和时间控件

1. QDateTimeEdit 类的基本使用方法

QDateTimeEdit 类允许用户通过使用键盘或箭头按钮来增加或减少日期和时间值，从而编辑日期。箭头按钮可以逐步调节 QDateTimeEdit 控件中的日期和时间。

QDateTimeEdit 类的有效值范围由 minimumDateTime()和 maximumDateTime()方法的返回值及其各自的日期和时间控件控制。在默认情况下，从公元 100 年到公元 9999 年之间的日期时间都是有效的。

提示　最小年份是指公元 100 年，必须使用 setMinimumDate(QDate(100,1,1))手动指定，否则默认最小年份是 1752 年。这是因为 1752 年是格里高利历引入的年份。

QDateTimeEdit 类可以通过 setCalendarPopup(True)方法来启用 QCalendarWidget（日历控件），从而选择日期，如图 8-49 所示。

图 8-49　使用弹出日历方式选择日期

2. QDateTimeEdit 类的常用方法

QDateTimeEdit 类的常用方法详见本书配套资料。

3. QDateTimeEdit 类的信号

- dateChanged(Union[QDate, datetime.date])：每当更改日期时，就会发出此信号，参数为更改的 Union[QDate, datetime.date]对象。
- dateTimeChanged(Union[QDateTime, datetime.datetime])：每当更改日期或时间时，就会发出此信号，参数为更改后的 Union[QDateTime, datetime.datetime]对象。
- timeChanged(Union[QTime, datetime.time])：每当时间更改时，就会发出此信号，参数为更改后的 Union[QTime, datetime.time]对象。

4. QDateEdit 和 QTimeEdit 类

QDateEdit 和 QTimeEdit 类的许多属性和方法与 QDateTimeEdit 类的属性和方法相同，具体如下。

- date()：用于返回控件显示的日期。
- time()：用于返回控件显示的时间。
- minimumDate()：用于定义用户可以设置的最小（最早）日期。
- maximumDate()：用于定义用户可以设置的最大（最晚）日期。
- minimumTime()：用于定义用户可以设置的最小（最早）时间。
- maximumTime()：用于定义用户可以设置的最大（最晚）时间。
- displayFormat()：返回一个字符串，用于格式化控件显示的日期或时间。

由于篇幅有限，此处不做详述，读者可以查阅帮助手册了解详细方法。

5. QDateTimeEdit 类的简单举例

本例将展示多种类型的日期和时间选择方式，如图 8-50 所示。

图 8-50　多种类型的日期和时间选择方式

完整程序位于本书配套资料的 PyQt6\chapter8\datetimeedit.py 中，核心代码如下：

```python
from PyQt6.QtCore import QLocale
class MyWidget(QDialog):
    def __init__(self):
        super().__init__()
        self.resize(300, 200)
        self.setWindowTitle("DateTimeEdit 类综合举例")
        # 日期和时间选择
        dateTimeEdit = QDateTimeEdit(self)
        dateTimeEditPOP = QDateTimeEdit(self)
        dateTimeEditPOP.setCalendarPopup(True)          # 日历选择
        # 日期选择
        dateEdit = QDateEdit(self)
        dateEditZH = QDateEdit(self)
        dateEditZH.setDisplayFormat("yyyy-MMM-ddd")
        locale = QLocale(QLocale.Language.English)      # 英文样式
        dateEditE = QDateEdit(self)
        dateEditE.setLocale(locale)
        dateEditE.setDisplayFormat("yyyy-MMM-ddd")
```

```
# 时间选择
time = QTimeEdit(self)
timeA = QTimeEdit(self)
timeA.setDisplayFormat("hh:mm:ssA")
…… # 省略布局代码
```

8.5.3　QCalendarWidget 类——日历选择

QCalendarWidget 类提供了一个日历控件，允许用户选择一个日期。
该控件使用当前的月份和年份进行初始化，如图 8-51 所示。

1. QCalendarWidget 类的基本使用方法

在默认情况下，QCalendarWidget 类会选择当日日期。例如，在图 8-52
中，选中的日期是 2023 年 7 月 8 日，即笔者编写本节时的日期。用户可以
使用鼠标和键盘来选择日期，也可以使用 selectedDate()方法来检索当前

图 8-51　日历控件 1

选择的日期。要返回当前的月份和年份，可以使用 monthShown()和 yearShown()方法来实现。通
过设置 minimumDate()和 maximumDate()方法，可以限制选择日期的范围。setDateRange()方
法可以一次性设置日期的范围。若将 setSelectionMode()方法设置为 NoSelection，则可以禁止用
户选择。但是，setSelectedDate()方法可以让程序选择日期。

新创建的日历控件将使用缩写的日期名称，星期六和星期日都显示为红色，日历网格不可见；
整个控件的第一列显示周数，而日历区域的第一列为一周的第一天。在图 8-52 中，当前选择的日
期属于第 27 周（共 52 周），一周的第一天为周一。网格日历可以使用 setGridVisible(True)方法来
开启，用户可以使用 setFirstDayOfWeek()方法更改第一列中的日期（见图 8-53）。本例将周日调
整为一周的第一天。

图 8-52　日历控件 2

图 8-53　网格日历

```
calendar = QCalendarWidget(self)
calendar.setFirstDayOfWeek(Qt.DayOfWeek.Sunday)
```

通过对 QCalendarWidget 类中单个日期的 QTextCharFormat 类进行设置，可以使一些特殊
的日期呈现特殊状态，如使 9 月 23 日显示为绿色。

什么是 QTextCharFormat 类呢？ QTextCharFormat 类可以为 QTextDocument 类中的字
符提供格式信息，它具有以下常用方法。

- setFont()方法：用于设置所使用的字体，并可以调整其外观。
- setFontFamilies()和 setFontPointSize()方法：用于定义字体类型和字体大小。
- setFontWeight()和 setFontItalic()方法：用于控制字体样式。
- setFontUnderline()、setFontOverline()、setFontStrikeOut()和 setFontFixedPitch()方法：用于设置文本效果。
- setForeground()方法：用于设置文本颜色。

如果文本用作超链接，则可以使用 setAnchor()方法来启用。setAnchorHref()和 setAnchorNames()方法用于指定超链接的目标和锚点名称的信息。

2．QCalendarWidget 类的属性设置和常用方法

（1）属性设置。

① 日历区域水平标题的设置。

setHorizontalHeaderFormat()方法可以设置日历区域的水平标题，如表 8-10 所示。

表 8-10　水平标题

属性	类型	备注
QCalendarWidget.HorizontalHeaderFormat.LongDayNames	显示完整的日期名称（如星期一）	英文方式：Monday
QCalendarWidget.HorizontalHeaderFormat.NoHorizontalHeader	隐藏	—
QCalendarWidget.HorizontalHeaderFormat.ShortDayNames	显示日期名称的缩写（如周一）	英文方式：Mon（表示 Monday）
QCalendarWidget.HorizontalHeaderFormat.SingleLetterDayNames	显示日期名称的单字母缩写（对中文来说，与 QCalendarWidget.HorizontalHeaderFormat.ShortDayNames 相同）	英文方式：M（表示 Monday）

② 用户在日历中选择日期方式的设置。

setSelectionMode()方法可以设置用户在日历中选择日期的方式，如表 8-11 所示。

表 8-11　用户在日历中选择日期的方式

属性	描述
QCalendarWidget.SelectionMode.NoSelection	无法选择日期
QCalendarWidget.SelectionMode.SingleSelection	可以选择日期

③ 垂直标题显示格式的设置。

setVerticalHeaderFormat()方法可以设置显示周数，如表 8-12 所示。

表 8-12 垂直标题

属性	描述
QCalendarWidget.VerticalHeaderFormat.ISOWeekNumbers	显示 ISO 周数，默认样式
QCalendarWidget.VerticalHeaderFormat.NoVerticalHeader	隐藏

（2）常用方法。

QCalendarWidget 类的常用方法详见本书配套资料。

3. QCalendarWidget 类的信号

- activated(Union[QDate, datetime.date])：每当用户按"Return"或"Enter"键，或者双击日历控件中的日期时，就会发出此信号，参数为被激活的 Union[QDate, datetime.date] 对象。

- clicked(Union[QDate, datetime.date])：当单击鼠标时，会发出此信号。信号仅在单击有效日期时发出。有效日期是指在最早日期（minimumDate）和最晚日期（maximumDate）之间的日期。如果选择模式为 NoSelection，则不会发出该信号。信号的参数是被单击的日期对象，类型为 Union[QDate, datetime.date]。

- currentPageChanged(int, int)：当当前显示的月份发生变化时，会发出该信号，参数为新的年份和月份。

- selectionChanged()：当当前选择的日期发生变化时，会发出此信号。用户可以使用鼠标、键盘或 setSelectedDate() 方法来更改当前选定的日期。

8.5.4 【实战】日程提醒小工具

本节将制作一个简单的日程提醒小工具。

1. 程序功能

在日历的具体日期上单击鼠标右键，弹出右键菜单，选择"添加提配"命令（菜单项）后，可以在弹出的对话框中输入具体日程信息。有日程的日期的字体颜色为紫色，背景颜色为黄色，并且在单击该日期后会显示具体日程内容。在单击没有日程的日期时会显示"暂无日程"信息，如图 8-54 所示。

图 8-54 日程提醒

2. 程序结构

整个程序由 3 个类组成：ScheduleDialog 类（用于添加日程对话框）、MyCalendarWidget 类（用于自定义日历控件）和 ScheduleReminder 类（用于运行程序的主窗体）。程序的整体结构详见本书配套资料。

3. 程序实现

完整程序位于本书配套资料的 PyQt6\chapter8\schedule.py 中。

（1）本程序涉及的控件如下：

```
from PyQt6.QtWidgets import (QCalendarWidget, QApplication, QMenu,
                             QDialog, QWidget, QFormLayout, QLineEdit,
                             QDialogButtonBox, QTimeEdit, QLabel,
                             QMainWindow, QListWidget, QVBoxLayout,
                             QMessageBox)
from PyQt6.QtCore import Qt, pyqtSignal, QTime
from PyQt6.QtGui import QBrush, QColor, QFont, QTextCharFormat
```

（2）ScheduleDialog 类。对话框的添加综合运用了本节的相关知识点。通过对话框，可以方便地获取用户添加的日程信息。核心代码如下：

```
class ScheduleDialog(QDialog):
    signal = pyqtSignal(dict)                  # 发送对话框中日程的信号，类型为 dict
    def __init__(self, planDate, Parent=None):
        super().__init__(Parent)
        # 将传递过来的 QDate 类型转换成字符串类型
        self.date = planDate.toString("yyyy-MM-dd")
        self.initUi()
    def initUi(self):
        """对话框界面"""
        self.setWindowTitle("新建日程")
        layout = QFormLayout(self)
        self.lineEdit = QLineEdit(self)
        layout.addRow("日程内容(&S)", self.lineEdit)
        layout.addRow("日程日期", QLabel(self.date))
        self.scheduletime = QTimeEdit()  # 时间控件
        # 将当前时间作为开始时间。读者自己可以修改这个时间
        self.scheduletime.setTime(QTime.currentTime())
        self.scheduletimeEnd = QTimeEdit()
        self.scheduletimeEnd.setTime(QTime.currentTime().addSecs(3600))
        # 预计结束时间是开始时间的后一个小时
        layout.addRow("开始时间(&T)", self.scheduletime)
        layout.addRow("预计结束时间(&E)", self.scheduletimeEnd)
```

```
        buttonBox = QDialogButtonBox(QDialogButtonBox.StandardButton.Ok |
QDialogButtonBox.StandardButton.Cancel)              # 增加 "OK" 和 "Cancel" 按钮
        layout.addWidget(buttonBox)
        buttonBox.accepted.connect(self.setSchedule)
        buttonBox.rejected.connect(self.reject)   # 对话框的取消操作


    def setSchedule(self):
        """发送日程信息"""
        # 一个简单的起止时间判断
        start = self.scheduletime.time()            # 开始时间
        end = self.scheduletimeEnd.time()           # 结束时间
        if end < start:
            QMessageBox.warning(self, "警告", "结束时间不能早于开始时间！")
        else:
            scheduleInfo = self.lineEdit.text()   # 日程内容
            # 日程开始时间，将 QTime 转换成字符串类型
            scheduleTime = start.toString()
            duration = start.secsTo(end) / 3600
            infomation = "日程内容："+ scheduleInfo + "\n 日程日期：" + \
                        self.date + "\n 开始时间：" + scheduleTime + \
                    "\n 预计持续时间：" + str(duration) + \
                    " 小时\n--------------------------"
            # 将对话框的日程信息发送给自定义日历控件
            self.signal.emit({self.date:infomation})
            self.accept()                          # 对话框中的接受操作
```

（3）MyCalendarWidget 类。在下面代码中，将右键菜单设置为 CustomContextMenu 菜单；控件会发出 customContextMenuRequested 信号，便于连接 show_context_menu，从而实现非常方便地打开日程对话框。对于日历中的单元格，首先使用 QTextCharFormat()方法创建文本字符格式，然后设置字体的粗细、前景颜色和背景颜色，最后使用 setDateTextFormat()方法调整日历单元格的格式。这样就可以看到某个日期是否有日程。核心代码如下：

```
class MyCalendarWidget(QCalendarWidget):
    scheduleSignal = pyqtSignal(dict) # 发送日程的信号，类型为 dict

    def __init__(self, Parent=None):
        super().__init__(Parent)
        # 将右键菜单设置为 CustomContextMenu 菜单
        # 控件会发出 customContextMenuRequested 信号

        self.setContextMenuPolicy(Qt.ContextMenuPolicy.CustomContextMenu)
        self.customContextMenuRequested.connect(self.show_context_menu)
```

```python
    def show_context_menu(self, pos):
        """
        右键菜单的样式
        pos：鼠标指针坐标
        """
        date = self.selectedDate()  # 获取当前选中的日期（QDate）类型
        menu = QMenu(self)
        action = menu.addAction("添加提醒")
        # 当单击菜单项时触发 add_reminder() 方法
        action.triggered.connect(lambda: self.add_reminder(date))
        menu.exec(self.mapToGlobal(pos))

    def add_reminder(self, date):
        """
        打开新建日程提醒对话框
        date：当前选中的日期
        """
        dialog = ScheduleDialog(date, self)
        dialog.signal.connect(self.getSchedule)
        res = dialog.exec()
        if res:                                    # 对有日程的日期进行格式设置
            font = QFont()
            font.setBold(True)                                       # 加粗
            format = QTextCharFormat()
            format.setFont(font)                                  # 设置字体
            format.setBackground(QBrush(QColor(255, 255, 0)))       # 黄色
            format.setForeground(QBrush(QColor(128, 0, 128)))       # 紫色
            self.setDateTextFormat(date, format)  # 设置当前日期的格式

    def getSchedule(self, info):
        self.scheduleSignal.emit(info)             # 将日程信息发送给列表控件

    def mousePressEvent(self, event):
        if event.button() == Qt.MouseButton.RightButton:           # 右键菜单
            self.show_context_menu(event.pos())
        else:
            super().mousePressEvent(event)
```

（4）ScheduleReminder 类。主窗体可以使定义的日历控件和对话框控件能够完美应用。核心代码如下：

```python
class ScheduleReminder(QMainWindow):
    def __init__(self):
        super().__init__()
        # 存储日程信息的字典，格式为{日期:具体的日程}
        self.scheduleDict = {}
        self.initUI()

    def initUI(self):
        self.calendar = MyCalendarWidget()
        self.calendar.scheduleSignal.connect(self.saveSchedule)
        self.calendar.selectionChanged.connect(self.update_reminder_list)
        self.reminder_list = QListWidget()
        self.reminder_list.addItem("暂无日程")
        # 添加自定义日历控件和列表控件
        central_widget = QWidget()
        layout = QVBoxLayout()
        layout.addWidget(self.calendar)
        layout.addWidget(self.reminder_list)
        central_widget.setLayout(layout)
        self.setCentralWidget(central_widget)
        self.show()

    def update_reminder_list(self):
        """刷新提醒日程"""
        # 选中的日期，将QDate类型转换为字符串类型
        selected_date = \
        self.calendar.selectedDate().toString("yyyy-MM-dd")
        # 在字典中查看对应日期是否有日程
        reminder_text = self.scheduleDict.get(selected_date)
        self.reminder_list.clear()
        if reminder_text:  # 若有日程，则显示日程信息
            self.reminder_list.addItem(reminder_text)
        else:
            self.reminder_list.addItem("暂无日程")

    def saveSchedule(self, scheduleInfoDict):
        """
        将发送过来的日程信息存入scheduleInfoDict
        scheduleInfoDict：发送过来的日程信息，类型为字典类型
        """
```

```
self.scheduleDict.update(scheduleInfoDict)
self.update_reminder_list() # 刷新日程
```

8.6 文本显示控件

在应用程序中，有很多地方需要展示文字或数字。QLabel 类不仅支持文字，还支持图片甚至视频，应用范围广泛。QLCDNumber 类在数字显示方面非常方便，能够带来新鲜感。

QLabel 和 QLCDNumber 类位于 PyQt6.QtWidgets 模块中。类之间的继承关系如图 8-55 所示。

图 8-55　类之间的继承关系

8.6.1　QLabel 类——标签

QLabel（标签）类用于显示文本或图像（见图 8-56），但没有用户交互功能。如果想要与用户进行交互，则可以通过事件过滤器来实现。

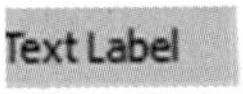

Text Label

图 8-56　标签

1. QLabel 类的基本使用方法

标签除了可以显示内容，还可以指定另一个控件的快捷键。例如：

```
hlayout = QHBoxLayout(self)
phoneEdit = QLineEdit()
phoneLabel = QLabel("&Phone:")
phoneLabel.setBuddy(phoneEdit)
hlayout.addWidget(phoneLabel)
hlayout.addWidget(phoneEdit)
```

程序执行效果如图 8-57 所示。

图 8-57　程序执行效果 1

标签包含以下几种类型。

- 纯文本：使用 setText(str) 方法来设置，其中参数为字符串。

- 富文本：使用 setText(str)方法来设置，其中参数为富文本（HTML 4 标记的一个子集）。
- 图像：使用 setPixmap(QPixmap)方法来设置，其中参数为 QPixmap 对象。
- 动画：使用 setMovie(QMovie)方法来设置，其中参数为 QMovie 对象。
- 数字：使用 setNum()方法将数字转换为纯文本，其中参数为 int 或 float 类型数字。
- 空：类似于空字符串（默认值），由 clear()方法来设置。

> 提示　在使用任何方法改变内容时，先前的所有内容都会被清除。

在默认情况下，QLabel 控件将显示左对齐且垂直居中的文本和图像。QLabel 控件的外观可以通过多种方式进行调整。setAlignment()和 setIndent()方法可以调整 QLabel 控件区域内的内容定位。setWordWrap()方法可以设置文本内容的对齐方式和缩进值。

例如，下面这段代码展示了一个上角存在双行文本的凹陷面板：

```
label = QLabel(self)
label.resize(200,100)
label.setFrameStyle(QFrame.Shape.Panel | QFrame.Shadow.Sunken)
label.setText("这是第一行\n    这是第二行")
label.setAlignment(Qt.AlignmentFlag.AlignTop|Qt.AlignmentFlag.AlignLeft)
```

程序执行效果如图 8-58 所示。

图 8-58　程序执行效果 2

QLabel 类从 QFrame 类继承的属性和方法也可以用来指定要用于任何给定标签框架。

2. QLabel 类的常用方法

QLabel 类的常用方法详见本书配套资料。

3. QLabel 类的信号

- linkActivated(str)：当用户单击链接时，会发出此信号，参数为定位点引用的 URL 字符串。
- linkHovered(str)：当用户将鼠标指针悬停在链接上时，会发出此信号，参数为定位点引用的 URL 字符串。

4. QLabel 类的简单举例

这是一个展示 QLabel 类的综合例子。在这个例子中，QLabel 控件将显示文本、富文本、图片及动画，程序执行效果如图 8-59 所示。

（a）上半部分　　　　　　　　　　（b）下半部分

图 8-59　程序执行效果 3

在本例中，将多行文本设置为能够自动换行；QLabel 类通过显示表格展示富文本内容；图片用于演示普通和缩放效果的区别；动画则循环播放 0～9 这 10 个数字。若单击"暂停"按钮，则暂停播放动画；若单击"继续"按钮，则继续播放动画。

实现代码较为简单，完整程序位于本书配套资料的 PyQt6\chapter8\label.py 中，核心代码如下：

```python
import sys
from PyQt6.QtWidgets import QWidget, QApplication, QLabel, QGridLayout, QToolButton
from PyQt6.QtGui import QPixmap, QMovie


class MyWidget(QWidget):
    def __init__(self):
        super().__init__()
        # 各种演示
        label1 = QLabel("这是文本演示")
        # 省略 label2 中的内容
        label2 = QLabel("这是很多文本的演示：1234567890……")  # ……表示省略内容
        label2.setWordWrap(True)                              # 自动换行
        label31 = QLabel("这是富文本演示")
        label32 = QLabel()
        label32.setText(html)  # hmtl 是一些包含 HMTL 的字符串
        label41 = QLabel("这是图片演示")
        label42 = QLabel()
        label42.setPixmap(QPixmap("labelPic.png"))
        label51 = QLabel("这是图片演示（缩放填充）")
        label52 = QLabel()
        label52.setPixmap(QPixmap("labelPic.png"))
        label52.setScaledContents(True)
        label61 = QLabel("这是动画演示")
        label62 = QLabel()
        self.movie = QMovie("num.gif")
```

```
        label62.setMovie(self.movie)
        self.movie.start()    # 动画开始
        # 控制动画暂停播放或继续播放
        button1 = QToolButton()
        button1.setText("继续")
        button2 = QToolButton()
        button2.setText("暂停")
        button1.clicked.connect(self.Notpaused)
        button2.clicked.connect(self.paused)
        ......                    # 省略类似代码
        self.show()

    def Notpaused(self):
        """继续播放"""
        self.movie.setPaused(False)

    def paused(self):
        """暂停播放"""
        self.movie.setPaused(True)
```

8.6.2　【实战】简单红绿灯

本节使用 QLabel 类显示图片的特性模拟一个交通红绿灯。

1. 程序功能

红、绿灯的切换时间为 10s，黄灯的切换时间为 3s。当距离下次切换剩余 3s 时，会给出文字提醒。程序执行效果如 8-60 所示。

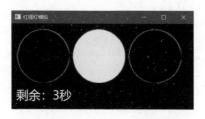

图 8-60　程序执行效果

2. 程序实现

在下面的程序中，使用 setPalette(QPalette)方法将窗体背景颜色设置为黑色。QPalette（调色板）类是包含控件状态的颜色组，它包含 3 个颜色组：活动、禁用和非活动。PyQt 中的所有控件都包含一个调色板，这使得用户界面易于配置，并且更容易保持一致。剩余时间显示标签 self.info 采用样式表（QSS）的方式来设置字体的大小和颜色。完整程序位于本书配套资料的 PyQt6\

chapter8\lights.py 中，核心代码如下：

```python
class Light(QWidget):
    """
    本程序的红绿灯切换采用手动和自动相结合的方式，否则全部自动切换总是慢 1s。
    """
    def __init__(self):
        super().__init__()
        self.flag = -1  # 红绿灯的标志，其中-1 表示绿色，0 表示黄色，1 表示红色
        self.sec = 0           # 计时器
        self.initUI()

    def initUI(self):
        # 将窗体背景颜色设置为黑色
        pal = self.palette()  # QPalette 类包含控件状态的颜色组
        pal.setColor(self.backgroundRole(), Qt.GlobalColor.black)
        # 将背景设置为黑色
        self.setPalette(pal)
        # 红、绿灯初始颜色均为黑色
        self.red = QLabel(self)
        self.red.setPixmap(QPixmap("black.png"))
        self.yellow = QLabel(self)
        self.yellow.setPixmap(QPixmap("black.png"))
        self.green = QLabel(self)
        self.green.setPixmap(QPixmap("black.png"))
        # 红、绿灯及剩余时间的布局
        layout = QGridLayout(self)
        layout.addWidget(self.red, 0, 0)
        layout.addWidget(self.yellow, 0, 1)
        layout.addWidget(self.green, 0, 2)
        self.info = QLabel(self)
        layout.addWidget(self.info, 1, 0, 1, 6)
        self.setLayout(layout)
        # 剩余时间采用 CSS 来设置字体，其中字体颜色为白色，字体大小为 22pt
        self.info.setStyleSheet("font: 22pt;color: rgb(255, 255, 255);")
        # 手动切换一次红绿灯
        self.changeColor(0)
        # 设置定时器
        timer = QTimer(self)
        timer.start(1000)
        timer.timeout.connect(lambda:self.changeColor(1))
        self.show()
```

```python
def settiingColor(self, color):
    """
    红绿灯切换
    color 表示红绿灯的颜色
    """
    if color == "green":
        self.green.setPixmap(QPixmap("green.png"))
        self.red.setPixmap(QPixmap("black.png"))
        self.yellow.setPixmap(QPixmap("black.png"))
    elif color == "red":
        self.green.setPixmap(QPixmap("black.png"))
        self.red.setPixmap(QPixmap("red.png"))
        self.yellow.setPixmap(QPixmap("black.png"))
    else:
        self.green.setPixmap(QPixmap("black.png"))
        self.red.setPixmap(QPixmap("black.png"))
        self.yellow.setPixmap(QPixmap("yellow.png"))


def settingLight(self, color, time):
    """
    显示具体的红绿灯
    color 表示颜色
    time 表示已经运行的时间
    """
    self.settiingColor(color)
    if color == "yellow":      # 黄灯显示 3s
        leftTime = 3 - time
    else:
        leftTime = 10 - time   # 红灯和绿灯显示 10s
    if 1 <= leftTime <= 3:
        self.info.setText(f"剩余：{str(leftTime)}秒") # 显示 3s 内剩余时间
    elif leftTime == 0:
    # 当剩余时间为 0 时, 红灯和绿灯的标志加 1
    # 当剩余时间大于 1s 时, 红灯和绿灯的标志将自动转为-1
        self.flag += 1
        if self.flag > 1:
            self.flag = -1
        # 清除所有剩余时间的文字和秒数
        self.info.clear()
        self.sec = 0
```

```
                # 手动切换一次红绿灯
                self.changeColor(0)

        def changeColor(self, auto):
            """
            红绿灯的切换控制
            auto 表示手动切换和自动切换。其中，0 表示手动切换，1 表示自动切换
            """
            if auto == 1:  # 自动切换时间加 1
                self.sec += 1
            if self.flag == -1:
                self.settingLight("green", self.sec)
            elif self.flag == 0:
                self.settingLight("yellow", self.sec)
            else:
                self.settingLight("red", self.sec)
```

8.6.3　QLCDNumber 类——液晶显示屏

QLCDNumber 类用于显示一个类似于 LCD 的数字，如图 8-61 所示。

图 8-61　QLCDNumber 控件

1. QLCDNumber 类的基本使用方法

QLCDNumber 类可以显示任意大小的数字，它可以显示十进制、十六进制、八进制或二进制数字。display()方法用于显示数字，setMode()方法用于改变基数，setSmallDecimalPoint()方法用于调整小数点的显示位置。

当 QLCDNumber 类在被要求显示超出范围的内容时，会发出 overflow 信号。该信号范围由 setDigitCount()方法设置，但也会受 setSmallDecimalPoint()方法的影响。如果显示被设置为十六进制、八进制或二进制，则显示该值的整数等效值。

以下是可以显示的数字和其他符号：0/O、1、2、3、4、5/S、6、7、8、9/g、减号、小数点、A、B、C、D、E、F、h、H、L、o、P、r、u、U、Y、冒号、度数符号（单引号）和空格。QLCDNumber 类会将非法字符替换为空格。

QLCDNumber 类的模式（Mode）包含：QLCDNumber.Mode.Bin（二进制）、QLCDNumber.Mode.Dec（十进制）、QLCDNumber.Mode.Oct（八进制）和 QLCDNumber.Mode.Hex（十六

进制）。

　　QLCDNumber 类通常使用一个有符号的 32 位整数来表示数值，因此它的范围为 −2,147,483,648～2,147,483,647。如果超出这个范围，将会引发异常。

　　QLCDNumber 类的外观样式有 3 种：QLCDNumber.SegmentStyle.Filled、QLCDNumber. SegmentStyle.Flat 和 QLCDNumber.SegmentStyle.Outline，如图 8-62 所示。

图 8-62　外观样式

2. QLCDNumber 类的常用方法

QLCDNumber 类的常用方法详见本书配套资料。

3. QLCDNumber 类的信号

overflow()：在要求 QLCDNumber 类显示过大的数字或过长的字符串时，会发出此信号。

8.6.4　【实战】简单计算器

本节使用 QLCDNumber 类来制作一个简单计算器。

1. 程序功能

实现加、减、乘、除，正负数的切换，暂存数据等基本功能。程序执行效果如图 8-63 所示。

2. 程序结构

整个程序由两个类组成——Button 和 Calculator。其中，Button 类用于定义计算器中的按钮，让其看上去更加美观；Calculator 类主要用于实现功能。程序中类与方法的结构图详见本书配套资料。

图 8-63　程序执行效果

3. 程序实现

完整程序位于本书配套资料的 PyQt6\chapter8\diycalculator.py 中。

（1）Button 类的代码。Button 类主要侧重于尺寸的设计，能够让按钮更加美观。核心代码如下：

```python
class Button(QToolButton):
    def __init__(self, text, Parent=None):
```

```
        super().__init__(Parent)

        self.setSizePolicy(QSizePolicy.Policy.Expanding, QSizePolicy.
Policy.Preferred)  # 设置控件尺寸的策略 Expanding/Preferred
        self.setText(text)

    def sizeHint(self):
        size = super().sizeHint()
        size.setHeight(size.height() + 20)
        size.setWidth(max(size.width(), size.height()))
        return size
```

（2）Calculator 类的核心代码。

```
class Calculator(QDialog):
    def __init__(self):
        super().__init__()
        self.lcdstring = ""            # 设置 LCD 最多显示 9 个数字
        self.operation = ""            # 运算符
        self.currentNum = 0            # 当前数字
        self.previousNum = 0           # 前一个数字
        self.cresult = 0               # 结果
        self.tmp = 0                   # 临时保存的结果
        self.initUI()

    def initUI(self):
        # LCD 屏幕
        self.lcd = QLCDNumber(self)
        self.lcd.setDigitCount(9)      # LCD 最多显示 9 个数字
        self.lcd.setFrameShape(QFrame.Shape.NoFrame)

        # 创建 0~9 数字按钮
        self.numButtons = []
        for i in range(10):
            self.numButtons.append(self.createButton(str(i), self.
numClicked))

        # 创建运算符按钮
        # 加法按钮
        self.plusButton = self.createButton("+", self.opClicked)
        # 减法按钮
        self.minusButton = self.createButton("-", self.opClicked)
```

```python
        self.timesButton = self.createButton(u"\N{MULTIPLICATION SIGN}",
self.opClicked)              # 乘法按钮
        self.divButton = self.createButton(u"\N{DIVISION SIGN}", self.
opClicked)                   # 除法按钮
        self.pointButton = self.createButton(".", self.numClicked) # .
        self.changeSignButton = self.createButton(u"\N{PLUS-MINUS SIGN}",
self.changeSignClicked)      # 正负号按钮

        # 创建计算器操作按钮
        self.backspaceButton = self.createButton("后退", self.
backspaceClicked)             # 后退一个数字按钮
        self.clearButton = self.createButton("清除", self.clear)
        # 清除全部内容
        self.mcButton = self.createButton("MC", self.clearMemory)
        # 清除暂存数据
        self.mrButton = self.createButton("MR", self.loadMemory)
        # 读取暂存数据
        self.msButton = self.createButton("MS", self.setMemory)
        # 设置暂存数据
        self.mplusButton = self.createButton("M+", self.addToMemory)
        # 与暂存数据进行累加
        self.equalButton = self.createButton("=", self.equalClicked)
        # 计算结果
        self.msButton.setCheckable(True)
        ……                    # 省略部分代码
        self.show()

    def str2num(self, strnum):
        """
        将字符串转换为数字
        strnum 表示字符串型数字
        """
        numResult = int(strnum) if strnum.isdigit() else float(strnum)
        return numResult

    def numClicked(self):
        """单击数字和小数点后的操作"""
        if len(self.lcdstring) < 9:
            self.lcdstring = self.lcdstring + self.sender().text()
            if self.lcdstring.startswith("."):
                self.lcdstring = "0" + self.lcdstring
```

```python
            # 不允许有以.开头的数字，其中.表示 0.
            elif len(self.lcdstring) >1 and self.lcdstring.startswith("0")
and not "." in self.lcdstring:
                self.lcdstring = self.lcdstring[1:]
                # 不允许有以 0 开头的数字，小数除外
            elif self.lcdstring.count('.') > 1:
                self.lcdstring = self.lcdstring[:-1] # 不允许在数字中出现多个.
            self.lcd.display(self.lcdstring)
            self.currentNum = self.str2num(self.lcdstring)

    def opClicked(self):
        '''运算符'''
        self.previousNum = self.currentNum
        self.currentNum = 0
        self.lcdstring = ""
        self.operation = self.sender().text()


    def equalClicked(self):
        '''等于'''
        if self.operation == "+":                                   # 加法
            self.cresult = self.previousNum + self.currentNum
        elif self.operation == "-":                                 # 减法
            self.cresult = self.previousNum - self.currentNum
        elif self.operation == u"\N{MULTIPLICATION SIGN}":  # 乘法
            self.cresult = self.previousNum * self.currentNum
        elif self.operation == u"\N{DIVISION SIGN}" and self.currentNum !=
0: # 除法，除数不能为 0
            self.cresult = self.previousNum / self.currentNum
        elif self.operation == u"\N{DIVISION SIGN}" and self.currentNum == 0:
            self.cresult = "ERROR"

        self.lcd.display(self.cresult)
        if self.cresult != "ERROR":
            self.currentNum = self.cresult
        self.lcdstring = ""
        self.operation = ""

    def changeSignClicked(self):
        """改变正负数"""
        if self.currentNum > 99999999:
            QMessageBox.information(self, "提示", "位数过多，负数无法显示")
```

```python
        else:
            self.currentNum *= -1
            self.lcd.display(self.currentNum)

    def backspaceClicked(self):
        """后退"""
        if len(self.lcdstring) > 1:
            self.lcdstring = self.lcdstring[:-1]
            self.lcd.display(self.lcdstring)
            self.currentNum = self.str2num(self.lcdstring)
        else:
            self.currentNum, self.lcdstring = 0, "0"
            self.lcd.display(self.lcdstring)

    def clear(self):
        '''全部清零'''
        self.lcdstring = ""
        self.currentNum = 0
        self.previousNum = 0
        self.cresult = 0
        self.lcd.display(0)
        self.clearMemory()

    def clearMemory(self):
        """清除暂存数字"""
        self.tmp = 0.0
        self.msButton.setChecked(False)
        self.msButton.setEnabled(True)

    def loadMemory(self):
        """载入暂存数字"""
        self.lcd.display(self.tmp)
        self.currentNum = self.tmp
        self.lcdstring = ""

    def setMemory(self, checked):
        """
        存入待暂存数字
        checked 用于判断是否选中按钮
        """
        if checked:
```

```python
        self.tmp = self.currentNum
        self.msButton.setEnabled(False)

def addToMemory(self):
    """与暂存数字累加"""
    self.previousNum = self.tmp
    self.operation = "+"

def createButton(self, text, function):
    """
    创建一个按钮
    text 表示按钮上的字符
    function 表示关联的槽方法
    """
    button = Button(text)
    button.clicked.connect(function)
    return button
```

由于篇幅有限，这里省略了布局部分的代码。整个程序并不难，只需厘清其中的逻辑关系即可。
建议读者查看配套资料中的全部代码，从整体的角度来理解会更容易。

第9章
对话框相关类

4.3 节介绍了 QDialog 类。该类是对话框的基类,主要用于应用程序与用户进行交互。为了方便使用对话框,PyQt 提供了大量现成的对话框类。

本章涉及 8 种不同类型的对话框类,它们均位于 PyQt6.QtWidgets 模块中。类之间的继承关系如图 9-1 所示。

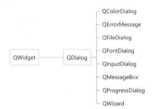

图 9-1 类之间的继承关系

9.1 QColorDialog 类——颜色选择对话框

QColorDialog 类位于 PyQt6.QtWidgets 模块中,提供了一个用于指定颜色的对话框。它的基本功能是允许用户选择颜色。颜色选择对话框如图 9-2 所示。

图 9-2 颜色选择对话框

9.1.1 QColorDialog 类的基本使用方法

使用 getColor()方法可以弹出一个允许用户指定颜色的对话框。此方法还可以允许用户选择具有不同透明度的颜色，方法为将 ShowAlphaChannel 选项作为附加参数传递。

使用 customCount()方法可以返回支持的自定义颜色的数量。所有颜色对话框会共享相同的自定义颜色。使用 setCustomColor()方法可以设置自定义颜色，而使用 customColor()方法则可以获取这些自定义颜色。

当单击"Pick Screen Color（选择屏幕颜色）"按钮时，光标将变为十字形。用户可以通过单击鼠标左键或按"Enter"键来选择某个颜色。若按"Esc"键，则恢复进入"选择屏幕颜色"模式之前选择的最后一种颜色。颜色对话框的样式如表 9-1 所示。

表 9-1 颜色对话框的样式

颜色对话框的样式	描述
QColorDialog.ColorDialogOption.DontUseNativeDialog	使用 Qt 的标准颜色对话框，而不是操作系统的原生颜色对话框
QColorDialog.ColorDialogOption.NoButtons	不显示"确定"和"取消"按钮
QColorDialog.ColorDialogOption.ShowAlphaChannel	允许用户选择颜色的 Alpha 组件

9.1.2 QColorDialog 类的常用方法和信号

QColorDialog 类的常用方法和信号并不多，让我们一起来了解一下。

1. QColorDialog 类的常用方法

QcolorDialog 类的常用方法详见本书配套资料。

2. QColorDialog 类的信号

（1）colorSelected(Union[QColor, GlobalColor, int])：在用户选定颜色后，会发出此信号，参数为选择的颜色。

（2）currentColorChanged(Union[QColor, GlobalColor, int])：当对话框中的当前颜色发生变化时，会发出此信号，参数为当前颜色。

9.1.3 QColorDialog 类的简单举例

这里举一个简单的例子：从颜色对话框中选择自己喜欢的颜色，并将其应用到窗体上。程序执行效果如图 9-3 所示。

在图 9-3 中，设置"Alpha channel"为 255。若在代码中不设置 options 参数，则不显示"Alpha channel"选项。

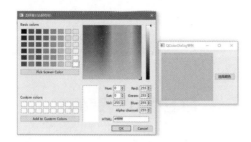

图 9-3　程序执行效果

> **提示**　在 RGBA 颜色模型中，Alpha 通道用于表示透明度。Alpha 通道的取值范围为 0~255，数值越大表示越不透明，数值越小表示越透明。

完整程序位于本书配套资料的 PyQt6\chapter9\colordialog.py 中，核心代码如下：

```python
class MyWidget(QWidget):
    def __init__(self):
        ......
        self.label= QLabel()
        self.label.setAutoFillBackground(True)    # 自动填充背景颜色
        button = QPushButton("选择颜色")
        button.clicked.connect(self.SelectColor)


    def SelectColor(self):
        """选择标签颜色"""
        # 在对话框中显示Alpha通道
        color = QColorDialog.getColor(title="选择喜欢的颜色吧! ", options=
QColorDialog.ColorDialogOption.ShowAlphaChannel)
        if color.isValid():
            pal = self.label.palette() # QPalette 类包含控件状态的颜色组
            # 背景颜色为选择的颜色
            pal.setColor(self.label.backgroundRole(), color)
            self.label.setPalette(pal)                # 设置背景颜色
```

9.2　QErrorMessage 类——错误消息对话框

QErrorMessage 类提供了一个错误消息对话框。错误消息对话框由文本标签和多选框组成。其中，多选框允许用户控制是否再次显示相同的错误消息。对于只需查看一次的消息，可以创建该类型的对话框，并通过调用 showMessage()方法来显示。错误消息对话框的完整程序位于本书配套资料的 PyQt6\chapter9\errormessage.py 中，核心代码如下：

```
error_message = QErrorMessage(self)
error_message.setWindowTitle("哎呀，报错！")
error_message.showMessage("不用找了，这个地方真的错了！")
```

程序执行效果如图 9-4 所示。

图 9-4　程序执行效果

9.3　QFileDialog 类——文件选择对话框

QFileDialog 类提供了用于让用户选择文件或目录的对话框，主要用途包括：①读取文件路径；②获取保存文件的路径。

9.3.1　QFileDialog 类的常用方法和信号

1. QFileDialog 类的常用方法

QFileDialog 类的常用方法详见本书配套资料。

2. QFileDialog 类的常用信号

QFileDialog 类的常用信号有 5 个，关于全部信号的描述请查阅帮助手册。

（1）currentChanged(str)：当本地操作的当前文件发生更改时，会发出此信号，新文件名将作为 path 参数传递。

（2）directoryEntered(str)：当用户进行本地操作（如进入目录）时，会发出此信号，参数为目录的路径。

（3）fileSelected(str)：当本地操作的选择发生更改，并且对话框被接受时，此信号将与所选文件路径一起发出。若用户未选择，则所选文件路径为空。

（4）filesSelected(Iterable[str])：当本地操作的选择发生更改，并且对话框被接受时，此信号将与所选文件列表一起发出。若用户未选择，则所选文件路径列表为空。

（5）filterSelected(str)：当用户选择过滤器时，会发出此信号，参数为过滤器字符串。

9.3.2　文件选择对话框的创建

文件选择对话框的创建包括两种方法：①使用 QFileDialog 类提供的静态方法来创建；②通过

新建 QFileDialog 对象并调用相关方法来创建。下面分别介绍这两种方法，完整程序位于本书配套资料的 PyQt6\chapter9\filedialog.py 中。

1. 使用静态方法创建文件选择对话框

使用静态方法可以选择单个文件、选择多个文件和保存单个文件。

（1）选择单个文件。

```
fileNameList = QFileDialog.getOpenFileName(self, "选择图像", "./", "Image
Files (*.png *.jpg *.bmp)")
# ('C:/Users/Administrator/Desktop/pyqt5fengmian.png', 'Image Files
(*.png *.jpg *.bmp)')
```

使用 getOpenFileName()方法创建文件选择对话框，会选择程序所在目录（"./"表示当前目录），并显示与字符串"Image Files (*.png *.jpg *.bmp)"匹配的文件，窗体标题为"选择图像"，如图 9-5 所示。

图 9-5 文件选择对话框

在创建文件选择对话框，并选择所需的图片后，对话框对象会返回一个元组。其中，第 0 个元素是图片的绝对路径，第 1 个元素是用于筛选文件的字符串（文件筛选器）。如果没有选择任何图片，则返回一个空元组(", ")。

如果要使用多个筛选器，则需要使用两个分号进行分隔。例如：

```
Images (*.png *.jpg);;Text files (*.txt);;XML files (*.xml)
```

这样就能创建 3 种文件筛选器了，如图 9-6 所示。

图 9-6 3 种文件类型筛选器

（2）选择多个文件。

```
fileNameList = QFileDialog.getOpenFileNames(self, "打开图像", "./", "Python
Files (*.py *.pyw)")
```

```
# 输出
(['D:/onedrive/document/PythonDocument/PyQt6ToImprovement/ArticleMateria
l/PyQt6/chapter9/colordialog.py', 'D:/onedrive/document/PythonDocument/
PyQt6ToImprovement/ArticleMaterial/PyQt6/chapter9/errormessage.py'], 'Python
Files (*.py *.pyw)')
```

在上面的程序中，使用 getOpenFileNames()方法一次选择了 2 个 Python 文件；返回值同样是元组，只是第 0 个元素是列表，包含每个文件的绝对路径，而第 1 个元素仍是文件筛选器。

（3）保存单个文件。

```
saveFileName = QFileDialog.getSaveFileName(self, "保存 TXT 文件", "./",
"Text files (*.txt)")
# 输出
('D:/onedrive/document/PythonDocument/PyQt6ToImprovement/ArticleMaterial/
PyQt6/chapter9/777.txt', 'Text files (*.txt)')
```

在上面的程序中，使用 getSaveFileName()方法弹出对话框后，先选择保存文件的路径（这里为当前目录），再单击"保存"按钮，返回值同样是元组，只是第 0 个元素是保存文件的绝对路径，而第 1 个元素仍是文件筛选器。在使用文件筛选器（'Text files (*.txt)'）后，保存的文件将默认为 txt 文档。程序执行效果如图 9-7 所示。

图 9-7　程序执行效果

2. 使用 QFileDialog 对象创建文件选择对话框

首先创建一个 QFileDialog 对象，其次使用 setFileMode()方法指定可以在对话框中选择的内容，并使用 setNameFilter()方法设置对话框的文件筛选器，再次使用 setViewMode()方法设置对话框的视图模式，最后使用 exec()方法生成文件选择对话框。使用 selectedFiles()方法可以返回选中文件的绝对路径列表。如果想设置弹出对话框后显示的目录，则可以使用 setDirectory()方法来实现。其中，FileMode（文件模式）包含 4 种类型，如表 9-2 所示。

表 9-2　FileMode 类型

FileMode 类型	描述	备注
QFileDialog.FileMode.AnyFile	文件的名称	—

续表

FileMode 类型	描述	备注
QFileDialog.FileMode.Directory	目录的名称,同时显示文件和目录	Windows 操作系统不支持在目录选择器中显示文件
QFileDialog.FileMode.ExistingFile	单个现有文件的名称	—
QFileDialog.FileMode.ExistingFiles	零个或多个现有文件的名称(多文件选择)	—

ViewMode(视图模式)包含以下两种类型。

(1)QFileDialog.ViewMode.List:用于显示目录中项目的图标和名称。

(2)QFileDialog.ViewMode.Detail:用于显示目录中项目的图标、名称和详细信息。

这里以打开一个 Python 文件为例,核心代码如下:

```
dialog = QFileDialog(self)
dialog.setFileMode(QFileDialog.FileMode.AnyFile)
dialog.setNameFilter("Python Files (*.py)")# 筛选器
dialog.setViewMode(QFileDialog.ViewMode.Detail)
dialog.setDirectory("D:\\")                 # 打开 D 盘目录
dialog.setWindowTitle("打开 Python 文件")     # 设置对话框标题
if dialog.exec():                           # 创建文件选择对话框
    fileNameList = dialog.selectedFiles()
    print(fileNameList)
# 结果
# ['D:/example.py']
```

9.4 QFontDialog 类——字体选择对话框

QFontDialog 类提供了一个用于选择字体的对话框。使用 getFont()方法可以创建字体选择对话框,如图 9-8 所示。

图 9-8 字体选择对话框

9.4.1 QFontDialog 类的基本使用方法

getFont()方法有两种简单的使用方式，具体如下。完整程序位于本书配套资料的 PyQt6\
chapter9\fontdialog.py 中。

（1）直接使用。

```
font, isok = QFontDialog.getFont()
if isok:
    self.label.setFont(font)
```

在上面代码中，font 表示单击"OK"按钮后返回的字体；isok 返回值类型为 bool。只有通过
单击"OK"按钮选中字体后，才会对标签设置字体。

（2）添加部分参数后使用。

```
font, isok = QFontDialog.getFont(QFont("黑体", 20), self, caption="选择字体
abc")
    self.label.setFont(font)
```

在上面代码中，font 和 isok 的含义与第一种使用方式相同。在上面的代码中，同时设置了默认
字体为"黑体"，字体大小为 20；字体选择对话框的标题为"选择字体 abc"。在单击"OK"按钮
后，返回选中的字体。如果单击了"Cancel"按钮，则返回默认字体。程序执行效果如图 9-9 所示。

图 9-9　程序执行效果

9.4.2 QFontDialog 类的常用方法和信号

1. QFontDialog 类的常用方法

QFontDialog 类的常用方法详见本书配套资料。

2. QFontDialog 类的信号

（1）currentFontChanged(QFont)：当用户选择字体时，会发出此信号，最终所选字体可能与
当前选择的字体不同，参数为当前选择的字体。

（2）fontSelected(QFont)：只有当用户选择了要使用的最终字体时，才会发出此信号。当用户
在字体选择对话框中更改当前字体时，不会发出该信号，参数为最终选中的字体。

9.5 QInputDialog 类——简单输入对话框

　　QInputDialog 类提供了一个简单输入对话框，用于获取用户输入的内容。用户输入的内容既可以是字符串，也可以是数字或列表中的选项。为此，QInputDialog 类提供了 5 个方法：getText()、getMultiLineText()、getInt()、getDouble()和 getItem()，以获取用户输入的内容，效果如图 9-10 所示。

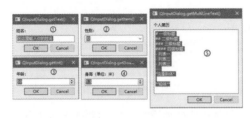

图 9-10　QInputDialog 类的 5 个方法效果

9.5.1　QInputDialog 类的常用方法和信号

1. QInputDialog 类的常用方法

QInputDialog 类的常用方法详见本书配套资料。

2. QInputDialog 类的信号

（1）doubleValueChanged(float)：当对话框中的小数值发生更改时，会发出此信号，参数是更改后的值。

（2）doubleValueSelected(float)：当用户接受对话框中选择的小数时，会发出此信号，参数是选择的值。

（3）intValueChanged(int)：当对话框中的整数值发生更改时，发出此信号，并传递当前值，参数是更改后的值。

（4）intValueSelected(int)：当用户接受对话框中选择的整数值时，会发出此信号，参数是选择的值。

（5）textValueChanged(str)：当对话框中的文本字符串发生更改时，会发出此信号，参数是更改后的文本。

（6）textValueSelected(str)：当用户接受对话框中选择的文本时，会发出此信号，参数是选择的文本。

9.5.2　QInputDialog 类的简单举例

　　这里设计一个简单表单，如图 9-11 所示。用户单击最右侧的 … 按钮可以填写内容。在填写完后，内容会在窗体上显示。最后一行的多行文本框（"个人简介"）支持部分 Markdown 格式的文档。

图 9-11　简单表单

> **提示**　Markdown 是一种轻量级的标记语言，它通过简单的标记符号来实现文本的格式化和排版。

核心代码如下，这里重点介绍其中 5 个自定义方法，完整程序位于本书配套资料的 PyQt6\chapter9\inputdialog.py 中。

【代码片段 1】

```
    def doActionName(self):
        name, ok = QInputDialog.getText(self, "QInputDialog.getText()", "姓
名：", text="在这里输入你的姓名")
        if ok:
            self.nameL.setText(name)
```

在上面的代码中，对于"QInputDialog.getText()"对话框中的标题，"姓名："表示需要用户输入内容的提示标签，text 表示显示的默认字符串；单击"OK"按钮会返回用户输入的内容。下面几个方法的含义与此相同。代码运行效果如图 9-10 中的①所示。

【代码片段 2】

```
    def doActionSex(self):
        sex, ok = QInputDialog.getItem(self, "QInputDialog.getItem()", "性
别：", ['男', '女'], current=1)
        if ok:
            self.sexL.setText(sex)
```

在上面的代码中，['男', '女']表示下拉列表中的选项，current=1 表示当前显示的选项索引为 1。代码运行效果如图 9-10 中的②所示。

【代码片段 3】

```
    def doActionAge(self):
        age, ok = QInputDialog.getInt(self, "QInputDialog.getInt()", "年龄：
```

```
", 10, 8, 20, step=1)
        if ok:
            self.ageL.setText(f"{age}")
```

在上面的代码中，参数 10 表示当前值，参数 8 表示最小值，参数 20 表示最大值，setp 表示步长。因为 getInt()方法返回的是整数，而 setText()方法的参数要求是 str 类型，所以需要进行一次转换。代码运行效果如图 9-10 中的③所示。

【代码片段 4】

```
    def doActionHeight(self):
        height,ok=QInputDialog.getDouble(self, "QInputDialog.getDouble()",
"身高（单位：米）", 1.3, 1.1, 2.0, 1, step=0.1)
        if ok:
            self.heightL.setText(f"{height:.1f}") # 保留 1 位小数
```

在上面的代码中，参数 1.3 表示当前值，参数 1.1 表示最小值，参数 2.0 表示最大值，参数 1 表示保留 1 位小数，step 表示步长。代码运行效果如图 9-10 中的④所示。

【代码片段 5】

```
    def doActionResume(self):
        resume,ok=QInputDialog.getMultiLineText(self, "QInputDialog.
getMultiLineText()", "个人简历", "在这里写上自己的个人简介")
        if ok:
            self.resumeT.setMarkdown(resume) # 支持部分 Markdown 语法
```

在上面的代码中，使用 getMultiLineText()方法实现了多行输入，QTextBrowser 对象的 self.resumeT 可以支持部分 Markdown 语法（Markdown 相关知识点可以自行查询）。代码运行效果如图 9-10 中的⑤所示。Markdown 格式文档的效果如图 9-11 中的个人简介所示。

9.6　QMessageBox 类——消息对话框

QMessageBox 是应用程序向用户发出通知、问询、警告等信息时使用的类。图 9-12 展示的对话框是 QMessageBox 类提供的众多消息对话框中的一种。

图 9-12　消息对话框

9.6.1 QMessageBox 类的枚举值、常用方法和信号

1. QMessageBox 类中的枚举值

QMessageBox 类提供了 10 种不同类型的按钮角色，用户可以根据自己的情况灵活选择，如表 9-3 所示。

表 9-3　QMessageBox 类的按钮角色

按钮角色	描述
QMessageBox.ButtonRole.AcceptRole	单击该按钮（如"确定"按钮）会接受对话框
QMessageBox.ButtonRole.ActionRole	单击该按钮会导致对话框中的项目发生更改
QMessageBox.ButtonRole.ApplyRole	该按钮用于应用当前更改
QMessageBox.ButtonRole.DestructiveRole	单击该按钮会导致破坏性更改（如用于放弃更改）并关闭对话框
QMessageBox.ButtonRole.HelpRole	该按钮用于请求帮助
QMessageBox.ButtonRole.InvalidRole	按钮无效
QMessageBox.ButtonRole.NoRole	该按钮是一个类似于"No"的按钮
QMessageBox.ButtonRole.RejectRole	单击该按钮（如"取消"按钮）会导致对话框被拒绝
QMessageBox.ButtonRole.ResetRole	该按钮会将对话框的字段重置为默认值
QMessageBox.ButtonRole.YesRole	该按钮是一个类似于"Yes"的按钮

QMessageBox 类提供了 5 种不同的图标样式，如表 9-4 所示。

表 9-4　图标样式

图标类型	描述	图标样式
QMessageBox.Icon.Critical	严重问题	✖
QMessageBox.Icon.Information	指示消息	ⓘ
QMessageBox.Icon.NoIcon	没有任何图标	—
QMessageBox.Icon.Question	询问问题	❓
QMessageBox.Icon.Warning	警告	⚠

QMessageBox 类提供了 19 种标准按钮类型，如表 9-5 所示。

表 9-5　标准按钮类型

按钮类型	描述
QMessageBox.StandardButton.Abort	使用 RejectRole 定义的"中止"按钮
QMessageBox.StandardButton.Apply	使用 ApplyRole 定义的"应用"按钮

续表

按钮类型	描述
QMessageBox.StandardButton.Cancel	使用 RejectRole 定义的"取消"按钮
QMessageBox.StandardButton.Close	使用 RejectRole 定义的"关闭"按钮
QMessageBox.StandardButton.Default	使用 information()、warning()等方法的 defaultButton 参数
QMessageBox.StandardButton.Discard	"丢弃"或"不保存"按钮,根据平台而定,使用 DestructiveRole 定义
QMessageBox.StandardButton.Help	使用 HelpRole 定义的"帮助"按钮
QMessageBox.StandardButton.Ignore	使用 AcceptRole 定义的"忽略"按钮
QMessageBox.StandardButton.No	使用 NoRole 定义的"No"按钮
QMessageBox.StandardButton.NoToAll	使用 NoRole 定义的"全部否"按钮
QMessageBox.StandardButton.Ok	使用 AcceptRole 定义的"确定"按钮
QMessageBox.StandardButton.Open	使用 AcceptRole 定义的"打开"按钮
QMessageBox.StandardButton.Reset	使用 ResetRole 定义的"重置"按钮
QMessageBox.StandardButton.RestoreDefaults	使用 ResetRole 定义的"恢复默认值"按钮
QMessageBox.StandardButton.Retry	使用 AcceptRole 定义的"重试"按钮
QMessageBox.StandardButton.Save	使用 AcceptRole 定义的"保存"按钮
QMessageBox.StandardButton.SaveAll	使用 AcceptRole 定义的"全部保存"按钮
QMessageBox.StandardButton.Yes	使用 YesRole 定义的"Yes"按钮
QMessageBox.StandardButton.YesToAll	使用 YesRole 定义的"全部是"按钮

2. QMessageBox 类的常用方法

QMessageBox 类的常用方法详见本书配套资料。

3. QMessageBox 类的信号

buttonClicked(QAbstractButton):在 QMessageBox 类内单击按钮时,会发出此信号,参数为被单击的按钮。

9.6.2　QMessageBox 类的基本使用方法

QMessageBox 类有两种基本使用方法:①直接调用 QMessageBox 类提供的静态方法;②创建 QMessageBox 对象,并通过调用相关方法来实现消息对话框。下面分别对这两种方法进行介绍,完整程序位于本书配套资料的 PyQt6\chapter9\messagebox.py 中。

1. 直接调用 QMessageBox 类提供的静态方法

QMessageBox 类提供了 5 个静态方法可供调用,分别为提示、询问、警告、严重问题和关于。

（1）提示对话框。

提示对话框主要用于向用户展示提示信息，如图 9-13 所示。

图 9-13　提示对话框

核心代码如下：

```
QMessageBox.information(self, "information()", "这是一条消息")
```

其中，"information()"表示对话框的标题，"这是一条消息"表示对话框提示的内容。

（2）询问对话框。

询问对话框主要用于询问用户当前的操作，如图 9-14 所示。核心代码如下：

```
result = QMessageBox.question(self, "question()", "这个问题你知道吗？",
defaultButton=QMessageBox.StandardButton.No)
```

询问对话框默认提供两个按钮，即"Yes"和"No"。在上面的代码中，在参数 defaultButton 中设置了默认按钮为 QMessageBox.StandardButton.No。在单击任意一个按钮后，询问对话框会返回被单击的按钮：QMessageBox.StandardButton.Yes 或 QMessageBox.StandardButton.No。

（3）警告对话框。

警告对话框主要用于对当前情况进行警告，并不是特别严重，仍可进行操作，如图 9-15 所示。

图 9-14　询问对话框

图 9-15　警告对话框

核心代码如下：

```
QMessageBox.warning(self, "warning()", "这是一条告警信息！")
```

其中，"warning()"表示对话框的标题，"这是一条告警信息！"表示对话框中的内容。

（4）严重问题对话框。

严重问题对话框主要用于告知用户当前出现了较为严重的问题，需要立即解决，如图 9-16 所示。

图 9-16　严重问题对话框

核心代码如下：

QMessageBox.critical(self, "critical()", "你这个行为很危险！")

其中，"critical()"表示对话框的标题，"你这个行为很危险！"表示对话框中的内容。

（5）关于对话框。

关于对话框主要用于向用户呈现一些说明，分为两种：about 对话框和 aboutQt 对话框。

① about 对话框如图 9-17 所示。

核心代码如下：

QMessageBox.about(self, "about()", "这是关于 XXX 的事情。")

其中，"about()"表示对话框的标题，"这是关于 XXX 的事情。"表示对话框中的内容。

② aboutQt 对话框如图 9-18 所示。

图 9-17　about 对话框

图 9-18　aboutQt 对话框

核心代码如下：

QMessageBox.aboutQt(self, "aboutQt()")

其中，"aboutQt()"表示对话框的标题。

2. 创建 QMessageBox 对象

创建 QMessageBox 对象，并调用相关的方法，即可实现功能更加完善的消息对话框，如图 9-19 所示。

图 9-19　自定义消息对话框

在图 9-19 中，提示的内容（"好玩"二字）进行了标红加粗处理，同时包含 7 个按钮和 1 个多选框，默认按钮为"保存"按钮。单击"Show Details..."按钮可以显示详细的信息，同时文字"Show Details..."将变为"Hide Details..."，如图 9-20 所示。

在单击其他按钮后，对话框会关闭，并且主窗体上将显示所单击的按钮。图 9-21 所示为单击"保存"按钮后显示的内容。

图 9-20　显示更多

图 9-21　单击"保存"按钮后显示的内容

核心代码如下：

```
msgBox = QMessageBox(self)
cb = QCheckBox("都按此操作")
msgBox.setWindowTitle("小提示")
msgBox.setIcon(QMessageBox.Icon.Information)
infomation = "这是一条非常<b><font color='#FF0000'>好玩</font></b>的消息<br>大家一起来玩啊！"
msgBox.setText("这是一条简单的提示信息！")
msgBox.setInformativeText(infomation)
msgBox.setStandardButtons(QMessageBox.StandardButton.Retry | QMessageBox.StandardButton.Abort | QMessageBox.StandardButton.Ignore)
msgBox.setDetailedText("这里是详细说明：…… ")
Save = msgBox.addButton("保存", QMessageBox.ButtonRole.AcceptRole)
NoSave = msgBox.addButton("不保存", QMessageBox.ButtonRole.DestructiveRole)
Cancel = msgBox.addButton("取消", QMessageBox.ButtonRole.RejectRole)
msgBox.setDefaultButton(Save)
msgBox.setCheckBox(cb)
reply = msgBox.exec()
if reply == 0:
    self.label.setText("自定义消息对话框：你单击了"保存"按钮！")
…… # 省略类似代码
```

程序中涉及的 QMessageBox 类的方法可以参考 9.6.1 节。

9.7　QProgressDialog 类——进度对话框

QProgressDialog 类（进度对话框）适用于应用程序因进行较长时间操作需要用户等待的情况。

它可以告知用户操作需要花费多长时间，并表明应用程序尚未冻结。同时，用户通过它可以终止操作。进度对话框如图 9-22 所示。

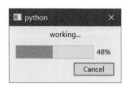

何时才会显示进度对话框呢？PyQt 给出的方案是当系统估计操作所需时间超出最小历时（minimumDuration()方法的返回值，默认为 4s）时才显示。

图 9-22　进度对话框

setMinimum()、setMaximum()或 setRange()方法可以调整进度条的最小值和最大值。在操作进行时，调用 setValue()方法可以显示当前进度。进度从 setMinimum()方法设置的值开始，当当前进度的 value()与 setMaximum()方法设置的值一致时，表示操作已完成。

在操作结束时，对话框会自动重置并隐藏。setAutoReset()和 setAutoClose()方法可以更改这些设置。

进度对话框分为两种：模态进度对话框和非模态进度对话框。模态对话框和非模态对话框相关知识点请参考 4.3.1 节。

- 模态进度对话框：比较适合随时关注进度的场景，需要用户等待操作完成。
- 非模态进度对话框：用户可以在等待的同时与应用程序进行其他交互。

wasCanceled()方法可以检查用户是否取消了操作。

9.7.1　QProgressDialog 类的常用方法和信号

1. QProgressDialog 类的常用方法

QProgressDialog 类的常用方法详见本书配套资料。

2. QProgressDialog 类的信号

canceled()：当单击"取消"按钮时，会发出此信号。

9.7.2　QProgressDialog 类的简单举例

本例模拟文件复制的过程。在用户单击"开始复制"按钮后，将提示文件正在复制中。若用户单击"取消"按钮，则弹出提示对话框，以告知用户复制失败，否则提示操作成功，如图 9-23 所示。

图 9-23　模拟文件复制过程

完整程序位于本书配套资料的 PyQt6\chapter9\progressdialog.py 中，核心代码如下：

```
progress = QProgressDialog(self)
progress.setWindowTitle("请稍等")                          # 设置对话框的标题
progress.setLabelText("文件正在复制中...")                  # 设置对话框中的内容
progress.setCancelButtonText("取消")                       # 设置"取消"按钮
progress.setMinimumDuration(1000)    # 当最短预估时间大于 1s 才弹出对话框
progress.setWindowModality(Qt.WindowModality.WindowModal)# 使用模态进度对话框
progress.setRange(0, num)                # num 表示待复制文件的数量
for i in range(num+1):
    progress.setValue(i)
    if progress.wasCanceled():                          # 若单击"取消"按钮
        QMessageBox.warning(self, "提示", "复制失败，可能没有完全复制！")
        break
else:
    QMessageBox.information(self,"提示","操作成功")
```

需要注意的是，待复制文件的数量（num）不能过少，否则将无法显示模态进度对话框。这是因为设置了最短预估时间为 1s（1000ms）。

9.8　QWizard 类——引导对话框

QWizard 类（引导对话框）是一种特殊类型的输入对话框，由一系列页面组成，其目的在于引导用户逐步完成操作，类似于安装软件向导，如图 9-24 所示。

QWizard 类的每个页面都是一个 QWizardPage 类（QWidget 类的子类），如果想创建自己的引导对话框，则可以直接使用这些类，或者继承并自定义新类。

图 9-24　引导对话框

9.8.1　QWizard 类的枚举值、常用方法和信号

1. QWizard 类的枚举值

（1）QWizard 类包含 4 种样式，具体如下。

① QWizard.WizardPixmap.AeroStyle：Windows Aero 外观。

② QWizard.WizardPixmap.ClassicStyle：经典 Windows 外观。

③ QWizard.WizardPixmap.MacStyle：macOS 外观。

④ QWizard.WizardPixmap.ModernStyle：Modern Windows 外观。

（2）QWizard 类中的页面按钮分为 10 种类型，如表 9-6 所示。

表 9-6　QWizard 类的按钮类型

按钮类型	描述
QWizard.WizardButton.BackButton	"后退"按钮（在 macOS 上为"Go Back"按钮）
QWizard.WizardButton.CancelButton	"取消"按钮
QWizard.WizardButton.CommitButton	"提交"按钮
QWizard.WizardButton.CustomButton1	第 1 个用户定义的按钮
QWizard.WizardButton.CustomButton2	第 2 个用户定义的按钮
QWizard.WizardButton.CustomButton3	第 3 个用户定义的按钮
QWizard.WizardButton.FinishButton	"完成"按钮（在 macOS 上为"Done"按钮）
QWizard.WizardButton.HelpButton	"帮助"按钮
QWizard.WizardButton.NextButton	"下一步"按钮（在 macOS 上为"Continue"按钮）
QWizard.WizardButton.Stretch	按钮布局中的水平拉伸按钮

（3）QWizard 类的外观选项如表 9-7 所示。

表 9-7　QWizard 类的外观选项

外观选项	描述
QWizard.WizardOption.CancelButtonOnLeft	将"取消"按钮放在"返回"按钮的左侧
QWizard.WizardOption.DisabledBackButtonOnLastPage	禁用最后一页中的"后退"按钮
QWizard.WizardOption.ExtendedWatermarkPixmap	将水印图延伸到窗体的边缘
QWizard.WizardOption.HaveCustomButton1	显示自定义按钮 1
QWizard.WizardOption.HaveCustomButton2	显示自定义按钮 2
QWizard.WizardOption.HaveCustomButton3	显示自定义按钮 3
QWizard.WizardOption.HaveFinishButtonOnEarlyPages	在非最终页面上显示禁用的"完成"按钮
QWizard.WizardOption.HaveHelpButton	显示"帮助"按钮
QWizard.WizardOption.HaveNextButtonOnLastPage	在最后一页上显示（禁用的）"下一步"按钮
QWizard.WizardOption.HelpButtonOnRight	将"帮助"按钮放在按钮布局的最右侧
QWizard.WizardOption.IgnoreSubTitles	不显示任何子标题
QWizard.WizardOption.IndependentPages	页面彼此独立
QWizard.WizardOption.NoBackButtonOnLastPage	不要在最后一页上显示"后退"按钮

续表

外观选项	描述
QWizard.WizardOption.NoBackButtonOnStartPage	不要在起始页上显示"后退"按钮
QWizard.WizardOption.NoCancelButton	不显示"取消"按钮
QWizard.WizardOption.NoCancelButtonOnLastPage	不要在最后一页上显示"取消"按钮
QWizard.WizardOption.NoDefaultButton	不要将"下一步"或"完成"按钮设置为对话框的默认按钮

（4）引导页的图像设定如表 9-8 所示。

表 9-8　引导页的图像设定

类型	描述
QWizard.WizardPixmap.BackgroundPixmap	MacStyle 样式的背景
QWizard.WizardPixmap.BannerPixmap	ModernStyle 样式的 Logo
QWizard.WizardPixmap.LogoPixmap	ClassicStyle 或 ModernStyle 样式的 Logo
QWizard.WizardPixmap.WatermarkPixmap	ClassicStyle 或 ModernStyle 样式的水印图

2. QWizard 类的常用方法

QWizard 类的常用方法详见本书配套资料。

3. QWizard 类的信号

- currentIdChanged(int)：当页面发生更改时，将使用新的当前页面 ID 来发出此信号，参数是新页面的 ID。
- customButtonClicked(int)：当用户单击自定义按钮时，会发出此信号，参数是自定义按钮号。
- helpRequested()：当用户单击"帮助"按钮时，会发出此信号。
- pageAdded(int)：当添加页面时，会发出此信号，参数是新添加页面的 ID。
- pageRemoved(int)：当删除页面时，会发出此信号，参数是被删除页面的 ID。

9.8.2　QWizardPage 类的基本使用方法

QWizardPage 类继承自 QWidget 类，通过使用 setTitle()、setSubTitle()和 setPixmap()方法让页面显示标题、子标题和相关图像。

（1）QWizardPage 类的虚拟方法。

QWizardPage 类提供了 5 个虚拟方法，用于自定义行为。

- initializePage()：当用户单击"下一步"按钮时，初始化页面的内容。如果想要获取用户在以前页面上输入的内容，则需要重新实现此方法。

- cleanupPage()：当用户单击"后退"按钮时，重置页面的内容。
- validatePage()：当用户单击"下一步"或"完成"按钮时，验证页面。该方法通常用于在用户输入不完整或无效信息时显示错误消息。
- nextId()：返回下一页的 ID。该方法一般用于在创建"跳转引导"时，根据用户提供的信息进行不同页面的跳转。
- isComplete()：确定是否启用"下一步"或"完成"按钮。如果重新实现 isComplete()方法，则需要确保每当完整状态更改时都会发出 completeChanged 信号。

一般来说，引导页中的"下一步"和"完成"按钮是互斥的。如果 isFinalPage()方法返回 True，则"完成"按钮可用，否则"下一步"按钮可用。在默认情况下，isFinalPage()方法仅在 nextId()方法返回−1 时才为 True。

（2）页面之间的通信。

有时需要在许多页面中获取用户填写的内容，为了便于页面之间进行通信，QWizard 类提供了一种"字段"机制，该机制允许用户在页面上注册字段（如 QLineEdit），并从任何页面访问其值。

字段是引导过程的全局字段，使得任何页面都可以轻松访问其他页面存储的信息。字段使用 registerField()方法注册，可以随时使用 field()和 setField()方法进行访问，方法如下：

```
registerField(name: str, QWidget, property: str = None, changedSignal:
PYQT_SIGNAL = None)
```

在上面的代码中，先创建一个字段，并将该字段与给定控件的给定属性相关联，此后即可使用 field()和 setField()方法访问该属性。如果字段名称以星号（*）结尾，则该字段为必填字段。只有填写了所有必填字段，才会启用"下一步"或"完成"按钮。

在页面中可以获取的控件、属性及信号，如表 9-9 所示。

表 9-9 在页面中可以获取的控件、属性及信号

控件	属性	信号
QAbstractButton	bool checked	toggled
QAbstractSlider	int value()	valueChanged
QComboBox	int currentIndex()	currentIndexChanged
QDateTimeEdit	QDateTime dateTime()	dateTimeChanged
QLineEdit	str text()	textChanged
QListWidget	int currentRow()	currentRowChanged
QSpinBox	int value()	valueChanged

9.8.3 QWizard 类的简单举例

在本例中，将构建 3 个页面，每个页面都用于填写内容，并将填写的内容以消息对话框的形式

展现出来。对话框中包含侧边栏图片、Logo 及 "帮助" 按钮。

下面介绍每个页面。

第 1 个页面（见图 9-25）用于设置标题和子标题。其中，姓名和昵称是必填项，设置了两种校验方式。姓名校验是通过重写 validatePage()方法实现的，会在子标题处给出提示。昵称是通过为必填字段设置星号（*）来校验的，若没有填写该项，则 "下一步" 按钮将不可用。

第 2 个页面（见图 9-26）用于填写性别。

图 9-25　第 1 个页面

图 9-26　第 2 个页面

第 3 个页面（见图 9-27）用于填写年龄。单击 "帮助" 按钮会打开帮助文档，单击 "完成" 按钮会展示在所有页面中填写的内容，并关闭对话框。

图 9-27　第 3 个页面

完整程序位于本书配套资料的 PyQt6\chapter9\wizard.py 中，核心代码如下：

```python
# 第 1 个页面的代码
class FirstPage(QWizardPage):
    def __init__(self):
        super().__init__()
        self.setTitle("这是第一页的标题(1/3)")        # 标题
        self.setSubTitle("这是第一页的子标题……")      # 子标题
        labelName = QLabel("请输入姓名*: ", self)
        self.nameLineEdit = QLineEdit(self)
        self.labelnickName = QLabel("请输入昵称*: ", self)
        self.nicknameLineEdit = QLineEdit(self)
        …… # 省略布局代码
# 保存姓名和昵称, 以便进行读取
```

```python
        self.registerField("Name", self.nameLineEdit)
        # 昵称为必填项，若不填写该项，则 "下一步" 按钮将不可用。另外，需要注意参数中的 *
        self.registerField("nickName*", self.nicknameLineEdit)

    def validatePage(self):
        """
        这里做一个姓名填写的验证，若不填写姓名，则无法进入第 2 个页面
        昵称是必填项，这里设置了两种校验方式
        """
        name = self.nameLineEdit.text()
        if name.strip() == "":
            self.setSubTitle("姓名不能为空")
            return False
        else:
            return True


# 第 2 个页面的代码
class SecondPage(QWizardPage):
    def __init__(self):
        super().__init__()
        self.setTitle("这是第二页的标题(2/3)")
        self.setSubTitle("这是第二页的子标题......")
        label = QLabel("填写你的性别：")
        sex = QComboBox(self)
        sex.addItems(['男', '女'])
        ......                              # 省略布局代码
        # 将下拉列表中当前选择的文本保存到 sex 的 field() 方法中
        # 如果不这样做，则默认会保存下拉列表当前选项的索引
        self.registerField("sex", sex, "currentText", sex.currentTextChanged)


# 第 3 个页面的代码
class ThirdPage(QWizardPage):
    def __init__(self):
        super().__init__()
        self.setTitle("这是第三页的标题(3/3)")
        self.setSubTitle("这是第三页的子标题......")
        label = QLabel("填写年龄：")
        age = QSpinBox(self)
        age.setRange(10, 20)
        ......                              # 省略布局代码
        self.registerField("age", age)     # 保存年龄 age
```

```python
#对话框代码
class MyWizard(QWizard):
    def __init__(self):
        super().__init__()
        self.setWindowTitle("简单向导")
        # 对话框样式
        self.setWizardStyle(QWizard.WizardStyle.ClassicStyle)    # 经典样式
        self.setPixmap(QWizard.WizardPixmap.LogoPixmap, QPixmap
(f"{current_dir}\logo.png"))                                      # Logo
        self.setPixmap(QWizard.WizardPixmap.WatermarkPixmap, QPixmap
(f"{current_dir}\water.png"))                                     # 水印图
        # 不在起始页（第 1 个页面）显示"上一步"按钮，而显示"帮助"按钮
        # 水印图将向下扩展到窗体的边缘
        self.setOption(QWizard.WizardOption.NoBackButtonOnStartPage |
QWizard.WizardOption.HaveHelpButton | QWizard.WizardOption.
ExtendedWatermarkPixmap)
        # 为按钮添加中文
        self.setButtonText(QWizard.WizardButton.BackButton, "上一步")
        self.setButtonText(QWizard.WizardButton.NextButton, "下一步")
        # 增加页面
        page1 = FirstPage()
        self.addPage(page1)
        …… # 省略类似代码
        # "帮助"按钮
        self.helpRequested.connect(self.getHelp)

    def getHelp(self):
        """模拟获取帮助文档"""
        QMessageBox.information(self, "提示", "这是帮助文档！")

    def accept(self):
        """
        在单击"完成"按钮后，通过消息对话框展示在所有页面中填写的内容
        """
        text = f'姓名：{self.field("Name")}\n 昵称：{self.field("nickName")}\n
性别：{self.field("sex")}\n 年龄：{self.field("age")}岁'
        QMessageBox.information(self, "结果", text)
        super().accept()
```

为了节约篇幅，上述程序中省略了布局和类似功能的代码。

9.9　QDialogButtonBox 类——对话框按钮组合

QDialogButtonBox（对话框按钮组合）不是 QDialog 类的子类，实际上它继承自 QWidget 类。由于添加按钮简单且布局方便，因此对话框按钮组合在自定义对话框中经常被使用，如图 9-28 所示。

图 9-28　对话框按钮组合示例

9.9.1　QDialogButtonBox 类的常用方法和信号

1. QDialogButtonBox 类的常用方法

QDialogButtonBox 类的常用方法详见本书配套资料。

2. QDialogButtonBox 类的信号

- accepted()：当单击使用 AcceptRole 或 YesRole 定义的按钮时，会发出此信号。
- clicked(QAbstractButton)：当单击按钮时，会发出此信号，参数是被单击的按钮。
- helpRequested()：当单击使用 HelpRole 定义的按钮时，会发出此信号。
- rejected()：当单击使用 RejectRole 或 NoRole 定义的按钮时，会发出此信号。

9.9.2　QDialogButtonBox 类的使用方法

QDialogButtonBox 类（对话框组合按钮）的使用方法包含 3 种方式，分别是使用自定义按钮、使用标准按钮和使用混合按钮。完整程序位于本书配套资料的 PyQt6\chapter9\dialogbuttonbox.py 中。

1. 使用自定义按钮

在创建对话框按钮组合对象后，使用 addButton() 方法可以添加自定义按钮，如图 9-29 所示。

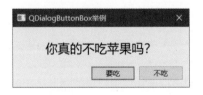

图 9-29　自定义按钮

```
buttonBox = QDialogButtonBox(self)
YesButton_ = QPushButton("要吃", self)
YesButton_.setDefault(True)
NoButton_ = QPushButton("不吃", self)
NoButton_.setAutoDefault(False)
buttonBox.addButton(YesButton_, QDialogButtonBox.ButtonRole.YesRole)
buttonBox.addButton(NoButton_, QDialogButtonBox.ButtonRole.NoRole)
```

在上面的代码中，首先定义了"YesButton_（要吃）"和"NoButton_（不吃"）"两个按钮，其中"YesButton_"是默认按钮；然后对每个按钮进行了个性化设置；最后将这些按钮加入对话框按钮组合，并赋予不同按钮不同的角色。

对话框按钮的角色如表 9-10 所示。

表 9-10　对话框按钮的角色

按钮角色	描述
QDialogButtonBox.ButtonRole.AcceptRole	对话框被接受（如确定对话框的设置）
QDialogButtonBox.ButtonRole.ActionRole	单击该按钮会导致对话框中的元素发生更改
QDialogButtonBox.ButtonRole.ApplyRole	应用当前更改
QDialogButtonBox.ButtonRole.DestructiveRole	导致破坏性更改（如用于放弃更改）并关闭对话框
QDialogButtonBox.ButtonRole.HelpRole	请求帮助
QDialogButtonBox.ButtonRole.InvalidRole	按钮无效
QDialogButtonBox.ButtonRole.NoRole	类似于"No"的按钮
QDialogButtonBox.ButtonRole.RejectRole	对话框被拒绝（与单击"取消"按钮的效果相似）
QDialogButtonBox.ButtonRole.ResetRole	将对话框字段重置为默认值
QDialogButtonBox.ButtonRole.YesRole	类似于"Yes"的按钮

2. 使用标准按钮

对话框按钮组合提供了大量标准按钮，用户可以直接使用，非常方便，如图 9-30 所示。

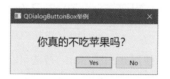

图 9-30　标准按钮

```
buttonBox = QDialogButtonBox(QDialogButtonBox.StandardButton.Yes |
QDialogButtonBox.StandardButton.No)
```

上面的代码仅添加了按钮。对话框按钮组合提供的标准按钮如表 9-11 所示。

表 9-11　对话框按钮组合提供的标准按钮

标准按钮	描述
QDialogButtonBox.StandardButton.Abort	使用 RejectRole 定义的"终止"按钮
QDialogButtonBox.StandardButton.Apply	使用 ApplyRole 定义的"应用"按钮
QDialogButtonBox.StandardButton.Cancel	使用 RejectRole 定义的"取消"按钮
QDialogButtonBox.StandardButton.Close	使用 RejectRole 定义的"关闭"按钮

续表

标准按钮	描述
QDialogButtonBox.StandardButton.Discard	使用 DestructiveRole 定义的"放弃"或"不保存"按钮
QDialogButtonBox.StandardButton.Help	使用 HelpRole 定义的"帮助"按钮
QDialogButtonBox.StandardButton.Ignore	使用 AcceptRole 定义的"忽略"按钮
QDialogButtonBox.StandardButton.No	使用 NoRole 定义的"否"按钮
QDialogButtonBox.StandardButton.NoButton	无效的按钮
QDialogButtonBox.StandardButton.NoToAll	使用 NoRole 定义的"全部否"按钮
QDialogButtonBox.StandardButton.Ok	使用 AcceptRole 定义的"确定"按钮
QDialogButtonBox.StandardButton.Open	使用 AcceptRole 定义的"打开"按钮
QDialogButtonBox.StandardButton.Reset	使用 ResetRole 定义的"重置"按钮
QDialogButtonBox.StandardButton.RestoreDefaults	使用 ResetRole 定义的"恢复默认值"按钮
QDialogButtonBox.StandardButton.Retry	使用 AcceptRole 定义的"重试"按钮
QDialogButtonBox.StandardButton.Save	使用 AcceptRole 定义的"保存"按钮
QDialogButtonBox.StandardButton.SaveAll	使用 AcceptRole 定义的"全部保存"按钮
QDialogButtonBox.StandardButton.Yes	使用 YesRole 定义的"是"按钮
QDialogButtonBox.StandardButton.YesToAll	使用 YesRole 定义的"全部是"按钮

3. 使用混合按钮

将标准按钮和自定义按钮混合使用，如图 9-31 所示。

图 9-31　使用混合按钮

本程序将混合使用自定义按钮"helpButton"和标准按钮，使用对话框按钮组合的信号与 self.showMessage()方法进行连接，并使用 lambda 传递参数，根据参数弹出具体的消息对话框。当单击"Yes"或"No"按钮后，将关闭对话框窗体。

核心代码如下：

```
helpButton = QPushButton("帮助", self)
helpButton.setDefault(True)  # 将"帮助"按钮设置为默认按钮
buttonBox = QDialogButtonBox(QDialogButtonBox.StandardButton.Yes |
QDialogButtonBox.StandardButton.No)
buttonBox.addButton(helpButton, QDialogButtonBox.ButtonRole.HelpRole)
buttonBox.accepted.connect(lambda: self.showMessage(0))
```

```
      ······ # 省略类似代码
def showMessage(self, p):
    if p == 0:
        QMessageBox.information(self, "accepted", "你单击了"Yes"按钮! ")
        self.accept()
      ······ # 省略类似代码
```

9.9.3 QDialogButtonBox 类的布局

QDialogButtonBox 类的按钮组合不同，布局方式也会不同。PyQt 提供了以下几种布局策略，如表 9-12 所示。

表 9-12　布局策略

布局策略	描述
QDialogButtonBox.ButtonLayout.AndroidLayout	适用于 Android 中应用程序的策略
QDialogButtonBox.ButtonLayout.GnomeLayout	适用于 GNOME 中应用程序的策略
QDialogButtonBox.ButtonLayout.KdeLayout	适用于 KDE 中应用程序的策略
QDialogButtonBox.ButtonLayout.MacLayout	适用于 macOS 中应用程序的策略
QDialogButtonBox.ButtonLayout.WinLayout	适用于 Windows 中应用程序的策略

文字方式不够直观，详细展示见本书配套资料中的图片。

第 10 章
文本输入类

PyQt 提供了文本输入类，以便用户在使用程序的过程中输入各种信息。本章主要介绍 QLineEdit、QPlainTextEdit 和 QTextEdit 类，这 3 个类能够满足大部分应用程序对文本输入的需求。这 3 个类均位于 PyQt6.QtWidgets 模块中。类之间的继承关系如图 10-1 所示。

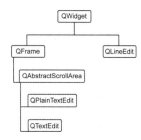

图 10-1　类之间的继承关系

10.1　QLineEdit 类——单行文本框

在应用程序中，经常会遇到输入用户名、密码、电子邮箱等个人信息的情况，此时 QLineEdit 类就能派上用场了。QLineEdit 类不仅支持输入普通字符（见图 10-2），还可以使用 "·" 表示输入的内容，甚至自动补全输入的信息等。

> 微信公众号：学点编程吧

图 10-2　QLineEdit 类的示例

10.1.1　QLineEdit 类的基本使用方法

QLineEdit 控件又被称为 QLineEdit 类，它支持输入的最大长度不能超过 maxLength()方法的返回值。输入的内容可以使用 setValidator()或 setInputMask()方法进行限制，如只能输入字母或数字，或者限制输入的格式。

setText()或 insert()方法可以更改 QLineEdit 类中的内容，text()方法可以返回 QLineEdit 类中的内容。如果以密码形式输入内容，则使用 displayText()方法会返回与输入密码长度相同的 "·"。

使用 setSelection()或 selectAll()方法可以通过编程的方式来选择文本，并且可以使用 cut()、 copy()和 paste()方法实现剪切、复制和粘贴操作。如果想设置输入内容的对齐方式，则需要使用 setAlignment()方法。

10.1.2　QLineEdit 类的枚举值、常用方法和信号

QLineEdit 类的方法较多，值得仔细研究掌握，全部方法请查阅帮助手册。

1. QLineEdit 类的枚举值

这里主要对 QLineEdit 类进行一些基本设置。

（1）QLineEdit 类中涉及的按钮的位置。

在单行文本框的左侧或右侧，可通过放置按钮来执行一些操作，其位置如表 10-1 所示。

表 10-1　执行按钮的位置

方向	描述	示例（√表示按钮）
QLineEdit.ActionPosition. LeadingPosition	当布局方向为 Qt.LayoutDirection.LeftToRight 时，执行按钮显示在文本框的左侧；当布局方向为 Qt.LayoutDirection.RightToLeft 时，执行按钮显示在文本框的右侧	
QLineEdit.ActionPosition. TrailingPosition	当布局方向为 Qt.LayoutDirection.LeftToRight 时，执行按钮显示在文本框的右侧；当布局方向为 Qt.LayoutDirection.RightToLeft 时，执行按钮显示在文本框的左侧	

（2）QLineEdit 类显示内容的样式。

QLineEdit 类提供了 4 种内容样式，如表 10-2 所示。

表 10-2　内容样式

内容样式	描述
QLineEdit.EchoMode.NoEcho	不显示任何内容，同时密码的长度保密
QLineEdit.EchoMode.Normal	显示输入的字符串，默认值
QLineEdit.EchoMode.Password	使用"•"表示输入的内容
QLineEdit.EchoMode.PasswordEchoOnEdit	在编辑时显示输入的字符，否则使用"•"表示输入的内容

2. QLineEdit 类的常用方法

QLineEdit 类的常用方法详见本书配套资料。

3. QLineEdit 类的信号

（1）cursorPositionChanged(int, int)：每当光标移动时，就会发出此信号，第一个参数表示上一次的位置，第二个参数表示新位置。

（2）editingFinished()：当用户按"Return"或"Enter"键时，或者当单行文本框失去焦点且内容发生更改时，会发出此信号。如果设置了验证器或输入掩码，并且输入的内容有效，则会发出此信号。

（3）inputRejected()：当用户输入无效内容时，会发出此信号。例如，输入超过最大长度的字符，或者在粘贴字符串时长度超过了最大长度。

（4）returnPressed()：当用户按"Return"或"Enter"键时，会发出此信号。如果设置了验证器或输入掩码，并且输入的内容有效，则会发出此信号。

（5）selectionChanged()：当选择发生更改时，会发出此信号。

（6）textChanged(str)：当文本发生更改时，会发出此信号，参数是新文本。与 textEdited(str)信号不同，当调用 setText()方法更改文本时，也会发出此信号。

（7）textEdited(str)：当编辑文本时，会发出此信号，参数是新文本。只有用户更改文本时才会发出此信号，而编程方式的更改不会发出此信号。

10.1.3　【实战】文本输入、密码输入、自动补全网址

本节将实现 QLineEdit 类的以下功能。

（1）文本输入：普通文本和限制性文本的输入，如 IP 地址、MAC 地址的输入等。

（2）密码输入：这里介绍 6 种密码输入方式。

（3）自动补全网址。

下面仅展示核心代码，完整程序位于本书配套资料的 PyQt6\chapter10\lineedit.py 中。

1. 文本输入

这里包含 9 种与文本输入相关的功能，如图 10-3 所示。其中，第 1 种是普通输入功能，即普通型，这里不对其进行介绍，将介绍其他功能。

（1）自动全选功能如图 10-4 所示。

图 10-3　9 种与文本输入相关的功能　　　图 10-4　自动全选功能

```
self.lineEditSelect = QLineEdit(self)
self.lineEditSelect.setFocus()
```

```
self.lineEditSelect.setText("这些都是自动全选的文字")
self.lineEditSelect.setSelection(4, 4)
```

由于本例中包含很多 QLineEdit 对象，因此需要使用 setFocus()方法先将焦点设置到 self.lineEditSelect 对象中，再使用 setSelection()方法从位置 4（位置 0 为起点）选择长度为 4 的字符串，正好是"自动全选"4 个字。

（2）带占位字符串功能如图 10-5 所示。

```
self.lineEditholderText = QLineEdit(self)
self.lineEditholderText.setPlaceholderText("你可以在这里输入喜欢的文字")
```

使用占位字符串可以为用户输入提供相应的提示，让用户更方便地输入内容。

（3）带清除按钮功能如图 10-6 所示。

图 10-5　带占位字符串功能 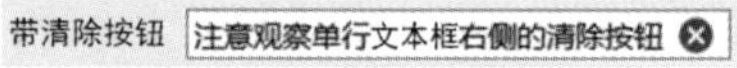　　　　　图 10-6　带清除按钮功能

```
self.lineEditClear = QLineEdit(self)
self.lineEditClear.setText("注意观察单行文本框右侧的清除按钮")
self.lineEditClear.setClearButtonEnabled(True)
```

在启用清除按钮后，用户可以快速清除 QLineEdit 类中的内容，使用起来十分方便。

（4）只能输入字母、数字功能，如图 10-7 所示。

图 10-7　只能输入字母、数字功能

```
self.lineEditZMSZ = QLineEdit(self)
regx = QRegularExpression("^[a-zA-Z][0-9A-Za-z]{20}$") # 正则表达式
validator = QRegularExpressionValidator(regx, self.lineEditZMSZ)
self.lineEditZMSZ.setValidator(validator)
```

在上面的代码中，创建了一个正则表达式并与 QLineEdit 对象进行绑定。这个表达式用于限制用户只能输入字母和数字。

> 📖 提示　正则表达式是一种强大的字符串匹配工具，用于在文本中查找和操作特定模式的字符串。

（5）输入掩码的 4 种功能如图 10-8 所示。

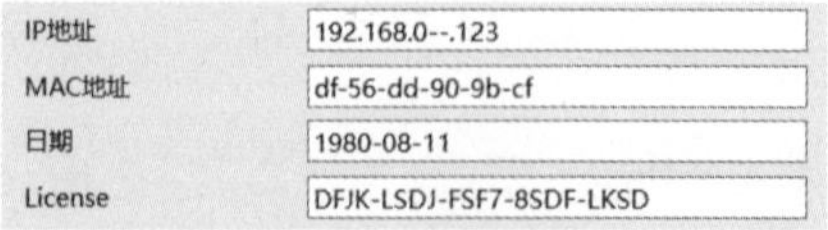

图 10-8　输入掩码的 4 种功能

设置输入掩码的 4 种功能可以限制输入栏中输入的内容，防止用户任意输入字符。输入掩码类型如表 10-3 所示。

表 10-3　输入掩码类型

序号	字符	含义	序号	字符	含义
1	A	ASCII 字母字符是必需的，范围为 A～Z、a～z	12	H	十六进制数据字符是必需的，范围为 A～F、a～f、0～9
2	a	ASCII 字母字符是允许的，但并非强制要求	13	h	十六进制数据字符是允许的，但并非强制要求
3	N	ASCII 字母字符是必需的，范围为 A～Z、a～z、0～9	14	B	二进制数据字符是必需的，范围为 0～1
4	n	ASCII 字母字符是允许的，但并非强制要求	15	b	二进制数据字符是允许的，但并非强制要求
5	X	任何非空字符都是必需的	16	>	所有的字母都是大写字母
6	x	任何非空字符都是允许的，但并非强制要求	17	<	所有的字母都是小写字母
7	9	ASCII 数字是必需的，范围为 0～9	18	!	关闭大小写转换（英文!）
8	0	ASCII 数字是允许的，但并非强制要求	19	;c	终止输入掩码并将空白字符设置为 c
9	D	ASCII 数字是必需的，范围为 1～9	20	[]{}	保留项
10	d	ASCII 数字是允许的，但并非强制要求，范围为 1～9	21	\	使用\转义上述列出的字符
11	#	ASCII 数字或加（减）符号是允许的，但并非强制要求	—	—	—

这里介绍对 4 种输入功能（IP 地址、MAC 地址、日期和 License）的限制。

```
# IP 地址
self.lineEditIp.setInputMask("000.000.000.000;-")
self.lineEditMAC.setInputMask("HH-HH-HH-HH-HH-HH;#") # MAC 地址
self.lineEditDate.setInputMask("0000-00-00;0") # 日期
# License
self.lineEditLicense.setInputMask(">NNNN-NNNN-NNNN-NNNN-NNNN;#")
```

注意：";"表示一个掩码的结束，其后表示 QLineEdit 类中空白部分使用什么来代替。

2. 密码输入

本例将介绍 6 种密码输入方式，分别是普通密码、禁止各种操作、不可见密码、在不编辑后进行加密、校验密码长度、边输入边将输入内容加密成★。

（1）普通密码，如图 10-9 所示。

图 10-9　普通密码

在输入密码后，以图 10-9 中的第 1 种形式（密文形式）将密码显示出来；在单击后面的"开"按钮后，以图 10-9 中的第 2 种形式（明文形式）将密码显示出来；再次单击"闭"按钮后，以密文形式将密码显示出来，核心代码如下：

```python
self.isOpen = True # 执行动作是否被单击的标志，默认为 True
QDir.addSearchPath("icon", f"{current_dir}\images") # 设置图片查找路径
self.lineEditPwd = QLineEdit(self)
# 密文形式
self.lineEditPwd.setEchoMode(QLineEdit.EchoMode.Password)
self.openIcon = QIcon("icon:open.png")            # 设置"开"按钮的图标
self.closeIcon = QIcon("icon:close.png")          # 设置"闭"按钮的图标
self.pwdAct = QAction(self)
self.pwdAct.setIcon(self.openIcon)
self.pwdAct.triggered.connect(self.showPwd) # 将动作连接到 showPwd 槽方法
self.lineEditPwd.addAction(self.pwdAct, QLineEdit.ActionPosition.
TrailingPosition)                           # 将动作按钮显示在右侧


def showPwd(self):
    #通过按钮设置是否显示密码
    self.isOpen = not self.isOpen             # 每单击一次按钮，就反转一次这个标志
    if self.isOpen:
        self.pwdAct.setIcon(self.openIcon)
        self.lineEditPwd.setEchoMode(QLineEdit.EchoMode.Password)# 密文形式
    else:
        self.pwdAct.setIcon(self.closeIcon)
        self.lineEditPwd.setEchoMode(QLineEdit.EchoMode.Normal) # 明文形式
```

现在很多网站在注册时会采用这种功能。

（2）禁止各种操作，如复制、粘贴、全选、双击和右击，如图 10-10 所示。

禁止各种操作　●●●●●●●

图 10-10　禁止各种操作

禁止对密码输入栏进行各种操作的关键是使用事件过滤器。事件过滤器用于监测密码输入栏的各种操作。代码如下：

```python
lineEditPwdStop = QLineEdit(self)
# 安装事件过滤器
```

```
self.lineEditPwdStop.installEventFilter(self)
# 不支持上下文菜单
self.lineEditPwdStop.setContextMenuPolicy(Qt.ContextMenuPolicy.NoContextMenu)
# 密文显示
self.lineEditPwdStop.setEchoMode(QLineEdit.EchoMode.Password)

def eventFilter(self, object, event):
    # 事件过滤器，主要用于对密码输入栏进行监视
    if object == self.lineEditPwdStop:
        if event.type() == QEvent.Type.MouseMove or event.type() ==
QEvent.Type.MouseButtonDblClick:
            return True        # 过滤光标移动、双击操作
        elif event.type() == QEvent.Type.KeyPress:
            # 构建键盘事件对象
            key = QKeyEvent(event.type(), event.key(), event.modifiers())
            if key.matches(QKeySequence.StandardKey.SelectAll) or key.
matches(QKeySequence.StandardKey.Copy) or key.matches(QKeySequence.
StandardKey.Paste):
                return True    # 过滤全选、复制、粘贴操作
    return super().eventFilter(object, event)
```

（3）不可见密码。

在设置这种显示方式后，在输入密码时，QLineEdit 类中将不显示任何字符（见图 10-11），在输入密码后同样不显示任何内容。这种方式常用于登录网络设备。

```
self.lineEditPwd = QLineEdit(self)
self.labelPwdNoEcho = QLabel(self)
# 设置文本输入不可见
self.lineEditPwdNoEcho.setEchoMode(QLineEdit.EchoMode.NoEcho)
self.lineEditPwdNoEcho.textChanged.connect(self.showPwdNoEcho)

def showPwdNoEcho(self):
    #显示不可见密码
    self.labelPwdNoEcho.setText(self.lineEditPwdNoEcho.text())
```

当 QLineEdit 类中的内容发生变化时，会自动调用 showPwdNoEcho()方法，使密码显示在标签 self.labelPwdNoEcho 上。

（4）在不编辑后进行加密（在焦点离开输入栏后加密密码），如图 10-12 所示。

不可见密码	
不可见密码为	1111234567

图 10-11　不可见密码

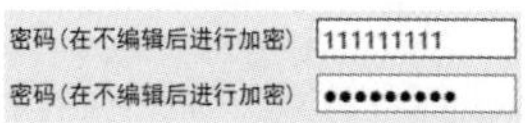

密码(在不编辑后进行加密)	111111111
密码(在不编辑后进行加密)	●●●●●●●●●

图 10-12　密码在不编辑后加密

```
self.lineEditPwdPlus = QLineEdit(self)
self.lineEditPwdPlus.setEchoMode(QLineEdit.EchoMode.PasswordEchoOnEdit)
```

（5）校验密码长度。

这里要求：当密码长度小于 6 位时，输入栏背景显示为粉色，密码字符显示为红色；当密码长度为 6～8 位时，输入栏背景显示为黄色，密码字符显示为灰色；当密码字符超过 8 位时，输入栏背景显示为白色，密码字符显示为黑色，如图 10-13 所示。

图 10-13　密码长度校验

```
self.lineEditPwdPlusColor = QLineEdit(self)
self.lineEditPwdPlusColor.setEchoMode(QLineEdit.EchoMode.Password)
self.lineEditPwdPlusColor.textChanged.connect(self.verify)


def verify(self):
    # 密码长度校验
    self.lineEditPwdPlusColor.setAutoFillBackground(True)  # 自动填充背景颜色
    palette = QPalette()                                    # 创建调色盘
    if len(self.lineEditPwdPlusColor.text()) < 6:    # 密码长度小于 6 位
        # 设置密码字符颜色
        palette.setColor(QPalette.ColorRole.Text, Qt.GlobalColor.red)
        # 设置背景颜色为粉色
        palette.setColor(QPalette.ColorRole.Base, QColor(255,182,193))
        # 将调色盘应用到密码输入栏上
        self.lineEditPwdPlusColor.setPalette(palette)
    # 密码长度为 6～8 位
    elif 5 < len(self.lineEditPwdPlusColor.text()) < 9:
        # 灰色
        palette.setColor(QPalette.ColorRole.Text, Qt.GlobalColor.gray)
        # 黄色
        palette.setColor(QPalette.ColorRole.Base, Qt.GlobalColor.yellow)
        self.lineEditPwdPlusColor.setPalette(palette)
    elif len(self.lineEditPwdPlusColor.text()) > 8: # 密码长度大于 8 位
        # 黑色
        palette.setColor(QPalette.ColorRole.Text, Qt.GlobalColor.black)
        # 白色
        palette.setColor(QPalette.ColorRole.Base, Qt.GlobalColor.white)
        self.lineEditPwdPlusColor.setPalette(palette)
```

要实现这个功能，关键在于设置输入栏的调色盘，并在 textChanged 信号发出时自动调用 verify()方法。

（6）边输入边将输入内容加密成★，如图 10-14 所示。

图 10-14　边输入边将输入内容加密成★

要实现这个功能，仅使用 PyQt 自带的 QLineEdit 类远远不够，因此可以继承 QLineEdit 类，自定义一个独有的 QLineEdit 类。

下面将实现代码分成 6 个部分进行解析。

【代码片段 1】

```
self.m_LineEditText = ""      # 记录真实密码
self.m_LastCharCount = 0      # 密码发生变化前的长度
```

这两个属性被定义在初始化方法中，并且后面会使用。

【代码片段 2】

```
def Action(self):
    # 在光标移动时会产生 cursorPositionChanged 信号，用于传递两个整型变量并调用槽方法
    self.cursorPositionChanged.connect(self.DisplayPasswordAfterEditSlot)
    # 在输入密码时自动调用 GetRealTextSlot()方法
    self.textEdited.connect(self.GetRealTextSlot)
    self.time = QTimer(self)       # 设置一个定时器
    self.time.setInterval(200)     # 每隔 200ms 就将单个字符变成★
    self.time.start()
    self.show()
```

GetRealTextSlot()方法可以随机记录真实密码，以免用户忘记自己输入了什么。

在自定义类中，设置一个定时器，用于实现每输入一个字符就自动对字符进行转换的功能。

【代码片段 3】

```
def DisplayPasswordAfterEditSlot(self, old, new):
    # 显示密文，其中 old 表示旧的光标位置，new 表示新的光标位置
    if old >= 0 and new >= 0:
        if new > old:
            self.time.timeout.connect(self.DisplayPasswordSlot)
            # 判断密码字符是否正在增加，并将输入的密码字符自动转换为★
        else:
            self.setCursorPosition(old)
```

如果 new > old，则表示正在输入密码字符，同时将输入的密码字符转换为★，否则表示正在删

除密码字符。

【代码片段 4】

```
def DisplayPasswordSlot(self):
    self.setText(self.GetMaskString())

def GetMaskString(self):
    # 把明文密码转换成★
    mask = ""
    count = len(self.text())
    if count > 0:
        for i in range(count):
            mask += "\u2605" # 五角星
    return mask
```

在上面的代码中，首先使用 len()方法判断输入的密码长度，然后返回对应数量的★，最后通过 setText()方法覆盖单行文本框中的密码字符。因为存在时间延时，就好像每输入一个密码字符就立即加密一次。这里使用了★的 Unicode 编码 "\u2605"。

【代码片段 5】

```
def GetRealTextSlot(self, text):
    # 获取真实密码
    # 当前没有变化时密码的长度
    self.m_LastCharCount = len(self.m_LineEditText)
    # 若当前的密码长度大于之前记录的密码长度，则表示密码字符正在增加
    # 需要将新添加的密码字符与原有的密码字符串合并
    if len(text) > self.m_LastCharCount:
        self.m_LineEditText += text[-1]
    # 正在删除密码字符，真实密码字符在减少
    elif len(text) <= self.m_LastCharCount:
        self.m_LineEditText = self.m_LineEditText[:-1]
```

在上面的代码中，根据当前密码长度与之前记录密码长度的比较来判断密码字符是在增加还是在减少。

【代码片段 6】

```
def GetPassword(self):
    '''获取真实密码'''
    return self.m_LineEditText
```

这个方法可供外部类调用。

3. 自动补全网址

这里演示的是在输入网址时，输入栏自动补全域名，如图 10-15 所示。

图 10-15 自动补全域名

下面将实现代码分成 3 个部分进行解析。

【代码片段 1】

```
self.lineEditAutoComplete = QLineEdit(self)
# 自动补全
self.m_model = QStandardItemModel(0, 1, self)
m_completer = QCompleter(self.m_model, self)
self.lineEditAutoComplete.setCompleter(m_completer)
```

首先，新建一个 0 行 1 列的数据模型对象 self.m_model。然后，将刚刚建立的数据模型应用到自动完成对象 m_completer 中。最后，对 QLineEdit 对象 self.lineEditAutoComplete 应用自动完成对象 m_completer。

QStandardItemModel 类为存储自定义的数据提供了一个通用模型，可用作标准数据类型的存储库，并提供了一个基于项目的方法来处理模型。使用 appendRow(items)方法可以向模型中添加项目。另外，使用 insertRow()或 insertColumn()方法也可以向模型中添加项目。使用 removeRow()或 removeColumn()方法可以从模型中删除项目。

【代码片段 2】

```
self.lineEditAutoComplete.textChanged.connect(self.autoComplete)
def autoComplete(self, url):
    """
    自动补全网址，URL 表示正在输入的网址
    """
    if self.lineEditAutoComplete.text().count(".") >= 2:
    # 当 "." 的数量大于或等于 2 时，将无法自动补全网址
        return
    suffixList = [".com" , ".cn", ".com.cn", ".org", ".top", ".live",
".net"] # 网址的后缀
    # self.m_model.removeRows(0, self.m_model.rowCount())
    # 每次都需要清空之前的数据，否则会积累大量垃圾数据
    for i in range(0, len(suffixList)):
        self.m_model.insertRow(0)
        self.m_model.setData(self.m_model.index(0, 0), URL + suffixList[i])
        # 向模型中添加数据
```

以上代码实现了在文本输入栏中编辑时不断地调用自动补全的方法。

如果不对"."的数量进行验证，则会出现如图 10-16 所示的结果。

图 10-16 不验证"."数量的后果

【代码片段 3】

```
m_completer.activated.connect(self.suffixChoosed)
def suffixChoosed(self, URL):
    """
    选中自动生成的网址，URL 表示自动生成的网址
    """
    self.lineEditAutoComplete.setText(URL)
```

在选中自动生成的网址后，将使用用户选中的网址。

10.2 QPlainTextEdit 类——纯文本输入控件

PyQt 提供了纯文本输入控件——QPlainTextEdit 类。纯文本是相对于较富文本来说的。富文本支持 HTML、Markdown、表格等，格式更加丰富；纯文本更像是操作系统自带的记事本，支持基本文字操作，功能更简洁。

本节除了介绍 QPlainTextEdit 类，还介绍与其相关的两个类：QTextCursor 和 QTextDocument。

10.2.1 QPlainTextEdit 类的基本使用方法

QPlainTextEdit 类提供了一个用于编辑和显示纯文本的控件，如图 10-17 所示。

图 10-17 QPlainTextEdit 类的示例

1. 文本处理

QPlainTextEdit 类基于段落和字符运行。每个段落是一个格式化的字符串。在默认情况下，在阅读纯文本时，一个换行符（通过按"Enter"键得到）表示一个段落。文档由零个或多个段落组成。如果因文本内容较长导致出现水平滚动条而影响阅读，则可以使用 setLineWrapMode(QPlainTextEdit.

LineWrapMode.WidgetWidth)方法开启自动换行功能，这样可以不用拖动水平滚动条进行阅读。如果不想启用自动换行功能，则可以将 setLineWrapMode()方法的参数设置为 QPlainTextEdit.LineWrapMode.NoWrap。

> **提示** 自动换行和换行符不是同一个概念。前者用于调整文本的显示长度，使长文本显示在多行；后者是按 "Enter" 键产生的，用于分隔段落。

setPlainText()方法可以设置或替换文本，insertPlainText()、appendPlainText()或 paste()方法可以插入文本，find()方法可以查找指定字符串。

2. QPlainTextEdit 类与 QTextEdit 类（富文本输入控件）的差异

QPlainTextEdit 是一个单一的类，其性能优于 QTextEdit 类。纯文本文档布局不支持表格等，但它可以处理更大的文档（如日志）。对于纯文本，QPlainTextEdit 类更合适!

10.2.2 QPlainTextEdit 类的常用方法和信号

1. QPlainTextEdit 类的常用方法

QPlainTextEdit 类的常用方法详见本书配套资料。

2. QPlainTextEdit 类的信号

QPlainTextEdit 类的全部信号请查阅帮助手册，这里仅列举常用信号。

- blockCountChanged(int)：每当段落数发生变化时，就会发出此信号，参数为新段落数。
- copyAvailable(bool)：当在文本编辑过程中选择或取消选择文本时，会发出此信号。当选择文本时，参数为 True；当未选择任何文本或取消选择文本时，参数为 False。
- cursorPositionChanged()：每当光标的位置发生变化时，就会发出此信号。
- modificationChanged(bool changed)：每当文档内容发生变化时，就会发出此信号。如果文档已被修改，则 changed 参数为 True，否则 changed 参数为 False。
- selectionChanged()：每当文本更改选择时，就会发出此信号。
- textChanged()：每当更改选中的文本时，就会发出此信号。
- updateRequest(QRect rect, int dy)：当文本文档在编辑或滚动时，会发出此信号。如果滚动文本，则 rect 参数将覆盖整个视口区域。如果文本是垂直滚动的，则 dy 参数表示视口在垂直方向上滚动的像素值。该信号的目的是支持 QPlainTextEdit 子类中的额外控件，如显示行号、断点或其他额外信息。

10.2.3 QTextCursor 类

1. QTextCursor 类的基本使用方法

QTextCursor 类用于模拟文本编辑器中的光标行为，从而实现访问和修改文本文档内容和基础结构的目的。QTextCursor 类包含光标在文档中的位置，以及所做选择的信息。

QTextCursor 类位于 PyQt6.QtGui 模块中。

（1）光标的位置。

QTextCursor 类可以将文档视为单个字符串。光标当前位置（position()方法的返回值）始终位于字符串中两个连续字符之间，或者字符串的第一个字符之前或最后一个字符之后。

当前字符指的是文档中光标当前位置之前的字符。同理，当前段落是包含当前光标位置的段落。QTextCursor 类还有一个锚点位置（anchor()方法的返回值）。介于 anchor()和 position()方法的返回值之间的文本是鼠标指针所选内容。如果 anchor()==position()，则表示没有选择。

光标位置可以使用 setPosition()和 movePosition()方法来更改。光标移动仅限于有效的光标位置。如果 position()方法的返回值位于段落的开头，则 atBlockStart()方法将返回 True；如果 position()方法的返回值位于段落的末尾，则 atBlockEnd()方法将返回 True。当前字符的格式由 charFormat()方法返回，该方法返回一个 QTextCharFormat 对象。当前段落的格式由 blockFormat() 方法返回，该方法返回一个 QTextBlockFormat 对象。

（2）光标对文本的操作。

使用 setCharFormat()、setBlockFormat()、mergeCharFormat()和 mergeBlockFormat() 方法可以将格式应用于当前文本文档。以"set"开头的方法可以替换光标的当前字符或段落格式，而以"merge"开头的方法可以将指定的格式属性添加到光标的当前格式中。

使用 deleteChar()、deletePreviousChar()和 removeSelectedText()方法可以删除文本。文本字符串可以使用 insertText()方法插入，新段落可以使用 insertBlock()方法插入。现有的文本片段可以使用 insertFragment()方法插入，但如果要插入各种格式的文本片段，则通常使用 insertText()方法并提供字符格式。

（3）光标对高级文本对象的操作。

- 列表是使用项目符号来修饰的有序序列，可以使用 insertList()方法以指定的格式插入。
- 表格是使用 insertTable()方法插入的，并可以指定表格的格式。表格包含一个可以使用光标遍历的单元格数组。
- 内联图像是使用 insertImage()方法插入的。
- 通过调用具有指定格式的 insertFrame()方法可以插入框架。
- 可以使用 beginEditBlock()和 endEditBlock()方法对操作进行分组。

2. QTextCursor 类的常用方法

QTextCursor 类的常用方法详见本书配套资料。

（1）光标移动模式（MoveMode）有两种。

- QTextCursor.MoveMode.KeepAnchor：保持锚点位置不变。

- QTextCursor.MoveMode.MoveAnchor：将锚点移动到与光标当前位置相同的位置。

QTextCursor.MoveMode.KeepAnchor 模式：在这个模式下，当移动光标时，选区会保持并扩展。这意味着从初始位置开始移动光标时，处于初始位置和新光标位置之间的文本都会被选中。这种模式在想要选择特定的文本区域时非常有用。

QTextCursor.MoveMode.MoveAnchor 模式：与 QTextCursor.MoveMode.KeepAnchor 模式不同，QTextCursor.MoveMode.MoveAnchor 模式在移动光标时不会保持选区。当移动光标时，选区会消失，只有光标本身会移动。这意味着想要移动光标而不改变当前的选区，可以使用这个模式。

（2）光标移动方式（MoveOperation）如表 10-4 所示，更多举例详见本书配套资料。

表 10-4　光标移动方式

光标移动方式	描述
QTextCursor.MoveOperation.End	移动到文档的末尾
QTextCursor.MoveOperation.Right	向右移动一个字符
QTextCursor.MoveOperation.Start	移动到文档的开头

3. QTextCursor 类的简单举例

在 QPlainTextEdit 类中，文本选择由 QTextCursor 类处理。使用 textCursor()方法可以获取与用户可见光标对应的对象。

若要在 QplainTextEdit 类中设置选择文本，则只需将 textCursor()方法返回的 QTextCursor 对象移动到所需位置，并使用 setTextCursor(QTextCursor)方法将该光标设置为可见光标，效果如图 10-18 所示。

图 10-18　使用光标选择文字效果

核心代码如下：

```
text = QPlainTextEdit()
text.setPlainText("这是一段示例文本。这是另一段示例文本。这是最后一段示例文本。")
# 创建一个 QTextCursor 对象
cursor = text.textCursor()
# 移动光标到指定位置
cursor.movePosition(QTextCursor.Start)
cursor.movePosition(QTextCursor.Right, QTextCursor.MoveAnchor, 2)
```

```
cursor.movePosition(QTextCursor.Right, QTextCursor.KeepAnchor, 10)
# 选中文本段落
text.setTextCursor(cursor)
```

10.2.4　QTextDocument 类

1. QTextDocument 类的基本使用方法

QTextDocument 类是结构化富文本文档的容器，为样式文本和各种类型的文档元素（如列表、表格、框架和图像）提供支持。

使用 QTextCursor 类可以以编程方式编辑文档，通过遍历文档结构可以检查文档内容。整个文档结构可以通过 rootFrame()方法找到。如果只想迭代文档中的文本内容，则可以使用 begin()、end()和 findBlock()方法来检索，以便进行检查和迭代。toPlainText()和 toHtml()方法可以以纯文本和 HTML 形式检索文档中的内容，find()方法可以搜索文档中的文本。

在 QPlainTextEdit 类中，可以使用 document()方法返回 QTextDocument 对象，以便处理文本。使用 isModified()方法可以判断文本是否被修改，如果已被修改，则返回 True。若要启用文档的撤销/重做功能，则可以使用 setUndoRedoEnabled()方法进行控制。编辑器控件可以通过 undo()和 redo()方法实现撤销/重做功能。

文档的布局由 documentLayout()方法决定，文档标题可以通过 documentTitle()方法来获取。

2. QTextDocument 类的常用方法

QTextDocument 类的常用方法详见本书配套资料。

3. QTextDocument 类的常用信号

- blockCountChanged(int)：当文档中的段落总数发生变化时，会发出此信号，参数为新的段落数。
- contentsChange(int, int, int)：每当文档内容发生更改（需要知道改变的具体信息）时，就会发出此信号，参数分别为有关文档中发生字符更改的位置、删除的字符数和添加的字符数信息。
- contentsChanged()：每当文档内容发生更改（只需知道发生改变即可）时，就会发出此信号。
- cursorPositionChanged(QTextCursor)：每当光标的位置因编辑操作而更改时，就会发出此信号，参数为更改后的光标对象。
- documentLayoutChanged()：当设置新文档布局时，会发出此信号。
- modificationChanged(bool)：每当修改文档内容时，就会发出此信号。如果文档已被修改，则参数为 True，否则参数为 False。

10.2.5　【实战】简单记事本

本节结合 10.2 节中的相关知识点，实现一个简单记事本，如图 10-19 所示。

图 10-19 简单记事本

1. 程序功能

简单记事本的主要功能如下。

- 新建文件、打开文件、保存（另存为）文件、退出程序（关闭主窗体）。
- 复制、剪切、粘贴、撤销文件。
- 自动换行设置、字体选择。
- 文件的放大和缩小。
- 显示行号。
- 光标所在行高亮显示。

2. 程序结构

整个程序的实现大约使用了 440 行代码，整个程序的组成图详见本书配套资料。

在整个程序中,显示行号和高亮显示光标所在行主要通过 LineNumberWidget 和 CodeEditor 类来实现。其中，CodeEditor 类是自定义的 QPlainTextEdit 类，继承自 QPlainTextEdit 类；而 LineNumberWidget 类则继承自 QWidget 类，并作为 CodeEditor 类实现的一部分。

NoteEdit 类继承自 QMainWindow 类，用于实现除显示行号和高亮显示光标所在行外的其他功能。如果要使用纯文本输入控件，则需要调用自定义的 CodeEditor 类。因为代码较多，所以这里仅展示核心部分，完整程序位于本书配套资料的 PyQt6\chapter10\noteEdit.py 中。

3. 程序实现

（1）NoteEdit 类的实现。

① 简单记事本中菜单的建立。

```python
class NoteEdit(QMainWindow):
    def initUI(self):
        """界面的搭建"""
        self.noteEdit = CodeEditor(self)  # 创建自定义 QPlainTextEdit 对象
        self.document = self.noteEdit.document()  # 文档内容
        self.setCurrentText("")                    # 开始时没有文本内容
        …… # 省略部分代码
        fileMenu = self.menuBar().addMenu("文件(&F)")
```

```
fileToolBar = self.addToolBar("FileOP")
# 新建功能
newFileIcon = QIcon("icon:new.png")
newAct = QAction(newFileIcon, "新建(&N)", self)
newAct.setShortcuts(QKeySequence.StandardKey.New)
newAct.setStatusTip("新建文件")
# 将执行按钮添加到菜单中
fileMenu.addAction(newAct)
# 将执行按钮添加到工具栏中
fileToolBar.addAction(newAct)
…… # 省略类似代码
# 暂不启用"剪切"和"复制"按钮
cutAct.setEnabled(False)
copyAct.setEnabled(False)
# 当文本被选择后启用"剪切"按钮
self.noteEdit.copyAvailable.connect(cutAct.setEnabled)
# 当文本被选择后启用"复制"按钮
self.noteEdit.copyAvailable.connect(copyAct.setEnabled)
newAct.triggered.connect(self.newFile)              # 新建文件
undoAct.triggered.connect(self.noteEdit.undo)       # 撤销上一步操作
……                                                  # 省略类似代码
# 当文档发生更改时调用 self.documentWasModified
self.document.contentsChanged.connect(self.documentWasModified)
    def documentWasModified(self):
        #设置当前窗体的修改状态,一般使用*号表示已经修改
        self.setWindowModified(self.document.isModified())
```

在上面的代码中,建立了菜单,并将每个执行按钮(如新建)都添加到菜单和工具栏中。由于菜单内容较多,这里仅列举了"新建"菜单项,其他菜单项与此类似。

在开始时,"复制"和"剪切"按钮是禁用的,只有在选择了文字后才变为启用状态,如图 10-20 所示。

图 10-20　"复制"和"剪贴"按钮启用状态

由于在单击"撤销"、"剪贴"、"复制"、"粘贴"、"放大"和"缩小"等按钮时将直接调用 self.noteEdit 槽方法,因此无须自行编写相应的槽方法。对于其他操作(如新建),需要编写相应的槽方法。

使用 setWindowModified()方法可以显示文件是否已被修改。如图 10-21 所示,在标题栏中出现了"*",表示文件已被修改。

图 10-21 文稿修改标识

② 判断是否需要修改。

```
def isSave(self):
    """判断是否保存当前内容"""
    if not self.document.isModified():   # 当前内容没有被修改时
        return True
    # 如果内容已被修改，则创建一个对话框，用于询问用户接下来的操作
    msgBox = QMessageBox(self)
    msgBox.setWindowTitle("请看这里！")
    msgBox.setIcon(QMessageBox.Icon.Warning)
    msgBox.setText("文件已修改")
    msgBox.setInformativeText("需要保存吗？")
    Save = msgBox.addButton("保存(&S)", QMessageBox.ButtonRole.AcceptRole)
    msgBox.addButton("取消", QMessageBox.ButtonRole.RejectRole)
    msgBox.addButton("不保存(&N)", QMessageBox.ButtonRole.DestructiveRole)
    msgBox.setDefaultButton(Save)          # 默认按钮为"保存"
    reply = msgBox.exec()
    if reply == 0:                         # 单击了"保存"按钮
        return self.save()
    elif reply == 1:                       # 单击了"取消"按钮
        return False
    elif reply == 2:                       # 单击了"不保存"按钮
        return True
```

在当前存在尚未保存的文件的情况下，如果关闭窗体、单击"新建"或"打开"按钮，则会弹出消息对话框，询问用户是否需要保存文件，如图 10-22 所示。

图 10-22 是否保存文件

③ 新建文件。

```
def newFile(self):
    """新建文件"""
```

```
        if self.isSave():
            self.noteEdit.clear()                # 清除文字
            self.setCurrentText("")

    def setCurrentText(self, fileName):
        """
        设置当前读取文件的名称，fileName 表示当前读取文件的名称
        """
        self.currentFile = fileName
        self.document.setModified(False)        # 设置文件为未被修改
        self.setWindowModified(False)           # 设置窗体的状态为未被修改
        shownName = self.currentFile
        if not self.currentFile:
            shownName = "无标题.txt"
        self.setWindowFilePath(shownName)       # 设置窗体上显示的文件名
```

在上面的代码中，在新建文件时会先清除原有的文字，再使用 setCurrentText()方法设置当前文件，包括文件窗体的状态，以及文件名称（"无标题.txt"）。使用 setWindowFilePath()方法可以将文件名称显示在文件窗体上，如图 10-23 所示。

图 10-23　文件名称

④ 打开文件。

```
    def open(self):
        """打开文件"""
        if self.isSave():
            fileName = QFileDialog.getOpenFileName(self, "打开文件", "./",
                              "文本文件 (*.txt);;Python 文件 (*.py)")
            if fileName[0]:
                self.loadFile(fileName[0])

    def loadFile(self, fileName):
        """载入文件"""
        try:
            with codecs.open(fileName, "r", "utf-8",
                                errors="ignore") as file:
                content = file.read() # 读取文件
                # 设置光标为忙碌状态
                QGuiApplication.setOverrideCursor(Qt.CursorShape.WaitCursor)
```

```
                self.noteEdit.setPlainText(content) # 设置内容
                # 默认换行
                self.noteEdit.setLineWrapMode(QPlainTextEdit.LineWrapMode.
WidgetWidth)
                # 光标恢复正常状态
                QGuiApplication.restoreOverrideCursor()
                self.setCurrentText(fileName)
                # 状态栏消息保持 2000ms
                self.statusBar().showMessage("文件载入成功", 2000)
        except FileNotFoundError as e:
            QMessageBox.warning(self, "警告", f"找不到相关文件! 原因: {e}")
        except IOError as e:
            QMessageBox.warning(self, "警告", f"打不开相关文件! 原因: {e}")
```

以上代码实现了在单击"打开"按钮后，载入文件。在读取文件时，光标会显示为忙碌状态。在读取文件成功后，光标恢复成正常状态，并在文件窗体上显示文件名称，状态显示"文件载入成功"。如果读取文件失败，则会提示失败原因。

⑤ 保存文件。

```
def saveAs(self):
    """另存为"""
    saveDdialog = QFileDialog.getSaveFileName(self, "保存文件",
                    "./", "文本文件 (*.txt);;Python 文件 (*.py)")
    if saveDdialog[0]:
        return self.saveFile(saveDdialog[0])


def save(self):
    """保存"""
    # 如果当前文件为空，则新文档也是空的，应该调用另存为功能
    if not self.currentFile:
        return self.saveAs()
    else:  # 否则直接保存当前文件
        return self.saveFile(self.currentFile)


def saveFile(self, fileName):
    """保存文件"""
    # 设置光标为忙碌状态
    QGuiApplication.setOverrideCursor(Qt.CursorShape.WaitCursor)
    try:
        with codecs.open(fileName, 'w', 'utf-8') as file:
            content = self.noteEdit.toPlainText()
            file.write(content)
```

```
        self.setCurrentText(fileName)
        self.statusBar().showMessage("文件保存成功", 2000)
    except IOError as e:
        QMessageBox.warning(self, "警告", f"文件保存出错, 原因: {e}")
    QGuiApplication.restoreOverrideCursor()      # 光标恢复正常状态
```

保存功能分为"保存已经修改的文件"和"另存为已经修改的文件"两种, 以便用户根据当前文件的类型（如新文件或已经存在的文件）选择合适的功能。

当在保存过程中出现错误时, 同样会弹出消息对话框, 如图 10-24 所示。

图 10-24　保存过程中出现错误

⑥ 关闭主窗体。

```
def closeEvent(self, event):
    """重写关闭事件"""
    if self.isSave():
        event.accept()
    else:
        event.ignore()
```

当关闭主窗体时, 会检测文件是否已保存。如果文件未保存, 则弹出消息对话框。若单击消息对话框中的"不保存"按钮, 则直接关闭窗体。

⑦ 自动换行功能。

```
def setLineWrapped(self, checked):
    """
    设置自动换行功能
    checked 表示已选择自动换行功能
    """
    if not checked:  # 不换行
        self.noteEdit.setLineWrapMode(QPlainTextEdit.LineWrapMode.NoWrap)
    else:            # 换行
        self.noteEdit.setLineWrapMode(QPlainTextEdit.LineWrapMode.
WidgetWidth)
```

默认启用自动换行功能, 如图 10-25 所示。

在取消选择"自动换行"后, 简单记事本将不具备自动换行功能。使用 QFontDialog.getFont() 方法可以更改简单记事本中的字体。

⑧　"关于"菜单。

"关于"菜单中包含两个项目，均有对应的消息对话框，"关于"菜单的实现非常简单，如图 10-26 所示。

图 10-25　自动换行　　　　　　　　　　图 10-26　"关于"菜单

```
def showAbout(self):
    QMessageBox.about(self, "提示",
        "这是关于 QPlainTextEdit 类的示例程序\n\n 微信公众号：学点编程吧")


def showAboutQt(self):
    QMessageBox.aboutQt(self, "关于 Qt")
```

（2）LineNumberWidget 类的实现。

```
class LineNumberWidget(QWidget):
    '''为文本输入框添加行号功能：每个包含换行符的文本行均被视为一个段落
    def __init__(self, editor=None):
        super().__init__(editor)
        self.editor = editor # editor 指代 QPlainTextEdit


    def paintEvent(self, event):
        self.editor.LineNumberWidgetPaintEvent(event)
```

LineNumberWidget 类的实现较为简单，它继承自 QWidget 类，作为 CodeEditor 类的一部分。实现 LineNumberWidget 类的关键在于，在重新实现 paintEvent() 方法时，paintEvent() 方法会调用 self.editor 中的方法来绘制行号。

（3）CodeEditor 类的实现。

```
class CodeEditor(QPlainTextEdit):
    def __init__(self, Parent=None):
        super().__init__(Parent)
        # 使用定义的 LineNumberWidget
```

```python
        self.LineNumberWidget = LineNumberWidget(self)
        self.blockCountChanged.connect(self.updateLineNumberWidgetWidth)
        # 当段落数发生变化时，调用 self.updateLineNumberWidgetWidth 槽方法
        self.updateRequest.connect(self.updateLineNumberWidget)
        # 在文本文件需要更新指定的矩形时，会发出 updateRequest 信号
        # 连接到 updateLineNumberWidget 方法
        self.cursorPositionChanged.connect(self.highlightCurrentLine)
        # 在光标位置变化时调用 self.highlightCurrentLine 槽方法
        self.updateLineNumberWidgetWidth()
        # 在初始化时调用一次 self.highlightCurrentLine()方法，使行高亮显示
        self.highlightCurrentLine()

    def LineNumberWidgetWidth(self):
        """显示行号控件的宽度"""
        digits = 1
        paragraphs = self.blockCount()                  # 段落数
        while paragraphs >= 10:
            paragraphs /= 10
            # 当段落数是 10 的倍数时，会导致行号所在控件的宽度发生变化
            digits += 1
        if digits <= 4:   # 当行数在 9999 以内，行号所在控件的宽度保持不变
            space = 3 + self.fontMetrics().horizontalAdvance('0000')
        else:              # 否则根据当前字体的宽度来设置显示行号控件的宽度
            space = 3 + self.fontMetrics().horizontalAdvance('0') * digits
        return space

    def updateLineNumberWidgetWidth(self):
        # 更新滚动区域周围的边距(int left, int top, int right, int bottom)
        self.setViewportMargins(self.LineNumberWidgetWidth(), 0, 0, 0)

    def updateLineNumberWidget(self, rect, dy):
        """
        在文件发生变化时，整个视口区域会发生相应改变
        rect 表示发生改变的矩形
        dy 表示视口滚动的像素量
        """
        if dy:
            self.LineNumberWidget.scroll(0, dy)   # 向下滚动 dy 像素
        else:
            self.LineNumberWidget.update(0,
                        rect.y(),
```

```
                                    self.LineNumberWidget.width(),
                                    rect.height())
            # 重新绘制行号所在控件的矩形
        if rect.contains(self.viewport().rect()):
            # 判断编辑器视口的矩形是否在 rect 矩形中
            self.updateLineNumberWidgetWidth()


    def resizeEvent(self, event):
        '''接收在事件参数中传递的控件尺寸调整事件'''
        cr = self.contentsRect()        # 返回控件边距内的区域
        self.LineNumberWidget.setGeometry(QRect(cr.left(),
                                    cr.top(),
                                    self.LineNumberWidgetWidth(),
                                    cr.height()))
                                    # 设置行号所在控件的尺寸
        super().resizeEvent(event)      # 使用父类的 resizeEvent() 方法


    def highlightCurrentLine(self):
        """使行高亮显示"""
        extraSelections = QTextEdit.ExtraSelection()
        # QTextEdit.ExtraSelection 是 Qt 中的一种结构
        # QTextEdit.ExtraSelection 用于描述在文本编辑器中显示的额外选择
        # 它由以下属性组成
        # cursor: QTextCursor 对象，文本区域的光标位置
        # format: QTextCharFomat 对象，应用于文本区域的样式
        # 用户可以设置字体、颜色、背景等属性
        # selectionStart: 文本区域的起始位置
        # selectionEnd: 文本区域的结束位置

        if not self.isReadOnly():
            lineColor = QColor(Qt.GlobalColor.gray).lighter(150) # 灰色
            extraSelections.format.setBackground(lineColor)
            extraSelections.format.setProperty(QTextFormat.
                                Property.FullWidthSelection, True)
            # 在设置 characterFormat 的对象 Format 时，将显示文本的整个宽度
            # 如果 Selection 属性为 True，则选定内容将显示为单行
            # 同时选中文本的整个宽度内容
            # 如果 Selection 属性为 False，则选定内容将显示为块
            extraSelections.cursor = self.textCursor()
            extraSelections.cursor.clearSelection()                 # 清除选择
        self.setExtraSelections([extraSelections])
```

```
    # 设置 ExtraSelections

  def LineNumberWidgetPaintEvent(self, event):
    """绘制行号所在控件"""
    painter = QPainter(self.LineNumberWidget)
    painter.fillRect(event.rect(), Qt.GlobalColor.lightGray)
    # 构建一个绘画设备，并使用淡灰色填充指定的矩形
    block = self.firstVisibleBlock()      # 返回第一个可见段落
    blockNumber = block.blockNumber()     # 返回此段落的编号
    top=round(self.blockBoundingGeometry(block).translated(self.
contentOffset()).top())
    # 使用 blockBoundingGeometry()方法，并通过内容坐标返回段落的边界矩形
    # 使用 contentOffset()方法获取矩形以获取视口上的视觉坐标，这里为 top
    bottom = top + round(self.blockBoundingRect(block).height())
    # top+行高=底
    while block.isValid() and top <= event.rect().bottom():
      number = str(blockNumber + 1)     # 行号
      painter.setPen(Qt.GlobalColor.black)
      painter.drawText(0, top,
                       self.LineNumberWidget.width(),
                       self.fontMetrics().height(),
                       Qt.AlignmentFlag.AlignCenter, number)
                       # 绘制行号
      block = block.next() # 下一个段落
      top = bottom                        # 将原来的底作为顶
      bottom = top + round(self.blockBoundingRect(block).height())
      # 更新现在的底
      blockNumber += 1
```

在上面的代码中，CodeEditor 类继承了 QPlainTextEdit 类，并自定义了许多方法。相关的注释已经在上面的代码中体现，这里不再赘述。

在上面的代码中，提到了 viewport（视口）的概念，这里以 QPlainTextEdit 类的 viewport 演示一下，代码如下：

```
from PyQt6.QtWidgets import QApplication, QPlainTextEdit, QVBoxLayout,
QWidget
app = QApplication([])
window = QWidget()
layout = QVBoxLayout(window)
text_edit = QPlainTextEdit(window)
layout.addWidget(text_edit)
window.setLayout(layout)
```

```
text_edit.setPlainText("这是一段示例文本。这是另一段示例文本。这是最后一段示例文本。")
# 获取视口对象
viewport = text_edit.viewport()
# 设置视口背景颜色为红色
viewport.setStyleSheet("background-color: red;")
window.show()
app.exec()
```

程序执行效果如图 10-27 所示。

图 10-27　程序执行效果

从图 10-27 中可以看出，QPlainTextEdit 类的 viewport 覆盖了整个文档应该显示的区域，这个区域被称为 viewport。

读者一定要仔细阅读本书配套资料中的完整代码，从整体的角度全面理解代码，这样才能理解整个记事本的实现方法。

10.3　QTextEdit 类——富文本输入控件

QTextEdit 类被称为富文本输入控件。与 QPlainTextEdit 类相比，QTextEdit 类支持的格式更加丰富。它不仅支持纯文本，还支持 HTML、Markdown、表格等，因此被广泛应用。QTextEdit 类呈现的基础窗体样式与 QPlainTextEdit 类的样式（见图 10-17）一样。

10.3.1　QTextEdit 类的简介

QTextEdit 类是一个用于编辑和显示纯文本与富文本的控件，支持使用 HTML 或 Markdown 格式的富文本。

1. 段落

QTextEdit 类中的段落（也被称为文本块）是一个格式化的字符串。在默认情况下，一个换行符表示一个段落。文档由零个或多个段落组成。段落中的文字会按照该段的对齐方式进行调整。段落中的每个字符都有自己的属性，如字体和颜色。段落中的文字可以使用 setLineWrapMode(mode) 方法指定 QTextEdit 类中文本的换行方式。几种换行方式如下。

- QTextEdit.LineWrapMode.WidgetWidth：默认方式，会在文本编辑器的右边缘换行。它会在空白处换行，保证单词完整。
- QTextEdit.LineWrapMode.NoWrap：不换行。
- QTextEdit.LineWrapMode.FixedColumnWidth：固定列宽换行。
- QTextEdit.LineWrapMode.FixedPixelWidth：固定像素宽度换行。

其中，在使用固定像素宽度（FixedPixelWidth）和固定列宽（FixedColumnWidth）的换行方式时，应调用 setLineWrapColumnOrWidth(int)方法设置所需宽度。

2. 文档

（1）编辑文档。

QTextEdit 类可以显示图像、列表和表格。如果文本太长，无法在文本编辑的视口中完全显示，则会出现滚动条。文本编辑可以加载纯文本和富文本文件。富文本使用 HTML 4 标记的子集进行描述。QTextEdit 类会自动检测 HTML（Hypertext Markup Language，超文本标记语言）并显示相应的富文本。

> 提示 QTextEdit 类不支持所有 HTML。如果需要支持所有 HTML，则建议选择与浏览器相关的控件。

如果想让 QTextEdit 类显示 HTML 标记的文本，则需要使用 setHtml()方法替换之前的所有文本。如果使用 toHtml()方法，则会将 QTextEdit 中的文本转换为 HTML 格式的字符串。

如果想让 QTextEdit 类显示 Markdown 标记的文本，则同样可以使用 setMarkdown()方法替换之前的所有文本。如果使用toMarkdown()方法，则会将 QTextEdit 类中的文本转换为 Markdown 格式的字符串，不会嵌入任何 HTML 格式，这可能会导致其他的部分格式无法正确转换。

> 提示 Markdown 是一种轻量级的标记语言，可以通过插入特定的符号或标记来表示文本的标题、段落、列表、链接、图片等元素。Markdown 具有易读和易写的特点，并且可以转换为有效的 HTML 文档。

toMarkdown()方法包含以下 3 种模式。

- MarkdownDialectCommonMark：丢弃 Markdown 文本中的所有 HTML 标记。
- MarkdownDialectGitHub：仅支持 CommonMark 标准化的功能。
- MarkdownNoHTML：支持 GitHub dialect，默认值。

> 提示 GitHub dialect 是 GitHub 基于标准的 Markdown 扩展而成的一种文本标记语言。GitHub dialect 在标准的 Markdown 基础上添加了一些额外功能和语法，以支持更丰富的内容展示和更好的用户体验。

QTextEdit 类中的 insertHtml()、insertPlainText()、append()或 paste()方法可以插入各种

格式的文本。textCursor()方法可以返回对应的 QTextCursor 对象，它提供了创建选择、检索文本内容或删除选择的功能。例如，下面两条语句是等价的。

```
textEdit.textCursor().insertHtml(str)
textEdit.insertHtml(str)
```

find()方法用于查找和选择文本中指定的字符串。clear()方法可以删除整个文本。

（2）自动格式化。

QTextEdit 类还支持项目自动格式化，具体分为以下 3 种。

- QTextEdit.AutoFormattingFlag.AutoNone：不进行任何自动格式化。
- QTextEdit.AutoFormattingFlag.AutoBulletList：自动弹出列表（如当用户输入的内容是"* 123"并在列表中按"Enter"键时，内容会变成如图 10-28 所示的样式）。
- QTextEdit.AutoFormattingFlag.AutoAll：应用所有自动格式化，目前仅支持自动列表。

以下代码执行后的效果如图 10-28 所示。

```
textEdit = QTextEdit()
textEdit.setAutoFormatting(QTextEdit.AutoFormattingFlag.AutoAll)
```

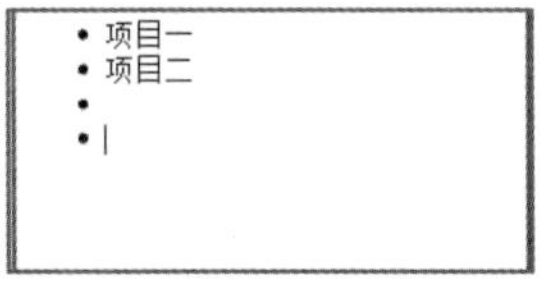

图 10-28　代码执行效果

10.3.2　QTextEdit 类的常用方法和信号

1. QTextEdit 类的常用方法

QTextEdit 类的常用方法详见本书配套资料。

2. QTextEdit 类的信号

QTextEdit 类的全部信号请查阅帮助手册，以下仅列举常见的信号。

- copyAvailable(bool)：在文本编辑器中，当选中或取消选中文本时，会发出此信号，参数为是否选中文本。
- currentCharFormatChanged(QTextCharFormat)：如果当前字符格式发生变化，则发出此信号，参数为新字符格式。
- cursorPositionChanged()：当光标位置发生变化时，会发出此信号。
- selectionChanged()：每当选择发生变化，就会发出此信号。
- textChanged()：当文档内容发生变化时（如当插入或删除文本时，或者当应用格式化时），会发出此信号。

10.3.3 【实战】AI 问答小工具

随着以 ChatGPT 为代表的 AI 模型不断发展，它逐渐能够处理复杂的对话场景，并生成连贯的回答。国内类似于 ChatGPT 的应用发展也较为迅速，如科大讯飞的星火认知大模型、百度的文心一言等。本节以星火认知大模型为例，结合相关知识点，搭建一个 AI 问答小工具。

1. 主要功能展示

（1）快捷提问：在输入问题后，按快捷键"Ctrl+Enter"即可发送问题进行提问，界面如图 10-29 所示。

（2）AI 问答：回答问题，如写一个小红书文案，界面如图 10-30 所示。

图 10-29　快捷提问界面　　　　　　　　　图 10-30　AI 问答界面

（3）保存记录：将提问记录保存为 HTML 或 TXT 格式，界面如图 10-31 所示。

图 10-31　保存记录界面

2. AI 问答小工具开发前的准备

（1）在讯飞开放平台申请星火认知大模型所需的 AppID、APISecret、APIKey，具体如何申请，详见星火认知大模型的开发文档。申请成功后，一般至少会提供 500,000 token 的使用量，有效期为一年。

> **提示**　Token 通常是指文本处理过程中的最小单位，1 token 约等于 1.5 个汉字或 0.8 个单词。在自然语言处理（Natural Language Processing，NLP）中，将文本拆分成 token 是常见的预处理步骤之一。

（2）安装必要模块。

星火认知大模型的调用分为两种方式：Web 方式和 SDK 方式。本实战将采用 Web 方式，利用 WebSocket 技术实现客户端与服务器之间的连接和通信。

> **提示**　WebSocket 是一种通信协议，允许在客户端和服务器之间建立双向的实时通信连接。一旦成功建立连接，客户端和服务器之间就可以通过发送消息进行实时交流。

因此，需要安装 Python 支持的 websocket 模块，代码如下：

```
pip install websocket
pip install websocket-client
```

（3）学习开发文档。

星火认知大模型的开发文档提供了通用鉴权 URL 生成方式、错误代码原因、接口请求和接口响应等说明，以及 Python 调用示例代码。建议读者提前了解这些内容。

> **提示**　截至 2024 年 10 月，星火认知大模型已提供了 Spark4.0 Ultra、Spark Max、Spark Pro、Spark Lite 这 4 个版本的 API 调用方式。本书采用的是 Spark Lite 版本的调用方式。由于星火认知大模型后期可能会更新 API 的调用方式，这可能会影响本实战程序的成功运行，但其原理是不变的。

3. 程序结构

整个程序可以分成两部分，一部分是借鉴星火认知大模型提供的 Python 调用示例代码完成与模型的网络交互（其开发文档上已经有较为详细的说明），而另一部分则是完成问题的提交与结果的展示。本书重点介绍如何完成问题的提交与结果的展示。程序的结构图详见本书配套资料。

4. 代码解析

整个程序大约有 400 行代码（不包含星火认知大模型提供的部分 Python 调用示例代码），这里仅展示核心代码，完整程序位于本书配套资料的 PyQt6\chapter10\AIAnswer.py 中。

（1）errorDialog 类。

errorDialog 类继承自 QDialog 类，主要用于查看错误日志，如图 10-32 所示。

核心代码如下：

图 10-32　错误日志

```
self.setWindowFlags(Qt.WindowType.Window)    # 窗体样式
errorLog = QPlainTextEdit(self)
font = QFont()
font.setPointSize(11)                        # 字体大小
with codecs.open(f"{current_dir}\error.log", "r", "utf-8", errors=
"ignore") as file:
    content = file.read()                    # 读取文件
    errorLog.setPlainText(content)
    errorLog.setFont(font)
```

虽然 errorDialog 类继承自 QDialog 类，但是它设置了 Qt.WindowType.Window 样式，使得窗体具有最大化和最小化按钮，便于查看日志。

（2）KeyDialog 类。

KeyDialog 类继承自 QDialog 类，主要用于配置 WebSocket 参数，如图 10-33 所示。图 10-33 中的参数应以自己申请的参数为准。

在填写完参数后，会将相关信息写入 Windows 的注册表，如图 10-34 所示。

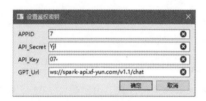

图 10-33　WebSocket 参数配置

图 10-34　写入信息

如果已经保存过配置信息，则打开对话框后会自动加载这些配置信息。核心代码如下：

```
class KeyDialog(QDialog):
    keySignal = pyqtSignal(list)    # 参数配置的信号
    def __init__(self, SparkDesk, Parent=None):
        super().__init__(Parent)
        # 主窗体传递过来的 QSettings("SparkDesk", "APIKey")对象
        self.sparkdesk = SparkDesk
        self.initUI()
        self.loadDate()


    def initUI(self):
        ......                       # 省略部分代码
        # 一些控件的使用及布局
        buttonBox.accepted.connect(self.settingKey)
        buttonBox.rejected.connect(self.reject)
```

```python
def loadDate(self):
    """载入配置信息"""
    # 检查注册表中是否已有配置，如果已有配置信息，则将其载入
    if all([self.sparkdesk.contains("APPID"),
            self.sparkdesk.contains("API_Secret"),
            self.sparkdesk.contains("API_Key"),
            self.sparkdesk.contains("GPT_Url")]):
        self.appid.setText(self.sparkdesk.value("APPID"))
        self.api_secret.setText(self.sparkdesk.value("API_Secret"))
        self.api_key.setText(self.sparkdesk.value("API_Key"))
        self.gpt_url.setText(self.sparkdesk.value("GPT_Url"))

def settingKey(self):
    """设置鉴权密钥"""
    …… # 省略部分代码
    if not all([APP_iD, API_Secret, API_Key, GPT_Url]):
        # 4 个参数不能为空
        QMessageBox.warning(self, "警告", "请确保所有字段都填写完整。")
        return
    # 将 4 项关键设置存入注册表
    self.sparkdesk.setValue("APPID", APP_iD)
    …… # 省略类似代码
    # 将配置发送到主窗体中
    self.keySignal.emit([APP_iD, API_Secret, API_Key, GPT_Url])
    self.accept()
```

（3）MyWidget 类。

MyWidget 类继承自 QMainWindow 类，可以方便地实现菜单功能。

【代码片段 1】

```python
self.SparkDesksettings = QSettings("SparkDesk", "APIKey")
# 设置 APP_iD、API_Secret、API_Key、GPT_Url 默认值
self.APP_iD = ""
self.API_Secret = ""
self.API_Key = ""
self.GPT_Url = ""
self.answer = "" # 答案默认为空
```

设置一些属性，以便程序使用。其中，QSettings 主要用于将 WebSocket 的配置存入注册表。

【代码片段 2】

```python
def loadDate(self):
    """载入数据"""
```

```
    # 如果注册表中没有相关配置，则提示无法使用
    if not all([self.SparkDesksettings.contains("APPID"),
            self.SparkDesksettings.contains("API_Secret"),
            self.SparkDesksettings.contains("API_Key"),
            self.SparkDesksettings.contains("GPT_Url")]):
        self.chatAnswer.append("<b><font color='#FF0000'>未配置模型鉴权参数,
无法使用! </font></b><br>")
        self.sendButton.setEnabled(False) # 如果无法使用，则禁止发送问题
    else: # 如果注册表中有相关配置，则生成 Ws_Param 对象
        self.APP_iD = self.SparkDesksettings.value("APPID")
        self.API_Secret = self.SparkDesksettings.value("API_Secret")
        self.API_Key = self.SparkDesksettings.value("API_Key")
        self.GPT_Url = self.SparkDesksettings.value("GPT_Url")
        self.wsParam = self.createWs_Param(self.APP_iD, self.API_Key,
self.API_Secret, self.GPT_Url)

def createWs_Param(self, appid, api_key, api_secret, gpt_url):
    # 生成 Ws_Param 对象，以便为下一步鉴权 URL 做准备
    # 具体信息请参阅星火认知大模型的开发文档
    wsParam = SparkApi.Ws_Param(appid, api_key, api_secret, gpt_url)
    return wsParam
```

上面的程序首先会检查程序中是否有相关配置，若没有相关配置，则运行结果如图 10-35 所示，同时禁止发送问题。

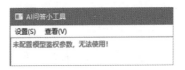

图 10-35　没有相关配置

【代码片段 3】

以下代码用于实现整个界面。

```
def initUI(self):
    # ###########创建菜单##############
    settingMenu = self.menuBar().addMenu("设置(&S)")
    keyAct = QAction("密钥(&K)", self)
    keyAct.setShortcut("ALt+K")
    keyAct.setStatusTip("密钥设置")
    settingMenu.addAction(keyAct)
    …… # 其他菜单的创建与此相似，这里省略相关代码
    # ###########创建聊天窗体##############
```

```
        spliter = QSplitter(self)
        spliter.setOrientation(Qt.Orientation.Vertical)
        widget= QWidget(spliter)
        # 使用 QPlainTextEdit 控件提出问题
        self.chatQue = QPlainTextEdit(widget)
        fontQue = QFont()
        fontQue.setPointSize(11)
        self.chatQue.setFont(fontQue)
        # 占位文本
        self.chatQue.setPlaceholderText("可以在这里输入你的问题，按快捷键“Ctrl+
Enter”即可发送问题")
        # 使用 QTextEdit 控件回答问题
        self.chatAnswer = QTextEdit()
        # 只读
        self.chatAnswer.setReadOnly(True)
        self.chatAnswer.setContextMenuPolicy(Qt.ContextMenuPolicy.
CustomContextMenu)
        self.chatAnswer.customContextMenuRequested.connect(self.
showContextMenu)
        # 上面的两行代码用于对 self.chatAnswer 右键菜单进行设置
        self.cursor = self.chatAnswer.textCursor()  # 获取当前文档中的光标
        self.sendButton = QPushButton("发送", widget)
        …… # 省略布局代码
        keyAct.triggered.connect(self.execKeyDialog)
        errorAct.triggered.connect(self.showLog)
        self.sendButton.clicked.connect(self.sendQuestion)
        zoomInAct.triggered.connect(self.chatAnswer.zoomIn)
        zoomOutAct.triggered.connect(self.chatAnswer.zoomOut)
```

【代码片段 4】

以下代码用于设置对话框和查看错误日志。

```
    def execKeyDialog(self):
        """鉴权参数设置对话框"""
        keydialog = KeyDialog(self.SparkDesksettings, self)
        keydialog.keySignal.connect(self.readSparkDesksettings)
        keydialog.exec()

    def showLog(self):
        """查看错误日志"""
        errordialog = errorDialog(self)
        errordialog.exec()
```

【代码片段5】

以下代码用于发送问题并在聊天窗体中显示问题。

```python
def sendQuestion(self):
    """发送问题"""
    text = self.chatQue.toPlainText()
    if not text:
        return
    # 在发送问题后，提问处需要清屏
    self.chatQue.clear()
    self.setRespondQue(text)


def setRespondQue(self, ques):
    """
    将问题发送到聊天窗体中
    ques 表示问题
    """
    self.setFormatText("Q")  # 设置格式
    # 将问题插入 QTextEdit 控件
    self.cursor.insertText(ques + '\n')
    self.setRespondAnswer(ques)
```

【代码片段6】

以下代码用于设置问题和答案的格式，以便进行区别。

```python
def getCurrentDateTime(self):
    """获取当前时间"""
    currentDateTime = QDateTime.currentDateTime().toString("yyyy-MM-dd
hh:mm:ss")
    return currentDateTime


def setFormatText(self, Q_A):
    """
    格式化问答
    Q_A 表示识别问题和答案
    """
    currentDateTime = ' ' + self.getCurrentDateTime() + '\n'
    textFormat = QTextCharFormat()
    font = QFont()
    font.setItalic(True)  # 斜体
    font.setBold(True)  # 加粗
    textFormat.setFont(font)
```

```python
if Q_A == "Q":
    # 给问题中的时间添加格式
    self.cursor.insertImage(f"{current_dir}\images\heart.png")  # 心形图标
    textFormat.setForeground(Qt.GlobalColor.red)  # 红色
    self.cursor.setCharFormat(textFormat)  # 当前文档的光标格式
    self.cursor.insertText(currentDateTime)  # 插入时间
else:
    # 给答案中的时间添加格式
    self.cursor.insertImage(f"{current_dir}\images\star.png")  # 星形图标
    textFormat.setForeground(Qt.GlobalColor.darkRed)  # 暗红色
    self.cursor.setCharFormat(textFormat)
    self.cursor.insertText(currentDateTime)
# 给除时间外的内容添加格式
font.setItalic(False)
font.setBold(False)
textFormat.setFont(font)
textFormat.setForeground(Qt.GlobalColor.black)  # 黑色
self.cursor.setCharFormat(textFormat)
```

【代码片段 7】

以下代码将实现在提出问题后，聊天窗体会提示"AI 思考中……"，用于提示用户需要等待回答，如图 10-36 所示。

图 10-36　提示信息

对于一些较为复杂的问题，为了防止 AI 问答小工具长时间思考，导致窗体卡死而无法正常工作，这里使用 QCoreApplication.processEvents()方法来确保界面能够及时刷新和响应。

```python
def setRespondAnswer(self, ques):
    """
    得到问题的反馈
    ques 表示问题
    """
    self.setFormatText('A')
    # 提示正在等待回答中
    self.cursor.insertText("AI 思考中……")
    # 因为需要等待问题反馈，所以这里设置代码以防 AI 问答小工具卡死
    QCoreApplication.processEvents()
```

```
        self.getAnswer(ques)

    def getAnswer(self, ques):
        """
        从星火认知大模型中获取答案
        ques 表示问题
        这部分代码主要参考了星火认知大模型提供的 Python 调用示例代码
        """
        wsUrl = self.wsParam.create_url()
        websocket.enableTrace(False)
        ws = websocket.WebSocketApp(wsUrl,
                            on_message=self.on_message,
                            on_error=self.on_error,
                            on_close=SparkApi.on_close,
                            on_open=SparkApi.on_open)
        ws.appid = self.APP_iD
        ws.question = ques
        ws.run_forever(sslopt={"cert_reqs": ssl.CERT_NONE})
```

【代码片段 8】

以下代码将实现接收回答和处理错误的方式，其中 SparkApi.on_error 表示从 SparkApi.py 文件中调用 on_error()函数。SparkApi.py 是星火认知大模型提供的 Python 示例文件。

```
    def on_error(self, ws, error):
        """错误处理"""
        SparkApi.on_error(ws, error)
        self.chatAnswer.append("<br><b><font color='#FF0000'>连接错误，详细原因请
查看日志! </font></b><br>")

    def on_message(self, ws, message):
        """处理接收的 WebSocket 消息，详细信息请查看星火认知大模型的开发文档"""
        data = json.loads(message)
        code = data['header']['code']
        if code != 0:
            SparkApi.error(code, data)
            self.chatAnswer.append("<br><b><font color='#FF0000'>请求错误，详细原
因请查找日志! </font></b><br>")
            ws.close()
        else:
            choices = data["payload"]["choices"]
            status = choices["status"]
            content = choices["text"][0]["content"]
```

```
        self.answer += content
        if status == 2:                              # 该代码表示已经回答完毕
            self.cursor.movePosition(QTextCursor.MoveOperation.
StartOfLine)
    self.cursor.movePosition(QTextCursor.MoveOperation.EndOfLine,
QTextCursor.MoveMode.KeepAnchor)
            self.cursor.deleteChar()                 # 删除字符
            # 以上 3 段代码用于删除提示"AI 思考中……"
            self.cursor.insertMarkdown(self.answer)  # 插入 markdown
            self.chatAnswer.append('\n\n 回答完毕! \n
                    ------------------------------------------\n\n')
            self.answer = ""                         # 清除暂存的答案
            ws.close()                               # 关闭 WebSocket 连接
```

【代码片段 9】

以下代码将实现通过 QTextEdit 类的右键菜单保存问答记录。问答记录可以被保存为 HTML 和 TXT 两种格式。

```
def showContextMenu(self, position):
    # 创建 self.chatAnswer 自定义菜单对象
    context_menu = QMenu(self)
    # 创建动作并将其添加到自定义菜单中
    copy_action = QAction("复制", self)
    copy_action.setShortcut(QKeySequence.StandardKey.Copy)
    context_menu.addAction(copy_action)
    # 连接动作的信号与槽方法
    copy_action.triggered.connect(self.chatAnswer.copy)
    …… # 其他几个菜单的实现与此类似,这里省略相关代码
    # 在指定位置显示自定义菜单
    context_menu.exec(self.chatAnswer.mapToGlobal(position))


def saveAsChat(self):
    """保存问答记录"""
    if not self.chatAnswer.toPlainText():
        return
    saveFileName = QFileDialog.getSaveFileName(self, "保存文件",
                    "./",
                        "HTML files (*.html);;Text files (*.txt)")
    absFileName = saveFileName[0]
    if absFileName:
        with codecs.open(absFileName, "w",
                            "utf-8", errors="ignore") as f:
```

```
            if absFileName.split('.')[1] == "html":
                f.write(self.chatAnswer.toHtml())
            else:
                f.write(self.chatAnswer.toPlainText())
```

【代码片段 10】

以下代码将实现在按快捷键后，发送问题。

```
def keyPressEvent(self, event):
    """实现在按快捷键 "Ctrl+Enter" 后, 发送问题"""
    if event.modifiers() == Qt.KeyboardModifier.ControlModifier and event.
key() == Qt.Key.Key_Return:
        self.sendButton.click()
    else:
        super().keyPressEvent(event)
```

整个 AI 问答小工具基本满足了日常提问的需求，但仍存在不足，如没有前置上下文，不能补充提问。虽然程序中使用了 QCoreApplication.processEvents()方法来避免窗体无法正常工作，但窗体仍可能会出现"未响应"的情况。这个问题将在学完第 14 章中的内容后进行优化。

进阶篇

第 11 章
PyQt 6 中的容器

PyQt 提供了一类可以容纳其他控件的控件 (这类控件被称为 "容器"), 它可以使有限的程序界面实现更多功能。本章将介绍 QToolBox、QTabWidget、QStackedWidget、QDockWidget 和 QMdiArea 类, 这 5 个类就是容器。

它们均位于 PyQt6.QtWidgets 模块中。类之间的继承关系如图 11-1 所示。

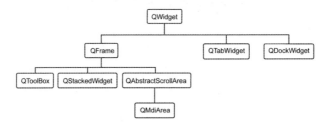

图 11-1   类之间的继承关系

11.1 QToolBox 类——工具箱控件

QToolBox 类是一个工具箱控件, 允许在控件上创建多个分组。每个分组显示为一个可展开的选项卡, 并对应一个页面。这些页面可以通过单击对应的选项卡来显示, 如图 11-2 所示。

11.1.1 QToolBox 类的基本使用方法

QToolBox 类的每个分组在分组列中都有一个索引位置。当前被选中的分组会显示其中的内容, 而其他分组的内容则处于隐藏状态。当前被选中的分组索引可以通过 currentIndex()方法来获取, 并通过 setCurrentIndex()方法进行设置。此外, indexOf()方法可用于查找特定分组的索引。

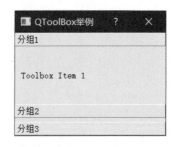

图 11-2   QToolBox 类举例

setItemText()、setItemIcon()和 setItemToolTip()方法可以更改特定分组的属性。setItemEnabled()方法可以单独启用或禁用某个特定分组。

若需要向 QToolBox 类中添加新的分组，则可以使用 addItem()方法。若需要在特定位置插入分组，则可以使用 insertItem()方法。若需要从 QToolBox 类中删除分组，则可以使用 removeItem()方法。通过结合使用 removeItem()和 insertItem()方法，可以实现分组之间的移动。

11.1.2　QToolBox 类的常用方法与信号

1. QToolBox 类的常用方法

QToolBox 类的常用方法详见本书配套资料。

2. QToolBox 类的信号

currentChanged（int）：在当前分组被更改时，会发出此信号，参数为当前分组的索引。如果没有当前分组，则参数为−1。

11.1.3　【实战】小工具箱

本节将设计一个小工具箱，用于建立多个分组，并且可以在每个分组中添加应用，如图 11-3 所示。

1. 程序结构

整个程序由 3 个类组成：NewTool、ToolBox 和 MyWidget，其结构图详见本书配套资料。其中，MyWidget 类仅用于调用 ToolBox 类，非常简单，下面不做介绍。

2. 程序实现

整个程序大约有 170 行代码，这里仅展示核心代码，完整程序位于本书配套资料的 PyQt6\chapter11\toolbox.py 中。

图 11-3　小工具箱

（1）NewTool 类。

NewTool 类继承自 QDialog 类，用于选择应用程序（小工具箱）的路径，如图 11-4 所示。

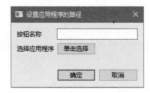

图 11-4　应用程序路径选择

核心代码如下，这里使用 QFileIconProvider 类来根据应用程序的路径返回应用程序的图标。

需要注意的是，路径不是直接使用字符串，而是使用 QFileInfo(path[0]) 对象来设置的。

```python
class NewTool(QDialog):
    # 传递工具按钮名称、路径和图标的信号
    toolSignal = pyqtSignal(list)

    def __init__(self, Parent=None):
        super().__init__(Parent)
        self.provider = QFileIconProvider() # 根据应用程序确定图标
        …… # 简单的布局和控件的使用，这里省略相关代码
        buttonBox.accepted.connect(self.settingExE)
        buttonBox.rejected.connect(self.reject)

    def selectExE(self):
        """选择应用程序"""
        path = QFileDialog.getOpenFileName(self, "选择应用程序", "./", "应用
程序 (*.exe)")
        if path:
            # 将路径显示在对话框的 exeInfo 标签上
            self.exeInfo.setText(path[0])
            # 获取应用程序的图标
            self.icon = self.provider.icon(QFileInfo(path[0]))

    def settingExE(self):
        """工具按钮的名称和路径必须在单击"确定"按钮后才会生效"""
        if not all([self.title.text(), self.exeInfo.text()]):
            return
        # 将应用程序的信息通过信号传递出去
        self.toolSignal.emit([self.title.text(), self.exeInfo.text(),
self.icon])
        self.accept()
```

（2）ToolBox 类。

ToolBox 类继承自 QToolBox 类，主要用于添加工具箱的分组和每个分组中的小工具。

【代码片段 1】

分组和小工具的添加主要是通过右键菜单实现的。由于初始时没有任何分组，因此右键菜单中仅有"新建分组"命令，如图 11-5 所示。

当分组数大于 1 时，会显示其他命令，如图 11-6 所示。分组的数量使用 self.count() 方法进行判断。

图 11-5　"新建分组"命令

图 11-6　其他命令

```
    # 自定义右键菜单
    self.setContextMenuPolicy(Qt.ContextMenuPolicy.CustomContextMenu)
    self.customContextMenuRequested.connect(self.showContextMenu)


def showContextMenu(self, position):
    context_menu = QMenu(self)
    new_action = QAction("新建分组", self)
    context_menu.addAction(new_action)
    if self.count() > 0:
        rename_action = QAction("重命名分组", self)
        context_menu.addAction(rename_action)
        # 连接动作的信号与槽方法
        rename_action.triggered.connect(self.renameItem)
        …… # 省略类似代码
    new_action.triggered.connect(self.newItem)
    # 在指定位置显示自定义右键菜单
    context_menu.exec(self.mapToGlobal(position))
```

【代码片段 2】

在选择"新建分组"命令后，会弹出输入对话框，用于设置分组名称，如图 11-7 所示。

图 11-7　设置分组名称

在单击"OK"按钮后，会新建一个 QGroupBox 对象并设置垂直布局。将 QGroupBox 对象作为 QToolBox 分组中的控件，后期会将所有小工具都添加到刚刚新建的垂直布局中。

```
def newItem(self):
    """新增分组"""
    itemName, isok = QInputDialog.getText(self, "新分组", "分组名称: ", text="
在这里输入新的分组名称")
    if isok:
```

```
        groupbox = QGroupBox()
        vlayout = QVBoxLayout(groupbox)
        vlayout.setAlignment(Qt.AlignmentFlag.AlignCenter)  # 居中对齐
        groupbox.setLayout(vlayout)
        self.addItem(groupbox, itemName)
```

【代码片段 3】

这段代码用于实现重命名和删除分组（见图 11-8）。这个功能比较简单，应用 QToolBox 类中的方法即可。

图 11-8　重命名和删除分组

```
    def renameItem(self):
        """重命名分组"""
        itemNewName, isok = QInputDialog.getText(self, "重命名分组", "分组名称: ",
text="在这里修改分组名称")
        if isok:
            self.setItemText(self.currentIndex(), itemNewName)


    def delItem(self):
        """删除分组"""
        currentItemText = self.itemText(self.currentIndex())  # 获取当前分组名称
        isok = QMessageBox.question(self, "删除分组", f"确定删除{currentItemText}
分组? ", defaultButton=QMessageBox.StandardButton.No)
        if isok == QMessageBox.StandardButton.Yes:
            self.removeItem(self.currentIndex())
```

【代码片段 4】

这段代码用于实现添加小工具。

```
    def newTool(self):
        """新工具按钮"""
        tool = NewTool(self)
        tool.toolSignal.connect(self.addTool)
        tool.exec()


    def addTool(self, info):
        """添加小工具"""
        name = info[0]  # 按钮名称
```

```
    exePath = info[1]                      # 小工具路径
    icon = info[2]                         # 小工具图标
    toolButton = QToolButton()
    toolButton.setIconSize(QSize(32, 32))  # 图标尺寸
    toolButton.setText(name)
    toolButton.setIcon(icon)
    toolButton.setAutoRaise(True)
    # 文字在图标的下方
    toolButton.setToolButtonStyle(Qt.ToolButtonStyle.ToolButtonTextUnderIcon)
    vlayout = self.currentWidget().layout() # 获取当前分组的布局
    vlayout.addWidget(toolButton)
    toolButton.clicked.connect(lambda:self.execExE(exePath))
```

【代码片段 5】

这段代码通过 QProcess 类来执行第三方的应用程序，如打开记事本。感兴趣的读者可以尝试使用多线程的方式来执行第三方应用程序，以避免发生窗体卡死的情况。

```
def execExE(self, path):
    """执行第三方应用程序"""
    process = QProcess()
    process.start(path)                    # 第三方应用程序的路径
    if process.waitForStarted():
        if process.waitForFinished():      # 等待应用程序执行完成
            output = process.readAllStandardOutput()
            error = process.readAllStandardError()
            print('输出:', output.data().decode())
            print('错误:', error.data().decode())
    else:
        QMessageBox.warning(self, "警告", "无法启动应用程序")
```

11.2　QTabWidget 类——选项卡控件

QTabWidget 类提供了选项卡样式的控件，使得多个窗体能够在同一个控件中进行切换，类似于一个浏览器使用多个标签打开多个网址，如图 11-9 所示。

图 11-9　QTabWidget 类举例

11.2.1　QTabWidget 类的基本使用方法

选项卡控件提供一个选项卡栏和一个用于显示与每个选项卡相关的页面区域（Page Area）。在默认情况下，选项卡栏显示在页面区域的上方，但用户可以自行调整方向。每个选项卡都与一个不同的控件（被称为页面）相关联，每次只显示一个页面。

1．使用步骤

使用 QTabWidget 类的正常方法是执行以下操作。

（1）创建一个 QTabWidget 对象。

（2）为选项卡对话框中的每个页面创建一个 QWidget，但不要为它们指定父窗体控件。

（3）将子控件插入页面控件，并使用布局为其定位。

（4）调用 addTab()或 insertTab()方法将页面控件放入选项卡控件。

（5）为每个选项卡设置快捷键（可选操作）。

2．基本使用方法

当前页面索引可以使用 currentIndex()方法来获取，当前页面控件可以使用 currentWidget()方法来获取。widget()方法可以返回指定索引的页面控件，indexOf()方法可以查找控件的索引。setCurrentWidget()或 setCurrentIndex()方法可以设置当前显示页面。

setTabText()或 setTabIcon()方法可以更改选项卡的文本和图标，removeTab()方法可以移除选项卡及其页面。

setTabEnabled()方法可以启用或禁用选项卡。如果启用了选项卡，则可以选择该选项卡，反之不能选择该选项卡。

3．选项卡的位置和形状

选项卡的位置由 TabPosition 属性定义，如表 11-1 所示，图形化表示详见本书配套资料。

表 11-1　选项卡的位置

位置	描述
QTabWidget.TabPosition.North	选项卡在页面的上方
QTabWidget.TabPosition.South	选项卡在页面的下方
QTabWidget.TabPosition.West	选项卡在页面的左侧
QTabWidget.TabPosition.East	选项卡在页面的右侧

选项卡的形状由 TabShape 属性定义，如表 11-2 所示，图形化表示详见本书配套资料。

表 11-2　选项卡的形状

形状	描述
QTabWidget.TabShape.Rounded	选项卡以圆角形绘制，默认值
QTabWidget.TabShape.Triangular	选项卡以三角形绘制

11.2.2　QTabWidget 类的常用方法与信号

1. QTabWidget 类的常用方法

QTabWidget 类的常用方法详见本书配套资料。

2. QTabWidget 类的信号

- currentChanged(int)：只要当前选项卡索引发生更改，就发出此信号，参数为当前选项卡的索引位置。如果没有新的索引位置，则参数为−1。
- tabBarClicked(int)：当用户单击索引处的选项卡时，会发出此信号。
- tabBarDoubleClicked(int)：当用户双击索引处的选项卡时，会发出此信号。
- tabCloseRequested(int)：当单击选项卡上的关闭按钮时，会发出此信号，参数为应关闭的选项卡索引。

11.2.3　【实战】多文本记事本

10.2.5 节实现了简单记事本，本节将其修改为多文本记事本，如图 11-10 所示。

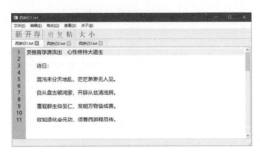

图 11-10　多文本记事本

1. 程序结构

多文本记事本与简单本记事本的程序实现和结构十分相似，差别在于：原来只有一个编辑器，而现在通过 QTabWidget 类实现多个编辑器，使用 QTabWidget 对象取代原有编辑器的位置。

2. 程序实现

本程序大约有 490 行代码，其中许多代码与简单记事本中的代码相同，仅部分代码进行了细微调整，同时新增了许多代码。这里仅展示核心代码，完整程序位于本书配套资料的 PyQt6\chapter11\

tabwidget.py 中。

【代码片段 1】

这段代码将新建 QTabWidget 对象，并将其放置在 QMainWindow 对象中 centralWidget 的位置。将原有用于记录当前文件名的 self.currentFile 变更为 self.currentTextdic 字典。这是因为编辑器变多了，需要记录当前编辑器与文件名的对应关系。在一些执行动作（如 undoAct、cutAct、copyAct、pasteAct、zoomInAct、zoomOutAct）前面增加 self 关键字。

```python
class TabNoteEdit(QMainWindow):
    def __init__(self):
        super().__init__()
        self.initUI()
        self.newFile()


    def initUI(self):
        """界面的搭建"""
        ......
        self.tabWidget = QTabWidget(self)
        self.tabWidget.setTabsClosable(True)      # 显示关闭按钮
        self.setCentralWidget(self.tabWidget)
        self.currentTextdic = {} # 记录当前编辑器与文件名对应关系的字典
        self.undoAct = QAction(undoIcon, "撤销(&U)", self)
        self.undoAct.setShortcuts(QKeySequence.StandardKey.Undo)
        self.undoAct.setStatusTip("撤销刚刚写的内容")
        editMenu.addAction(self.undoAct)
        ......                                    # 省略部分代码
        self.tabWidget.tabCloseRequested.connect(self.currentTabClose)
        # 在关闭当前选项卡时，调用 currentTabClose 槽方法
```

【代码片段 2】

这段代码用于实现新建文档的方法，与简单记事本中的新建文档的方法的区别较大，这里将很多执行动作的信号与槽方法的调用均移动到了 newFile()方法中。

```python
def newFile(self):
    """新建文件"""
    noteEdit = CodeEditor()
    # 创建自定义 QPlainTextEdit 对象（与 10.2.5 节中的简单记事本类似，这里已省略）
    self.tabWidget.addTab(noteEdit, "")
    self.tabWidget.currentWidget().setFocus()  # 设置编辑器焦点
    # 设置当前编辑器为新建的编辑器
    self.tabWidget.setCurrentWidget(noteEdit)
    self.setCurrentText(noteEdit, "")
```

```
    # 在当前编辑器文本被选择后, 启用剪切按钮
    self.tabWidget.currentWidget().copyAvailable.connect(self.cutAct.
setEnabled)
    # 在当前编辑器文本被选择后, 启用复制按钮
     self.tabWidget.currentWidget().copyAvailable.connect(self.copyAct.
setEnabled)
    # 当切换编辑器时, 调用 setTabTitle 槽方法
    self.tabWidget.currentChanged.connect(self.setTabTitle)
    # 支持当前编辑器撤销上一步操作
    self.undoAct.triggered.connect(self.tabWidget.currentWidget().undo)
    …… # 省略部分代码
    # 当前编辑器文档发生更改时, 设置当前窗体是否为修改的状态
    self.tabWidget.currentWidget().document().contentsChanged.connect
(self.documentWasModified)
```

【代码片段 3】

这段代码将原来对文本是否已经修改的判断改为对当前编辑器的文本是否已经修改的判断。同时,在切换编辑器时,主窗体的标题会随之变化。只有在选项卡的数量大于或等于 1 时,才会判断是否已经修改文本,这是因为当最后一个编辑器被关闭后,将触发 currentChanged 信号,从而导致 setTabTitle()方法被调用,而此时 documentWasModified()方法是无效的。

```
def documentWasModified(self):
    """设置当前窗体的修改状态, 带*号表示已有修改"""
    currentNoteEdit = self.tabWidget.currentWidget()
    self.setWindowModified(currentNoteEdit.document().isModified())


def setTabTitle(self, index):
    """
    在切换编辑器时, 设置窗体标题
    index 表示当前索引
    """
    currentFileName = self.tabWidget.tabText(index)
    self.setWindowFilePath(currentFileName)  # 设置主窗体标题
    # 当前选项卡的数量大于或等于 1 时, 才判断是否已经修改
    if self.tabWidget.count() >= 1:
        self.documentWasModified()
```

【代码片段 4】

在使用原来的 open()方法打开文件时,要先判断当前是否有未保存的文件。由于现在要实现多文本记事本,因此在使用 open()方法时需要直接调用 loadFile()方法,而不判断当前是否有未保存的文件。由于对 open()方法的调整并不多,因此此处不再赘述。

```
def loadFile(self, fileName):
    """
    载入文件
    fileName 表示文件名称
    """
    ......                                          # 省略部分代码
    with codecs.open(fileName, "r", "utf-8", errors="ignore") as file:
        content = file.read()                   # 读取文件
        if self.tabWidget.count() > 1:  # 在当前编辑器大于 1 个时，新建编辑器
            self.newFile()
        # 在当前只有一个编辑器打开，并且只有在文档发生更改或当前编辑器已有内容时
        # 才会新建编辑器
        elif self.tabWidget.count() == 1:
            currentNoteEdit = self.tabWidget.currentWidget()
            if currentNoteEdit.document().isModified()
                                    or currentNoteEdit.toPlainText():
                self.newFile()
        # 设置当前编辑器与文件名称的对应关系
        currentNoteEdit = self.tabWidget.currentWidget()
        currentNoteEdit.setPlainText(content)    # 设置内容
        self.setCurrentText(currentNoteEdit, fileName)
    ...... # 省略部分代码
```

【代码片段 5】

这段代码主要用于设置当前编辑器与文件名称的对应关系，以便进行文件名称的设置。之前只有一个单一属性，现在通过字典 self.currentTextdic 来存储编辑器与文件名称的对应关系。

```
def setCurrentText(self, noteEdit, fileName):
    """
    设置当前读取的文件的名称
    fileName 表示当前读取的文件的名称
    """
    self.currentTextdic[noteEdit] = fileName
    # 将编辑器与文件名称的对应关系暂存到字典中
    noteEdit.document().setModified(False)       # 设置文件为未修改的状态
    self.setWindowModified(False)                # 设置窗体为未修改的状态
    index = self.tabWidget.indexOf(noteEdit)
    shownName = self.currentTextdic[noteEdit]    # 显示的文件名称
    if not self.currentTextdic[noteEdit]:
        shownName = f"新文件 {index+1}.txt"
    if "/" in shownName:
        shownName = shownName.split("/")[-1]
```

```
        self.tabWidget.setTabText(index, shownName) # 设置当前编辑器的名称
        self.setWindowFilePath(shownName)            # 设置在窗体上显示文件名称
```

【代码片段 6】

保存文件需要与当前的编辑器紧密结合，这点与简单记事本有较大不同。

```
    def save(self):
        """保存"""
        currentNoteEdit = self.tabWidget.currentWidget()
        if not self.currentTextdic[currentNoteEdit]:
        # 如果当前编辑器对应的文件名称为空，则调用"另存为"菜单项
            return self.saveAs()
        else:     # 否则直接保存当前文件
            return self.saveFile(self.currentTextdic[currentNoteEdit])


    def saveFile(self, fileName):
        """
        保存文件
        fileName 表示文件名称
        """
        ......       # 省略部分代码
        currentNoteEdit = self.tabWidget.currentWidget()
        with codecs.open(fileName, 'w', 'utf-8') as file:
            content = currentNoteEdit.toPlainText()
            file.write(content)
        self.setCurrentText(currentNoteEdit, fileName)
        # 在保存文件后，将当前编辑器中显示的名称改为该文件的名称
        ......       # 省略部分代码


    def isSave(self):
        """判断是否需要保存当前内容"""
        currentNoteEdit = self.tabWidget.currentWidget()
        if not currentNoteEdit.document().isModified():
        # 在没有修改当前内容时，表示可以不保存
            return True
        ......       # 省略修改后的操作代码
```

【代码片段 7】

在关闭编辑器时，判断当前编辑器的数量。如果当前编辑器仅有 1 个，则直接调用控件的关闭方法。

```
    def currentTabClose(self, index):
```

```
"""
关闭选项卡
index 表示索引
"""
# 将要关闭的编辑器设置为当前编辑器
self.tabWidget.setCurrentIndex(index)
# 当前编辑器的数量大于 1
if self.tabWidget.count() > 1:
    if self.isSave():
        # 删除编辑器与文件名称的对应关系
        del self.currentTextdic[self.tabWidget.currentWidget()]
        self.tabWidget.removeTab(index)
# 在仅有 1 个编辑器时直接调用 close() 方法
elif self.tabWidget.count() == 1:
    self.close()
```

【代码片段 8】

如果想要关闭程序，但打开了很多编辑器，则首先应通过遍历的方式判断是否有未保存的文件。若有未保存的文件，则弹出"全部关闭"对话框（见图 11-11），用于询问是否确定要关闭。若单击"Yes"按钮，则全部关闭；若单击"No"按钮，则取消关闭。如果只剩一个编辑器，则调用 isSave() 方法判断是否需要保存当前内容。

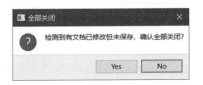

图 11-11　"全部关闭"对话框

```
def closeEvent(self, event):
    """重写关闭事件"""
    if self.tabWidget.count() > 1:
    # 在当前编辑器的数量大于 1 时，弹出"全部关闭"对话框，用于询问是否确定要关闭
    # 这个对话框与关闭单个编辑器时弹出的对话框是不一样的
        for index in range(self.tabWidget.count()):
            if self.tabWidget.widget(index).document().isModified():
                r = QMessageBox.question(self, "全部关闭", "检测到文档已修改但
未保存，确认全部关闭？", defaultButton=QMessageBox.StandardButton.No)
                if r == QMessageBox.StandardButton.Yes:
                    event.accept()
                else:
                    event.ignore()
```

```
                    break
        else:
            if self.isSave():
                event.accept()
            else:
                event.ignore()
```

在上面的程序中，对 setLineWrapped()和 setFont()方法进行了适当调整，这里不展示具体内容。

11.3　QStackedWidget 类——堆栈窗体控件

QStackedWidget 类（堆栈窗体控件）用于在同一窗体内显示不同窗体控件，可以通过切换页面按钮实现不同窗体控件的切换，如图 11-12 所示。

图 11-12　QStackedWidget 类的两个窗体控件的切换

11.3.1　QStackedWidget 类的基本使用方法

举例来说，在下面的代码中，firstPageWidget、secondPageWidget、thirdPageWidget 分别代表不同的窗体控件对象。

```
firstPageWidget = QWidget()
secondPageWidget = QWidget()
thirdPageWidget = QWidget()
stackedWidget = QStackedWidget()
stackedWidget.addWidget(firstPageWidget)
stackedWidget.addWidget(secondPageWidget)
stackedWidget.addWidget(thirdPageWidget)
layout = QVBoxLayout()
layout.addWidget(stackedWidget)
self.setLayout(layout)
```

QStackedWidget 类不提供切换当前窗体控件的方法，但用户可以通过 QComboBox 或 QListWidget 类来实现。例如：

```
pageComboBox = QComboBox()
```

```
pageComboBox.addItem("Page 1")
pageComboBox.addItem("Page 2")
pageComboBox.addItem("Page 3")
pageComboBox.activated.connect(stackedWidget.setCurrentIndex)
```

在选定下拉列表中的选项后，stackedWidget 将根据下拉列表传递过来的索引设置当前需要显示的页面。

indexOf()方法可以返回 QStackedWidget 类中窗体控件的索引，widget()方法可以返回指定索引位置的窗体控件。屏幕上显示的窗体控件索引可以通过 currentIndex()方法来返回，也可以通过 setCurrentIndex()方法来更改。当前显示的控件可以通过 currentWidget()方法来返回，也可以通过 setCurrentWidget()方法来更改。

使用 addWidget()方法可以逐个添加窗体控件，使用 insertWidget()方法可以在指定的索引处插入窗体控件。removeWidget()方法用于移除一个控件，count()方法用于获取堆栈窗体控件中控件的数量。

11.3.2　QStackedWidget 类的常用方法与信号

1. QStackedWidget 类的常用方法

QStackedWidget 类的常用方法详见本书配套资料。

2. QStackedWidget 类的信号

- currentChanged（int）：当当前窗体控件发生变化时，会发出此信号，参数为新的当前窗体控件的索引。如果 QStackedWidget 类中没有窗体，则参数为−1。
- widgetRemoved（int）：当删除窗体控件时，会发出此信号，参数为被删除窗体控件的索引。

11.3.3　【实战】猜数字的游戏

本节将使用 QStackedWidget 类实现一个猜数字的游戏。

1. 程序功能

程序共包含 4 个窗体控件，这些窗体控件均通过 QStackedWidget 类进行展示。在前 3 个窗体控件中，用户需要在每个窗体控件中选择一个数字。在最后的窗体控件中，包含一个单行文本框，用于填写计算结果。如果用户在单行文本框中填写的结果与程序计算的 3 个数字（用户在前 3 个窗体中选择的数字）的结果相等，则用户胜利。

计算规则：3 个数字按照选择顺序进行排列，数字之间的运算符相同，但是加、减、乘、除运算符是随机的。

完整程序位于本书配套资料的 PyQt6\chapter11\stackedwidget.py 中，程序执行效果如图 11-13 所示。

图 11-13　程序执行效果

2. 设计思路

整个程序的设计非常简单：使用 QSplitter 对象将整个窗体分成左、右两部分，左部分中包含 4 个按钮，用于进入不同的窗体控件，右部分是 QStackedWidget 对象；QStackedWidget 对象中包含 4 个窗体控件，先获取前 3 个窗体控件中的数字，然后进行计算，最后将计算结果与用户填写的计算结果进行比较。

3. 程序实现

```python
class MyWidget(QWidget):
    …… # 省略部分代码
    def initUI(self):
        # 第 1 个窗体控件
        widget1 = QWidget()
        self.spinbox1 = QSpinBox(widget1) # 用于选择数字的控件
        self.spinbox1.setRange(1, 100)
        laytout1 = QVBoxLayout()
        laytout1.addWidget(QLabel("选第一个数? "))
        laytout1.addWidget(self.spinbox1)
        laytout1.addStretch(1)
        widget1.setLayout(laytout1)
        …… # 后 3 个窗体控件的布局与第 1 个窗体控件类似，此处省略相关代码
        self.stacked_widget = QStackedWidget(self)
        self.stacked_widget.addWidget(widget1)
        self.stacked_widget.addWidget(widget2)
        self.stacked_widget.addWidget(widget3)
        self.stacked_widget.addWidget(widgetAnswer)
        # 每一步的按钮
        widgetLeft = QWidget()
        self.button1 = QPushButton("第一步", widgetLeft)
        …… # 增加 4 个按钮及设置按钮布局，代码较为简单，此处不进行展示
        # 分裂器
        splitter = QSplitter(self)
        splitter.addWidget(widgetLeft)
        splitter.addWidget(self.stacked_widget)
```

```
     …… # 省略布局代码
     # 记录每次选择的数字
     self.spinbox1.valueChanged.connect(self.nextT)
     …… # 操作每个步骤及最后的提交按钮
     self.button2.clicked.connect(self.Step2)
     …… # 省略类似代码
# 第 1 个数字
def nextT(self):
     self.button2.setEnabled(True)
     self.button1.setEnabled(False)
     self.one = self.spinbox1.value()
……# 第 2 个数字和第 3 个数字的代码与第 1 个数字类似，此处省略相关代码


# 进入第 2 个窗体
def Step2(self):
     self.stacked_widget.setCurrentIndex(1)
…… # 进入第 3 个窗体和第 4 个窗体的方法与进入第 2 个窗体类似，此处省略相关代码


def getAnswer(self):
     """获取答案"""
     # 用户填写的计算结果
     answerUser = self.lineAnwer.text()
     if not answerUser:
         return
     # 随机抽取运算符
     op = random.choice(['+', '-', '*', '/'])
     answerStr = str(self.one) + op + str(self.two) + op + str(self.
three)
     if int(answerUser) == eval(answerStr):
         self.CorrectanswerLabel.setText("回答正确！")
     else:
         self.CorrectanswerLabel.setText(f"你输了！正确答案是：
\n{answerStr} = {eval(answerStr)}")
     self.button.setEnabled(False) # 在用户输入答案后，禁用提交按钮
```

整个代码较为简单，并且已经给出注释，建议读者查看完整代码以便理解。

11.4 QDockWidget 类——悬停窗体控件

QDockWidget 类实现了窗体悬停功能，既能像单独窗体一样，又能与其他窗体合并在一起。

在图 11-14 中，Qt 助手中的索引既可以单独显示，又可以与书签合并在一起。

图 11-14　Qt 助手中的索引

11.4.1　QDockWidget 类的基本使用方法

QDockWidget 类既可以停靠在 QMainWindow（主窗体）中，又可以作为桌面顶级悬浮窗体控件。悬停窗体是指放置在 QMainWindow 中央控件周围的悬浮窗体控件区域中的次要窗体，如图 11-15 所示，其可以在指定区域内移动，或者移动到新区域，并由用户确定是否悬浮。QDockWidget 类由一个标题栏和内容区域组成。标题栏用于显示浮动窗体控件的标题、浮动按钮和关闭按钮，如图 11-16 所示。

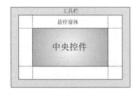

图 11-15　悬停窗体控件可移动位置　　　　　图 11-16　标题栏

当然，浮动按钮和关闭按钮可以被禁用或隐藏。通过设置 DockWidgetFeature 属性可以实现这一目的。悬停窗体控件特征属性如表 11-3 所示。

表 11-3　悬停窗体控件特征属性

特征属性	描述
QDockWidget.DockWidgetFeature.DockWidgetClosable	可以关闭悬停窗体控件。在某些系统中，悬停窗体控件通常带有关闭按钮
QDockWidget.DockWidgetFeature.DockWidgetFloatable	悬停窗体控件可以从主窗体中分离，并作为独立的悬浮窗体
QDockWidget.DockWidgetFeature.DockWidgetMovable	用户可以在停靠区域内移动悬停窗体控件
QDockWidget.DockWidgetFeature.DockWidgetVerticalTitleBar	悬浮窗体控件的左侧会显示一个垂直标题栏，用于增加 QMainWindow 中的垂直空间
QDockWidget.DockWidgetFeature.NoDockWidgetFeatures	不能关闭、移动或浮动悬停窗体控件

使用 setWidget()方法可以将子控件添加到悬浮窗体控件中。

11.4.2　QDockWidget 类的常用方法与信号

1. QDockWidget 类的常用方法

QDockWidget 类的常用方法详见本书配套资料。

2. QDockWidget 类的信号

- allowedAreasChanged(DockWidgetArea)：当 allowedAreas 属性发生更改时，会发出此信号，参数为 allowedAreas 属性提供的新区域，如中央控件左侧区域等，详见本书配套资料。

- dockLocationChanged(DockWidgetArea)：当悬停窗体控件被移动到另一个停靠区域或当前停靠区域的其他位置时，会发出此信号，参数表示 QDockWidget 类可以插入的区域。

- featuresChanged(DockWidgetFeature)：当特征属性发生更改时，会发出此信号，参数为提供特性的新值。

- topLevelChanged(bool)：当浮动属性发生更改时，会发出此信号。如果悬停窗体控件处于浮动状态，则参数为 True，否则参数为 False。

- visibilityChanged(bool)：当悬停窗体控件显示或隐藏时，会发出此信号。也就是说，当悬停窗体控件隐藏或显示时，以及当它停靠在选项卡区域中，并且其选项卡被选中或取消选中（如从"索引"选项卡切换为"内容"选项卡，如图 11-17 所示）时，会发出 visibilityChanged 信号。

图 11-17　从"索引"选项卡切换为"内容"选项卡

11.4.3　QDockWidget 类的简单举例

　　这里结合本节相关知识点，举一个简单的例子。QdockWidget 类举例如图 11-18 所示。主窗体包含两个悬停窗体控件，其中"左边"悬停窗体控件是固定在左侧的，"右边"悬停窗体控件在程序执行后会处于浮动状态，而不是手动拖动出来的。

图 11-18　QDockWidget 类举例

1. 程序功能

几种停靠方式如图 11-19 所示。单击"点这里"按钮，会在 QTextEdit 对象中显示相应文字。

完整程序位于本书配套资料的 PyQt6\chapter11\dockwidget.py 中。

图 11-19　几种停靠方式

2. 程序实现

```python
class MyWidget(QMainWindow):
    def __init__(self):
        super().__init__()
        …… # 省略部分代码
        dockLeft = QDockWidget("左边", self)
        dockRight = QDockWidget("右边", self)
        pic = QLabel(self)
        pic.setPixmap(QPixmap("res:2.png"))
        pic.setScaledContents(True)
        button = QPushButton("点这里")
        dockLeft.setWidget(pic)
        # 新建一个按钮，作为 QDockWidget 对象的控件
        dockRight.setWidget(button)
        # 无法关闭扑克牌
        dockLeft.setFeatures(QDockWidget.DockWidgetFeature.DockWidgetMovable)
        # 将 QDockWidget 对象设置为浮动状态，而不是手动将其拖出来
        dockRight.setFloating(True)
        # 新建一个 QTextEdit 控件，并将其设置为主窗体的中央控件
        self.textEdit = QTextEdit()
        self.setCentralWidget(self.textEdit)
        # 将给定的 QDockWidget 对象添加到指定的区域，即右侧
        self.addDockWidget(Qt.DockWidgetArea.RightDockWidgetArea, dockRight)
        # 将给定的 dockwidget 添加到指定的区域，即左侧
        self.addDockWidget(Qt.DockWidgetArea.LeftDockWidgetArea, dockLeft)
        button.clicked.connect(self.showme)
    def showme(self):
        '''单击按钮触发事件'''
        self.textEdit.append("点啦! ")
```

整个程序比较简单，其中在将 dockwidget 添加到指定的区域时，使用的是 QMainWindow 类中的 addDockWidget() 方法。停靠位置如表 11-4 所示。

表 11-4　停靠位置

停靠位置	描述
Qt.DockWidgetArea.AllDockWidgetAreas	所有区域，默认值
Qt.DockWidgetArea.BottomDockWidgetArea	QMainWindow 的底部
Qt.DockWidgetArea.LeftDockWidgetArea	QMainWindow 的左侧
Qt.DockWidgetArea.NoDockWidgetArea	没有停靠区域
Qt.DockWidgetArea.RightDockWidgetArea	QMainWindow 的右侧
Qt.DockWidgetArea.TopDockWidgetArea	QMainWindow 的顶部

11.5　QMdiArea 类——多窗体收纳

QMdiArea 类提供了一个用于显示 MDI 窗体的区域，类似于在屏幕上显示多个应用程序窗体。MDI 应用程序可以在一个显示区域内包含多个窗体。QMdiArea 类举例如图 11-20 所示。

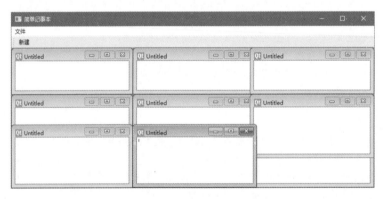

图 11-20　QMdiArea 类举例

> 💡 提示　MDI（Multiple Document Interface，多文档界面）允许在单个父窗体中同时打开和管理多个子窗体（文档）。在 MDI 模式下，父窗体通常是一个容器窗体，用于容纳并管理子窗体；每个子窗体代表一个独立的文档或任务，可以在父窗体中执行最大化、最小化等操作。

11.5.1　QMdiArea 类的基本使用方法

QMdiArea 类的功能类似于 MDI 窗体管理器，可以绘制和管理窗体，并将它们安排在级联或平铺模式中。QMdiArea 类通常被 QMainWindow 用作中央控件来创建 MDI 应用程序，示例代码如下：

```
mainWindow = QMainWindow()
mainWindow.setCentralWidget(mdiArea)
```

在上面的代码中，QMdiArea 类中的子窗体是 QMdiSubWindow 类的实例。通过 addSubWindow()方法可以将QMdiSubWindow的实例添加到MDI区域。使用QMdiSubWindow 类的 setWidget() 方法可以将 QWidget 控件传递给 QMdiSubWindow 的实例。使用 subWindowList()方法可以返回所有子窗体的列表。

子窗体在获得键盘焦点或调用 setFocus()方法后会变为活动状态。使用 activeSubWindow() 方法可以返回活动子窗体。

QMdiArea 类为子窗体提供了两种内置布局方法，分别是 cascadeSubWindows() 和 tileSubWindows()方法。这两种方法分别用于级联窗体或平铺窗体。

除如图 11-20 所示的子窗体布局外，QMdiArea 类还可以采用选项卡的方式布局多个子窗体，如图 11-21 所示。

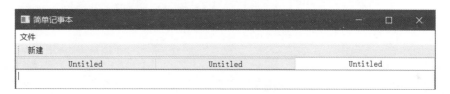

图 11-21　选项卡式布局

设置方式如下：

```
mdiArea = QMdiArea()
mdiArea.setViewMode(QMdiArea.ViewMode.TabbedView) # 选项卡样式
mdiArea.setViewMode(QMdiArea.ViewMode.SubWindowView) # 子窗体样式，默认设置
```

11.5.2　QMdiArea 类的常用方法与信号

1. QMdiArea 类的常用方法

QMdiArea 类的常用方法详见本书配套资料。

子窗体列表排序方式如表 11-5 所示。

表 11-5　子窗体列表排序方式

排序方式	描述
QMdiArea.WindowOrder.ActivationHistoryOrder	窗体将按激活顺序返回
QMdiArea.WindowOrder.CreationOrder	窗体将按创建顺序返回
QMdiArea.WindowOrder.StackingOrder	窗体将按堆栈顺序返回，顶层的窗体位于列表中的最后一位

2. QMdiArea 类的信号

subWindowActivated(QMdiSubWindow)：QMdiArea 对象在窗体中被激活后，会发出此信号，参数为被激活的子窗体。

11.5.3 【实战】简单的发牌程序

本节将实现一个简单的发牌程序，该程序可以发 1 张牌或随机发 5 张牌，也可以收牌、拖动牌或关闭某张牌。程序执行效果如图 11-22 所示。

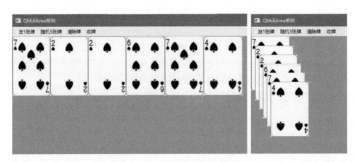

图 11-22　程序执行效果

1. 程序结构

整个程序的实现并不难，结构图详见本书配套资料。首先，自定义一个继承自 Qlabel 类且名称为 Card 的类，用于显示图片；然后，自定义子窗体 DiyMdiSubWindow 类，它继承自 QMdiSubWindow 类，主要用于将 Card 类放到 DiyMdiSubWindow 类中，同时实现子窗体的拖动和右键菜单。最后，结合 QMdiArea 类实现发牌、收牌和清牌等操作。

2. 程序实现

这里仅展示核心代码，完整程序位于本书配套资料的 PyQt6\chapter11\mdiarea.py 中。

【代码片段 1】

下面的代码用于将随机扑克图片放入 Card 类。

```python
class Card(QLabel):
    def __init__(self, num):
        super().__init__()
        self.num = num
        QDir.addSearchPath("res", f"{current_dir}\images")
        # 设置每张牌的基本路径
        pixmap = QPixmap(f"res:{self.num}.png")
        self.setPixmap(pixmap)
        self.setScaledContents(True)
```

【代码片段 2】

下面代码的关键在于通过先按住鼠标左键不释放并移动鼠标到合适位置，然后释放鼠标左键来实现牌的移动。在实现该效果时，应选择合适的坐标。

在单击鼠标右键后，弹出"关闭"菜单（见图 11-23），利用该菜单可以关闭该扑克。

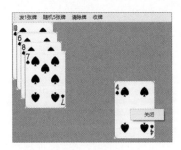

图 11-23　"关闭"菜单

```python
class DiyMdiSubWindow(QMdiSubWindow):
    def __init__(self):
        super().__init__()
        self.moving = False                              # 是否已经移动的标志
        self.offset = QPoint()


    # 重写与鼠标相关的方法，以实现牌的拖动
    # 由于牌没有标题栏，因此不重写这些方法将无法实现拖动
    def mousePressEvent(self, event):
        """按住鼠标左键"""
        if event.button() == Qt.MouseButton.LeftButton:
            self.moving = True
            self.offset = event.pos()


    def mouseMoveEvent(self, event):
        """鼠标指针移动"""
        if self.moving:
            global_pos = self.mapToParent(event.pos())   # 获取全局坐标
            self.move(global_pos - self.offset)


    def mouseReleaseEvent(self, event):
        """释放鼠标左键"""
        if event.button() == Qt.MouseButton.LeftButton:
            self.moving = False


    def contextMenuEvent(self, event):
```

```
        """"右键菜单"""
        contextMenu = QMenu(self)
        exitAction = QAction("关闭", self)
        exitAction.triggered.connect(self.close)
        contextMenu.addAction(exitAction)
        contextMenu.exec(self.mapToGlobal(event.pos()))
```

【代码片段 3】

下面的代码将实现 Card 类、DiyMdiSubWindow 类和其他功能的整合。

```
class MyWidget(QMainWindow):
    def __init__(self):
        super().__init__()
        self.InitUI()

    def InitUI(self):
        '''界面初始设置'''
        # 新建一个 QMdiArea 对象，并将其设置为主窗体的中央小控件
        self.mid = QMdiArea()
        self.setCentralWidget(self.mid)
        sendOnecardAct = QAction("发 1 张牌", self)     # 发 1 张牌命令
        sendOnecardAct.triggered.connect(self.sendOnecard)
        ......                                          # 省略部分代码
        toolbar = self.addToolBar('工具栏')
        toolbar.addAction(sendOnecardAct)
        ......  # 其他菜单的实现类似，这里省略相关代码
        self.show()

    def sendOnecard(self):
        '''随机发 1 张牌'''
        randomflag = self.randomsend(1)
        card = Card(randomflag)
        subcard = DiyMdiSubWindow()
        subcard.setWidget(card)
        self.mid.addSubWindow(subcard)
        # 移除窗体标题栏
        subcard.setWindowFlags(Qt.WindowType.FramelessWindowHint)
        subcard.resize(100, 150)
        subcard.show()

    def sendFivecards(self):
        '''随机发 5 张牌'''
```

```
        randomflag = self.randomsend(5)
        for num in randomflag:
            # 遍历 5 张牌，并将其发出去
            subcard = DiyMdiSubWindow()
            card = Card(num)
            subcard.setWidget(card)
            self.mid.addSubWindow(subcard)
            subcard.setWindowFlags(Qt.WindowType.FramelessWindowHint)
            # 移除窗体标题栏
            subcard.resize(100, 150)
            subcard.show()

    def clearCards(self):
        '''清除牌'''
        self.mid.closeAllSubWindows()      # 关闭所有窗体

    def foldCards(self):
        '''收牌'''
        # 所有窗体按照级联模式进行排列
        self.mid.cascadeSubWindows()

    def randomsend(self, num):
        '''
        发牌方式
        num 表示发牌方式
        '''
        cardlist = ["2", "3", "4", "5", "6", "7", "8", "9", "10"]
        if num == 1:                       # 随机抽取 1 个数字字符
            return random.choice(cardlist)
        elif num == 5:                     # 随机抽取 5 个数字字符
            return random.sample(cardlist, 5)
```

读者如果对这个简单的发牌程序感兴趣，则可以深入研究，添加更多有趣的功能。

第 12 章
高级控件

PyQt 提供了 3 个类,用于展示数据,具体如下。

- QListWidget 类:它是列表型控件,适用于展示平行数据(数据之间不存在上下级组织关系)。
- QTreeWidget 类:它是树形控件,适用于展示具有一定组织架构体系的数据,如呈现操作系统目录。
- QTableWidget 类:它是表格型控件,适用于展示报表等数据。

灵活运用这 3 个类,能够更加方便地呈现应用程序数据。这 3 个类均位于 PyQt6.QtWidgets 模块中。类之间的继承关系如图 12-1 所示。

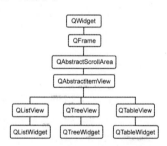

图 12-1 类之间的继承关系

12.1 QListWidget 类——列表型控件

QListWidget 类是一个基于项目(QListWidgetItem 类)的列表控件,如图 12-2 所示。

12.1.1 QListWidget 类的基本使用方法

QListWidget 类有两种方法可以将项目添加到列表型控件中。

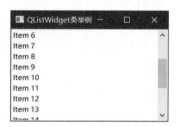

图 12-2 QListWidget 类举例

（1）在构建列表型控件项目的同时，直接将其添加到列表型控件中，代码如下：

```
QListWidgetItem("Item1", listWidget)
QListWidgetItem("Item2", listWidget)
```

（2）先构建列表型项目，再将项目添加到列表型控件中，代码如下：

```
item = QListWidgetItem("Item1")
listWidget.addItem(item)
```

如果需要将新项目插入特定位置的列表型控件中，则可以使用 insertItem()方法，代码如下：

```
newItem = QListWidgetItem()
newItem.setText("新项目")
listwidget.insertItem(row, newItem)
```

> **提示**　对于多个项目，可以使用 insertItems()方法来插入。count()方法可以返回列表型控件中的项目数。如果需要从列表中删除项目，则可以使用 takeItem()方法。

列表型控件中的当前项目可以使用 currentItem()方法来返回，也可以使用 setCurrentItem()方法进行设置。用户可以通过使用方向键或选择不同的项目来更改当前项目。

要选择列表型控件中的项目，可以使用 setSelectionModel()方法来实现。

12.1.2　QListWidget 类的常用方法和信号

1. QListWidget 类的常用方法

QListWidget 类的常用方法详见本书配套资料。

2. QListWidget 类的信号

- currentItemChanged(QListWidgetItem, QListWidgetItem)：当当前项目发生更改时，会发出此信号，第 1 个参数为上一个项目，第 2 个参数为当前项目。
- currentRowChanged(int)：当当前项目（当前项目涉及的行）发生更改时，会发出此信号，参数为当前项目的行。如果没有当前项目，则参数为−1。
- currentTextChanged(str)：当当前项目（当前项目涉及的文本）发生更改时，会发出此信号，参数为当前项目中的文本。如果没有当前项目，则当前文本无效。
- itemActive(QListWidgetItem)：当激活项目时会发出此信号，参数为被激活的项目。当用户单击或双击该项目时，将激活该项目。
- itemChanged(QListWidgetItem)：当项目的数据发生变化时，会发出此信号，参数为发生变化的项目。
- itemClicked(QListWidgetItem)：当单击项目时，会发出此信号，参数为被单击的项目。
- itemDoubleClicked(QListWidgetItem)：当双击项目时，会发出此信号，参数为被双击的

项目。

- itemEntered(QListWidgetItem)：当鼠标指针进入项目时，会发出此信号。只有启用了鼠标指针跟踪功能或在将鼠标指针移动到项目中后按了鼠标任意键时，才会发出此信号。参数为鼠标指针进入的项目。
- itemPressed(QListWidgetItem)：当在项目上按下鼠标任意键时，此信号会随指定项目一起发出。
- itemSelectionChanged()：当项目选择发生更改时，会发出此信号。

12.1.3 QListWidgetItem 类——列表型项目

QListWidgetItem 类是 QListWidget 类中的单个列表型项目，读者需要了解其基本使用方法。

1. QListWidgetItem 类的基本使用方法

QListWidgetItem 项目可以使用 setText()和 setIcon()方法来设置文本和图标。使用 setFont()、setForeground()和 setBackground()方法可以设置字体、前景和背景。列表项中文本的对齐方式可以使用 setTextAlignment()方法来设置。setToolTip()方法可以设置项目的用户提示，setStatusTip()方法可以设置项目的状态提示，setWhatsThis()方法可以设置项目的帮助提示。

setFlags()方法可以设置单个项目的特征属性，如是否可以被选择等。setCheckState()方法可以选中、取消选中和部分选中项目（项目旁边会有一个多选框）。相应地，checkState()方法可以返回项目的当前选择状态。

isHidden()方法可用于确定是否被隐藏项目。如果需要隐藏项目，则可以使用 setHidden()方法。

2. QListWidgetItem 类的常用方法

（1）QListWidgetItem 类的常用方法详见本书配套资料。

（2）QListWidgetItem 类的 setFlags(ItemFlag)方法中的 ItemFlag 参数有多种特征属性，如表 12-1 所示。ItemFlag 参数除了可以用于 QListWidgetItem 对象，还可以用于 QTableWidgetItem 和 QTreeWidgetItem 对象。

表 12-1 ItemFlag 参数的特征属性

特征属性	描述
Qt.ItemFlag.NoItemFlags	没有设置任何属性
Qt.ItemFlag.ItemIsSelectable	可以被选择
Qt.ItemFlag.ItemIsEditable	可以被编辑
Qt.ItemFlag.ItemIsDragEnabled	可以被拖动
Qt.ItemFlag.ItemIsDropEnabled	可以被放置

续表

特征属性	描述
Qt.ItemFlag.ItemIsUserCheckable	可以被选中或取消选中
Qt.ItemFlag.ItemIsEnabled	可以与项目进行交互
Qt.ItemFlag.ItemIsAutoTristate	项目状态取决于其子项的状态。若选中所有子项，则选中其父项；若未选中所有子项，则取消选中其父项；若选中部分子项，则部分选中其父项
Qt.ItemFlag.ItemNeverHasChildren	该项永远不会有子项
Qt.ItemFlag.ItemIsUserTristate	可以循环浏览 3 种不同状态

12.1.4 【实战】模拟 QQ 好友界面

本节将实现模拟 QQ 好友界面的应用程序，整个应用程序约有 300 行代码，共分为 3 个文件，分别是 qq.py、newFriendDialog.py 和 FriendList.py。其中，qq.py 是主程序文件，newFriendDialog.py 是新增好友对话框文件，FriendList.py 是好友列表文件。所有好友的随机姓名和头像都在 qqres 目录中。整个程序使用 QToolBox 类实现好友分组，每个分组中的好友列表是一个自定义的 QListWidget 类。

1. 程序功能

（1）程序执行效果如图 12-3 所示，同时具有以下功能。

- 添加好友分组。
- 可以随机或自定义好友的名称和头像。
- 随机模拟红名会员（由于图书印刷的原因，红色可能不太明显，读者可运行程序进行查看）。

（2）在分组上单击鼠标右键，在弹出的右键菜单中显示"添加分组"命令，用于添加分组，如图 12-4 所示。

图 12-3 程序执行效果

图 12-4 添加分组

（3）在好友上单击鼠标右键，会在弹出的右键菜单中显示"新增好友"、"删除"和"转移好友至" 3 个命令，用于管理好友，如图 12-5 所示。

2. 程序结构

整个程序的结构图详见本书配套资料。

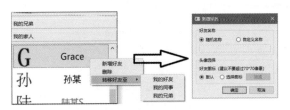

图 12-5　管理好友

3. 程序实现

这里仅展示核心代码，完整程序位于本书配套资料的 PyQt6\chapter12\listwidget 中。

（1）主程序文件 qq.py。

主程序继承自 QToolBox 类，使用 addItem()方法来添加好友分组。为了便于区分不同好友列表与分组的对应关系，这里设置一个字典 dic_list，用于记录这种对应关系。

```python
class QQ(QToolBox):
    def __init__(self):
        super().__init__()
        self.initUI()

    def initUI(self):
        ......                              # 省略部分代码
        pListWidget = ListWidget()
        dic_list = {"listwidget":pListWidget, "groupname":"我的好友"}
        pListWidget.setListMap(dic_list)
        self.addItem(pListWidget, "我的好友")

    def contextMenuEvent(self, event):
        """鼠标右键菜单——添加分组"""
        pmenu = QMenu(self)
        pAddGroupAct = QAction("添加分组", pmenu)
        pmenu.addAction(pAddGroupAct)
        pAddGroupAct.triggered.connect(self.addGroupSlot)
        pmenu.popup(self.mapToGlobal(event.pos()))

    def addGroupSlot(self):
        """添加好友分组"""
        groupname, isok = QInputDialog.getText(self, "新建分组", "输入好友分组名称")
        if isok:
            if groupname:
                pListWidget = ListWidget()     # 自定义 QListWidget 类型
```

```
        self.addItem(pListWidget, groupname)
        # 将好友列表控件与分组进行对应
        dic_list = {"listwidget":pListWidget,
                    "groupname":groupname}
        pListWidget.setListMap(dic_list)
    else:
        QMessageBox.information(self, "提示", "未填写好友分组名称！")
```

（2）新增好友对话框文件 newFriendDialog.py。新增好友对话框涉及的控件如图 12-6 所示。

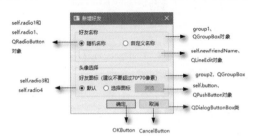

图 12-6　新增好友对话框涉及的控件

【代码片段 1】

这段代码将在生成对话框的同时，使用 loadrandomNamePic()方法随机生成好友的名称和头像。从 qqres 目录中的 name.txt 文件中随机抽取一个名称作为随机名称，默认头像则是从 qqres目录中与好友名称首字母或首汉字相同的图片中随机选择的。

```
class NewFriend(QDialog):
    # 传递新好友名称和头像路径的信号
    friendItem = pyqtSignal(str, str)
    def __init__(self, Parent=None):
        super().__init__(Parent)
        self.frineName = ""   # 好友名称
        self.iconpath = ""    # 头像路径
        self.initUI()
        self.loadrandomNamePic()

    def initUI(self):
        ......                 # 省略大量控件及布局代码
        # 信号与槽连接
        self.radio1.clicked.connect(self.setLineEdit)
        self.radio2.clicked.connect(self.setLineEdit)
        self.radio3.clicked.connect(self.setButton)
        self.radio4.clicked.connect(self.setButton)
        self.button.clicked.connect(self.getIcon)
```

```
        OKButton.clicked.connect(self.addNewFriend)
        CancelButton.clicked.connect(self.reject)
        self.newFriendName.editingFinished.connect(self.setdiyName)

    def loadrandomNamePic(self):
        """载入好友名称和头像"""
        with codecs.open(f"{current_dir}\\qqres\\name.txt",
                                                "r", "utf-8") as f:
        # current_dir 表示当前目录的绝对路径
            nameList = f.read().split("\r\n")
            # 随机名称
            self.frineName = random.choice(nameList)
            # 随机名称对应的默认头像
            self.iconpath = \
                    f"{current_dir}\\qqres\\{self.frineName[0]}.png"
```

【代码片段 2】

若选中"随机名称"单选按钮，则禁用"自定义名称"输入栏；若未选中"随机名称"单选按钮，则启用"自定义名称"输入栏。头像的设置与名称的设置相似，若选中"默认"单选按钮，则禁用"浏览"按钮，不允许用户自定义头像；若未选中"默认"单选按钮，则启用"浏览"按钮，允许用户自定义头像。

```
    def setLineEdit(self):
        """定义设置好友名称的方式，分为随机或自定义两种"""
        if self.sender() == self.radio1:
            self.newFriendName.setEnabled(False)
            self.newFriendName.clear()
            self.loadrandomNamePic()
        else:
            self.newFriendName.setEnabled(True)

    def setButton(self):
        """定义设置头像的方式，分为默认或自定义两种"""
        if self.sender() == self.radio3:
            self.button.setEnabled(False)
        else:
            self.button.setEnabled(True)

    def getIcon(self):
        """自定义头像"""
        fname = QFileDialog.getOpenFileName(self, "打开文件",
```

```
                                    "./", "图片文件 (*.png *.jpg)")
    if fname[0]:
        self.iconpath = fname[0]
```

【代码片段 3】

当在"自定义名称"输入栏输入好友名称时，self.frineName 会自动与输入栏中的内容进行匹配。

```
def setdiyName(self):
    """设置好友名称为自定义名称"""
    if self.newFriendName.text():
        self.frineName = self.newFriendName.text()
```

【代码片段 4】

在填写完对话框中的内容后，向主程序发送新增好友信号，其中包含好友名称和头像路径信息。

```
def addNewFriend(self):
    """向主程序发送新增好友信号"""
    if all([self.frineName, self.iconpath]):
        self.friendItem.emit(self.frineName, self.iconpath)
        self.accept()
```

（3）好友列表文件 FriendList.py。

【代码片段 1】

好友列表是通过继承 QListWidget 类而生成自定义类 ListWidget 来实现的。这段代码主要用于实现在生成好友列表时随机生成好友及会员，同时设置好友的选择方式，以及在选择好友后返回所选好友对象。

```
......                # 省略部分代码
class ListWidget(QListWidget):
    # map_listwidget 用于保存 QListWidget 对象和分组名称的对应关系
    map_listwidget = []
    ......
    def Data_init(self):
        """随机生成 10 个会员，并将随机会员的名称设置为红色等功能"""
        for i in range(10):
            ......        # 省略部分代码
            item = QListWidgetItem()
            item.setTextAlignment(Qt.AlignmentFlag.AlignHCenter | Qt.
AlignmentFlag.AlignVCenter)
            self.addItem(item)
            # 为每个好友设置图标，并将其添加到 QListWidget 类中


    def Ui_init(self):
```

```
        self.setIconSize(QSize(70, 70))
        # 选择项目的方式，支持多选
        self.setSelectionMode(QAbstractItemView.SelectionMode.
ExtendedSelection)
        # 当选择的项目（好友）发生改变时，发出 itemSelectionChanged 信号
        # 这里返回的是被选中项目对象的列表
        self.itemSelectionChanged.connect(self.getListitems)

    def getListitems(self):
        """返回被选中项目对象的列表"""
        return self.selectedItems()
```

【代码片段 2】

以下代码用于实现右键菜单（见图 12-5）。

```
def contextMenuEvent(self, event):
    """右键菜单"""
    hitIndex = self.indexAt(event.pos()).column()
    pmenu = QMenu(self)
    pAddItem = QAction("新增好友", pmenu)
    pmenu.addAction(pAddItem)
    pAddItem.triggered.connect(self.addItemSlot)
    if hitIndex > -1:  # 只有在有好友的情况下，才会出现删除或转移好友到其他分组的情况
        pDeleteAct = QAction("删除", pmenu)
        pmenu.addAction(pDeleteAct)
        pDeleteAct.triggered.connect(self.deleteItemSlot)
        if len(self.map_listwidget) > 1:
            pSubMenu = QMenu("转移好友至", pmenu)
            pmenu.addMenu(pSubMenu)
            for item_dic in self.map_listwidget:
                if item_dic["listwidget"] is not self:
                    # 在遍历分组名称和 QListWidget 对象字典时
                    # 判断当前要转移的分组是否是鼠标右键单击的分组
                    pMoveAct = QAction(item_dic["groupname"], pmenu)
                    pSubMenu.addAction(pMoveAct)
                    pMoveAct.triggered.connect(self.move)
    pmenu.popup(self.mapToGlobal(event.pos()))
```

【代码片段 3】

以下代码中的 3 个方法用于实现添加和删除好友功能。

```
def deleteItemSlot(self):
    """根据选择的项目进行删除"""
```

```
        dellist = self.getListitems()
        for delitem in dellist:
            del_item = self.takeItem(self.row(delitem))
            del del_item

    def addItemSlot(self):
        """弹出添加好友对话框"""
        friendDialog = NewFriend(self)
        friendDialog.friendItem.connect(self.addNewFriend)
        friendDialog.exec()
        # 这里弹出自定义的添加联系人对话框

    def addNewFriend(self, name, iconpath):
        """
        添加好友的设置
        name 表示好友的名称
        iconpath 表示好友的头像路径
        """
        newitem = QListWidgetItem()
        …… # 省略部分代码
        newitem.setTextAlignment(Qt.AlignmentFlag.AlignHCenter | Qt.
AlignmentFlag.AlignVCenter)
        self.addItem(newitem)
```

【代码片段 4】

以下代码中的这两个方法用于实现将好友从一个分组转移到另一个分组中。所谓转移，是指先删除，再添加。

```
    def move(self):
        """转移好友，获取已选的项目，将其删除后再添加"""
        tolistwidget = self.find(self.sender().text())
        movelist = self.getListitems()
        for moveitem in movelist:
            pItem = self.takeItem(self.row(moveitem))
            tolistwidget.addItem(pItem)

    def find(self, pmenuname):
        """找到分组对象"""
        for item_dic in self.map_listwidget:
            if item_dic["groupname"] == pmenuname:
                return item_dic["listwidget"]
```

【代码片段 5】

以下代码主要用于被主程序调用。

```
def setListMap(self, listwidget):
    """将一个分组对象加入 map_listwidget"""
    self.map_listwidget.append(listwidget)
```

建议读者查看全部源代码，以便更好地理解。

12.2　QTreeWidget 类——树形结构控件

QTreeWidget 类是一个提供树形结构的控件，能够为存在明确组织结构关系的数据提供直观的表现形式。图 12-7 所示为 QTreeWidget 类举例。

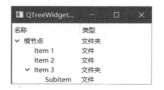

图 12-7　QTreeWidget 类举例

12.2.1　QTreeWidget 类的基本使用方法

QTreeWidget 类是一个使用非常方便的树形结构控件，它是采用项目管理方式，其中每个项目是一个 QTreeWidgetItem。

使用 QtreeWidget 类的简单方法是通过以下方式构建树形控件，执行后的效果如图 12-7 所示。

```
# 创建 QTreeWidget 对象
tree_widget = QTreeWidget()
tree_widget.setHeaderLabels(["名称", "类型"]) # 标题栏
# 添加根节点
root = QTreeWidgetItem(tree_widget, ["根节点", "文件夹"])
# 添加子节点
item1 = QTreeWidgetItem(root, ["Item 1", "文件"])
item2 = QTreeWidgetItem(root, ["Item 2", "文件"])
item3 = QTreeWidgetItem(root, ["Item 3", "文件夹"])
# 在子节点中添加子节点
subitem = QTreeWidgetItem(item3, ["Subitem", "文件"])
```

QTreeWidget 类支持多列。在将项目添加到根节点之前，可以使用 setColumnCount()方法设置列的数量。

使用 setHeaderLabels()方法提供的字符串列表可以设置列的标题；QTreeWidgetItem 类可以构造自定义标头，使用 setHeaderItem()方法可以将自定义标头插入 QTreeWidget 对象。

QTreeWidget 类中的项目可以进行排序。setSortingEnabled()方法可以设置是否启用排序功能。另外，通过单击列标题也可以对项目进行排序。

12.2.2　QTreeWidget 类的常用方法和信号

1. QTreeWidget 类的常用方法

QTreeWidget 类的常用方法详见本书配套资料。

2. QTreeWidget 类的信号

- currentItemChanged(QTreeWidgetItem, QTreeWidgetItem)：当当前项目发生更改时，会发出此信号，第 1 个参数为当前的项目，第 2 个参数为之前的项目。
- itemActivated(QTreeWidgetItem, int)：当用户通过单（双）击或按特殊键（如"Enter"键）来激活项目时，会发出此信号，第 1 个参数为被激活的项目，第 2 个参数为项目的列。
- itemChanged(QTreeWidgetItem, int)：当指定项目中列的内容发生更改时，会发出此信号，第 1 个参数为发生更改的项目，第 2 个参数为项目的列。
- itemClicked(QTreeWidgetItem, int)：当用户单击项目时，会发出此信号，第 1 个参数为被单击的项目，第 2 个参数为被单击项目中的列。
- itemCollapsed(QTreeWidgetItem)：当折叠指定的项目时，会发出此信号，参数为被折叠的项目。
- itemDoubleClicked(QTreeWidgetItem, int)：当用户双击项目时，会发出此信号，第 1 个参数为被双击的项目，第 2 个参数为被双击项目中的列。
- itemEntered(QTreeWidgetItem, int)：当鼠标指针从指定列上进入项目时，会发出此信号，第 1 个参数为鼠标指针进入的项目，第 2 个参数为进入项目中的列。需要启用 QTreeWidget 类的鼠标跟踪，此功能才能正常工作。
- itemExpanded(QTreeWidgetItem)：当展开指定的项目时，会发出此信号，参数为指定的项目。
- itemPressed(QTreeWidgetItem, int)：当用户在项目中按鼠标任意按键时，会发出此信号，第 1 个参数为按鼠标按键时选中的项目，第 2 个参数为项目中的列。
- itemSelectionChanged()：当树形结构控件中项目的选择发生更改时，会发出此信号。使用 selectedItems()可以查找当前选择的项目。

12.2.3　QTreeWidgetItem 类——树形项目

QTreeWidgetItem 类是 QTreeWidget 类的项目，这里将重点对其进行介绍。

1. QTreeWidgetItem 类的基本使用方法

QTreeWidgetItem 类用于保存树形结构控件的行信息。行通常包含多个数据列, 每个数据列可以包含文本标签和图标。项目中的每列都可以具有自己的背景, 用户可以通过 setBackground() 方法来设置。每列的文本标签可以使用 setFont() 和 setForeground() 方法来指定字体和前景颜色。

节点通常由项目构造。节点可以是 QTreeWidget 类(用于顶级项目), 也可以是 QTreeWidgetItem 类 (用于树形结构中较低级别项目)。顶级项目和树形结构中较低级别项目之间的主要区别是, 顶级项目没有 parent() 方法, 而较低级别项目有 parent() 方法。利用这个特性, 我们可以判断项目是否为顶级项目。

takeChild() 方法可以删除项目中的子项目, insertChild() 方法可以将子项目插入给定索引的子项目列表。

setFlags() 方法可以设置树形项目中单个项目的特征属性, 如是否可以被选择等。setCheckState() 方法可以选中、取消选中和部分选中项目 (项目旁边会有一个多选框)。相应地, checkState() 方法可以返回项目的当前选择状态。这点与 QListWidgetItem 类相似。

2. QTreeWidgetItem 类的常用方法

QTreeWidgetItem 类的常用方法详见本书配套资料。

12.2.4 【实战】模拟 TIM 界面

本节将结合 QTreeWidget 类的知识点模拟 TIM 界面, 整个应用程序大约有 700 行代码, 分为 2 个文件, 分别是 TIM.py 和 newFriendDialog.py。TIM.py 文件是主程序文件, newFriendDialog.py 文件是新增好友对话框文件。所有好友的随机姓名和头像都在 timres 目录中。

> 📢提示　TIM 是腾讯出品的一款适用于办公场景的聊天工具, 可以实现 QQ 好友和消息的无缝同步。

1. 程序功能

(1) 程序运行效果如图 12-8 所示。

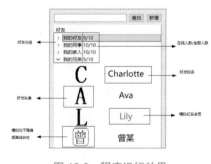

图 12-8　程序运行效果

（2）分组管理具有添加分组、重命名分组和删除分组功能（见图 12-9），默认分组"我的好友"无法删除。

（3）好友管理具有删除好友、转移好友、设置备注和分组内批量操作功能，在选择"分组内批量操作功能"命令后，每个好友前面会出现多选框，便于进行批量操作，如图 12-10 所示。

图 12-9　分组管理

图 12-10　好友管理

（4）添加好友功能。单击"新增"按钮，弹出添加好友对话框，用于添加好友，如图 12-11 所示。

（5）查找好友功能。在主窗体顶部输入栏输入好友姓名（程序可以自动补全），单击"查找"按钮，可以立即定位到该好友所在分组，如图 12-12 所示。

图 12-11　添加好友

图 12-12　查找好友

2. 程序结构

整个程序涉及的方法较多，大约有 30 个方法，结构图详见本书配套资料。

3. 程序实现

这里仅展示核心代码，完整程序位于本书配套资料的 PyQt6\chapter12\treewidget 中。

（1）添加好友对话框文件 newFriendDialog.py。

添加好友对话框的程序实现与 12.1.5 节中的例子相似，仅增加了新增好友归属分组的功能，这里不进行展示，读者可以查看相关的代码。

（2）主程序文件 TIM.py。

主程序用于定义 TIM 类，该类继承自 QWidget 类，控件及布局如图 12-13 所示。

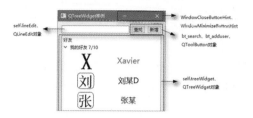

图 12-13　控件及布局

【代码片段 1】

以下代码主要用于保存分组及好友数据。

```python
self.grouplist = []      # 存储分组信息列表
self.userslist = []      # 存储用户信息列表
self.tmpuseritem = []    # 临时保存选中的好友对象，以便进行批量操作
```

【代码片段 2】

以下代码主要用于实现界面及连接相关控件的信号与槽。

```python
def initUI(self):
    """界面初始设置"""
    ……                                          # 省略控件的使用与布局代码
    self.treeWidget = QTreeWidget(self)
    # 在每个项目的标题中添加一列，并为每列设置标签
    self.treeWidget.setColumnCount(1)
    self.treeWidget.setColumnWidth(0, 50)
    self.treeWidget.setHeaderLabels(["好友"])
    # 设置图标的大小
    self.treeWidget.setIconSize(QSize(70, 70))
    # 同时设置多选的方式
    self.treeWidget.setSelectionMode(QAbstractItemView.SelectionMode.
ExtendedSelection)
    self.treeWidget.itemSelectionChanged.connect(self.getListitems)
    # 在项目选择发生变化时发出的信号
    self.treeWidget.currentItemChanged.connect(self.restatistic)
    # 在当前项目发生变化时发出的信号
    self.treeWidget.itemClicked.connect(self.isclick)# 在单击项目时发出的信号
    root = self.creategroup("我的好友")    # 默认用户组
    root.setExpanded(True)                # 默认展开好友
    self.menuflag = 1                     # 是否出现批量操作菜单的标志
    # 在用户输入好友姓名时，自动补全好友姓名
    self.m_model = QStandardItemModel(0, 1, self)
    m_completer = QCompleter(self.m_model, self)
    self.lineEdit.setCompleter(m_completer)
```

```
m_completer.activated[str].connect(self.onUsernameChoosed)
…… # 省略布局代码
# 连接信号与槽方法
bt_search.clicked.connect(self.searchFriend)
bt_adduser.clicked.connect(self.addNewFriendDialog)
self.lineEdit.textEdited.connect(self.autocompleteName)
```

【代码片段 3】

以下代码用于实现新建好友分组，包括添加随机好友、展示随机会员和随机在（离）线好友数量，以及返回好友分组。

```
def creategroup(self, groupname):
    """
    新建好友分组
    groupname 表示分组名称
    """
    hidernum = 0 # 统计离线好友数量
    group = QTreeWidgetItem(self.treeWidget)
    # 新建一个分组（QTreeWidgetItem 类型），这个分组位于 self.treeWidget 下
    groupdic = {"group":group, "groupname":groupname, "childcount":0,
"childishide":0}
    # 分组信息字典，包括分组名称、在线人数和离线人数
    for i in range(10):
        child = QTreeWidgetItem()
        # 添加一个好友，属性
        randname, randicon, font, isvip, ishider = self.createusers()
        # 随机创建一个用户
        userdic = {"user":child, "username":randname, "ishide":0}
        self.userslist.append(userdic)
        child.setText(0, randname)
        child.setFont(0, font)
        child.setIcon(0, randicon)
        child.setTextAlignment(0, Qt.AlignmentFlag.AlignHCenter | Qt.
AlignmentFlag.AlignVCenter)
        if isvip == 1:
            # 会员红名
            child.setForeground(0, QBrush(Qt.GlobalColor.red))
            child.setToolTip(0, "会员红名尊享")
        if ishider == 1:
            # 是否离线
            hidernum += 1
            userdic["ishide"] = 1
```

```
        group.addChild(child) # 将每个好友添加到之前新建的 group 分组中
    childnum = group.childCount()           # 统计每个分组下好友的数量
    lastchildnum = childnum - hidernum   # 在线好友数量=好友总数-离线好友数量
    # 更新 groupdic 中的数据
    groupdic["childcount"] = childnum
    groupdic["childishide"] = hidernum
    # 将当前 groupname 设置为类似于 "我的好友 8/10" 的样式
    groupname += " " + str(lastchildnum) + "/" + str(childnum)
    # 将指定列中显示的文本设置为指定文本, 如 "我的好友 8/10"
    group.setText(0, groupname)
    # 将分组加入分组列表
    self.grouplist.append(groupdic)
    return group
```

【代码片段 4】

在以下代码中, loadrandomName()方法的实现与 12.1.5 节中的例子相同, 这里不进行展示。如果好友处于离线状态, 则头像会出现边框, 如图 12-14 所示。

 张某

图 12-14   离线状态

```
def createusers(self):
    """创建一个好友, 属性随机"""
    randname, iconpath = self.loadrandomName()
    font = QFont()
    font.setPointSize(16)
    isvip = random.randint(0, 5)      # 判断是否是会员
    ishider = random.randint(0, 5)    # 判断是否已离线
    randicon = QIcon(f"{iconpath}.png")
    if ishider == 1:
        randicon = QIcon(f"{iconpath}H.png")
    return randname, randicon, font, isvip, ishider
```

【代码片段 5】

以下代码用于实现在单击鼠标右键时, 弹出右键菜单。由于篇幅有限, 这里仅展示部分实现代码。

```
def contextMenuEvent(self, event):
    """右键菜单"""
    # 返回树形控件中的当前项目, 这里可以是分组, 也可以是好友
    hititem = self.treeWidget.currentItem()
    if hititem:
```

```
        root = hititem.parent()    # 判断是否为根节点
        if root is None:           # 如果该节点无父节点, 则表示根节点
            pgroupmenu = QMenu(self)
            pDeleteAct = QAction("删除该组", pgroupmenu)
            ……                                        # 省略类似代码
            pgroupmenu.addAction(pDeleteAct)
            if self.treeWidget.itemAbove(hititem) is None:
                pDeleteAct.setEnabled(False)
            else:
                pDeleteAct.triggered.connect(self.deletegroup)
            # 如果分组为顶端的分组（它的上面没有其他分组）, 则将 pDeleteAct 设置为禁用
            # 否则可以执行删除分组操作
            pgroupmenu.popup(self.mapToGlobal(event.pos()))    # 弹出右键菜单
        elif root.childCount() > 0:
            # 若存在好友, 则显示以下菜单
            pItemmenu = QMenu(self)
            pDeleteItemAct = QAction("删除好友", pItemmenu)
            pItemmenu.addAction(pDeleteItemAct)
            pDeleteItemAct.triggered.connect(self.delete)
            if len(self.grouplist) > 1:
                pSubMenu = QMenu("转移好友至", pItemmenu)
                pItemmenu.addMenu(pSubMenu)
                for item_dic in self.grouplist:
                    if item_dic["group"] is not root:
                        pMoveAct = QAction(item_dic["groupname"] ,pItemmenu)
                        pSubMenu.addAction(pMoveAct)
                        pMoveAct.triggered.connect(self.moveItem)
            pItemmenu.popup(self.mapToGlobal(event.pos()))    # 弹出右键菜单
```

【代码片段 6】

以下代码将根据批量操作标志 flag 确定返回好友项目的来源。

```
def getListitems(self, flag=1):
    """获取被选中好友的数量"""
    if flag > 0:
        # 当批量操作标志大于 0 时, 返回所有被选中的非隐藏好友项目的列表
        return self.treeWidget.selectedItems()
        return self.tmpuseritem
        # 当批量操作标志小于 0 时, 返回临时存储批量操作的好友项目
```

【代码片段 7】

searchgroup()方法常用于分组和好友操作。

```
    def searchgroup(self, hitgroup):
        """根据分组名称或对象返回其索引"""
        if isinstance(hitgroup, str):# 判断 hitgroup 是否为分组名称，用于批量转移时操作
            for i, g in enumerate(self.grouplist):
                if g["groupname"] == hitgroup:
                    return i
        else:
            for i, g in enumerate(self.grouplist):# 判断是否为分组对象
                if g["group"] == hitgroup:
                    return i
```

【代码片段 8】

以下代码用于实现重命名分组和删除分组。添加分组的程序实现较为简单，这里不进行展示。

```
    def renamegroup(self):
        """重命名分组，并更新相关数据"""
        hitgroup = self.treeWidget.currentItem()  # 被选中的分组
        gnewname, isok = QInputDialog.getText(self, "提示信息", "请输入分组的新
名称")
        if isok:
            if len(gnewname) == 0:
                QMessageBox.information(self, "提示", "分组名称不能为空哦")
            else:
                hitgroup.setText(0, gnewname)
                gindex = self.searchgroup(hitgroup)
                self.grouplist[gindex]["groupname"] = gnewname
                # 设置当前的项目（这里表示分组中的第 1 个好友）
                self.treeWidget.setCurrentItem(hitgroup.child(0))


    def deletegroup(self):
        """删除分组"""
        hitgroup = self.treeWidget.currentItem()
        gindex = self.searchgroup(hitgroup)
        reply = QMessageBox.question(self, "警告", "确定要删除这个分组及其好友吗?
", QMessageBox.StandardButton.Yes | QMessageBox.StandardButton.No,
QMessageBox.StandardButton.No)
        if reply == QMessageBox.StandardButton.Yes:
            # 删除树中指定索引处的顶级项目，并返回该项目
            self.treeWidget.takeTopLevelItem(gindex)
            # 删除 self.grouplist 中的数据
            del self.grouplist[gindex]
```

【代码片段 9】

当分组中的好友发生变化时，需要修改分组名称。分组名称中显示在线好友数量及好友总数，如图 12-15 所示。

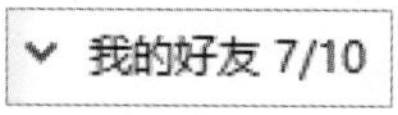

图 12-15　分组名称

```python
def restatistic(self, item, preitem):
    """针对分组的统计方法"""
    if item:
        #判断当前项目是分组还是好友
        fathergroup = item.parent()
        if fathergroup:    # 对分组进行统计
            self.restatistic_op(fathergroup)
    elif preitem:          # 分组中已经不存在好友了
        fathergroup2 = preitem.parent()
        if fathergroup2:
            self.restatistic_op(fathergroup2)
            self.menuflag = 1


def restatistic_op(self, itemorgroup):
    """
    根据分组对象，先从 self.grouplist 中获取相应的好友数量、离线好友数量
    之后设置分组名称
    """
    gindex = self.searchgroup(itemorgroup)
    totalcount = self.grouplist[gindex]["childcount"]
    hidecount = self.grouplist[gindex]["childishide"]
    fathergroupname = self.grouplist[gindex]["groupname"]
    fathergroupname += " " + str(totalcount - hidecount) + "/" + str(totalcount)
    itemorgroup.setText(0, fathergroupname)
```

【代码片段 10】

以下代码用于实现增加、删除、移动好友操作。其中，QVariant 类型主要用于在 PyQt 中进行数据传递和类型转换。通过 QVariant 类可以方便地在不同的 PyQt 类之间传递数据，而不需要显式地指定数据类型。

```python
def moveItem(self):
    """移动好友"""
    movelist = self.getListitems(self.menuflag)
```

```python
        togroupname = self.sender().text()
        mindex = self.searchgroup(togroupname)     # 得到新的分组对象
        togroup = self.grouplist[mindex]["group"]
        # 先删除分组中的好友，再添加新的好友
        self.deleteItems(movelist, flag=0)
        self.add(togroup, movelist)
        self.tmpuseritem.clear()                        # 清除暂存的好友数据

    def delete(self):
        """删除好友"""
        delitems = self.getListitems(self.menuflag)
        self.deleteItems(delitems)
        self.tmpuseritem.clear()                        # 清除暂存的好友数据

    def deleteItems(self, items, flag=1):
        """删除好友的具体操作"""
        for delitem in items:
            delitem.setData(0, Qt.ItemDataRole.CheckStateRole, QVariant())
            # 取消删除好友 item 的多选框
            if delitem.parent():                        # 不能将分组删除
                pindex = delitem.parent().indexOfChild(delitem)
                dindex = self.searchuser(delitem)
                ishide = self.userslist[dindex]["ishide"]
                # 获取好友在当前分组下的索引
                # 找到这个好友在 userslist 列表中的索引，以及是否已离线信息
                if flag == 1:
                    del self.userslist[dindex]
                    # 若不处于批量操作状态，则直接删除存储在 userslist 列表中的对象
                fathergroup = delitem.parent()          # 父节点
                findex = self.searchgroup(fathergroup)
                if ishide == 1:
                    self.grouplist[findex]["childishide"] -= 1
                    self.grouplist[findex]["childcount"] -= 1
                    # 若这个好友是离线状态
                    # 则修改 self.grouplist 中对应的 group 字典信息：好友总数 - 1，离线好
友数量 - 1
                else:
                    self.grouplist[findex]["childcount"] -= 1
                    # 否则好友总数 - 1
                delitem.parent().takeChild(pindex)
                # 删除分组下的好友
```

```
        else:  # 将删除好友的分组信息更新一次
            self.restatistic_op(delitem)

def add(self, group, items):
    """
    在分组中添加好友
    group 表示分组
    item 表示好友
    """
    gindex = self.searchgroup(group)
    for item in items:
        aindex = self.searchuser(item)
        ishide = self.userslist[aindex]["ishide"]
        if ishide == 1:
            self.grouplist[gindex]["childishide"] += 1
            self.grouplist[gindex]["childcount"] += 1
        else:
            self.grouplist[gindex]["childcount"] += 1
        group.addChild(item)
        # 更新 grouplist 中的相应信息和实际情况，确保这些信息一致
        self.treeWidget.setCurrentItem(item)
        # 触发 itemSelectionChanged 信号，再次更新分组中的好友总数
```

【代码片段 11】

在下面的代码中，searchuser()方法用于返回好友索引，从而实现为好友设置自己喜欢的备注名称。

```
def renameItem(self):
    """设置好友备注名称"""
    hituser = self.treeWidget.currentItem()
    uindex = self.searchuser(hituser)    # 从好友列表中获取被选中好友的索引
    unewname, isok = QInputDialog.getText(self, "提示信息", "请输入备注名称")
    if isok:
        if not unewname:
            QMessageBox.information(self, "提示", "备注名称不能为空哦")
        else:
            hituser.setText(0, unewname)
            self.userslist[uindex]["username"] = unewname

def searchuser(self, hituser):
    """返回好友的索引"""
    if isinstance(hituser, str):          # 判断是否为好友名称
        for i, u in enumerate(self.userslist):
```

```
                if u["username"] == hituser:
                    return i
        else:
            for i, u in enumerate(self.userslist):
                if u["user"] == hituser:
                    return i
```

【代码片段 12】

以下代码用于判断在进行批量操作时，是否在好友前面显示多选框，以及判断好友是否被选中。

```
def Batchoperation(self):
    """遍历分组中的所有好友，并在这些好友前面添加多选框"""
    self.menuflag *= -1
    # 是否进行批量操作的标志
    group = self.getListitems()[0].parent()
    childnum = group.childCount()
    for c in range(childnum):
        child = group.child(c)
        child.setCheckState(0, Qt.CheckState.Unchecked)


def CancelBatchoperation(self):
    """先进行遍历，再清除分组好友的多选框信息"""
    self.menuflag *= -1
    group = self.getListitems()[0].parent()
    childnum = group.childCount()
    for c in range(childnum):
        child = group.child(c)
        child.setData(0, Qt.ItemDataRole.CheckStateRole, QVariant())


def isclick(self, item):
    """
    判断好友是否被选中
    item 表示好友
    """
    if item.checkState(0) == Qt.CheckState.Checked:
        if self.tmpuseritem.count(item) == 0:
            self.tmpuseritem.append(item)
    # 若好友的状态是 Qt.CheckState.Checked（被选中）
    # 则必须先在 tmpuseritem 列表中查找是否已存在被单击的好友对象
    else:
        if len(self.tmpuseritem) > 0:
            if self.tmpuseritem.count(item) != 0:
```

```
            i = self.tmpuseritem.index(item)
            del self.tmpuseritem[i]
            # 如果 tmpuseritem 列表中存在好友
            # 则在取消选中时获取其索引, 并将它从列表中删除
```

【代码片段 13】

以下代码用于实现在查找好友时, 可以在好友搜索栏中输入好友的姓名, 并自动补全好友姓名; 在找到好友后, 可以定位到好友所在分组。

```
def onUsernameChoosed(self, name):
    """
    在自动补全好友姓名后, 设置所搜索的好友
    name 表示好友姓名
    """
    self.lineEdit.setText(name)

def autocompleteName(self, text):
    """
    好友姓名自动补全
    text 表示好友姓名
    """
    namelist = []
    for itm in self.userslist:
        username = itm["username"]
        if username.find(text) >= 0:
            namelist.append(itm["username"])
    self.m_model.removeRows(0, self.m_model.rowCount())
    for i in range(0, len(namelist)):
        self.m_model.insertRow(0)
        self.m_model.setData(self.m_model.index(0, 0), namelist[i])

def searchFriend(self):
    """查找好友"""
    username = self.lineEdit.text()
    if username:
        useritemindex = self.searchuser(username)
        if useritemindex: # 只有存在好友, 才能进行查找, 否则无法进行查找
            useritem = self.userslist[useritemindex]["user"]
            self.treeWidget.setCurrentItem(useritem)
```

【代码片段 14】

以下代码用于实现添加好友对话框, 并根据所选的好友分组添加新的好友。

```
    def addNewFriendDialog(self):
        """添加好友对话框"""
        self.adduser = NewFriend(self)          # 自定义添加好友对话框
        for g in self.grouplist:
            self.adduser.comboBox.addItem(g["groupname"])
        self.adduser.friendItem.connect(self.setnewFriend)
        self.adduser.exec()

    def setnewFriend(self, newname, newicon):
        """
        设置所要添加的好友
        newname 表示好友的姓名
        newicon 表示好友的头像路径
        """
        newitem = QTreeWidgetItem()
        font = QFont()
        font.setPointSize(16)
        newitem.setFont(0, font)
        newitem.setText(0, newname)              # 好友姓名
        newitem.setTextAlignment(0, Qt.AlignmentFlag.AlignHCenter|Qt.
AlignmentFlag.AlignVCenter)
        newitem.setIcon(0, QIcon(newicon))    # 好友头像
        comboxinfo = self.adduser.comboBox.currentText()
        # 表示新增的好友在哪个分组
        cindex = self.searchgroup(comboxinfo)
        group = self.grouplist[cindex]["group"]
        self.grouplist[cindex]["childcount"] += 1
        userdic = {"user":newitem, "username":newname, "ishide":0}# 新的好友信息
        self.userslist.append(userdic)
        group.addChild(newitem)
        self.treeWidget.setCurrentItem(newitem)
        # 更新添加好友后的相关数据
```

本实战介绍到这里。由于代码较长，省略了部分内容，建议读者阅读完整代码。

12.3 QTableWidget 类——表格型结构控件

QTableWidget 类提供了表格型结构控件，如图 12-16 所示。

图 12-16 QTableWidget 类举例

12.3.1 QTableWidget 类的基本使用方法

QTableWidget 类为应用程序提供标准的表格，QTableWidget 类中的每个项目是一个 QTableWidgetItem 类。

创建表格控件对象包含以下两种方式。

（1）使用所需数量的行和列来构建，示例代码如下：

```
tableWidget = QTableWidget(12, 3, self)
```

（2）在没有给定行和列的情况下，先构建表，再调整行和列，示例代码如下：

```
tableWidget = QTableWidget(self)
tableWidget.setRowCount(3)
tableWidget.setColumnCount(2)
```

使用 setItem(int, int, QTableWidgetItem)方法可以将 QTableWidgetItem 项目插入表格，示例代码如下：

```
newItem = QTableWidgetItem("新单元格")
tableWidget.setItem(0, 0, newItem)
```

创建表格控件并设置水平和垂直标题的最简单方法是使用 setHorizontalHeaderLabels()和 setVerticalHeaderLabels()方法，其中参数是一个字符串列表，用于为表的列和行提供简单的文本标题。

表格控件中的行数和列数可以通过 rowCount()和 columnCount()方法来返回。使用 clear()方法可以清除表格中的内容，包括清除表头，使用 clearContents()方法同样可以清除内容，但不能清除表头。

如果需要在表格窗体控件中启用排序功能，则需要先填充项目，再进行排序，否则排序可能会影响插入顺序。

12.3.2 QTableWidget 类的常用方法和信号

1. QTableWidget 类的常用方法

QTableWidget 类的常用方法详见本书配套资料。

2. QTableWidget 类的信号

- cellActive(int, int)：当单元格被激活时，会发出此信号，参数为行、列。

- cellChanged(int, int)：当单元格中的项目数据发生更改时，会发出此信号，参数为行、列。
- cellClicked(int, int)：当单击表中的单元格时，会发出此信号，参数为行、列。
- cellDoubleClicked(int, int)：当双击表中的单元格时，会发出此信号，参数为行、列。
- cellEntered(int, int)：当鼠标指针进入单元格时，会发出此信号，前提是需要打开鼠标跟踪或在将鼠标指针移动到项目中时按鼠标任意键，参数为行、列。
- cellPressed(int, int)：当表中的单元格被单击时，会发出此信号，参数为行、列。
- currentCellChanged(int, int, int, int)：在当前单元格发生变化时，会发出此信号，前两个参数为当前单元格的行和列，后两个参数为之前单元格的行和列。
- currentItemChanged(QTableWidgetItem, QTableWidgetItem)：在当前项目发生更改时，会发出此信号，第 1 个参数用于传递当前项目，第 2 个参数用于传递之前具有焦点的项目。
- itemActive(QTableWidgetItem)：当项目被激活时，会发出此信号，参数为被激活的项目。
- itemChanged(QTableWidgetItem)：当项目的数据发生变化时，会发出此信号，参数为发生变化的项目。
- itemClicked(QTableWidgetItem)：当单击表中的项目时，会发出此信号，参数为被单击的项目。
- itemDoubleClicked(QTableWidgetItem)：当双击表中的项目时，会发出此信号，参数为被双击的项目。
- itemEntered(QTableWidgetItem)：当鼠标指针进入一个项目时，会发出此信号。前提是需要打开鼠标跟踪或在将鼠标指针移动到项目中时按鼠标任意按键，参数为进入的项目。
- itemPressed(QTableWidgetItem)：每当表中的项目被单击时，就会发出此信号，参数为被按下的项目。
- itemSelectionChanged()：每当选择发生更改时，就会发出此信号。

📖提示　在 QTableWidget 类中，cell（单元格）和 QTableWidgetItem（项目）是两个不同的概念。QTableWidget 类是一个二维表格，由多个 cell 组成。每个 cell 可以包含一个 QTableWidgetItem 对象。该对象可以是文本、图标等数据。将 QTableWidgetItem 插入 QTableWidget 类中的指定 cell 中，可以在此 cell 中显示数据。

3. 设置 QTableWidget 类列宽的几种方式

在使用 QTableWidget 类时，经常会遇到列宽不足，导致内容无法完全显示的情况，如图 12-17 所示。此时，需要手动调整列宽才能显示全部内容。

因此，调整列宽就显得非常重要。调整列宽的方法总结如下（调整行宽的方法与此类似）。

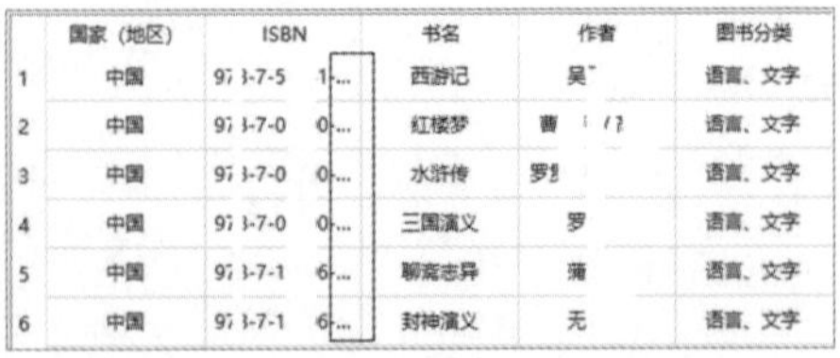

图 12-17　ISBN 号无法完全显示

（1）自动分配列宽，示例代码如下：

```
self.tableWidget.horizontalHeader().setSectionResizeMode(QHeaderView.ResizeMode.Stretch)
# self.tableWidget.verticalHeader().setSectionResizeMode(QHeaderView.ResizeMode.Stretch)    这行代码是调整行宽自动分配的
```

代码执行效果如图 12-18 所示。在此方式下，无法手动调整列宽。

	国家（地区）	ISBN	书名	作者	图书分类	价格
1	中国	978-7-5 1-2)-3	西游记	吴j	语言、文字	12
2	中国	978-7-(0-2)-7	红楼梦	曹 F/j B	语言、文字	60
3	中国	978-7-(0-8 4-2	水浒传	罗ξ /崀 庵	语言、文字	51
4	中国	978-7-(0-8 2-8	三国演义	罗	语言、文字	40
5	中国	978-7-1 6-4 5-9	聊斋志异	蒲	语言、文字	24

图 12-18　代码执行效果

（2）手动调整列宽（默认方式），示例代码如下：

```
self.tableWidget.horizontalHeader().setSectionResizeMode(QHeaderView.ResizeMode.Interactive)
```

（3）列宽为固定值，示例代码如下：

```
self.tableWidget.horizontalHeader().setSectionResizeMode(QHeaderView.ResizeMode.Fixed)
```

（4）列宽随内容自动调整，示例代码如下：

```
self.tableWidget.horizontalHeader().setSectionResizeMode(QHeaderView.ResizeToContents)
```

（5）自定义列宽，示例代码如下：

```
self.tableWidget.setColumnWidth(0, 100)
self.tableWidget.setColumnWidth(1, 150)
self.tableWidget.setColumnWidth(2, 200)
self.tableWidget.setColumnWidth(3, 150)
self.tableWidget.setColumnWidth(4, 300)
self.tableWidget.setColumnWidth(5, 50)
```

（6）单独设置列宽。

如果想单独针对某几列设置列宽，则可以使用如下示例代码：

```
self.tableWidget.horizontalHeader().setSectionResizeMode(1, QHeaderView.ResizeMode.ResizeToContents)
self.tableWidget.horizontalHeader().setSectionResizeMode(3, QHeaderView.ResizeMode.ResizeToContents)
self.tableWidget.horizontalHeader().setSectionResizeMode(4, QHeaderView.ResizeMode.ResizeToContents)
```

这里针对第 1 列、第 3 列和第 4 列（索引值从 0 开始）进行设置，效果如图 12-19 所示。

	国家（地区）	ISBN	书名	作者	图书分类	价格
1	中国	978-7-03000-200-3	西游记	吴█████	语言、文字	12
2	中国	978-7-00000-220-7	红楼梦	曹█████ / █████	语言、文字	60
3	中国	978-7-02000-874-2	水浒传	罗████ / █████	语言、文字	51
4	中国	978-7-02000-872-8	三国演义	罗████	语言、文字	40
5	中国	978-7-10000-446-9	聊斋志异	蒲████	语言、文字	24

图 12-19　针对某几列单独设置列宽

当然，还可以叠加使用这几种方式，示例代码如下：

```
self.tableWidget.horizontalHeader().setSectionResizeMode(QHeaderView.ResizeMode.Stretch)# 自动分配列宽
self.tableWidget.horizontalHeader().setSectionResizeMode(0, QHeaderView.ResizeMode.Interactive) # 第 0 列列宽随内容自动调整
```

12.3.3　QTableWidgetItem 类——表格型项目

QTableWidgetItem 类是 QTableWidget 类中的项目，主要用于显示文本、图标等数据。

1. QTableWidgetItem 类的基本使用方法

QTableWidgetItem 类用于保存表格窗体控件的信息，通常包含文本、图标和多选框等。表格型项目没有父级，而是由一对行号和列号来指定位置，并插入表格控件：

```
newItem = QTableWidgetItem("新单元格")
tableWidget.setItem(0, 0, newItem)
```

setBackground()方法可以设置项目背景。setFont()和 setForeground()方法可以设置项目的字体和前景颜色。

通过 setFlags()方法可以设置表格项目中单个项目的特征属性，如是否可以被选择等。setCheckState()方法可以选中、取消选中和部分选中项目（项目旁边会出现一个多选框）。相应地，checkState()方法可以返回项目的当前选择状态。这点与 QListWidgetItem 类相似。

2. QTableWidgetItem 类的常用方法

QTableWidgetItem 类的常用方法详见本书配套资料。

12.3.4　【实战】简单图书管理系统

本节将结合 QTableWidget 类的知识点，实现一个简单图书管理系统。程序大约有 900 行代码，分为 3 个文件：LibraryManagement.py、dialogBook.py 和 datamanagement.py。其中，LibraryManagement.py 是主程序文件，dialogBook.py 是与图书管理相关的对话框文件，datamanagement.py 是存储信息程序文件。

由于读者可能尚未学习 PyQt 中数据库的知识，因此这里将所有信息均保存在文本中。图书信息位于 res\book.dat 中，图书分类信息位于 res\classification.dat 中，作者所在国家信息位于 res\country.dat 中。图书的默认封面是 res\book\BookCovers.png。

1．程序功能

（1）简单图书管理系统界面如图 12-20 所示，其中的信息均是模拟数据。

图 12-20　简单图书管理系统界面

该界面中左侧的图书明细表与右侧的"更多图书信息"选区占整个窗体的比例是可以调节的。这里的图书封面是示例封面。

（2）在表格中，利用鼠标右键可以删除某条图书信息，如图 12-21 所示。

图 12-21　删除图书信息

（2）单击"新增图书…"按钮，会弹出"新增图书"对话框（见图 12-22），用于填写相应的图书信息。其中，ISBN 号不能和图书明细表中图书的 ISBN 号一致，双击图片可以更换图书封面（建议图片大小为 200px×300px）。

（3）双击图书明细表中的图书，会弹出"修改图书"对话框（见图 12-23），在其中可以修改图书的内容。

图 12-22　"新增图书"对话框

图 12-23　"修改图书"对话框

（4）支持按照书名、作者、ISBN 号搜索图书，如图 12-24 所示。

图 12-24　搜索图书

（5）可以添加、修改、删除作者所在国家和图书分类，如图 12-25 所示。

图 12-25　作者所在国家和图书分类管理

2. 程序结构

整个程序涉及的方法较多，大约有 50 个。

（1）datamanagement.py 的程序结构详见本书配套资料。

（2）dialogBook.py 中包含 3 个类，分别是 BookD、CountrySettingD 和 BookClassificationSettingD。这 3 个类的程序结构详见本书配套资料。

（3）LibraryManagement.py 的程序结构详见本书配套资料。

3. 程序实现

因为程序涉及的代码较多，所以这里仅展示核心代码，完整程序位于本书配套资料的 PyQt6\chapter12\tablewidget 中。

（1）信息存储操作位于 datamanagement.py 中。

信息存储及其操作的代码主要是使用 Python 实现的，这里不进行展示。

（2）与图书管理相关的对话框位于 dialogBook.py 中。

dialogBook.py 中主要包含 3 个对话框，分别是新增/修改图书对话框、作者所在国家管理对话框和图书分类管理对话框。其中，后两个对话框的实现代码相似。

① 新增/修改图书对话框。

BookD 类的作用是实现新增/修改图书对话框，该类继承自 QDialog 类，其控件及布局如图 12-26 所示。

图 12-26　新增/修改图书对话框控制及布局

【代码片段 1】

新增图书和修改图书的功能实现相似。在修改图书时，将无法编辑 ISBN 号。由于控件布置及其基本设置比较简单，因此此处不展示相关代码。因为 QLabel 对象不能直接对双击鼠标左键做出响应，因此这里使用安装事件过滤器来进行处理。

```python
current_dir = os.path.dirname(os.path.abspath(__file__))  # 当前目录
class BookD(QDialog):
    # 刷新表格中的信息，参数为修改图书时对应表格中图书的行号
    refresh = pyqtSignal(int)

    def __init__(self, flag, db, booklist=[], tablerow=0, Parent=None):
        super().__init__(Parent)
        self.bookdbM = db                  # 图书信息操作对象
        self.booklist = booklist           # 载入图书后的列表
        self.tablerow = tablerow           # 记录表格中的行号
        self.flag = flag  # 标志，用于判断是修改图书，还是新增图书
        self.initUI()
        self.loadData()

    def initUI(self):
        ......                             # 省略控件布置代码
        # 安装事件过滤器，便于更换图书封面
        self.bookCoversLabel.installEventFilter(self)
        if self.flag == 0:
            self.setWindowTitle("新增图书")
            self.ISBNLine.setEnabled(True)    # 在添加图书时，可以编辑 ISBN 号
```

```
    else:
        self.setWindowTitle("修改图书")
        self.ISBNLine.setEnabled(False)  # 在修改图书时, 不可以编辑 ISBN 号
    # 连接信号与槽
    buttonOK.clicked.connect(self.ModifyOrNewBook)
    buttonCancel.clicked.connect(self.reject)
```

【代码片段 2】

在添加图书时, 如果未填写 ISBN 号, 则其值为 "----"。另外, 在插入新图书时, ISBN 号必须是唯一的。

```
def ModifyOrNewBook(self):
    """添加或修改图书"""
    country = self.countrycombox.currentText()  # 作者国籍
    ......                                        # 省略图书信息代码
    # 部分内容不能为空
    if all([country, title, author, publisher, introduction]) and isbn !=
"----":
        currentbooinfo = self.get_bookinfo(isbn, title, author,
publishdate, classification, publisher, price, pages, introduction, img,
country)
        if self.flag == 0:                        # 添加图书
            insertok = self.bookdbM.insert_book_db(currentbooinfo)
            if insertok == -1:
                QMessageBox.information(self, "提示", "已经存在相同 ISBN 号的图书
了")
            else:
                self.refresh.emit(-100)            # 信号为-100 表明添加图书
                self.accept()
        else:                                     # 修改图书
            # 在 self.booklist 中的相关位置保存将当前图书信息
            self.booklist[self.tablerow] = currentbooinfo
            self.bookdbM.save_book_db(self.booklist)
            # 将该图书对应表格中的行号传递出去
            self.refresh.emit(self.tablerow)
            self.accept()
    else:
        QMessageBox.information(self, "提示", "部分内容未填写! ")
```

【代码片段 3】

一本书就是一个字典类型, 图书的相关属性就是通过字典来保存的。

```
    def get_bookinfo(self, isbn, subtitle, author, pubdate,
```

```
classification, publisher, price, pages, summary, img, country):
        """
        返回图书信息，每本图书信息以字典形式进行保存，将所有字典统一放到一个列表中
        """
        book = {"isbn" : isbn, "subtitle" : subtitle, "author" : author,
"pubdate" : pubdate, "classification" : classification,
                "publisher" : publisher, "price" : price, "pages" : pages,
"summary" : summary, "img" : img, "country" : country
                }
        return book
```

【代码片段 4】

以下代码使用事件过滤器来实现在双击图书封面后更换图书封面的功能。

```
def eventFilter(self, object, event):
    """双击图书封面，更换图书封面"""
    if object == self.bookCoversLabel:
        if event.type() == QEvent.Type.MouseButtonDblClick:
            bookcoverPath = QFileDialog.getOpenFileName(self, "选择图片",
"./", "图片文件 (*.png *.jpg)")
            if bookcoverPath[0]:
                self.bookCoversLabel.setPixmap(QPixmap(bookcoverPath[0]))
                self.bookcoverFineName = bookcoverPath[0]
    return super().eventFilter(object, event)
```

【代码片段 5】

载入作者所在国家、图书分类及图书信息，以便在修改信息时使用。如果图书封面由于路径问题找不到，则应告知用户处理方案。

```
def loadData(self):
    """载入作者所在国家、图书分类信息"""
    countryList = CountryManagement().loadCountry()  # 作者所在国家信息
    currentClassificationList = ClassificationManagement().
loadClassification()                              # 图书分类信息
    self.countrycombox.addItems(countryList)
    self.BookClassificationcombox.addItems(currentClassificationList)


def loadBookData(self, bookinfo):
    """
    载入图书信息
    bookinfo 表示图书信息
    """
    self.countrycombox.setCurrentText(bookinfo[1])  # 作者所在国家
```

```
    ......                      # 省略载入图书信息，并将其填充到控件中的代码
        if bookcover.isNull():    # 如果图书封面为空
            self.bookCoversLabel.setText("封面位置不正确，<p><b>双击这里</b>尝试重新
选择封面，<p>默认封面位于当前目录下的<p>res/book<p><p>")
        else:
    self.bookCoversLabel.setPixmap(QPixmap(self.bookcoverFineName))
```

② 作者所在国家管理对话框。

CountrySettingD 类的作用是管理作者所在国家，该类继承自 QDialog 类，其控件及布局如图 12-27 所示。

图 12-27　作者所在国家管理对话框控件及布局

【代码片段 1】

构建对话框窗体，并将保存到文本中的国家信息载入对话框中的列表控件。只有在单击"确定"按钮后，才会将国家信息保存到文本中。

```
class CountrySettingD(QDialog):
    def __init__(self, Parent=None):
        super().__init__(Parent)
        # 记录载入信息时的国家名称
        self.currentCountryList = []
        self.initUI()
        self.loadData()

    def initUI(self):
        ...... # 省略控件及布局代码
        # 连接信号与槽
        self.countryListWidget.itemPressed.connect(self.premodify)
        self.comboboxOP.activated.connect(self.settingButton)
        self.buttonop.clicked.connect(self.operate)
        self.buttonOKCountry.clicked.connect(self.saveCountryList)
        self.buttonCancelCountry.clicked.connect(self.reject)

    def loadData(self):
```

```
        """载入国家信息，并将其放入国家列表控件"""
        self.countryM = CountryManagement()
        self.currentCountryList = self.countryM.loadCountry()
        if self.currentCountryList:
            self.countryListWidget.addItems(self.currentCountryList)

    def saveCountryList(self):
        """保存国家信息"""
        self.countryM.save_country_db(self.currentCountryList)
        self.accept()
```

【代码片段 2】

这段代码用于根据不同的选择，执行添加、删除、修改国家信息操作。

```
def settingButton(self, n):
    """根据在下拉列表的不同选择，执行不同的操作"""
    self.newCountry.clear()  # 每当下拉列表发生变化时，就清空新国家输入栏中的内容
    if n == 0:
        self.buttonop.setText("新增国家")
        self.newCountry.setEnabled(True)      # 启用新国家输入栏
    elif n == 1:
        self.buttonop.setText("修改国家")
        self.newCountry.setEnabled(True)
    else:
        self.buttonop.setText("删除国家")
        self.newCountry.setEnabled(False)     # 禁用新国家输入栏

def operate(self):
    """操作"""
    if self.sender().text() == "新增国家":
        self.addCountry()
    elif self.sender().text() == "修改国家":
        self.modifyCountry()
    else:                                      # 删除国家
        self.delCountry()
```

【代码片段 3】

以下代码用于实现国家信息的添加、修改和删除功能。

```
def addCountry(self):
    """添加国家"""
    newCountry = self.newCountry.text()
    # 当国家名称为空或已经存在时，将无法进行添加操作
```

```
        if not newCountry or self.countryListWidget.findItems(newCountry,
Qt.MatchFlag.MatchExactly):
            return
        self.countryListWidget.addItem(newCountry)
        self.currentCountryList.append(newCountry)

    def premodify(self, currentItem):
        """准备修改国家信息"""
        currentCountry = currentItem.text()
        if self.buttonop.text() != "新增国家":
            self.newCountry.setText(currentCountry)

    def modifyCountry(self):
        """修改国家信息"""
        newcountry = self.newCountry.text()  # 新的国家名称
        # 只有当选中的列表中的旧国家名称和新国家名称都存在时，才能进行修改操作
        if newcountry and self.countryListWidget.currentItem():
            # 旧国家名称
            oldCountry = self.countryListWidget.currentItem().text()
            # 旧国家项目索引的行号
            oldcountryIndex = self.countryListWidget.currentIndex().row()
            # 删除旧国家信息
            self.countryListWidget.takeItem(oldcountryIndex)
            # 在旧国家位置处添加新国家名称
            self.countryListWidget.insertItem(oldcountryIndex, newcountry)
            # 更新 self.currentCountryList 中的国家信息
            self.currentCountryList.remove(oldCountry)
            self.currentCountryList.insert(oldcountryIndex, newcountry)

    def delCountry(self):
        """删除国家信息"""
        country = self.newCountry.text()
        # 列表控件中至少保留一个国家，并且待删除的国家必须在国家输入栏中出现
        if self.countryListWidget.count() > 1 and country:
            isdel = QMessageBox.question(self, "删除", "删除这个国家？",
defaultButton=QMessageBox.StandardButton.No)
            if isdel == QMessageBox.StandardButton.Yes:
                self.countryListWidget.takeItem(self.countryListWidget.
currentIndex().row())
                self.currentCountryList.remove(country)
                self.countryListWidget.setCurrentRow(0)
```

```
            self.newCountry.setText(self.countryListWidget.currentItem().
text())
```

（3）主程序文件 LibraryManagement.py。

LibraryM 类是执行的主程序，该类继承自 QMainWindow 类，其控件及布局如图 12-28 所示。在主程序中，左侧是表格及搜索按钮，右侧是"更多图书信息"选区，使用分裂器 QSplitter 对象进行布局，可以调整左右侧窗体的占比。

图 12-28　主程序控件及布局

【代码片段 1】

以下代码主要用于实现窗体，其中第 1 列、第 3 列、第 4 列（索引值从 0 开始）的列宽随内容自动调整，其他列的列宽可以手动调整，实现过程参考 12.3.2 节。

```python
class LibraryM(QMainWindow):
    """简单图书管理系统主界面"""
    def __init__(self):
        super().__init__()
        self.bookdb = BookManagement()      # 图书信息操作对象
        self.booklist = []                  # 用于存放图书的列表
        self.initUI()
        self.showtable()

    def initUI(self):
        self.setWindowTitle("简单图书管理系统")
        ......                               # 省略控件及基本设置和布局代码
        # 连接信号与槽方法
        self.combobox.activated.connect(self.settingSearchLine)
        searchButton.clicked.connect(self.searchBook)
        buttonAdd.clicked.connect(self.AddNewBook)
        countryAct.triggered.connect(self.settingCountry)
```

```
          BookClassificationAct.triggered.connect(self.
settingBookClassification)
          # 单击表格右侧会出现更多图书信息
          self.bookTable.cellClicked.connect(self.booktable_showmore)
          # 若双击图书, 则弹出修改图书对话框
          self.bookTable.cellDoubleClicked.connect(self.execModify)
```

【代码片段 2】

在查找图书时, 关键词不能为空, 否则程序不会做出响应。

```
def settingSearchLine(self, index):
    """
    选择筛选条件的设置
    index 表示查找选项索引
    """
    self.searchLine.clear() # 清空搜索栏
    if index == 2:
        # 在使用 ISBN 进行搜索时, 将按照 ISBN 的规则进行搜索
        self.searchLine.setInputMask("999-9-99999-999-9;*")
    else:
        self.searchLine.setInputMask("")
    self.searchLine.setFocus()


def searchBook(self):
    """查找图书"""
    op = self.combobox.currentText()
    keyword = self.searchLine.text()
    if not keyword or keyword == "----": # 当没有搜索内容时, 程序不进行响应
        return
    if op == "书名":
        isquery = self.bookdb.query_book_db(bookname=keyword)
    elif op == "作者":
        isquery = self.bookdb.query_book_db(author=keyword)
    elif op == "ISBN":
        isquery = self.bookdb.query_book_db(isbn=keyword)
    if isquery == -1:
        QMessageBox.information(self, "提示", "没有找到相关的书籍")
    else: # 若找到对应图书, 则直接跳转到该图书所在行
        self.bookTable.selectRow(isquery)
```

【代码片段 3】

以下代码用于实现对添加图书、设置国家信息、设置图书分类信息对话框的调用。

```python
def AddNewBook(self):
    """调用添加图书对话框"""
    newBook = BookD(0, self.bookdb)
    newBook.refresh.connect(self.refreshdata)
    newBook.exec()

def settingCountry(self):
    """调用设置国家信息对话框"""
    newCountry = CountrySettingD(self)
    newCountry.exec()

def settingBookClassification(self):
    """调用设置图书分类信息对话框"""
    newBookClassification = BookClassificationSettingD(self)
    newBookClassification.exec()
```

【代码片段 4】

以下代码用于实现在表格中显示图书信息。

```python
def showtable(self):
    """显示表格"""
    # self.booklist 变量是通过读取存储在硬盘上的 "book.dat" 来实现的
    # self.booklist 变量用于获取整个图书档案列表
    self.booklist = self.bookdb.loadBook()
    list_rows = len(self.booklist)
    table_rows = self.bookTable.rowCount()
    # 用于描述图书档案中有多少本图书，以及当前表格中有多少行图书信息
    if table_rows == 0 and list_rows > 0:
        self.selectTable(self.booklist)
        # 如果原来没有图书（针对首次打开程序，需要载入图书信息的情况），则直接载入图书信息
    elif table_rows > 0 and list_rows > 0:
        # 如果原来有图书，并且要添加图书，则需要先全部删除原来表格中的行，再重载表格信息
        self.removeRows(table_rows)
        self.selectTable(self.booklist)

def selectTable(self, booklist):
    """显示表格中的具体信息"""
    for i, book in enumerate(booklist):
        isbn = book["isbn"]
        country = book["country"]
        subtitle = book["subtitle"]
        author = book["author"]
```

```
        price = book["price"]
        classification = book["classification"]
        # 向表格中第 i 行插入一个空行
        self.bookTable.insertRow(i)

        # 在表格中插入图书信息, 并且设置水平居中、垂直居中
        country_item = QTableWidgetItem(country)
        country_item.setTextAlignment(Qt.AlignmentFlag.AlignHCenter | Qt.
AlignmentFlag.AlignVCenter)
        # 设置单元格的标志位: 可以进行选择和启用, 但不可以进行编辑
        country_item.setFlags(Qt.ItemFlag.ItemIsSelectable | Qt.
ItemFlag.ItemIsEnabled)
        self.bookTable.setItem(i, 0, country_item)
        …… # 表格中的其他内容类似, 这里省略相关代码
```

【代码片段 5】

以下代码用于实现在单击表格中的单元格后显示该行图书的详细内容。注意：若无法显示图书
封面，则可以双击该封面并调整路径。

```
    def booktable_showmore(self, row, column):
        """单击显示图书详细信息"""
        if self.bookTable.rowCount() > 0:  # 应至少有一本图书
            self.countryLabel.setText(self.booklist[row]["country"])
            ……                          # 其他 QLabel 控件的设置类似, 这里省略相关代码
            img = self.booklist[row]["img"]
            bookcover = QPixmap(img)
            if bookcover.isNull():     # 处理无法显示图书封面的问题
                self.bookCoversLabel.setText("图书封面的路径不正确, <p><b>双击表格
</b>中的图书进行修改。")
            else:
                self.bookCoversLabel.setPixmap(QPixmap(img))
```

【代码片段 6】

以下代码用于实现在修改完图书后，刷新表格中的信息，以免残留信息仍然显示在窗体上。

```
    def execModify(self, row, column):
        """修改图书信息"""
        if self.bookTable.rowCount() > 0:
            # 图书的各种信息
            tablerow = row      # 记录图书在 booklist 中的位置
            isbn = self.booklist[row]["isbn"]
            ……                 # 获取其他图书信息的方法类似, 这里省略相关代码
            bookinfo = [isbn, country, title, author, publisher, price, pubdate,
```

```
classification, pages, introduction, img]
        modifyBook = BookD(1, self.bookdb, self.booklist, tablerow)
        modifyBook.loadBookData(bookinfo)
        # 在修改完图片后，刷新图书表格信息
        modifyBook.refresh.connect(self.refreshdata)
        modifyBook.exec()

    def refreshdata(self, n):
        """
        刷新图书表格信息
        n 表示行号
        """
        self.showtable()
        if n != -100:  # 如果行号不等于-100，则表示修改图书操作
            self.bookTable.setCurrentCell(n, 0)
            self.bookTable.cellClicked.emit(n, 0)
```

【代码片段 7】

以下代码用于实现右键菜单及删除图书的功能。

```
    def booktablecontextMenuEvent(self, position):
        """右键菜单"""
        if self.bookTable.rowCount() > 0:
            pmenu = QMenu(self)
            pDeleteAct = QAction("删除此行", self.bookTable)
            pmenu.addAction(pDeleteAct)
            pDeleteAct.triggered.connect(self.deleterows)
            pmenu.exec(self.bookTable.mapToGlobal(position))

    def deleterows(self):
        """删除图书信息"""
        isyes = QMessageBox.warning(self, "注意", "确认删除？", QMessageBox.
StandardButton.Yes | QMessageBox.StandardButton.No, defaultButton=
QMessageBox.StandardButton.No)
        if isyes == QMessageBox.StandardButton.Yes:
            curow = self.bookTable.currentRow()
            selections = self.bookTable.selectionModel()
            selectedsList = selections.selectedRows()
            rows = []
            for r in selectedsList:
                rows.append(r.row())
            print(rows)
```

```
            if len(rows) == 0:
                rows.append(curow)
            self.removeRows(rows, isdel_list=1)
            """当选中一个单元格时，实际上没有选中行，因此需要给rows列表添加当前行。如果直
接选了行，则添加所选中的行。随后即可进行删除操作
            在删除完成后，回到第一个单元格并模拟单击操作，以更新更多图书信息，从而避免残留信息
            """
            self.bookTable.setCurrentCell(0, 0)
            self.bookTable.cellClicked.emit(0, 0)


    def removeRows(self, rows, isdel_list = 0):
        """
        删除单元格
        isdel_list表示判断是否全部删除图书信息，默认为全部删除
        """
        if isdel_list != 0:
            rows.reverse()
            # 必须倒序删除，否则可能会出错
            for i in rows:
                self.bookTable.removeRow(i)
                del self.booklist[i]
            self.bookdb.save_book_db(self.booklist)
            # 首先删除表格中的第i行及其所有项目
            # 然后删除self.booklist中的第i行及其所有项目，最后保存信息
        else:
            for i in range(rows-1, -1, -1):
                self.bookTable.removeRow(i)
                # 清除表格中的所有行（注意不是内容，而是包括行及其单元格对象）
```

整个程序涉及的代码较多，建议读者查看全部源代码，厘清其中的逻辑关系，亲自执行程序，以便理解整个程序。

第 13 章
PyQt 6 中的视图模型设计模式

在软件开发的历史上，桌面应用程序曾被设计成将应用对象、屏幕表现形式和用户输入响应的界面方式混合在一起。这种方式不利于程序后期的维护和升级。后来，出现了 MVC（Model-View-Controller，模型−视图−控制器模式），即将模型（应用对象）、视图（屏幕表现形式）、控制器（反应方式）分离，以提高灵活性和重用性。

PyQt 也使用了该设计模式进行程序设计，但仍具有自身的特点。

13.1 视图模型编程的概念——模型、视图、代理

在 PyQt 中，视图和控制器对象被结合起来，将数据的存储方式与呈现给用户的方式分离，并提供了更简洁的框架。为了能够灵活地处理用户的输入，PyQt 引入了代理的概念。在 PyQt 中使用代理的好处是，可以对数据项的渲染和编辑方式进行定制。

设计模式如图 13-1 所示。

- 模型与数据源进行通信，为架构中的其他组件提供一个接口。通信的性质取决于数据源的类型，以及模型的实现方式。
- 视图从模型中获取模型索引，这些索引是对数据项的引用。通过向模型提供模型索引，视图可以从数据源中检索数据项。
- 在标准的视图中，代理渲染了数据项。当编辑项目时，代理直接使用模型索引与模型进行通信。

通过信号与槽机制可以实现模型、视图和代理的相互联系。

- 来自模型的信号通知视图关于数据源所持有的数据的变化。
- 当模型中的数据发生变化时，模型会发出信号来通知视图。

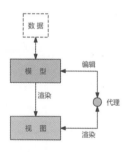

图 13-1 设计模式

- 在编辑过程中，来自代理的信号用于告诉模型和视图有关的编辑器的状态。

1. 模型

在 PyQt 中，模型被广泛应用于不同的数据类别，如列表、表格和树等。此外，通过模型提供的索引功能，可以轻松地检索和操作数据。

（1）模型中涉及的 PyQt 类。

所有项目模型都基于 QAbstractItemModel 类，该类可以被视图和代理用来访问数据。当为列表和表格数据结构实现新的模型时，QAbstractListModel 和 QAbstractTableModel 类会更加合适。这 3 个类均位于 PyQt6.QtCore 模块中。

PyQt 也提供了一些现成的与模型相关的类，用于处理数据项，具体如下。

- QStandardItemModel：管理更复杂的项目树结构，每个项目都可以包含任意数据，位于 PyQt6.QtGui 模块中。
- QStringListModel：用于存储一个简单的字符项列表，位于 PyQt6.QtCore 模块中。
- QSqlQueryModel、QSqlTableModel 和 QSqlRelationalTableModel：用于使用模型/视图访问数据库，常与 QTableView 类结合使用，这 3 个类均位于 PyQt6.QtSql 模块中。
- QFileSystemModel：提供本地文件系统中的文件和目录的信息，位于 PyQt6.QtGui 模块中。

如果这些模型不能满足要求，则可以使用子类化 QAbstractItemModel、QAbstractListModel 或 QAbstractTableModel 类来自定义模型。

图 13-2 所示为常见的模型类层次关系。

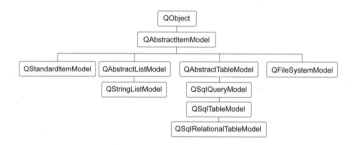

图 13-2 常见的模型类层次关系

图 13-3 所示为 3 种常见的数据模型，其中包含 List Model（列表模型）、Table Model（表格模型）和 Tree Model（树形模型）。

（2）模型中索引的概念。

为了确保数据的表示与访问方式保持分离，PyQt 引入了模型索引（QModelIndex，位于 PyQt6.QtCore 模块中）的概念。通过模型可以将获取的每条信息由模型索引表示。视图和代理可以使用索引来访问要显示的数据项。如果要获取与数据项对应的模型索引，则必须为模型指定 3 个属性，即行号（Row）、列号（Column）和父项的模型索引。

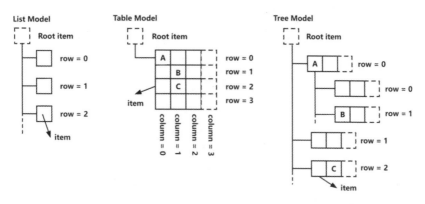

图 13-3　3 种常见的数据模型

> 📓 **提示**　数据模型基本形式通常表现为以行和列定义表格形式的数据结构。然而，这并不意味着底层数据实际上是使用二维数组进行存储的。这种行和列的表示方法主要是为了方便控件之间的交互操作而采用的一种约定。一个模型索引只包含行号和列号。

① 以如图 13-3 所示的表格模型为例。

每个项目（Item）都通过一对行号和列号进行定位，并将相关的行号和列号传递给模型来获取引用数据项的模型索引，示例代码如下：

```
indexA = model.index(0, 0, QModelIndex())
indexB = model.index(1, 1, QModelIndex())
indexC = model.index(2, 1, QModelIndex())
```

其中，indexA、indexB、indexC 都是 QModelIndex 类型的变量，model 是数据模型。对于列表型和表格型的数据模型，父项的模型索引使用 QModelIndex() 来表示。

② 以如图 13-3 所示的树形模型为例。

在树形模型中，节点可能相对复杂一些。由于节点 *A* 和节点 *C* 的父节点是根节点，因此它们的索引示例代码如下：

```
indexA = model.index(0, 0, QModelIndex())
indexC = model.index(2, 1, QModelIndex())
```

由于节点 *B* 位于节点 *A* 的下面，因此节点 *B* 的索引示例代码如下：

```
indexB = model.index(1, 0, indexA)
```

节点 *B* 的父项模型索引使用的是节点 *A* 的索引。这就是树形模型较为复杂的地方。

（3）模型中的项目角色。

由于模型中的每个项目均具有不同角色，因此可以产生不同的作用。例如，Qt.ItemDataRole.

DisplayRole 角色是在视图组件中显示的字符串，Qt.ItemDataRole.ToolTipRole 角色是项目中的提示消息，Qt.ItemDataRole.DecorationRole 角色是用于装饰显示的属性。

项目的标准和基本角色是 Qt.ItemDataRole.DisplayRole，如图 13-4 所示。

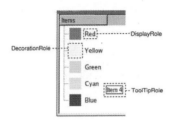

图 13-4　Qt.ItemDataRole.DisplayRole

常见的项目角色如表 13-1 所示。

表 13-1　常见的项目角色

大类	项目角色	说明
通用角色	Qt.ItemDataRole.DisplayRole	以文本形式呈现的关键数据（字符型）
	Qt.ItemDataRole.DecorationRole	以图标的形式呈现的装饰数据（QColor,QIcon 或 QPixmap）
	Qt.ItemDataRole.EditRole	以适合在编辑器中编辑的数据形式（字符型）呈现
	Qt.ItemDataRole.ToolTipRole	在项目的工具提示中显示的数据（字符型）
	Qt.ItemDataRole.StatusTipRole	在状态栏中显示的数据（字符型）
	Qt.ItemDataRole.WhatsThisRole	在"这是什么？"询问模式下显示的项目数据（字符型）
	Qt.ItemDataRole.SizeHintRole	项目的尺寸提示，将提供给视图（QSize）
用于描述外观和元数据的角色	Qt.ItemDataRole.FontRole	在通过默认代理渲染项目时所使用的字体（QFont）
	Qt.ItemDataRole.TextAlignmentRole	项目中文本的对齐方式（Qt.ItemDataRole.Alignment）
	Qt.ItemDataRole.BackgroundRole	项目所使用的背景刷（QBrush）
	Qt.ItemDataRole.ForegroundRole	项目的前景笔刷（文本颜色，通常）（QBrush）
	Qt.ItemDataRole.CheckStateRole	项目的可选状态（Qt.ItemDataRole.CheckState）
	Qt.ItemDataRole.InitialSortOrderRole	获取标题部分的初始排列顺序（Qt.ItemDataRole.SortOrder）
用户自定义的角色	Qt.ItemDataRole.UserRole	第一个可用于特定应用目的的角色

2. 视图

（1）基本概念。

在模型/视图体系结构中，视图负责从模型中获取数据项目并将其展示给用户。使用

QAbstractItemModel 提供的标准模型接口、QAbstractItemView（位于 PyQt6.QtWidgets 模块中）提供的标准视图接口和表示数据项目的模型索引，可以实现内容和表现形式的分离。

视图负责管理从模型获取的数据的整体布局，并可以直接呈现单个数据项目，或者使用代理来处理数据的呈现和编辑功能。

某些视图（如 QTableView 和 QTreeView 类）需要显示标题和项目，这由视图类 QHeaderView（位于 PyQt6.QtWidgets 模块中）来实现。标题通常用于访问与其视图相同的模型。使用 QAbstractItemModel.headerData() 方法可以从模型中检索数据。这些数据通常以标签的形式展示。如果想创建个性化的标题头，则可以继承 QHeaderView 类并进行子类化。

（2）标准视图类。

PyQt 提供了 3 种标准视图类，用于展示模型中的数据，如图 13-5 所示。

图 13-5　3 种标准视图类

- QListView：可以将模型中的项目显示为简单列表，或者以经典图标视图的形式显示。
- QTreeView：可以将模型中的项目显示为列表层次结构，从而允许以紧凑的方式表示深度嵌套的结构。
- QTableView：以表格的形式显示模型中的项目，类似于电子表格应用程序的布局。

这 3 种标准视图类的默认行为能够满足大多数应用程序的需求。

（3）处理项目的选择。

在视图中，选择项目的信息位于 QItemSelectionModel 类（位于 PyQt6.QtCore 模块中）的实例中。在默认情况下，所有标准视图都可以构造自己的选择模型，并以正常方式与它们进行交互。selectionModel() 方法可以获取视图正在使用的选择模型，setSelectionModel() 方法可以指定替换选择模型。详细的选择模型如表 13-2 所示。

表 13-2　详细的选择模型

选择方式	描述
QAbstractItemView.SelectionMode.NoSelection	无法选择项目
QAbstractItemView.SelectionMode.SingleSelection	用户可以选择单个项目
QAbstractItemView.SelectionMode.MultiSelection	用户在以常规方式选择多个项目时，单击项目后将切换该项目的选择状态，其他项目的选择状态将保持不变

续表

选择方式	描述
QAbstractItemView.SelectionMode.ExtendedSelection	用户可以选择多个不连续的项目，这通常是通过使用 Ctrl 键来实现的；如果用户在单击项目时按下 Shift 键，则当前项目和单击项目之间的所有项目都将被选中或取消选中；也可以通过将鼠标指针拖动到多个项目上进行选择
QAbstractItemView.SelectionMode.ContiguousSelection	当用户以一般方式选择项目时，将清除选择并选择新项目；如果用户在单击项目时按下 Shift 键，则当前项目和单击项目之间的所有项目都将被选中或取消选中

在一个视图中，总是存在一个当前项和一个选定项。一个项目，既可以是当前项，也可以是选定项。视图负责确保始终存在当前项，如键盘导航就需要当前项的存在。当前项与选定项之间的差异如表 13-3 所示。

表 13-3　当前项与选定项之间的差异

当前项	选定项
当前只能有一项	可以有多个选定项
当前项将通过键盘导航或单击鼠标按钮进行更改	当用户与项目进行交互时，项目的选定状态在已选中或取消选中之间进行切换
如果按"F2"键或双击项目（前提是启用编辑功能），则当前项将被编辑	当前项可以与锚点结合使用，用于指定应该选择、取消选择或两者兼而有之的范围
当前项由焦点矩形来表示	选定项由选择矩形来表示

当前项与选定项的直观差异如图 13-6 所示。

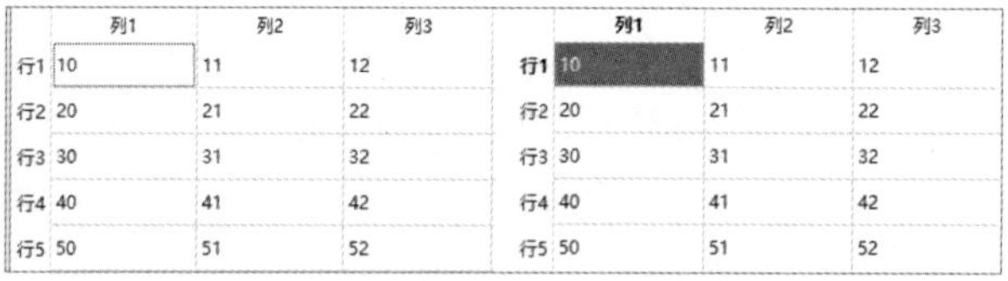

图 13-6　当前项与选定项的直观差异

3. 代理

视图负责向用户展示模型数据，并处理用户输入。为了使这种输入方式具有灵活性，交互将交由代理来完成。

代理中的控件提供了输入功能，同时负责渲染一些视图中的单个项目。控制代理的标准接口被定义在 QAbstractItemDelegate 类中。如果只是简单地基于控件的代理，则可以子类化 QStyledItemDelegate。

以下是自定义代理的示例代码：

```python
class DIYItemDelegate(QStyledItemDelegate):
    def __init__(self):
        super().__init__()

    def paint(self, painter, option, index):
        pass

    def createEditor(self, parent, option, index):
        pass

    def setEditorData(self,editor,index):
        pass

    def setModelData(self,editor,model,index):
        pass

    def updateEditorGeometry(self, editor, option, index):
        Pass
```

- paint()：在重新实现 paint()方法时，通常需要处理想要绘制的数据类型，并使用超类实现其他类型。
- createEditor()：返回用于改变模型数据的控件。用户可以重新实现该方法，以自定义编辑行为。
- setEditorData()：为控件提供可操作的数据。
- setModelData()：将更新的数据返回到模型中。
- updateEditorGeometry()：确保编辑器在项目视图中正确显示。

13.2　QListView 类——列表型视图

第 12 章介绍了 QListWidget、QTreeWidget 和 QTabWidget 类。通过如图 13-7 所示的类之间的继承关系，可以发现这 3 个类的父类分别是 QListView 类、QTreeView 类和 QTableView 类（这 3 个父类均位于 PyQt6.QtWidgets 模块中）。

通过 13.1 节可以知道，在使用 QListView、QTreeView 和 QTableView 类时需要与具体的模型相结合，但是它们的子类 QListWidget、QTreeWidget 和 QTabWidget 却能直接使用。这是因为这 3 个子类是 PyQt 提供的便捷类，可以满足大部分的数据展示需求。

QListView 类为模型提供了一个列表或图标视图，如图 13-8 所示。

图 13-7　类之间的继承关系

图 13-8　QListView 类举例

（资料来源：帮助手册）

13.2.1　QListView 类的基本使用方法

QListView 用于显示存储在模型中的项目，这些项目可以是简单的非层次列表，也可以是图标集合。该视图不显示水平标题或垂直标题。若需要显示带有水平标题的项目列表，则需要使用 QTreeView 类。列表视图中的项目有两种视图模式：在 ListMode 中，项目以简单列表的形式显示（默认）；在 IconMode 中，项目以图标视图的形式显示。若要更改视图模式，则可以使用 setViewMode()方法。视图模式如表 13-4 所示。

表 13-4　视图模式

视图模式	描述
QListView.ViewMode.ListMode	项目采用从上到下的布局，尺寸较小，可静态移动
QListView.ViewMode.IconMode	项目采用从左到右的布局，尺寸较大，可自由移动

视图中的项目按照列表视图的布局方向排列，并且通过 flow()方法返回。布局方向如表 13-5 所示。如果 flow()方法为 LeftToRight，则项目将从左至右排列。如果 isWrapping 属性为 True，则布局将在到达可见区域的右侧时进行换行；如果 isWrapping 属性为 TopToBottom，则项目将从可见区域的顶部进行布局，并在到达底部时进行分割。

表 13-5　布局方向

项目布局方向	描述
QListView.Flow.LeftToRight	项目在视图中从左到右排列
QListView.Flow.TopToBottom	项目在视图中从上到下排列

resizeMode()方法用于确定调整视图大小时是否重新布局项目，具体分为两种模式，如表 13-6 所示。

表 13-6　布局模式

布局模式	描述
QListView.ResizeMode.Fixed	只有在首次显示视图时才会布局项目
QListView.ResizeMode.Adjust	每次调整视图大小时，项目都会重新排列

setLayoutMode()方法用于控制项目的布局时机，具体分为两种，如表 13-7 所示。

表 13-7　布局时机

布局时机	描述
QListView.LayoutMode.Batched	Batched 模式下按照一定的批次（batchSize）进行分组和显示
QListView.LayoutMode.SinglePass	项目一次性全部布置好，默认值

movement()方法可以返回视图的状态，并根据视图的状态确定项目是固定的还是允许移动的。项目根据其 gridSize()方法的返回值进行间隔，并且可以存在于由 gridSize()方法的返回值指定大小的网格内。这些项目可以根据它们的尺寸（iconSize()方法的返回值）而呈现为大图标或小图标。移动方式如表 13-8 所示。

表 13-8　移动方式

移动方式	描述
QListView.Movement.Free	用户可自由移动项目
QListView.Movement.Snap	在移动时，项目会被捕捉到指定的网格中
QListView.Movement.Static	用户无法移动项目

13.2.2　QListView 类的常用方法和信号

1. QListView 类的常用方法

QListView 类的常用方法详见本书配套资料。

2. QListView 类的信号

indexesMoved(Iterable[QModelIndex])：当指定索引在视图中移动时，会发出该信号，参数为索引。

13.2.3　【实战】使用 QListView 类模拟 QQ 好友界面

12.1 节使用 QListWidget 类实现了模拟 QQ 好友界面，现在通过 QListView 类来模拟。

1. 程序功能

该程序的基本功能与 12.1 节中的功能相似，包含添加分组、添加好友、删除好友，以及转移好友到其他分组。

2. 程序结构

使用 QListView 类模拟 QQ 好友界面涉及 4 个 Python 文件——qq.py、newFriendDialog.py、ListModel.py 和 ListView.py。其中，qq.py 是主程序文件，newFriendDialog.py 是添加好友对话框文件（与第 12 章中的一致），ListModel.py 是自定义模型文件，ListView.py 是自定义视图文件。

好友头像和姓名位于 qqres 文件夹中。整个程序结构图详见本书配套资料。

3. 程序实现

这里仅展示核心代码，完整程序位于本书配套资料的 PyQt6\chapter13\listview 中。newFriendDialog.py 与第 12 章中的一致，这里不再赘述。

（1）主程序文件 qq.py。

主程序中 QQ 类继承自 QToolBox 类，主要用于展示每个 QQ 分组中的好友，以及单击鼠标右键后添加分组。

```python
class QQ(QToolBox):
    …… # 省略部分代码
    def initUI(self):
        """界面"""
        …… # 省略部分代码
        FriendListView = ListView()
        FriendListView.setViewMode(QListView.ViewMode.ListMode)
        # 设置视图模型
        FriendListView.setStyleSheet("QListView{icon-size:70px}")
        # 设置 QListView 图标的大小为 70px
        dic_list = {"listview":FriendListView, "groupname":"我的好友"}
        # 将当前 listview 对象和分组名称放入同一个字典
        FriendListView.setListview_group(dic_list)
        # 将字典放入 listview_group 列表
        self.addItem(FriendListView, "我的好友")

    def contextMenuEvent(self, event):
        """右键菜单"""
        pmenu = QMenu(self)
        pAddGroupAct = QAction("添加分组", pmenu)
        pmenu.addAction(pAddGroupAct)
        pAddGroupAct.triggered.connect(self.addGroup)
        pmenu.popup(self.mapToGlobal(event.pos()))

    def addGroup(self):
        """添加分组"""
        groupname, isok = QInputDialog.getText(self, "输入分组名", "")
        # 返回一个元组，其中第 0 个元素是分组名称，第 1 个元素返回用户是否按了 "Enter" 键
        if isok:
            if groupname:
                FriendListView1 = ListView()
```

```
        FriendListView1.setViewMode(QListView.ViewMode.ListMode)
        FriendListView1.setStyleSheet("QListView{icon-size:70px}")
        self.addItem(FriendListView1, groupname)
        dic_list={"listview":FriendListView1,"groupname":groupname}
        FriendListView1.setListview_group(dic_list)
        # 新建 ListView 对象并将其与分组名称添加到字典当中
        # 通过 setListview_group()方法将字典放入 listview_group 列表
    else:
        QMessageBox.warning(self, "警告", "分组名称没有填写！")
        # 若没有填写分组名但按了 "Enter" 键, 则报错
```

（2）自定义模型文件 ListModel.py。

① 自定义模型主要用于选择合适的父类。

本实战中自定义模型的 ListModel 类继承自 QAbstractListModel 类,而 QAbstractListModel 类是 QAbstractItemModel 类的子类。

如果通过直接继承 QAbstractItemModel 类来自定义模型, 则至少需要实现 index()、parent()、rowCount()、columnCount()和 data()方法。假设自定义的模型为 CustomModel, 则示例代码如下:

```python
class CustomModel(QAbstractItemModel):
    def __init__(self, parent=None):
        super().__init__(parent)

    def rowCount(self, parent=QModelIndex()):
        # 返回行数
        pass

    def columnCount(self, parent=QModelIndex()):
        # 返回列数
        pass

    def data(self, index, role=Qt.ItemDataRole.DisplayRole):
        # 返回指定索引位置的数据
        pass

    def index(self, row, column, parent=QModelIndex()):
        # 返回指定行列的索引
        pass

    def parent(self, index):
        # 返回指定索引的父索引
        pass
```

但是，如果通过继承 QAbstractListModel 类来自定义模型，则必须实现 rowCount()和 data()方法。与直接继承 QAbstractItemModel 类相比，这种方式需要实现的方法少。

② 自定义模型行数据的插入和删除。

想要调整模型的数据结构，调用相应的方法非常重要。在将新行插入数据结构之前，需要调用 beginInsertRows()方法，并且必须立即调用 endInsertRows()方法。

插入行数据示例如图 13-9 所示。

示例代码如下：

```
beginInsertRows(parent, 2, 4)
```

由于这里将在第 2 行之前插入 3 行数据，因此将第一个参数设置为 2，最后一个参数设置为 4。这两个参数分别表示想要插入模型项中行范围的第一行和最后一行的编号。

添加行数据示例如图 13-10 所示。

示例代码如下：

```
beginInsertRows(parent, 4, 5)
```

由于这里将两行数据添加到现有 4 行（以第 3 行结尾）数据中，因此将第一个参数设置为 4，最后一个参数设置为 5。

在从数据结构中删除行之前调用 beginRemoveRows()方法，并且必须立即调用 endRemoveRows()方法。

删除行数据示例如图 13-11 所示。

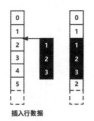
插入行数据

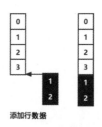
添加行数据

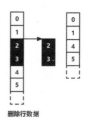
删除行数据

图 13-9　插入行数据示例　　　图 13-10　添加行数据示例　　　图 13-11　删除行数据示例

示例代码如下：

```
beginRemoveRows(parent, 2, 3)
```

由于这里将删除第 2 行和第 3 行数据，因此将第一个参数设置为 2，最后一个参数设置为 3。

③ 实现自定义模型的核心代码。

```
current_dir = os.path.dirname(os.path.abspath(__file__))
# 当前目录的绝对路径
class ListModel(QAbstractListModel):
    def __init__(self, Parent=None):
```

```
        super().__init__(Parent)
        self.ListItemData = []  # 存储每个 QQ 好友的列表
        self.Data_init()

    def data(self, index, role):
        """
        子类化 QAbstractListModel 类必须实现的方法，主要用于返回 index 所引用项目的指
定 role 下存储的数据
        """
        if index.isValid() or (0 <= index.row() < len(self.ListItemData)):
            if role == Qt.ItemDataRole.DisplayRole:
                return QVariant(self.ListItemData[index.row()]["name"])
                # 以文本形式呈现数据
            elif role == Qt.ItemDataRole.DecorationRole:
                return QVariant(QIcon(self.ListItemData[index.row()]
["iconPath"]))
                # 以图标形式呈现装饰数据
            elif role == Qt.ItemDataRole.SizeHintRole:
                return QVariant(QSize(70, 70))
                # 视图项目的大小
            elif role == Qt.ItemDataRole.TextAlignmentRole:
                return QVariant(int(Qt.AlignmentFlag.AlignHCenter|Qt.
AlignmentFlag.AlignVCenter))
                # 文本对齐方式
            elif role == Qt.ItemDataRole.FontRole:
                font = QFont()
                font.setPixelSize(20)
                return QVariant(font)
                # 设置字体
        return QVariant()
        # 若不是上述情况，则返回为空。注意：这里返回的是 QVariant 类型的数据

    def rowCount(self, parent):
        """返回行数。行数是数据列表的大小"""
        return len(self.ListItemData)

    def Data_init(self):
        """随机生成 10 个好友"""
        for i in range(10):
            frineName, iconpath = self.loadrandomName()
            ItemData = {"name":"", "iconPath":""}
```

```
                ItemData["name"] = frineName
                ItemData["iconPath"] = iconpath
                """其中，联系人的姓名是随机生成的，并且头像的路径也是随机生成的。将姓名和头
像路径添加到字典中"""
                self.ListItemData.append(ItemData)     # append 到数据列表里面


        def loadrandomName(self):
            """载入姓名和头像"""
            with codecs.open(f"{current_dir}\\qqres\\name.txt", "r", "utf-8")
as f:
                nameList = f.read().split("\r\n")
                frineName = random.choice(nameList)     # 随机姓名
                iconpath = f"{current_dir}\\qqres\\{frineName[0]}.png"
                # 随机姓名对应的头像
                return frineName, iconpath


        def addItem(self, itemData):
            """新增的操作实现"""
            if itemData:
                self.beginInsertRows(QModelIndex(), len(self.ListItemData),
len(self.ListItemData) + 1)
                self.ListItemData.append(itemData)
                self.endInsertRows()
                # 结束插入行操作


        def deleteItem(self, index):
            """将指定索引的数据从数据列表中删除"""
            self.beginRemoveRows(QModelIndex(), index, index + 1)
            del self.ListItemData[index]
            self.endRemoveRows()


        def getItem(self, index):
            """获取相应的项目数据"""
            if index > -1 and index < len(self.ListItemData):
                return self.ListItemData[index]
```

（3）自定义视图文件 ListView.py。

以下代码用于定义一个继承自 QListView 类的 LisView 类，以实现右键菜单，以及删除好友、
添加好友、转移好友操作。

```
class ListView(QListView):
    listview_group = []
```

```
# listview_group 用于保存 QListView 对象和分组名称的对应关系

def __init__(self):
    super().__init__()
    self.listmodel = ListModel(self)
    self.setModel(self.listmodel)              # 使用自定义的模型

def contextMenuEvent(self, event):
    """右键菜单"""
    hitIndex = self.indexAt(event.pos()).column()
    # 返回鼠标指针相对于接收事件的小控件的位置
    pmenu = QMenu(self)
    pAddItem = QAction("新增好友", pmenu)
    pmenu.addAction(pAddItem)
    pAddItem.triggered.connect(self.addNewfriend)
    if hitIndex > -1:                          # 查找索引
        pDeleteAct = QAction("删除", pmenu)
        pmenu.addAction(pDeleteAct)
        pDeleteAct.triggered.connect(self.deleteItemFriend)
        if len(self.listview_group) > 1:  # 分组数量大于 1
            pSubMenu = QMenu("转移好友至", pmenu)
            pmenu.addMenu(pSubMenu)
            for item_dic in self.listview_group:
                # 获取每个分组的名称，并新建一个 QAction 对象
                # 将新的 QAction 对象加入 pSubMenu
                if self != item_dic["listview"]:
                    pMoveAct = QAction(item_dic["groupname"], pmenu)
                    pSubMenu.addAction(pMoveAct)
                    pMoveAct.triggered.connect(self.move)
                    # 当单击每个分组时，执行好友转移分组操作。这里调用 move() 方法
    pmenu.popup(self.mapToGlobal(event.pos()))
    # 显示菜单，以便 QAction 对象在指定的全局位置坐标处执行动作
    # 这里全局位置坐标是根据小控件的本地坐标转换而来的

def deleteItemFriend(self):
    """删除好友"""
    index = self.currentIndex().row()
    if index > -1:
        self.listmodel.deleteItem(index)

def setListview_group(self, listview):
```

```
        """将分组名称和 QListView 对象字典添加到 listview_group 数据列表中"""
        self.listview_group.append(listview)

    def addNewfriend(self):
        """添加好友"""
        newFfiendExec = NewFriend(self)
        newFfiendExec.friendItem.connect(self.getNewFriend)
        newFfiendExec.exec()

    def getNewFriend(self, name, iconPath):
        """获取新的朋友"""
        newFriendItemData = {"name":"", "iconPath":""}
        newFriendItemData["name"] = name
        newFriendItemData["iconPath"] = iconPath
        self.addItemFriend(newFriendItemData)

    def addItemFriend(self, friendItem):
        """添加一个好友"""
        self.listmodel.addItem(friendItem)

    def move(self):
        """实现好友转移功能"""
        tolistview = self.find(self.sender().text())
        # 找到被单击分组的对应 QListView 对象
        index = self.currentIndex().row()
        friendItem = self.listmodel.getItem(index)
        tolistview.addItemFriend(friendItem)
        self.listmodel.deleteItem(index)
        # 首先获取待转移的好友，然后在目的分组中添加这个好友，最后在原分组中删除这个好友

    def find(self, pmenuname):
        """查找分组对象"""
        for item_dic in self.listview_group:
            if item_dic["groupname"] == pmenuname:
                return item_dic["listview"]
```

13.3 QTreeView 类——树形视图

QTreeView 类实现了模型中项目的树形表示形式，是 PyQt 模型/视图框架的一部分。

13.3.1　QTreeView 类的基本使用方法

QTreeView 类允许显示 QAbstractItemModel 类（或子类）模型提供的数据。在以下示例中，目录的内容由 QFileSystemModel 提供，并显示为树形结构：

```
model = QFileSystemModel()
model.setRootPath('.')
tree = QTreeView()
tree.setModel(model)
```

程序执行效果如图 13-12 所示。

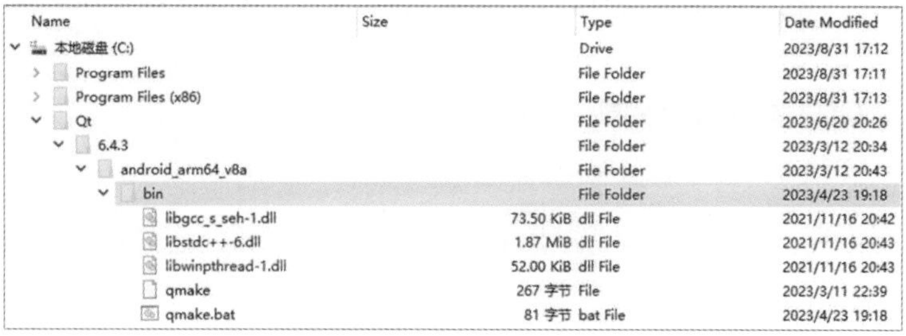

图 13-12　程序执行效果

模型/视图框架可以确保树形视图的内容随着模型的更改而更改。具有子项目的项目可以处于展开（子项目可见）或折叠（子项目隐藏）状态。用于指示层次结构级别的缩进量是由缩进（indentation）属性控制的。

在树形视图中，标题是通过 QHeaderView 类来构建的。在树形视图中，默认除第一列外，所有列都是可移动的。要禁用这些列的移动，可以使用 QHeaderView 的 setSectionMovable() 方法来实现。

13.3.2　QTreeView 类的常用方法和信号

1. QTreeView 类的常用方法

QTreeView 类的常用方法详见本书配套资料。

2. QTreeView 类的信号

- collapsed(QModelIndex)：当折叠索引指定的项目时，会发出此信号，参数为索引。
- expanded(QModelIndex)：当展开索引指定的项目时，会发出此信号，参数为索引。

13.3.3　【实战】使用 QTreeView 类模拟 TIM 界面

在 12.2 节的实战中，使用 QTreeWidget 类实现了模拟 TIM 界面，其中每个项目是一个 QTreeWidgetItem。本节通过 QTreeView 类来实现模拟 TIM 界面，其中模型使用的是

QStandardItemModel 类，每个项目节点使用的是 QStandardItem 类。

1. 程序功能

使用 QTreeView 类模拟 TIM 界面，与 12.2 节中使用 QTreeWidget 类模拟 TIM 界面的大部分功能相似。由于篇幅有限，下面省略了部分多选框的使用代码。

2. 程序结构

使用 QTreeView 类模拟 TIM 界面涉及 3 个 Python 文件——TIM.py、newFriendDialog.py 和 friendTree.py。其中，TIM.py 是主程序文件，newFriendDialog.py 是添加好友对话框文件（与第 12 章中的一致），friendTree.py 是自定义视图文件。头像等图片文件和好友姓名位于 timres 文件夹中。

整个程序结构图详见本书配套资料。

3. 程序实现

这里仅展示核心代码，完整程序位于本书配套资料的 PyQt6\chapter13\treeview 中。因为 newFriendDialog.py 与第 12 章中的相同，所以这里不再赘述。

（1）主程序文件 TIM.py。

以下代码主要用于实现 TIM 界面的模拟。其中，在搜索好友时，名称栏会调用自动补全功能，该功能涉及的 onUsernameChoosed(name)和 autocompleteName(text)方法，以及调用添加好友对话框的 addNewFriendDialog()方法与第 12 章中的方法类似，这里不再赘述。

```python
class TIM(QWidget):
    def __init__(self):
        super().__init__()
        self.initUI()

    def initUI(self):
        …… # 省略部分与 12 章中类似的代码
        self.treeView = FriendTree(self)

    def searchFriend(self):
        """查找好友"""
        username = self.lineEdit.text()
        if username:
            useritemindex = self.treeView.searchuser(username)
            if useritemindex: # 只有好友存在，才会提示找到好友
                useritem=self.treeView.userslist[useritemindex]["user"]
                index = self.treeView.model().indexFromItem(useritem)
                self.treeView.setCurrentIndex(index)  # 按照索引查找好友
```

```
    def setnewFriend(self, newname, newicon):
        """
        设置需要添加的好友
        newname 表示好友姓名
        newicon 表示好友的头像路径
        """
        newitem = QStandardItem()
        font = QFont()
        font.setPointSize(16)
        newitem.setFont(font)
        newitem.setText(newname)                              # 好友姓名
    newitem.setTextAlignment(Qt.AlignmentFlag.AlignHCenter|Qt.AlignmentFlag.
AlignVCenter)
        newitem.setIcon(QIcon(newicon))                       # 好友头像
        comboxinfo = self.adduser.comboBox.currentText()      # 添加好友分组
        cindex = self.treeView.searchgroup(comboxinfo)
        group = self.treeView.grouplist[cindex]["group"]      # 分组对象
        self.treeView.grouplist[cindex]["childcount"] += 1
    userdic={"user":newitem,"username":newname,"iconPath":QIcon(newicon),
"isvip":0, "ishide":0}                                        # 新的好友信息
        self.treeView.userslist.append(userdic)
        group.appendRow(newitem)                    # 在分组中添加好友
        self.treeView.restatistic_op(group)  # 在添加好友后，更新相关数据
```

（2）自定义视图文件 friendTree.py。

自定义 FriendTree 类继承自 QTreeView 类，其中代码实现部分涉及两个非常重要的类——QStandardItemModel 和 QStandardItem。前者是 QTreeView 类所使用的模型，而后者则是树形结构中的每个项目节点。

① QStandardItemModel 类的基本使用方法。

QStandardItemModel 类采用项目来处理模型，模型中的项目由 QStandardItem 对象表示。常见的做法是首先创建一个空的 QStandardItemModel 对象，然后使用 appendRow()方法将项目添加到模型中，最后通过 item()方法访问特定的项目。若将模型表示为一张表格，通常可以在初始化 QStandardItemModel 类时传入表格的行数和列数，随后通过 setItem()方法将项目定位到特定的单元格。表格的行数和列数可以通过 setRowCount()和 setColumnCount()方法进行更改。插入项目可以通过 insertRow()或 insertColumn()方法来实现，而删除项目则可以通过 removeRow()或 removeColumn()方法来实现。clear()方法可以一次性从模型中删除所有项目。

setHorizontalHeaderLabels()和 setVerticalHeaderLabels()方法可以为模型设置水平标题

和垂直标题，findItems()方法可以在模型中搜索特定项目，sort()方法可以对模型进行排序。

② QStandardItem 类的基本使用方法。

QStandardItem 项目对象一般包含文本、图标或多选框。每项都可以使用 setBackground() 方法来设置背景颜色，使用 setFont()和 setForeground()方法来指定字体和前景颜色。通过调用 setData()方法，可以在项目中存储特定应用程序的数据。

在默认情况下，项目具有启用、可编辑、可选择和多选等几种标志。用户可以使用 setFlags() 方法更改每个项目的标志，使用setCheckState()方法来设置项目是否可以多选，使用checkState() 方法来返回项目的选中状态。

每个项目可以包含子项目，而每个子项目都有一个二维表。例如，树形结构就是典型的层次结构。子项目表的行和列可以使用setRowCount()和setColumnCount()方法来设置。通过 setChild() 方法可以将项目定位到子项目表。子项目表的新行和列可以使用 insertRow()和 insertColumn()方法插入，或者使用 appendRow()和 appendColumn()方法来添加。removeRow()或 takeRow() 方法可以删除子项目表的行，removeColumn()或 takeColumn()方法可以删除子项目表的列。sortChildren()方法可以对项目的子项目进行排序。

在对 QStandardItem 类进行子类化以满足个性需求时，如果需要执行自定义的数据查询处理或控制项目数据的表示方式，则应实现 data()和 setData()方法。如果要让 QStandardItemModel 类能够按照需要创建自定义项目类的实例，则应实现 clone()方法。如果要控制项目的序列化形式，则应重新实现 read()和 write()方法。

③ 代码展示。

【代码片段 1】

以下代码用于完成应用程序执行时的一些基本设置，并默认添加"我的好友"分组。

```python
current_dir = os.path.dirname(os.path.abspath(__file__))  # 当前目录的绝对路径


class FriendTree(QTreeView):
    def __init__(self, Parent=None):
        super().__init__(Parent)
        self.grouplist = []            # 存储分组信息列表
        self.userslist = []            # 存储用户信息列表
        self.initData()


    def initData(self):
        """数据初始化"""
        self.treeModel = QStandardItemModel(self)
        self.setModel(self.treeModel)
        self.setColumnWidth(0, 50)    # 列宽
```

```
self.setStyleSheet("QTreeView{icon-size:70px}")          # 头像图标
self.treeModel.setHorizontalHeaderLabels(["好友"])       # 设置标题标签
self.root = self.treeModel.invisibleRootItem()           # 总的根节点
self.creategroup("我的好友")   # 添加"我的好友"分组
self.expandAll()              # 默认展开"我的好友"分组
```

【代码片段 2】

以下代码用于实现添加好友分组和好友节点项目，其中省略了一些与第 12 章中类似的代码。

```
def creategroup(self, groupname):
    """
    添加分组
    groupname 表示分组名称
    """
    hidernum = 0 # 统计离线好友
    group = QStandardItem()
    self.root.appendRow(group)
    # 添加一个分组（QStandardItem 类型），并将这个分组移动到 self.treeView 下
    groupdic = {"group":group, "groupname":groupname, "childcount":0,
"childishide":0}
    # 分组信息字典，包括分组名称、在线人数、离线人数
    for i in range(10):
        # 创建一个好友，并返回姓名、头像、是否为会员、是否离线
        randname, randicon, isvip, ishider = self.createusers()
        child = self.newFriendItem([randname, randicon, isvip, ishider])
        group.appendRow(child)          # 将每个好友添加到之前创建的 group 分组中
    childnum = group.rowCount()         # 统计每个分组下好友的数量
    ...
    group.setText(groupname)  # 将指定列中显示的文本设置为指定文本，如"我的好友
8/10"
    self.grouplist.append(groupdic) # 将分组加入分组列表中

def newFriendItem(self, info):
    """
    新好友项目节点
    info 表示好友属性，List 类型
    """
    newFriend = QStandardItem()         # 新好友节点
    name = info[0]                      # 姓名
    icon = info[1]                      # 头像
    isvip = info[2]                     # 是否为会员
    ishider = info[3]                   # 是否离线
```

```
        userdic = {"user":newFriend, "username":name, "iconPath":icon,
"isvip":0, "ishide":0} # 单个好友字典数据
        self.userslist.append(userdic)
        newFriend.setText(name)
        font = QFont()
        font.setPointSize(16)
        newFriend.setFont(font)
        newFriend.setIcon(icon)
    newFriend.setTextAlignment(Qt.AlignmentFlag.AlignHCenter|Qt.
AlignmentFlag.AlignVCenter)
        if isvip == 1:
            # 会员红名
            newFriend.setForeground(QBrush(Qt.GlobalColor.red))
            newFriend.setToolTip("会员红名尊享")
            userdic["isvip"] = 1
        if ishider == 1:
            # 是否离线
            userdic["ishide"] = 1
        return newFriend
```

【代码片段 3】

以下代码用于实现添加分组、重命名分组和删除分组功能，其中省略了部分与第 12 章中类似的方法。

```
    def contextMenuEvent(self, event):
        """右键菜单"""
        hitIndex = self.indexAt(event.pos())
        # 返回鼠标指针相对于接收事件的小控件的位置
        if hitIndex.isValid():
            hitItem = self.treeModel.itemFromIndex(hitIndex)
            if not hitItem.parent():                              # 判断是否为根节点
                pgroupmenu = QMenu(self)
                pAddgroupAct = QAction("添加分组", pgroupmenu)
                pRenameAct = QAction("重命名分组", pgroupmenu)
                pDeleteAct = QAction("删除该组", pgroupmenu)
                pgroupmenu.addAction(pAddgroupAct)
                pgroupmenu.addAction(pRenameAct)
                pgroupmenu.addAction(pDeleteAct)
                pAddgroupAct.triggered.connect(self.addgroup)      # 添加分组
                pRenameAct.triggered.connect(lambda:self.renamegroup(hitItem))
                if self.indexAbove(hitIndex) == self.root.index():
                    # 不能删除位置在最上面的分组
```

```
                        pDeleteAct.setEnabled(False)
                    else:
                        pDeleteAct.triggered.connect(lambda:self.deletegroup(hitItem))
                    pgroupmenu.popup(self.mapToGlobal(event.pos()))   # 弹出右键菜单
            else:
                pItemmenu = QMenu(self)
                pDeleteItemAct = QAction("删除好友", pItemmenu)
                pItemmenu.addAction(pDeleteItemAct)
                pDeleteItemAct.triggered.connect(self.delete)
                if len(self.grouplist) > 1:                           # 分组数量大于 1
                    pSubMenu = QMenu("转移好友至", pItemmenu)
                    pItemmenu.addMenu(pSubMenu)
                    for item_dic in self.grouplist:
                        if item_dic["group"] is not hitItem.parent():
                            pMoveAct= Action(item_dic["groupname"] ,pItemmenu)
                            pSubMenu.addAction(pMoveAct)
                            pMoveAct.triggered.connect(self.moveItem)
                if len(self.getListitems()) == 1:
                # 当用户所选好友数量只有 1 个时，才能设置备注
                    pRenameItemAct = QAction("设定备注", pItemmenu)
                    pItemmenu.addAction(pRenameItemAct)
                    pRenameItemAct.triggered.connect(lambda:self.
renameItem(hitItem))
                pItemmenu.popup(self.mapToGlobal(event.pos()))
                #弹出右键菜单


    def renamegroup(self, hitgroup):
        """重命名分组，并跟新相关数据"""
        gnewname, isok = QInputDialog.getText(self, "提示信息", "请输入分组的新
名称")
        if isok:
            if not gnewname:
                QMessageBox.information(self, "提示", "分组名称不能为空哦")
            else:
                hitgroup.setText(gnewname)
                gindex = self.searchgroup(hitgroup)
                self.grouplist[gindex]["groupname"] = gnewname
                self.restatistic_op(hitgroup)                # 重新刷新好友在线情况


    def deletegroup(self, hitItem):
        """删除分组"""
```

```
        gindex = self.searchgroup(hitItem)
        reply = QMessageBox.question(self, "警告", "确定要删除这个分组及其好友吗？ ",
QMessageBox.StandardButton.Yes | QMessageBox.StandardButton.No,
QMessageBox.StandardButton.No)
        if reply == QMessageBox.StandardButton.Yes:
            row = hitItem.row()
            self.root.removeRow(row)          # 删除分组
            del self.grouplist[gindex]        # 删除分组列表中的数据


    def searchgroup(self, hitgroup):
        """根据分组返回分组对象列表中的索引"""
        # 根据分组名称返回分组对象在分组列表中的索引，用于将好友转移到不同的分组中
        if isinstance(hitgroup, str):
            for index, g in enumerate(self.grouplist):
                if g["groupname"] == hitgroup:
                    return index
        else: # 根据分组对象返回分组对象在分组列表中的索引
            for index, group in enumerate(self.grouplist):
                if group["group"] == hitgroup:
                    return index
```

【代码片段 4 】

　　以下代码用于实现删除好友、添加好友、转移好友、好友重命名功能，其中转移好友与第 12 章中的代码区别较大，需要先在新的分组中新建 QStandardItem 对象，再添加原来分组中好友的属性。

```
    def delete(self):
        """删除好友"""
        delitemsIndex = self.getListitems()
        self.deleteItems(delitemsIndex)


    def deleteItems(self, itemsIndex):
        """删除好友的具体操作"""
        # 将要删除的好友项目列表倒序，否则会出现删除错误
        for delitemIndex in itemsIndex[::-1]:
            delitem = self.treeModel.itemFromIndex(delitemIndex)
            # 根据模型索引返回具体的好友节点项目对象
            dindex = self.searchuser(delitem)
            ishide = self.userslist[dindex]["ishide"]
            # 找到待删除好友在 userslist 列表中的索引，以及是否离线的信息
            del self.userslist[dindex]          # 直接删除存储在 userslist 列表中的对象
            fathergroup = delitem.parent()      # 分组节点
            findex = self.searchgroup(fathergroup)
```

```python
        if ishide == 1:
            self.grouplist[findex]["childishide"] -= 1
            self.grouplist[findex]["childcount"] -= 1
        """若要删除的好友的状态是离线的，则修改 grouplist 中相应的 group 字典信息：
总数 - 1，离线数量 - 1"""
        else:
            self.grouplist[findex]["childcount"] -= 1
        # 否则只需将总数 - 1
        row = delitem.row()                     # 获取行号
        fathergroup.removeRow(row)              # 删除分组下的好友
        self.restatistic_op(fathergroup) # 再次更新删除了好友的分组中的好友信息

    def moveItem(self):
        """转移好友"""
        movelist = self.getListitems()
        togroupname = self.sender().text()
        mindex = self.searchgroup(togroupname)           # 获取新的分组对象
        togroup = self.grouplist[mindex]["group"]
        # 分组中好友的添加、删除操作
        self.add(togroup, movelist)
        self.deleteItems(movelist)

    def add(self, togroup, itemsIndex):
        """在分组中添加好友
        togroup 表示目标分组
        itemsIndex 表示好友在模型中的索引
        """
        gindex = self.searchgroup(togroup)
        for index in itemsIndex:
            item = self.treeModel.itemFromIndex(index)
            aindex = self.searchuser(item)    # 从好友列表中获取好友的基本信息
            name = self.userslist[aindex]["username"]      # 姓名
            icon = self.userslist[aindex]["iconPath"]      # 头像
            isvip = self.userslist[aindex]["isvip"]        # 是否为会员
            ishide = self.userslist[aindex]["ishide"]      # 是否离线
            # 更新 grouplist 中的相应信息，以使其与实际情况保持一致
            if ishide == 1:
                self.grouplist[gindex]["childishide"] += 1
                self.grouplist[gindex]["childcount"] += 1
            else:
                self.grouplist[gindex]["childcount"] += 1
```

```
        newItem = self.newFriendItem([name, icon, isvip, ishide])
        # 构建新的好友对象转移功能
        togroup.appendRow(newItem)
        self.restatistic_op(togroup)         # 再次更新分组上的数量


def getListitems(self):
    """获取选定好友项目在模型中的索引"""
    selectedIndex = self.selectionModel().selectedIndexes()
    return selectedIndex                     # 返回所有选定的非隐藏项目列表的索引


def renameItem(self, hituser):
    """设置好友备注"""
    uindex = self.searchuser(hituser)       # 获取当前选定好友的索引
    unewname, isok = QInputDialog.getText(self, "提示信息", "请输入备注名称")
    if isok:
        if not unewname:
            QMessageBox.information(self, "提示", "备注名称不能为空哦")
        else:
            hituser.setText(unewname)
            self.userslist[uindex]["username"] = unewname


def searchuser(self, hituser):
    """返回好友在列表中的索引"""
    for index, u in enumerate(self.userslist):
        if u["username"] == hituser:
            return index
```

13.4 QTableView 类——表格型视图

QTableView 类用于显示模型中项目的表格视图，是 PyQt 模型/视图框架的一部分，如图 13-13 所示。

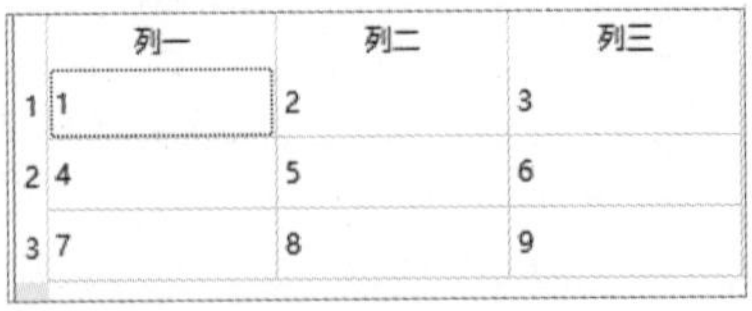

图 13-13　QTableView 类举例

13.4.1 QTableView 类的基本使用方法

QTableView 类可以显示 QAbstrackItemModel 类及其子类模型提供的数据，如 QStandardItemModel 模型。

setHorizontalHeader() 和 setVerticalHeader() 方法可以设置表格视图的水平标题和垂直标题。setRowHeight() 方法可以设置行高，setColumnWidth() 方法可以设置列宽。标题包含 highlightSection 和 sectionClickable 属性，可以实现突出显示选定项目和可单击标题。

hideRow()、hideColumn()、showRow() 和 showColumn() 方法可以隐藏或显示行和列。selectRow() 和 selectColumn() 方法可以选择指定的行和列。setShowGrid() 方法可以设置表格视图是否显示网格。在表格视图中插入控件，可以使用 setIndexWidget() 方法来实现。

12.3.2 节设置列宽大小的几种方式，同样适用于表格视图列宽或行高的调整。

13.4.2 QTableView 类的常用方法和信号

1. QTableView 类的常用方法

QTableView 类的常用方法详见本书配套资料。

2. QTableView 类的信号

因为 QTableView 类没有自己的信号，所以这里列举的信号是其父类 QAbstractItemView 的常见信号。

- activated(QModelIndex)：当用户激活索引指定的项目时，会发出此信号，参数为项目索引。
- clicked(QModelIndex)：当项目被单击时，会发出此信号，该信号仅在索引有效时发出，参数为项目索引。
- doubleClicked(QModelIndex)：当项目被双击时，会发出此信号，该信号仅在索引有效时发出，参数为项目索引。
- entered(QModelIndex)：当光标进入由索引指定的项目时，会发出此信号（需要启用鼠标跟踪，此功能才能工作），参数为项目索引。

13.4.3 【实战】使用 QTableView 类实现多样式数据的呈现

本节主要展示如何使用 QTableView 类实现多样式表格视图数据的呈现，如图 13-14 所示。其中，使用 QStandardItemModel 类来实现模型，使用 QStandardItem 类来实现每个项目，使用自定义 QStyledItemDelegate 类来实现数据呈现方法。

图 13-14 使用 QTableView 类实现多样式数据的呈现

1. 程序功能

（1）可以添加、删除客户信息。

（2）客户等级以红色圆圈的数量来表示（由于图书印刷的原因，红色可能不太明显，读者可以在运行程序后自行查看）。在双击单元格后，会弹出相应的下拉列表，用于选择客户等级，如图 13-15 所示。

（3）在双击客户性别或客户国籍单元格后，会弹出相应的下拉列表，用于选择客户性别和客户国籍，如图 13-16 所示。

图 13-15 选择客户等级

图 13-16 选择客户性别和客户国籍

（4）在双击出生年月单元格后，会弹出日历，用于选择出生年份和月份，如图 13-17 所示。

（5）在双击年收入和洽谈进度单元格后，会显示整数输入框，用于选择年收入和洽谈进度，如图 13-18 所示。

图 13-17 选择出生年份和月份

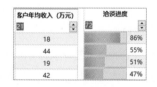

图 13-18 选择年收入和洽谈进度

（6）VIP 多选框用于设置是否为 VIP。如勾选该多选框，则将客户设置为 VIP；如不勾选该多选框，则将客户设置为非 VIP。

2. 程序结构

整个程序的实现共涉及 3 个文件——Circle.py、TableDelegate.py 和 Tableview.py，其中，Circle.py 主要用于实现圆的绘制，TableDelegate.py 主要用于实现各种代理，Tableview.py 主要用于实现主程序。客户随机姓名文件在 res\name.txt 中。

整个程序结构图详见本书配套资料。

3. 程序实现

这里仅展示核心部分程序，完整程序位于本书配套资料的 PyQt6\chapter13\tableview 中。

（1）圆的绘制。

```python
class CircleRating():
    PaintingScaleFactor = 20                    # 坐标缩放量

    def __init__(self, maxCount = 5):
        self.maxCount = maxCount                # 默认为 5 个圆圈

    def paint(self, painter, rect):
        """圆圈的样式和数量"""
        painter.save()                          # 保存当前绘制器的状态
        painter.setRenderHint(QPainter.RenderHint.Antialiasing, True)
        # 抗锯齿
        painter.setPen(Qt.PenStyle.NoPen)       # 画笔样式
        painter.setBrush(QBrush(QColor(Qt.GlobalColor.red)))        # 红色
        yOffset = (rect.height() - self.PaintingScaleFactor) / 2 # 偏移量
        painter.translate(rect.x(), rect.y() + yOffset)
        # 按指定偏移量平移坐标系
painter.scale(self.PaintingScaleFactor,self.PaintingScaleFactor)
# 按照(sx,sy)缩放坐标系
        for i in range(self.maxCount):          # 画圆圈
            painter.drawEllipse(QPointF(1.0, 0.5), 0.4, 0.4)
            painter.translate(1.0, 0.0)
        painter.restore()                       # 恢复当前绘制器的状态
```

以上代码实现了圆的绘制。在实现代理功能时，将使用该代码。

（2）代理的实现。

① QStyledItemDelegate 类的使用方法。

若要实现自定义代理，则需要继承 QStyledItemDelegate 类，并且实现 createEditor()、setEditorData()、setModelData()和 updateEditorGeometry()这 4 个方法。

当在 Qt 项目视图中显示模型中的数据（如 QTableView）时，单个项目由代理来绘制。在编辑项目时，代理提供了一个编辑器控件，该控件在编辑时位于项目视图的顶部。QStyledItemDelegate 是所有 PyQt 项目视图的默认代理，可以实现显示和编辑常见数据类型，包括布尔值、整数和字符串。模型中的项目数据均被分配了一个 ItemDataRole。根据不同数据类型在模型中的角色，数据的绘制方式将有所不同。

表 13-9 描述了每个角色可以处理的数据类型。

表 13-9　角色与可以处理的数据类型

角色	可以处理的数据类型
Qt.ItemDataRole.BackgroundRole	QBrush
Qt.ItemDataRole.CheckStateRole	Qt.CheckState
Qt.ItemDataRole.DecorationRole	QIcon、QPixmap、QImage 和 QColor
Qt.ItemDataRole.DisplayRole	字符型
Qt.ItemDataRole.EditRole	详见 QItemEditorFactory
Qt.ItemDataRole.FontRole	QFont
Qt.ItemDataRole.SizeHintRole	QSize
Qt.ItemDataRole.TextAlignmentRole	Qt.Alignment
Qt.ItemDataRole.ForegroundRole	QBrush

② 代码展示。

【代码片段 1】

以下代码用于实现客户等级的代理。

```python
class CircleshowD(QStyledItemDelegate):
    def __init__(self):
        super().__init__()

    def setItems(self, itemList):
        self.itemList = itemList

    def paint(self, painter, option, index):
        '''画圆圈'''
        level = int(index.data())  # 客户等级
        circle = CircleRating(maxCount = level)
        circle.paint(painter, option.rect)

    # 自定义代理必须继承以下 4 个方法
    def createEditor(self, parent, option, index):
        editor = QComboBox(parent)
        editor.setFrame(False)
        editor.addItems(self.itemList)
        return editor

    def setEditorData(self, editor, index):
        model = index.model()
```

```
        text = model.data(index, Qt.ItemDataRole.DisplayRole)
        levelList = ["一级", "二级", "三级", "四级", "五级"]
        # 根据客户等级（数字）从列表中确定客户等级（文字），并设置成当前下拉列表上显示的文字
        editor.setCurrentText(levelList[int(text)-1])

    def setModelData(self, editor, model, index):
        text = editor.currentText()
        leveldic = {"一级":1, "二级":2, "三级":3, "四级":4, "五级":5}
        reallevel = leveldic.get(text)
        model.setData(index, reallevel, Qt.ItemDataRole.DisplayRole)

    def updateEditorGeometry(self, editor, option, index):
        editor.setGeometry(option.rect)
```

【代码片段 2】

以下代码用于实现客户性别的代理。

```
class SexD(QStyledItemDelegate):
    def __init__(self):
        super().__init__()

    def setItems(self, itemList):
        self.itemList = itemList

    # 自定义代理必须继承以下 4 个方法
    def createEditor(self, parent, option, index):
        editor = QComboBox(parent) # 性别选择下拉列表
        editor.setFrame(False)
        editor.addItems(self.itemList)
        return editor

    def setEditorData(self, editor, index):
        model = index.model()
        sex = model.data(index, Qt.ItemDataRole.DisplayRole)
        editor.setCurrentText(sex)

    def setModelData(self, editor, model, index):
        realsex = editor.currentText()
        model.setData(index, realsex, Qt.ItemDataRole.DisplayRole)

    def updateEditorGeometry(self, editor, option, index):
        editor.setGeometry(option.rect)
```

【代码片段 3】

以下代码用于实现出生年月的代理。

```python
class BirthdateD(QStyledItemDelegate):
    def __init__(self):
        super().__init__()

    # 自定义代理必须继承以下 4 个方法
    def createEditor(self, parent, option, index):
        editor = QDateEdit(parent)
        editor.setFrame(False)
        editor.setCalendarPopup(True)
        return editor

    def setEditorData(self, editor, index):
        model = index.model()
        birthdate = model.data(index, Qt.ItemDataRole.DisplayRole)
        dt = datetime.strptime(birthdate, "%Y/%m/%d")
        # 将数据按照格式转化成日期对象
        editor.setDate(dt)

    def setModelData(self, editor, model, index):
        birth = editor.date().toPyDate()
        dt =birth.strftime("%Y/%m/%d")  # 按照格式转换成字符串
        model.setData(index, dt, Qt.ItemDataRole.DisplayRole)

    def updateEditorGeometry(self, editor, option, index):
        editor.setGeometry(option.rect)
```

【代码片段 4】

以下代码用于实现客户国籍的代理。

```python
class CountryD(QStyledItemDelegate):
    def __init__(self):
        super().__init__()

    def setItems(self, itemList,):
        self.itemList = itemList

    # 自定义代理必须继承以下 4 个方法
    def createEditor(self, parent, option, index):
        editor = QComboBox(parent) # 客户国籍下拉列表
```

```
        editor.setFrame(False)
        editor.addItems(self.itemList)
        return editor

    def setEditorData(self, editor, index):
        model = index.model()
        sex = model.data(index, Qt.ItemDataRole.DisplayRole)
        editor.setCurrentText(sex)

    def setModelData(self, editor, model, index):
        realcountry = editor.currentText()
        model.setData(index, realcountry, Qt.ItemDataRole.DisplayRole)

    def updateEditorGeometry(self, editor, option, index):
        editor.setGeometry(option.rect)
```

【代码片段 5】

以下代码用于实现客户收入的代理。

```
class IncomeD(QStyledItemDelegate):
    def __init__(self):
        super().__init__()

    # 自定义代理必须继承以下 4 个方法
    def createEditor(self, parent, option, index):
        editor = QSpinBox(parent)      # 客户收入输入框
        editor.setFrame(False)
        editor.setRange(8, 100)        # 客户收入为 8 万元～100 万元
        return editor

    def setEditorData(self,editor,index):
        model = index.model()
        income = model.data(index, Qt.ItemDataRole.DisplayRole)
        editor.setValue(int(income))

    def setModelData(self,editor,model,index):
        realincome = editor.value()
        model.setData(index, realincome, Qt.ItemDataRole.DisplayRole)

    def updateEditorGeometry(self,editor,option,index):
        editor.setGeometry(option.rect)
```

【代码片段 6】

以下代码用于实现进度条的代理。

```python
class ProgressD(QStyledItemDelegate):
    def __init__(self):
        super().__init__()

    def paint(self, painter, option, index):
        progress_value = int(index.data())   # 洽谈进度
        progressWidget = QStyleOptionProgressBar()
        progressWidget.rect = option.rect
        progressWidget.minimum = 1
        progressWidget.maximum = 100
        progressWidget.progress = progress_value
        progressWidget.text = str(progress_value) + "%"
        progressWidget.textVisible = True

        painter.save()
        QApplication.style().drawControl(QStyle.ControlElement.CE_ProgressBar,
progressWidget, painter)                           # 绘制进度条
        painter.restore()

    # 自定义代理组件必须继承以下 4 个方法
    def createEditor(self, parent, option, index):
        editor = QSpinBox(parent)                # 洽谈进度输入框
        editor.setFrame(False)
        editor.setRange(1, 100)
        return editor

    def setEditorData(self,editor,index):
        model = index.model()
        progress = model.data(index, Qt.ItemDataRole.DisplayRole)
        editor.setValue(int(progress))

    def setModelData(self,editor,model,index):
        realprogress = editor.value()
        model.setData(index, realprogress, Qt.ItemDataRole.DisplayRole)

    def updateEditorGeometry(self, editor, option, index):
        editor.setGeometry(option.rect)
```

（3）主程序。

【代码片段 1】

```
def initUI(self):
    """界面"""
    ......                                      # 省略一些控件及布局代码
    addButton.clicked.connect(self.addRow)
    self.delButton.clicked.connect(self.delRow)
    self.tableView.clicked.connect(self.enableButton)


def dataInit(self):
    """表格初始化"""
    self.table_Row = 5                          # 原始表格数据为 5 行
    self.table_Column = 8                       # 原始表格数据为 8 列
    self.tableView.verticalHeader().setDefaultSectionSize(22)# 默认行高为 22px
    self.tableView.setAlternatingRowColors(True)    # 设置交替行颜色
    self.model = QStandardItemModel(self.table_Row, self.table_Column,
self)
    self.tableView.setModel(self.model)             # 设置数据模型
    headerTitle = ['客户等级', '客户姓名', '客户性别', '出生年月', '客户国籍',
'客户年均收入（万元）', '洽谈进度', '是否 VIP']
    self.model.setHorizontalHeaderLabels(headerTitle)       # 设置表头
    self.tableView.horizontalHeader().setSectionResizeMode(QHeaderView.
ResizeMode.Stretch)                             # 自动分配列宽
    self.selectionModel = QItemSelectionModel(self.model)   # Item 选择模型
    self.tableView.setSelectionModel(self.selectionModel)
    for i in range(self.table_Row):
        for j in range(self.table_Column-1):
            clientList = self.getClient()       # 随机客户数据
            client = QStandardItem(str(clientList[j]))
            self.model.setItem(i, j, client)
            self.model.item(i,j).setTextAlignment(Qt.AlignmentFlag.
AlignCenter|Qt.AlignmentFlag.AlignVCenter)      # 表格内容居中
        vipItem = QStandardItem("VIP")          # VIP 多选框为勾选状态
        if clientList[self.table_Column-1] == 0:
            vipItem.setCheckState(Qt.CheckState.Unchecked)
        else:
            vipItem.setCheckState(Qt.CheckState.Checked)
        vipItem.setFlags(Qt.ItemFlag.ItemIsSelectable|Qt.ItemFlag.
ItemIsUserCheckable | Qt.ItemFlag.ItemIsEnabled)
        # 可选、可复选、可启用
```

```
        self.model.setItem(i, self.table_Column-1, vipItem)
    self.model.item(i,self.table_Column-1).setTextAlignment(Qt.
AlignmentFlag.AlignCenter | Qt.AlignmentFlag.AlignVCenter)  # VIP 表格内容居中
```

以上代码实现了程序界面的布局，以及启动程序后数据的设置。其中，getname()、getClient()、getBirthDate()方法不涉及 PyQt 知识，这里不进行展示。这里对界面代码部分进行了省略，具体控件如图 13-19 所示。

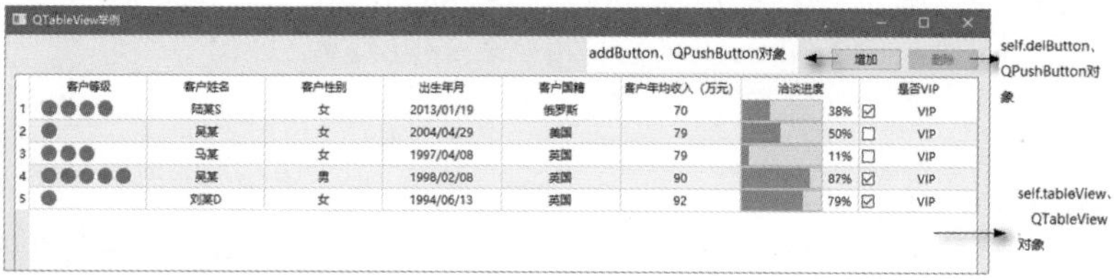

图 13-19　程序中涉及的控件

【代码片段 2】

以下代码用于实现代理的调用设置。

```
levelList=["一级", "二级", "三级", "四级", "五级"]
self.circleD = CircleshowD()
self.circleD.setItems(levelList)
self.tableView.setItemDelegateForColumn(0, self.circleD)
# 将客户等级显示为圆圈

sexList=["男", "女"]
self.sexD = SexD()
self.sexD.setItems(sexList)
self.tableView.setItemDelegateForColumn(2, self.sexD)         # 客户性别代理

self.birthdateD= BirthdateD()
self.tableView.setItemDelegateForColumn(3, self.birthdateD)   # 客户生日代理

countryList=['中国', '美国', '英国', '日本', '俄罗斯', '未知']
self.countryD = CountryD()
self.countryD.setItems(countryList)
self.tableView.setItemDelegateForColumn(4, self.countryD)     # 客户国籍代理

self.incomeD = IncomeD()
self.tableView.setItemDelegateForColumn(5, self.incomeD)      # 客户收入代理

self.progressD = ProgressD()
self.tableView.setItemDelegateForColumn(6, self.progressD)    # 客户收入代理
```

【代码片段 3】

以下代码用于实现添加用户和删除用户功能。

```python
    def delRow(self):
        """删除当前选中的行"""
        currentIndex = self.selectionModel.currentIndex()
        # 获取当前选中行的模型索引
        self.model.removeRow(currentIndex.row())      # 删除当前行
        self.delButton.setEnabled(False) # 在删除一行数据后，将禁用删除按钮
        if self.model.rowCount() == 0:
            self.delButton.setEnabled(False)

    def enableButton(self):
        """在选中某行时，可进行的操作"""
        self.delButton.setEnabled(True)                    # 启用删除按钮

    def addRow(self):
        """添加用户"""
        newClientList = self.getClient()                 # 添加客户数据
        itemList = []                                    # 对象列表
        for j in range(self.table_Column-1):
            client = QStandardItem(str(newClientList[j]))
            itemList.append(client)

        vipItem = QStandardItem("VIP")                   # VIP 多选框为勾选状态
        if newClientList[self.table_Column-1] == 0:
            vipItem.setCheckState(Qt.CheckState.Unchecked)
        else:
            vipItem.setCheckState(Qt.CheckState.Checked)
        vipItem.setFlags(Qt.ItemFlag.ItemIsSelectable|Qt.ItemFlag.
ItemIsUserCheckable | Qt.ItemFlag.ItemIsEnabled)       # 可选、可多选、可启用
        itemList.append(vipItem)
        self.model.appendRow(itemList)                   # 添加一行数据
        for j in range(self.table_Column):
    self.model.item(self.model.rowCount()-1,j).setTextAlignment(Qt.
AlignmentFlag.AlignCenter | Qt.AlignmentFlag.AlignVCenter)
    # 添加表格中的内容居中
```

第 14 章
PyQt 6 中的多线程编程

在 PyQt 程序设计中，对于一些需要长时间处理的操作（如导入数据等），一般使用单独的线程来处理。如果长时间的操作和窗体界面处于同一个线程中，则会直接将窗体界面卡死，而使用多线程可以解决窗体界面卡死的问题。

本章主要介绍 QTimer 和 QThread 类，它们均位于 PyQt6.QtCore 模块中。类之间的继承关系如图 14-1 所示。

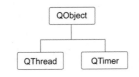

图 14-1　类之间的继承关系

14.1　线程

线程是程序执行的最小单位。

14.1.1　线程的概念

线程（Thread）是一个独立的执行序列，包含在进程中，是进程中的实际运作单位。一个进程（Process）中可以有多个线程，这些线程共享进程的资源（如内存空间等）。线程之间可以轻松地共享数据。线程允许程序在同一时间执行多个任务，这些任务可以并发执行，而不必等待一个任务完成后才开始下一个任务。

14.1.2　线程与进程的区别

进程是程序执行的一个实例，是操作系统管理和分配资源的基本单位。每个进程都有自己的内存等，进程之间相互隔离，互不干扰。

线程和进程之间的区别如下。

- 每个进程都有自己的内存空间等。线程是进程内的一个执行单元，多个线程可以共享同一进程的内存空间和资源。
- 进程之间具有高度的资源隔离，一个进程的崩溃通常不会影响其他进程，而线程恰恰相反。
- 进程由操作系统创建和销毁，通常需要较多的系统开销，而线程由进程创建，因此线程的创建和销毁通常比进程更快，系统开销更小。
- 进程之间的通信通常使用管道、消息队列等。线程之间因为共享相同的内存空间，需要特殊的同步机制来确保数据的一致性。

14.2　QTimer 类——定时器

QTimer 类提供了重复和单次定时器，允许在一定时间间隔内执行特定的操作或代码。定时器通常用于在应用程序中触发周期性的事件或任务，如更新界面或数据处理等。

14.2.1　QTimer 类的基本使用方法

在使用 QTimer 类时，需要先创建一个 QTimer 对象，并将其 timeout 信号连接到相应的槽方法，再调用 start()方法。这样，它将以固定的间隔发出信号。如果想设置计时器仅超时一次，则可以设置 setSingleShot(True)，或者使用 QTimer.singleShot()方法在指定的时间间隔后调用槽方法。例如，以下代码中的定时器在 2s 后将调用一次 begin()方法。

```
QTimer.singleShot(2000, self.begin)
def begin(self):
    print('start')
```

定时器的准确性取决于底层操作系统和硬件，大多数平台支持 1ms 的频率。

定时器的精度取决于计时器类型。

- 对于 Qt.TimerType.PreciseTimer 类型，尝试将精度保持在 1ms 内。
- 对于 Qt.TimerType.CoarseTimer 类型，精度保持在间隔时间的 5%以内（默认值）。
- 对于 Qt.TimerType.VeryCoarseTimer 类型，只能保持完整的秒精度。

14.2.2　QTimer 类的常用方法和信号

1. QTimer 类的常用方法

QTimer 类的常用方法详见本书配套资料。

2. QTimer 类的信号

timeout()：当计时器超时，会发出此信号。

14.2.3 【实战】挑战记忆力小游戏

本节将制作一个挑战记忆力小游戏，规则是玩家需要在给定时间内记住 8 个不同的数字及它们的位置。

1. 程序功能

程序在执行后，会显示 8 个按钮，每个按钮上会随机显示 0～9 中的数字。在经过几秒后，数字会消失，随后程序会显示一个数字，让用户猜出这个数字位于哪个按钮。程序会记录猜对的次数。单击鼠标右键会弹出"重新开始"右键菜单。挑战记忆力小游戏如图 14-2 所示。

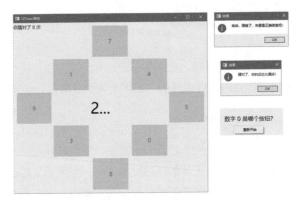

图 14-2　挑战记忆力小游戏

2. 程序结构

整个程序的实现共使用两个类——Button 和 MyWidget，其中 Button 类继承自 QToolButton 类，MyWidget 类继承自 QWidget 类。

Button 类主要用于美化按钮的形状，MyWidget 类主要用于实现主程序。整个程序的结构图详见本书配套资料。

3. 程序实现

下面仅展示核心代码，完整程序位于本书配套资料的 PyQt6\chapter14\timer.py 中。其中，Button 类的实现与之前计算器中 Button 类的实现类似，这里不再赘述。

```python
class MyWidget(QWidget):
    def __init__(self):
        super().__init__()
        self.buttonList = []       # 按钮列表
        self.guessNumList = []     # 随机数字列表
```

```
        self.button2NUmList = []          # 按钮和数字对应关系列表
        self.correctNum = -1              # 需要猜的数字
        self.leftTime = 3                 # 剩余时间
        self.cnt = 0                      # 猜对的次数
        self.initUI()
        self.initData()

    def initUI(self):
        ......                            # 省略控件及布局代码
        for i in range(1, 9):             # 将按钮添加到按钮列表中
            self.buttonList.append(eval(f"self.button{i}"))
            eval(f"self.button{i}.clicked.connect(self.guessAnswer)")

    def isEnableButton(self, flag):
        """
        设置按钮是否禁用
        若 flag 为 True，则表示启用，否则表示禁用
        """
        if flag:
            for button in self.buttonList:
                button.setEnabled(True)
        else:
            for button in self.buttonList:
                button.setEnabled(False)

    def fontSetting(self, widget, size):
        """
        设置字体大小
        widget 表示要设置大小的控件
        size 表示字体大小
        """
        font = QFont()
        font.setPointSize(size)
        widget.setFont(font)

    def initData(self):
        """数据初始化"""
        self.fontSetting(self.label, 15)
        self.label.setText("你有 3 秒钟时间\n 记住按钮上的数字！")
        self.guessNumList = random.sample(range(0, 10), 8)
        # 随机抽取 8 个数字
```

```python
        self.button2NUmList=list(zip(self.buttonList,self.guessNumList))
        # 将按钮和数字进行组合
        self.buttonSetting()        # 设置按钮上对应的数字，这里省略实现方式
        self.correctNum = random.choice(self.guessNumList)
        # 随机给出需要猜的数字
        QTimer.singleShot(2000, self.begin)              # 单次计时

    def begin(self):
        """游戏开始"""
        self.label.clear()
        self.fontSetting(self.label, 40)
        self.label.setText(f"{self.leftTime}...")        # 展示剩余时间
        timer2 = QTimer(self)
        timer2.start(1000)
        timer2.timeout.connect(lambda:self.remember(timer2))

    def remember(self, timer):
        """
        记忆数字
        timer 表示定时器
        """
        self.leftTime -= 1
        if self.leftTime > 0:
            self.label.setText(f"{self.leftTime}...")
        elif self.leftTime == 0: # 当剩余时间为 0 时，定时器将停止运行
            timer.stop()
            for button in self.buttonList:
                button.setText("")
            self.label.clear()
            self.fontSetting(self.label, 15)
            self.label.setText(f"数字 {self.correctNum} 位于哪个按钮？")
            # 显示具体需要猜的数字
            self.isEnableButton(True)

    def getCorrectButton(self):
        """获取待猜数字对应的按钮"""
        for item in self.button2NUmList:
            if item[1] == self.correctNum:
                return item[0]

    def guessAnswer(self):
```

```
        """判断是否猜正确"""
        buttonObj = self.sender()
        correctButton = self.getCorrectButton()
        if buttonObj == correctButton:
            self.cnt += 1
            QMessageBox.information(self, "结果","猜对了，你的记忆力真好！")
            self.oklabel.setText(f"你猜对了 {self.cnt} 次")
        else:
            QMessageBox.information(self, "结果", "哈哈，猜错了，来看看正确答案
吧！")
        self.buttonSetting()

    def contextMenuEvent(self, event):
        """鼠标右击，重新开始游戏"""
        menu = QMenu(self)
        restartAction = QAction("重新开始", menu)
        menu.addAction(restartAction)
        restartAction.triggered.connect(self.restartGame)
        menu.popup(self.mapToGlobal(event.pos()))

    def restartGame(self):
        """重新开始游戏"""
        self.leftTime = 3                # 重置剩余时间
        self.guessNumList.clear()        # 重置随机数字
        self.button2NUmList.clear()      # 重置按钮和数字的对应关系
        self.initData()
```

14.3　QThread 类——线程的使用方法

PyQt 提供了一种独立于平台的管理线程的方法——QThread 类。

14.3.1　QThread 类的基本使用方法

本节将主要介绍 QThread 类的基本使用方法和管理方式。

1. 使用线程

QThread 类开始时在 run()方法中执行，通常有两种方法来实现多线程。

方法一：使用 moveToThread()方法。

```
class Worker(QObject):
```

```python
        finished = pyqtSignal()

        def run(self):
            # 模拟耗时操作
            time.sleep(100)
            self.finished.emit()

class MyWidget(QWidget):
    def __init__(self):
        super().__init__()
        self.label = QLabel("你好")
        layout = QVBoxLayout()
        layout.addWidget(self.label)
        self.setLayout(layout)
        self.worker = Worker()
        self.thread = QThread()
        self.worker.moveToThread(self.thread)
        # 将worker的事件循环移动到新线程中
        self.worker.finished.connect(self.on_worker_finished)
        # 连接信号与槽方法
        self.thread.started.connect(self.worker.run)
        # 当线程启动时，运行worker的run()方法
        self.thread.start()   # 开始线程

    def on_worker_finished(self):
        self.label.setText("Worker 完成")
```

以上代码在执行后，moveToThread()方法会将耗时操作的 Worker 对象 self.worker 移动到另一个线程 QThread 对象 self.thread 中执行。在执行完成后，self.worker 会发出 finished 信号。self.thread 通过调用 start()方法连接 self.worker 中的 run()槽方法来启动执行过程。

当耗时操作完成后，"你好"将被替换成"Worker 完成"。

方法二：继承 QThread 类并重新实现 run()方法。

示例代码如下：

```python
class WorkerThread(QThread):
    finish = pyqtSignal()
    def __init__(self, parent = None):
        super().__init__(parent)

    def run(self):
        # 模拟耗时操作
```

```
        time.sleep(3)
        self.finished.emit()

class MyWidget(QWidget):
    def __init__(self):
        super().__init__()
        self.label = QLabel("你好")
        layout = QVBoxLayout()
        layout.addWidget(self.label)
        self.setLayout(layout)
        self.thread = WorkerThread()
        self.thread.finished.connect(self.on_worker_finished)
        # 连接信号与槽方法
        self.thread.start()    # 开始线程

    def on_worker_finished(self):
        self.label.setText("Worker 完成")
```

以上代码执行后的效果与方法一的执行效果完全一致，它们的不同之处在于，方法二继承了 QThread 类并将耗时操作放到了 run()方法中。

2. 线程管理

在 PyQt6 中，当线程启动和结束时，QThread 类会发出信号进行通知。用户通过 isFinished() 和 isRunning()方法可以查询线程的状态。若需要停止线程，则可以调用 exit()或 quit()方法。

> ▣ 提示　在极端情况下，可以使用 terminate()方法强制中断正在执行的线程，但这可能会导致危险的后果。使用 wait()方法可以阻塞调用线程，但不推荐使用。推荐使用信号和槽方法来通知线程完成。这样可以避免线程阻塞，保持应用程序的响应性。在需要等待线程完成时，可以监听 finished 信号。

QThread 类还提供了让当前线程休眠一段指定时间的方法，包括 sleep()、msleep()和 usleep()，分别允许秒、毫秒和微秒级别的休眠。然而，在 PyQt 中，通常建议使用 QTimer 类来创建定时器，以在一定时间后触发操作，而不是使用 sleep()来阻塞线程。这样可以确保在休眠期间其他事件和信号仍然可以被处理，从而提高程序的响应性。

currentThreadId()和 currentThread()方法可以返回当前执行线程的标识符。前者返回线程的平台特定 ID，而后者返回一个 QThread 对象。

14.3.2　QThread 类的常用方法和信号

1. QThread 类的常用方法

QThread 类的常用方法详见本书配套资料。

2. QThread 类的信号

- finish()：在完成执行之前，关联的线程会发出此信号。在发出此信号时，事件循环已停止运行，线程将不再处理任何事件（延迟删除事件除外）。此信号可以连接到 deleteLater()方法，以释放该线程中的对象。
- started()：关联线程在开始执行时，会发出此信号（在调用 run()方法之前发出）。

14.3.3 【实战】AI 问答工具升级版

在第 10.3 节中使用 QTextEdit 类制作了一个 AI 问答工具，该问答工具可以实现基本的 AI 问答功能，但是在输出答案时，可能会出现窗体卡死的情况，并且输出形式与流式输出方式（逐渐显示答案）不同。

本节将采用多线程的方式，对之前的 AI 问答工具进行升级，以便呈现更好的使用效果。本实战调用的星火认知大模型仍是 V 1.5 版本。

1. 程序功能

AI 问答工具的基本功能与 10.3 节中的类似，在输出答案时采用流式输出方式，垂直滚动条会随着答案的增加而自动滚动，从而更好地显示答案。同时，新增快捷键"Ctrl+Up"，使用户能够快速地在提问区填充问题。程序执行效果如图 14-3 所示。

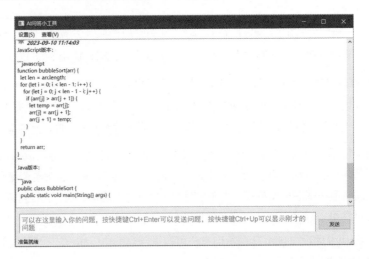

图 14-3 程序执行效果

2. 程序结构

整个程序分为 3 个文件。其中，将对话框相关类从原来的 AIAnswer.py 转移到 dialog.py 文件，以便减少 AIAnswer.py 中的代码量；第 3 个文件仍是与星火认知大模型相关的文件 SparkApi.py。

3. 程序实现

实现该程序的代码与 10.3 节的 AI 问答工具中的大部分代码相同，这里仅展示核心部分，完整程序位于本书配套资料的 PyQt6\chapter14\thread 中。这里不再显示 SparkApi.py 和 dialog.py 文件中的代码。

【代码片段 1】

以下代码用于实现在其他线程中进行 AI 问答，使用 3 个信号来传输错误信息、回答信息和完成信息。因为 AI 的回答是持续不断地生成的，所以主程序在收到相关信号后会持续添加回答内容，使得看起来就像答案在不断增加一样。

```python
class Response(QThread):

    aiErrorSignal = pyqtSignal(str)  # AI 错误信号
    aiContent = pyqtSignal(str)      # AI 回答信号
    aiFinish = pyqtSignal()          # AI 回答完信号

    def __init__(self, Parent=None):
        super().__init__(Parent)

    def setting(self, ws, APP_iD, ques):
        """多线程的一些配置"""
        self.wsParam = ws                # self.wsParam 用于为下步鉴权 URL 做准备
        self.APP_iD = APP_iD
        self.ques = ques                 # 问题

    def run(self):
        """从星火认知大模型中查找答案"""
        wsUrl = self.wsParam.create_url()
        websocket.enableTrace(False)
        ws = websocket.WebSocketApp(wsUrl, on_message=self.on_message,
on_error=self.on_error, on_close=SparkApi.on_close, on_open=SparkApi.on_open)
        ws.appid = self.APP_iD
        ws.question = self.ques
        ws.run_forever(sslopt={"cert_reqs": ssl.CERT_NONE})

    def on_error(self, ws, error):
        """错误处理"""
        SparkApi.on_error(ws, error)
        self.aiErrorSignal.emit("connect_error")

    def on_message(self, ws, message):
```

```
"""
收到 websocket 消息的处理
有关数据中的属性（如 header）请查看星火认知大模型的开发文档，以了解其含义
"""
data = json.loads(message)
code = data['header']['code']
if code != 0:
    SparkApi.error(code, data)
    self.aiErrorSignal.emit("request_error")
    ws.close()
else:
    choices = data["payload"]["choices"]
    status = choices["status"]
    content = choices["text"][0]["content"]
    self.aiContent.emit(content)
    if status == 2:    # 已经回答完
        ws.close()     # 关闭 websocket 连接
        self.aiFinish.emit()
```

【代码片段 2】

在初始化方法中，增加 3 个属性，用于在输出全部答案后将其转换为 Markdown 形式的内容。

```
class MyWidget(QMainWindow):
    def __init__(self):
        super().__init__()
        self.beginAnswer = 0  # 开始回答的标志
        self.position = 0     # 记录开始回答的位置
        self.answer = ""      # 完整的答案
```

【代码片段 3】

以下代码用于实现对线程 Response 的调用，完成 AI 的回答部分。因此，首先记录 AI 回答在文档的初始位置，然后删除给出的答案，最后以 Markdown 形式将答案插入文档，这样在格式上会更加优化。

```
def setRespondQue(self, ques):
    """
    将问题发送到聊天窗体
    ques 表示问题
    """
    self.setFormatText("Q")
    self.setFormatText("M")
    self.cursor.insertText(ques + '\n')
    self.setRespondAnswer(ques)
```

```python
def setRespondAnswer(self, ques):
    """
    得到问题的反馈
    ques 表示问题
    """
    self.setFormatText("A")
    self.setFormatText("M")
    self.cursor.insertText("AI 思考中……")
    response = Response(self)                    # 使用多线程调用
    response.setting(self.wsParam, self.APP_iD, ques)
    response.aiErrorSignal.connect(self.showError)
    response.aiContent.connect(self.showAnswer)
    response.aiFinish.connect(self.doneAnswer)
    response.start()


def doneAnswer(self):
    """回答完"""
    self.beginAnswer = 0                         # 重置开始回答的标志
    self.cursor.setPosition(self.position)
    self.cursor.movePosition(QTextCursor.MoveOperation.End,QTextCursor.
MoveMode.KeepAnchor)
    self.cursor.deleteChar()
    # 以上 3 行代码用于删除之前的答案。
    # 因为有些答案是 Markdown 形式的，所以需要进行进一步转换
    self.cursor.movePosition(QTextCursor.MoveOperation.NextBlock,
QTextCursor.MoveMode.KeepAnchor)
    self.cursor.insertMarkdown(self.answer) # 插入 Markdown
    self.answer = ""                             # 重置完整答案
    self.setFormatText("M")
    self.cursor.insertText("\n\nAI 回答完! \n-------------------------------
----------\n\n")
    self.chatAnswer.verticalScrollBar().setValue(self.chatAnswer.
verticalScrollBar().maximum())
    # 滚动条随内容增加而滚动


def showAnswer(self, content):
    """
    显示答案
    content 表示答案
    """
```

```
        if self.beginAnswer == 0:                          # 开始回答的标志
            self.cursor.movePosition(QTextCursor.MoveOperation.StartOfLine)
            self.cursor.movePosition(QTextCursor.MoveOperation.EndOfLine,
QTextCursor.MoveMode.KeepAnchor)
            self.cursor.deleteChar()
            # 以上3段代码的含义是删除"AI 思考中……"这句话
            self.beginAnswer = 1                            # 正式回答的标志
            self.setFormatText("M")
            self.position = self.cursor.position()     # 记录正式答案的光标位置

        self.answer += content
        self.cursor.insertText(content)                    # 插入答案
        self.chatAnswer.verticalScrollBar().setValue(self.chatAnswer.
verticalScrollBar().maximum())                             # 滚动条随内容增加而滚动

    def showError(self, error):
        """在调用错误时显示错误信息"""
        if error == "connect_error":
            self.chatAnswer.append("<p><b><font color='#FF0000'>连接错误, 详细原因
请查找日志! </font></b><p>")
        elif error == "request_error":
            self.chatAnswer.append("<p><b><font color='#FF0000'>请求错误, 详细原因
请查找日志! </font></b><p>")

    def setFormatText(self, Q_A_M):
        """
        格式化问答
        Q_A_M用于识别是问题、答案还是详细信息
        """
        currentDateTime = ' ' + self.getCurrentDateTime() + '\n'
        textFormat = QTextCharFormat()
        font = QFont()
        font.setItalic(True)                               # 斜体
        font.setBold(True)                                 # 加粗
        textFormat.setFont(font)
        if Q_A_M == "Q":
            # 为问题中的时间设置格式
            ……
            # 与之前代码一样, 这里省略
        elif Q_A_M == "A":
            # 为答案中的时间设置格式
```

```
        ......
        # 与之前代码一样，这里省略
    # 为时间以下的内容设置格式
    elif Q_A_M == "M":
        font.setItalic(False)
        font.setBold(False)
        textFormat.setFont(font)
        textFormat.setForeground(Qt.GlobalColor.black) # 黑色
        self.cursor.setCharFormat(textFormat)
```

【代码片段 4】

以下代码用于实现按快捷键可以在提问区显示刚才的问题，方便用户使用。

```
def keyPressEvent(self, event):
    """
    实现按快捷键 Ctrl+Enter 发送问题
    """
    if event.modifiers() == Qt.KeyboardModifier.ControlModifier and
event.key() == Qt.Key.Key_Return:
        self.sendButton.click() # 按快捷键 Ctrl+Enter 发送问题
    elif event.modifiers() == Qt.KeyboardModifier.ControlModifier and
event.key() == Qt.Key.Key_Up:
        self.chatQue.clear()
        self.chatQue.setPlainText(self.question)
        # 按快捷键 Ctrl+UP 在提问区显示刚才的问题
    else:
        super().keyPressEvent(event)
```

第 15 章

PyQt 6 中的图形处理

PyQt 库提供了丰富的图形处理功能，包括绘制图形和图像处理等。QPainter 类允许在控件上执行自定义绘图操作，通过设置画笔的颜色、线宽、样式等属性来自定义绘图的外观。此外，QPixmap 和 QImage 类可以用于处理图像数据，从而为应用程序提供强大的图形界面处理能力。

本章涉及的 QPainter、QPen、QBrush、QPixmap 和 QImage 均位于 PyQt6.QtGui 模块中。

15.1 PyQt 中的绘图系统

QPainter、QPaintDevice 和 QPaintEngine 类构成了 PyQt 绘画系统的基础架构。

- QPainter 类：用于执行绘图操作。
- QPaintDevice 类：可以使用通过 QPainter 类进行绘制的二维空间。
- QPaintEngine 类：可以使用 QPainter 类在不同类型的设备上绘制图像。

QPaintEngine 类是由 QPainter 和 QPaintDevice 类在内部共同使用的，通常情况下对程序员是隐藏的，除非需要创建自定义的设备类型时才显示。

另外，当 QPaintDevice 对象是一个控件时，QPainter 对象只能在 paintEvent()方法或该方法调用的其他方法中使用。

15.1.1 QPainter 类

QPainter 类可以绘制各种图形，从简单的线条到复杂的形状（如饼图和弦），还可以绘制对齐的文本和图像。

1. QPainter 类的基本使用方法

QPainter 类的常见用法是在控件的绘制事件中构造和自定义 QPainter 对象（如设置笔或画

笔），并进行绘画。例如：

```
def paintEvent(self, event):
    painter = QPainter()
    painter.begin(self)
    painter.setPen(Qt.GlobalColor.black)
    painter.setFont(QFont("Arial", 40))
    painter.drawText(event.rect(), Qt.AlignmentFlag.AlignCenter, "我爱
PyQt")
    painter.end()
```

程序执行效果如图 15-1 所示。

图 15-1　程序执行效果 1

在调用 begin()方法后，使用 QPainter 类的方法可以绘制各种图形。在调用 end()方法后，QPainter 对象会停止绘制图形。另外，可以使用构造方法来代替 begin()方法，并且在构造方法被销毁时 gend()方法会自动执行。例如：

```
painter = QPainter(self)
painter.setPen(Qt.GlobalColor.black)
painter.setFont(QFont("Arial", 40))
painter.drawText(event.rect(), Qt.AlignmentFlag.AlignCenter, "我爱 PyQt")
```

用户可以通过调用 save()方法随时保存当前 QPainter 类的状态。在完成绘画后，可以使用 restore()方法来恢复原先的状态。QPainter 类的自定义设置举例如下。

- font()方法：设置绘制文本时使用的字体。
- brush()方法：定义填充形状的颜色和图案。
- pen()方法：定义绘制线条或边界的颜色和样式。
- background()方法：仅在 backgroundMode()方法被设置为 Qt.BGMode.OpaqueMode，并且 pen()方法的画笔类型被设置为点画时才会生效。
- brushOrigin()方法：设置笔刷的起始位置，通常该位置也是控件背景的起始位置。
- layoutDirection()方法：设置绘制文本时 QPainter 对象使用的布局方向。

2. QPainter 类的坐标系统

QPainter 类的坐标系统是一个非常重要的概念。坐标系由 QPainter 类控制，绘画设备的默认坐标系的原点位于左上角，x 值向右增加，y 值向下增加。默认单位在基于像素的设备上为 1px，在打印机上为 1 磅（1/72in）。

QPainter 类逻辑坐标到 QPaintDevice 物理坐标的映射由 QPainter 类的转换矩阵、视口和窗体处理。转换矩阵也被称为世界转换矩阵（World Transformation Matrix），它可以控制坐标系统中的平移、旋转、缩放等变换操作，也可以影响所绘制图形、文本等元素的位置和形状。

逻辑坐标是 QPainter 类用于绘制图形的坐标系统，它可以自定义原点位置、方向和单位，也可以进行平移、旋转、缩放等变换操作。逻辑坐标系可以方便地表示图形的几何形状和位置，无须考虑实际显示设备。

物理坐标是 QPaintDevice 类用于显示图形的坐标系统，它是绘图设备（如 QWidget、QImage、QPixmap 等）上的实际像素坐标。在默认情况下，逻辑坐标系和物理坐标系是重合的。

（1）QPainter 类的绘图方式。

QPainter 类绘图有两种表达方式，一种是逻辑表达方式，另一种是实际表达方式。逻辑表达方式实际上是图片应该存在方式的理论表示方式，这种方式有利于理解图形生成过程。实际表达方式是指计算机如何在绘图设备上绘制图像。

① 逻辑表达方式。

采用逻辑表达方式绘制的图形的宽度和高度始终与其数学模型相对应，不考虑用于渲染的画笔宽度。图 15-2 展示了 QPainter 类在绘制矩形和直线时采用的逻辑坐标。绘制矩形分为 3 种方法：①通过起点、终点的 QPoint 坐标来绘制；②通过起点 QPoint 坐标、矩形的尺寸来绘制；③通过矩形的起点相对位置、矩形的长度和宽度像素值来绘制。绘制直线的方法与此类似。

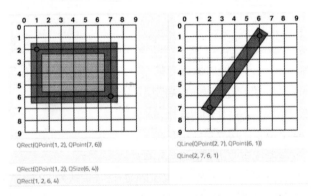

图 15-2　逻辑坐标

（资料来源：帮助手册）

② 实际表达方式

采用实际表达方式绘制的图像是由像素点来绘制的，像素渲染受 QPainter 类的抗锯齿控制影响。在使用 1px 的画笔进行渲染时，如果没有设置抗锯齿，则像素将被渲染到数学定义点的右侧和下方；如果设置了抗锯齿，则像素将被渲染到数学定义点的两侧，如表 15-1 所示。

表 15-1　是否设置抗锯齿

代码	是否设置抗锯齿	备注
| ```python
painter = QPainter(self)
painter.setPen(Qt.GlobalColor.darkGreen)
painter.drawLine(2, 7, 6, 1)
``` | | 未设置抗锯齿 |
| ```python
painter = QPainter(self)
painter.setPen(Qt.GlobalColor.darkGreen)
painter.setRenderHint(QPainter.RenderHint.Antialiasing)
painter.drawLine(2, 7, 6, 1)
``` | | 设置了抗锯齿 |

（2）窗体－视口转换。

视口（Viewport）和窗体（Window）是两个矩形区域，它们分别定义了物理坐标系和逻辑坐标系中的区域。视口是物理坐标系中的一个矩形区域，表示绘图设备上实际显示图形的区域。窗体是逻辑坐标系中的一个矩形区域，表示要绘制图形的区域。通过设置视口和窗体的大小和位置，可以实现逻辑坐标系和物理坐标系之间的映射关系，从而控制图形在绘图设备上的显示效果。

例如，以坐标(0,0)为原点绘制一个椭圆，代码如下：

```python
def paintEvent(self, event):
    painter = QPainter(self)
    painter.setPen(Qt.GlobalColor.black)
    painter.drawEllipse(QPoint(0, 0), 100, 80)
```

程序执行效果如图 15-3 所示。由图 15-3 可知，绘制的椭圆是不完整的。

这是因为原点位于左上角，所以椭圆自然不能完全显示。为了让椭圆完全显示出来，可以利用视口或窗体的转换进行调整，在 drawEllipse()方法的上面添加以下代码：

```python
painter.setViewport(100, 80, 300, 200)
```

将视口从原来的位置往右下方进行移动后，椭圆就能完全显示出来了，如图 15-4 所示。

图 15-3　程序执行效果 2

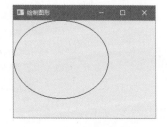

图 15-4　椭圆完全显示

另外，可以保持视口位置不变，移动窗体位置。以下代码在执行后，将生成如图 15-4 所示的椭圆。

```
painter.setWindow(-100, -80, 300, 200)
```

如果视口和窗体的大小不同，则相当于对图形进行缩放操作，示例代码如下：

```
painter.setViewport(100, 80, 150, 100)
```

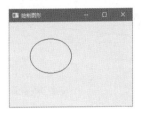

图 15-5　程序执行效果 3

程序执行效果如图 15-5 所示。由图 15-5 可知，椭圆缩小了。

（3）坐标的操作。

使用 rotate() 方法可以顺时针旋转坐标系，使用 scale() 方法可以按照指定偏移量缩放坐标系，使用 translate() 方法可以平移坐标系（向点添加指定的偏移量）。另外，使用 shear() 方法可以围绕原点扭转坐标系。建议通过调用 save() 方法来保存 QPainter 类的当前状态，以便随后使用 restore() 方法来恢复。

👉 提示　在不转换坐标原点的基础上，所有对坐标的操作均是以左上角为原点进行的，这一点需要注意。

在窗体上显示"我爱 PyQt"这几个字，代码如下：

```
def paintEvent(self, event):
    painter = QPainter(self)
    painter.setPen(Qt.GlobalColor.black)
    painter.setFont(QFont("Arial", 20))
    painter.drawText(QPoint(80, 70), "我爱 PyQt")
```

在分别使用上面涉及的方法后，"我爱 PyQt"这几个字将会呈现不同的效果，如图 15-6 所示。

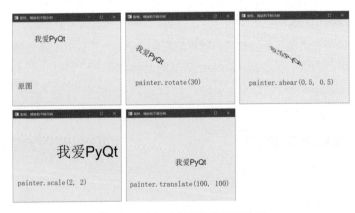

图 15-6　坐标几种操作的呈现效果

需要注意的是，QPainter 类中包含一个与 translate() 方法类似的方法，即 transform()。这两个方法之间有什么区别呢？

translate()方法用于将绘图操作平移（移动）到指定位置。它可以接收两个参数，分别是水平平移量和垂直平移量，单位通常是逻辑坐标。在调用 translate()方法后，后续的绘图操作将在平移后的坐标系统中进行，不影响其他变换，示例代码如下：

```
painter.translate(50, 50)            # 将绘图操作平移至坐标(50, 50)
painter.drawRect(0, 0, 100, 100)     # 在平移后的坐标系统中绘制矩形
```

transform()方法用于返回当前绘图操作的世界转换矩阵。

3. 使用 QPainter 类绘制图形

QPainter 类提供了 drawPoint()、drawEllipse()、drawPie()、drawPolygon()等方法，用于绘制多种图形。其中，drawRects()和 drawLines()方法用于在指定的 QRects 或 QLines 数组中绘制指定数量的矩形或线条。

QPainter 类还提供了填充指定矩形的 fillRect()方法，以及擦除指定矩形内区域的 eraseRect()方法。如果需要绘制复杂形状，则可以创建 QPainterPath 对象并使用 drawPath()方法进行绘制。

4. 使用 QPainter 类绘制图片

QPainter 类还提供了绘制 QPixmap 对象 pixmap 和 QImage 对象 images 的方法，即 drawPixmap()、drawImage()和 drawTiledPixmap()。若要使用 QPainter 类来获得最佳渲染效果，则应使用独立于平台的 QImage 作为绘画设备。这样可以确保结果在任何平台上都具有相同的像素表示结果。

5. QPainter 类的方法

QPainter 类的方法过多，本书配套资料所列的方法仅作为示例。例如，同样是绘制矩形，有多种方法可供选择。建议读者查找帮助手册，以了解自身所需的方法。

15.1.2　QPen 类

QPen 类可以被理解为绘画中的画笔。

1. QPen 类的基本使用方法

QPen 类包含样式（style）、填充用的笔刷（brush）、笔帽样式（capStyle）、连接样式（joinStyle）和笔宽（width）几种属性。

画笔的样式用于定义线条类型。画笔样式如表 15-2 所示。

表 15-2　画笔样式

画笔样式	线条类型	画笔样式	线条类型
Qt.PenStyle.SolidLine		Qt.PenStyle.DashDotLine	

续表

画笔样式	线条类型	画笔样式	线条类型
Qt.PenStyle.DashLine		Qt.PenStyle.DashDotDotLine	
Qt.PenStyle.DotLine		Qt.PenStyle.CustomDashLine	
Qt.PenStyle.NoPen	无线条	—	—

笔刷用于填充钢笔产生的笔触，使用 QBrush 类指定填充样式。笔帽样式用于确定 QPainter 类绘制的线条端点的样式（图示见本书配套资料）。笔帽样式如表 15-3 所示。

表 15-3　笔帽样式

线条端点	描述
Qt.PenCapStyle.SquareCap	指定线段的末端样式为方头（Square Cap）。方头线段的末端是一个矩形，延伸出线段的末端，形成一个类似于方块的外观
Qt.PenCapStyle.FlatCap	指定线段的末端样式为平头（Flat Cap）。平头线段的末端是水平截断的，没有额外的装饰或延伸
Qt.PenCapStyle.RoundCap	端点是圆角形状

连接样式 joinStyle 用于描述如何绘制两条线条之间的连接。连接样式如表 15-4 所示。

表 15-4　连接样式

连接样式	线条类型	备注
Qt.PenJoinStyle.BevelJoin		默认值
Qt.PenJoinStyle.MiterJoin		—
Qt.PenJoinStyle.RoundJoin		—

笔宽可以由整数（通过 setWidth()方法来设置）或浮点（通过 setWidthF()方法来设置）精度指

定。当线宽为 0 时，表示笔宽始终为 1px。使用 setStyle()、setWidth()、setBrush()、setCapStyle() 和 setJoinStyle() 方法可以轻松地修改各种设置。

2. QPen 类的常用方法

QPen 类的常用方法详见本书配套资料。

15.1.3　QBrush 类

QBrush 类可以被理解为绘画中的笔刷。

1. QBrush 类的基本使用方法

笔刷具有样式（style）、颜色（color）、渐变（gradient）和纹理（texture）几种属性。其中，样式使用 Qt.BrushStyle 枚举定义填充图案。默认画笔样式为 Qt.BrushStyle.NoBrush（不填充），填充的标准样式为 Qt.BrushStyle.SolidPattern。各种填充样式详见本书配套资料。

笔刷的 setColor(QColor) 方法用于定义填充图案的颜色。颜色可以是 PyQt 预定义颜色 Qt.GlobalColor 中的一种，或者任何其他自定义颜色 QColor。PyQt 预定义颜色详见本书配套资料。

笔刷的渐变颜色 gradient() 方法用于定义当样式为 Qt.BrushStyle.LinearGradientPattern、Qt.BrushStyle.RadialGradientPattern 或 Qt.BrushStyle.ConicalGradientParttern 时使用的渐变填充。笔刷的渐变是通过在创建 QBrush 时将 QGradient 作为构造函数参数来实现的。PyQt 提供了 3 种渐变：QLinearGradient、QConicalGradient 和 QRadialGradient，分别表示线性渐变、圆锥渐变和径向渐变。

下面以线性渐变为例，程序执行后会出现 Qt.BrushStyle.LinearGradientPattern 效果，如图 15-7 所示。

图 15-7　Qt.BrushStyle.LinearGradientPattern 效果

```python
def paintEvent(self, event):
    # 创建渐变笔刷
    gradient = QLinearGradient(0, 0, 200, 200)
    gradient.setColorAt(0, Qt.GlobalColor.white)
    gradient.setColorAt(1, Qt.GlobalColor.black)
    brush = QBrush(gradient)
    pen = QPen()
    pen.setStyle(Qt.PenStyle.NoPen)
    # 使用渐变笔刷绘制矩形
```

```
painter = QPainter()
painter.begin(self)
painter.setBrush(brush)
painter.setPen(pen)
painter.drawRect(0, 0, 200, 200)
painter.end()
```

使用 setTexture(QPixmap)方法可以实现使用图像进行纹理填充。以下代码执行后会出现 Qt.BrushStyle.TexturePattern 效果，其中的五角星就是填充时使用的图像，如图 15-8 所示。

图 15-8 Qt.BrushStyle.TexturePattern 效果

```
brush = QBrush()
brush.setTexture(QPixmap("star.png"))
```

2. QBrush 类的常用方法

QBrush 类的常用方法详见本书配套资料。

15.2 PyQt 中的图像处理

在 PyQt 中，QPixmap 类和 QImage 类均是用于处理图像的类。QPixmap 类专为在屏幕上显示图像而设计和优化，而 QImage 类专为 I/O、直接像素访问和操作进行设计和优化。类之间的继承关系如图 15-9 所示。

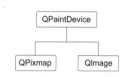

图 15-9 类之间的继承关系

15.2.1 QPixmap 类

QPixmap 类是 PyQt 中用于绘制和显示图像的类。它是一个基于位图的图像类，通常用于绘制用户界面元素、图标、按钮、背景等，并将它们显示在应用程序的控件上。

1. QPixmap 类的基本使用方法

QPixmap 类可以使用 QLabel 类或 QAbstractButton 类中的任何一个子类（如 QPushButton 类）进行显示。因为 QPixmap 是 QPaintDevice 的子类，所以 QPainter 类可以直接在 QPixmap 对象上绘制。

（1）QPixmap 类的读写。

QPixmap 类提供了几种展示图像文件的方法：在创建 QPixmap 对象时加载图像文件，或者稍后使用 load()或 loadFromData()方法加载图像文件。使用 save()方法可以保存 QPixmap 对象。QPixmap 类支持.bmp、.jpg、.jpeg、.png、.ppm、.xbm、.xpm、.gif、.pbm 和.pgm 文件类型。其中，.gif、.pbm、.pgm 仅支持读取，不支持写入。

（2）QPixmap 类图像信息的获取。

size()、width()和 height()方法可以返回图像的大小信息，rect()方法可以返回图像的封闭矩形。如果 QPixmap 对象的格式遵循 Alpha 通道（透明度通道），则 hasAlphaChannel()方法将返回 True，否则返回 False。

createHeuristicMask()方法可以为 QPixmap 对象创建并返回一个 1-bpp 启发式蒙版。createMaskFromColor()方法可以根据指定颜色为图像创建并返回一个蒙版。

> 📌 提示　启发式蒙版（Heuristic Mask）是一种基于图像的边缘和颜色变化等特征，通过启发式算法自动生成的蒙版，并不依赖图像的 Alpha 通道等透明度信息。
> "1-bpp" 表示每个像素使用 1 位来表示颜色或信息，即只有两种可能的取值，通常是 0 和 1，或者是黑和白。这种位深度常用于二值图像，其中每个像素要么完全不透明（黑色或 1），要么完全透明（白色或 0）。

depth()方法可以返回图像的深度。defaultDepth()方法可以返回默认深度，即应用程序在指定屏幕上使用的深度。

cacheKey()方法可以返回一个整数。该整数唯一标识了 QPixmap 对象的特定内容。

> 📌 提示　图像的深度（Image Depth）也被称为位深度（Bit Depth）或色深度（Color Depth），指的是图像中每个像素使用多少位来表示颜色信息的属性。
> 位深度决定了图像可以表示的颜色数量，以及颜色的精度。例如：32 位深度，每个像素用 32 位来表示颜色，通常包括 24 位的 RGB 颜色信息，以及 8 位的 Alpha 通道信息（用于控制透明度）。

（3）QPixmap 类的图像转换。

QPixmap 类的图像转换分为两种情况，分别是图像缩放和坐标转换。

① 图像缩放。

scaled()、scaledToWidth()和 scaledToHeight()方法可以返回缩放后的图像副本，而 copy()方法则可以创建一个与原来一样的副本。scaled()方法的参数 aspectRatioMode 是枚举类型，表示缩放图像后长宽比例的变化情况。

- 如果将参数 aspectRatioMode 设置为 Qt.AspectRatioMode.IgnoreAspectRatio，则表示忽略原始图像的长宽比，自由缩放图像，但可能会导致图像变形。这是默认值。

- 如果将参数 aspectRatioMode 设置为 Qt.AspectRatioMode.KeepAspectRatio，则表示在指定矩形内，将图像缩放到尽可能大的矩形，并保持长宽比不变。
- 如果将参数 aspectRatioMode 设置为 Qt.AspectRatioMode.KeepAspectRatioByExpanding，则表示将图像缩放到指定矩形之外尽可能小的矩形，并保持长宽比不变。

缩放效果如图 15-10 所示。

图 15-10　缩放效果

② 坐标转换。

使用 QTransform 类可以创建一个 QTransform 对象，并配置它的平移、缩放、切变、旋转或投影坐标系设置。使用 QPixmap 类的 transformed() 方法可以创建一个新的 QPixmap 对象。这个新对象是原始 QPixmap 对象经过特定变换操作后的结果。尽管这个新对象经过了旋转、缩放、平移等变换操作，但它不会对原始 QPixmap 对象产生任何影响。

> 📖 提示　QTransform 是用于渲染二维图形的类，包括平移、缩放、剪切、旋转和投影功能。它实际上是一个矩阵封装类，提供清晰明了的方法，如 rotate() 和 translate() 等。
> QTransform 类主要用于进行坐标转换，实现从坐标系 A 到坐标系 B 的转换，满足绘图类（如 QPainter 和 QOpenGLWidget）的坐标系转换需求。

2. QPixmap 类的常用方法

QPixmap 类的常用方法详见本书配套资料。

15.2.2　QImage 类

QImage 类是 PyQt 中用于处理和操作图像的类。它是一个强大的图像处理工具，允许用户在应用程序中加载、创建、编辑、保存和显示图像。

1. QImage 类的基本使用方法

由于 QImage 类是 QPaintDevice 类的子类，因此 QPainter 类可以直接在 QPaintDevice 上进行绘制操作。在使用 QPainter 类在 QImage 对象上进行绘制操作时，可以在除当前 GUI 线程外的其他线程中执行绘制任务。QImage 类支持多种图像格式，包括单色、8 位、32 位，以及具备 Alpha 混合功能的图像。

（1）QImage 类的读写。

QImage 类提供了几种加载图像文件的方法：在创建 QImage 对象时加载图像文件，或者稍后使用 load() 或 loadFromData() 方法加载图像文件。此外，静态方法 fromData() 可以从指定的数据中构造一个 QImage 对象。QImage 对象的保存可以通过调用 save() 方法来实现。QImage 类支持的文件类型与 QPixmap 类支持的文件类型相同。

（2）QImage 类图像信息的获取。

size()、width()、height()、dotsPerMeterX() 和 dotsPerMeterY() 方法用于返回图像的尺寸和长宽比信息。rect() 方法用于返回该图像的封闭矩形区域，valid() 方法用于判断所指定的坐标是否在该矩形区域之内。offset() 方法用于获取或设置一个图像相对于另一图像的偏移量。该偏移量以像素为单位。另外，可以使用 setOffset() 方法来设置偏移量。

对于像素颜色的检索，可以通过将像素的坐标传递给 pixel() 方法来实现。该方法用于返回颜色对应的 QRgb 值，不依赖图像的格式。colorCount() 方法用于返回图像颜色表的大小，即颜色表中不同颜色的数量。colorTable() 方法用于返回图像的完整颜色表，即包含所有颜色的具体信息，如 RGB 值等。这两个方法通常与索引颜色图像结合使用。

hasAlphaChannel() 方法用于返回图像的格式是否包含 Alpha 通道。allGray() 和 isGrayscale() 方法用于判断图像的颜色是否都是灰色阴影。

text() 方法用于返回与指定文本键关联的图像文本。setText() 方法可以更改图像的文本。

depth() 方法用于返回图像的深度，支持的深度包括 1 位（单色）、8 位、16 位、24 位和 32 位。bitPlaneCount() 方法用于返回使用了多少位。format()、bytesPerLine() 和 sizeInBytes() 方法用于返回存储在图像中的数据的低级信息。

cacheKey() 方法用于返回一个整数。该整数唯一标识了 QImage 对象的特定内容。

（3）QImage 类的图像格式。

存储在 QImage 类中的每个像素都用整数表示，其大小因图像的格式而异。

对于单色图像，它使用 1 位索引存储到最多包含两种颜色的颜色表中。这种图像有两种不同的类型，分别采用大端序（MSB 优先）和小端序（LSB 优先）的位序。

> 🖱 提示　大端序和小端序是指在多字节数据存储中，如何排列和存储字节的顺序。在大端序中，高有效位存储在低地址位置，而低有效位存储在高地址位置。在小端序中，低有效位存储在低地址位置，而高有效位存储在高地址位置。

对于 8 位图像，它使用 8 位索引存储到颜色表中，即每个像素只有一个字节。颜色表是由 List[QRgb] 定义的列表，其中 QRgb 类型类似于一个无符号整型数，包含一个 ARGB 四元组，格式为 0xAARRGGBB。

对于 32 位图像，它没有颜色表，每个像素都包含一个 QRgb 值。这种图像有 3 种格式，分别是 RGB（0xffRRGGBB）、ARGB 和预乘法 ARGB 值。在预乘法格式中，红色、绿色和蓝色通道的数值应分别先乘以 Alpha 分量，再除以 255。

QImage 类的 format()方法可以检索图像的格式。convertToFormat()方法可以转换图像格式。此外，allGray()和 isGrayscale()方法可以判断彩色图像是否可以安全地转换为灰度图像。

（4）QImage 类的图像转换。

QImage 类支持多种方法，用于创建经过原始图像转换的新图像，其中 createAlphaMask()方法可以从图像的 Alpha 缓冲区创建并返回一个 1-bpp 蒙版，而 createHeuristicMask()方法则可以为图像创建并返回一个 1-bpp 启发式蒙版。

mirrored()方法用于返回图像在所需方向上的镜像，scaled()方法用于返回按所需尺寸缩放成矩形的图像副本，ScaledToWidth()和 ScaledToHeight()方法用于返回按比例缩放的图像副本。rgbSwapped()方法用于将 RGB 图像转换为 BGR 图像。

transformed()方法用于根据一个指定的转换矩阵和模式，对图像进行转换操作，并返回转换后的图像副本。该返回信息包含原始图像所有转换点的最小图像。这点与 QPixmap 类相似。

其他更改 QImage 属性的方法如表 15-5 所示。

表 15-5　其他更改 QImage 属性的方法

方法	描述
setDotsPerMeterX()	通过设置物理量表中水平方向的像素数来定义宽高比
setDotsPerMeterY()	通过设置物理量表中垂直方向的像素数来定义宽高比
fill()	使用指定像素值填充整个图像
invertPixels()	使用指定 InvertMode 值反转图像中的所有像素值
setColorTable()	设置用于转换颜色索引的颜色表，仅限单色和 8 位格式
setColorCount()	调整颜色表的大小，仅限单色和 8 位格式

2. QImage 类的常用方法

QImage 类的常用方法详见本书配套资料。

15.3 【实战】图像查看器

本节将结合本章相关知识点，制作一个简单的图像查看器。

1. 程序功能

程序在执行后，窗体左侧会显示树形目录，以供用户选择所要查看的图像。

在单击图像后，右侧窗体会显示该图片，并且具有放大、缩小、顺转、逆转、打印和更多功能，其中"更多"下拉列表中包含"原始尺寸"和"适应窗口"两个选项，如图 15-11 所示。

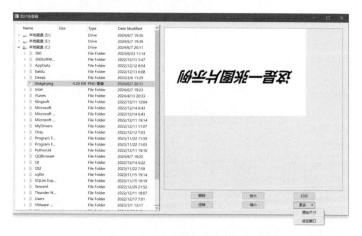

图 15-11　图像查看器的功能

在选择"适应窗口"选项后，会禁用其他按钮，同时图像会自动填充整个窗体，如图 15-12 所示。

图 15-12　适应窗口功能

2. 程序结构

整个程序的代码量并不大，大约有 200 行。该程序涉及两个类——Button 和 ImageViewWidget。

- Button 类继承自 QPushButton 类，主要用于限制按钮的尺寸。
- ImageViewWidget 类继承自 QWidget 类，用来作为主程序。程序的结构图详见本书配套资料。

3. 程序实现

程序实现分两个部分，下面分别按照类的实现进行介绍。这里仅展示核心代码，完整程序位于本书配套资料的 PyQt6\chapter15\imageView.py 中。

（1）Button 类主要用于实现按钮尺寸不会随布局变化而改变，较为简单，这里不进行展示。

（2）ImageViewWidget 类实现的核心代码。

```python
class ImageViewWidget(QWidget):
    def __init__(self):
```

```
        super().__init__()
        self.initUI()                          # 界面构造
        self.initData()
        self.printerObj = QPrinter()           # 打印类的对象
        self.zoomFactor = 1.0                  # 缩放因子

    def initUI(self):
    """构造界面"""
        self.fileTree = QTreeView()
        rightWidget = QWidget()
        self.showPicLabel = QLabel()
        self.scroll = QScrollArea(rightWidget)    # 图片 QLabel 的载体
        self.scroll.setWidget(self.showPicLabel)
        ...... # 省略其他代码
    def initData(self):
        """载入树形目录及初始化数据"""
        self.model = QFileSystemModel()
        self.model.setRootPath('.')
        self.model.setNameFilters(["*.png","*.jpg","*.jpeg","*.bmp"])
        # 仅显示.png、.ipg、.jpeg 和.bmp 类型的图像
        self.model.setNameFilterDisables(False)  # 启用过滤器，默认值为 False
        self.fileTree.setModel(self.model)
        self.fileTree.clicked.connect(self.on_item_clicked)# 单击目录或图像
        self.RotateClockButton.clicked.connect(self.rotation_clock)
        self.RotateCounterButton.clicked.connect(self.rotation_counter_
clock)
        self.zoomoutButton.clicked.connect(self.zoomOut)
        self.zoomInButton.clicked.connect(self.zoomIn)
        self.printButton.clicked.connect(self.printPic)

    def on_item_clicked(self, index):
        """
        获取所选文件的路径
        index 表示索引
        """
        if not self.model.isDir(index):           # 非目录，即图片
            file_info = self.model.fileInfo(index)
            pic_path = file_info.filePath()        # 图像路径
            self.loadPicture(pic_path)

    def loadPicture(self, path):
```

```
        """
        载入图像
        path 表示图像路径
        """
        image = QImage(path)
        pixmap = QPixmap.fromImage(image)
        if not image.isNull():
            self.showPicLabel.setPixmap(pixmap)
            # 启用按钮
            self.RotateClockButton.setEnabled(True)
            ……  # 省略部分类似代码
            self.zoomFactor = 1.0
            if not self.windowAction.isChecked():
                self.showPicLabel.adjustSize()  #调整 QLabel 的大小，以适应其内容

    def rotation_clock(self):
        """顺时针旋转"""
        transform = QTransform()
        # QTransform 类用于指定坐标系的 2D 变换
        # 转换用于指定如何平移、缩放、剪切、旋转或投影坐标系，通常在渲染图像时使用
        transform.rotate(90)                        # 顺时针旋转 90°
        pixmap = self.showPicLabel.pixmap()  # QLabel 中的图像
        pixmapTransformed = pixmap.transformed(transform)      # 顺时针旋转图像
        self.showPicLabel.setPixmap(pixmapTransformed)
        self.showPicLabel.resize(self.zoomFactor*pixmapTransformed.size())
        # 根据图像调整 QLabel 的尺寸

    def rotation_counter_clock(self):
        """逆时针旋转"""
        transform = QTransform()
        transform.rotate(-90)                       # 逆时针旋转 90°
        pixmap = self.showPicLabel.pixmap()  # QLabel 中的图像
        pixmapTransformed = pixmap.transformed(transform)      # 逆时针旋转图像
        self.showPicLabel.setPixmap(pixmapTransformed)
        self.showPicLabel.resize(self.zoomFactor*pixmapTransformed.size())

    def showOriginal(self):
        """显示原始尺寸"""
        self.windowAction.setChecked(False)
        self.scroll.setWidgetResizable(False)
        """设置滚动区域是否应调整 QLabel 的大小，若参数为 False（默认值），则滚动区域将
```

遵循其大小"""
```python
        self.showPicLabel.adjustSize()
        self.zoomFactor = 1.0

    def showAdjust(self):
        """图像适应窗口"""
        isAdjustSetting = self.windowAction.isChecked()  # 判断图像是否适应窗口
        self.scroll.setWidgetResizable(isAdjustSetting)
        # 若参数为 True，则滚动区域将自动调整小控件的大小，以避免出现滚动条
        if not isAdjustSetting:
            self.showOriginal()
        # 在启用适应窗口后，将禁用以下按钮
        self.RotateClockButton.setEnabled(not isAdjustSetting)
        ......                                      # 省略类似代码


    def printPic(self):
        """打印图像"""
        printDialog = QPrintDialog(self.printerObj, self)
        pixmap = self.showPicLabel.pixmap()  # QLabel 中的图像
        if printDialog.exec():
            painterVar = QPainter(self.printerObj)
            rect = painterVar.viewport()
            size = pixmap.size()
            size.scale(rect.size(), Qt.AspectRatioMode.KeepAspectRatio)
            # 在指定矩形内，图像大小将被缩放到尽可能大，以保持长宽比不变
            painterVar.setViewport(rect.x(), rect.y(), size.width(), size.height())
            painterVar.setWindow(pixmap.rect())
            painterVar.drawPixmap(0, 0, pixmap)


    def zoomIn(self):
        """图片放大"""
        self.zoomFactor *= 1.05                    # 每次放大 5%
        pixmap = self.showPicLabel.pixmap()  # QLabel 中的图像
        self.showPicLabel.resize(self.zoomFactor * pixmap.size())

    def zoomOut(self):
        """图片缩小"""
        self.zoomFactor *= 0.95                    # 每次缩小 5%
        pixmap = self.showPicLabel.pixmap()  # QLabel 中的图像
        self.showPicLabel.resize(self.zoomFactor * pixmap.size())
```

第 16 章
PyQt 中拖放的实现

应用程序中常见的拖放操作,如拖动控件、图片等,可以极大地方便用户使用,提高操作效率。这种交互方式不仅有助于增强应用程序的可用性,也能增加其吸引力。

本章主要介绍如何在 PyQt 中实现拖放操作。

16.1 拖放原理

对用户来说,拖放是一种简便的可视化操作方式,可以轻松在应用程序之间或程序内部传输数据。实现拖放操作,一般涉及以下类和事件。

- QDrag 类:支持基于 MIME 类型的拖放数据传输。
- QDragEnterEvent 事件:当拖放操作进入控件时,向控件发送的事件。
- QDragLeaveEvent 事件:当拖放操作离开控件时,向控件发送的事件。
- QDragMoveEvent 事件:当拖放操作正在进行时发送的事件。
- QDropEvent 事件:当拖放操作完成时发送的事件。

> 📌 提示 MIME(Multipurpose Internet Mail Extensions,多用途互联网邮件扩展)是一种用于描述文档内容类型的互联网标准。它通常出现在 HTTP 协议的 Content-Type 字段中,用于告知接收方如何处理传输的数据,如 text/html、image/png 等。

16.1.1 拖放操作的流程

简单地说,拖放操作的流程就是用户需要先在待拖动的控件或图片等目标上单击鼠标左键(或右键)不释放并拖动鼠标,将鼠标拖动到合适位置后释放鼠标左键(或右键)。以下为单击鼠标左键的举例。

1. 单击鼠标左键

启用控件拖放的最简单方法是，重新实现控件的 mousePressEvent()事件并开始拖放操作，示例代码如下：

```python
def mousePressEvent(self, event: QMouseEvent):
    if event.button() == Qt.MouseButton.LeftButton: # 判断是否单击鼠标左键
        if self.iconLabel.geometry().contains(event.pos().toPoint()):
            drag = QDrag(self)                        # 创建 QDrag 对象
            mimeData = QMimeData() # 创建 QMimeData 对象，用于存储拖放的数据
            mimeData.setText(self.commentEdit.toPlainText())
            # 将文本信息（来自 commentEdit 的纯文本）设置到 QMimeData 对象中
            drag.setMimeData(mimeData) # 将 QMimeData 对象设置到 QDrag 对象中
            drag.setPixmap(self.iconPixmap)           # 设置需要拖放的图片
            dropAction = drag.exec()                  # 执行拖放操作
```

以上代码实现了判断鼠标左键是否被按下，如果鼠标左键被按下，则判断鼠标位置是否在 iconLabel 范围内。如果鼠标位置在 iconLabel 范围内，则创建 QDrag 对象并进行拖放操作。另外，以上代码创建了 QMimeData 对象，用于存储需要拖放的文本信息，设置拖放过程中显示的图片，执行拖放操作将文本信息拖放到指定位置。

这里 QMimeData 对象描述了可存储在剪贴板中并通过拖放机制传输的数据。QMimeData 对象将保存的数据与相应的 MIME 类型关联起来，以确保信息可以在应用程序之间安全传输，并且可以在同一个应用程序内复制。

formats()方法可以按优先顺序返回可用格式的列表。data()方法可以返回与 MIME 类型相关的原始数据。setData()方法可以允许开发人员设置 MIME 类型的数据。

对于最常见的 MIME 类型，QMimeData 类提供了访问数据的方法，如表 16-1 所示。

表 16-1　QMimeData 类访问数据的方法

测试	获得	设置	MIME 类型
hasText()	text()	setText()	text/plain
hasHtml()	html()	setHtml()	text/html
hasUrls()	urls()	setUrls()	text/uri-list
hasImage()	imageData()	setImageData()	image/*
hasColor()	colorData()	setColorData()	application/x-color

2. 拖动鼠标

为了控制控件的拖放操作，可以重新实现 mouseMoveEvent()鼠标移动事件，示例代码如下：

```python
def mouseMoveEvent(self, event: QMouseEvent):
    if event.button() != Qt.MouseButton.LeftButton
```

```
        return
    length=(event.position().toPoint()-self.dragStartPosition).
manhattanLength()
    if length < QApplication.startDragDistance():
        return
        # manhattanLength()方法用于粗略估计鼠标指针被单击位置与当前指针位置之间的距离
    drag = QDrag(self)
    mimeData = QMimeData()
    mimeData.setData(self.mimeType, self.data)
    drag.setMimeData(mimeData)
    dropAction=drag.exec(Qt.DropAction.CopyAction|Qt.DropAction.
MoveAction)
    # 处理拖放后的操作
    if dropAction == Qt.DropAction.MoveAction:
        # 执行移动操作
        pass
    elif dropAction == Qt.DropAction.CopyAction:
        # 执行复制操作
        pass
```

以上代码展示了在操作过程中，首先判断鼠标左键是否已被按下，若未被按下，则直接返回；其次判断鼠标当前位置与开始拖动时位置之间的距离是否小于预设值，若小于该预设值，则直接返回；再次创建 QDrag 对象及 QMimeData 对象，并将所需数据添加到 QMimeData 对象中；最后将 QMimeData 对象与 QDrag 对象进行关联，并调用 QDrag 对象的 exec()方法。该方法会返回一个 Qt.DropAction 枚举值，表示可接受的操作。使用 "|" 运算符可以组合多个操作，如 Qt.DropAction.CopyAction|Qt.DropAction.MoveAction，该代码表示既接受复制操作也接受移动操作。

3. 释放鼠标左键

在将数据拖动到目标控件上后，可以释放鼠标按键，以接收数据。为了接收拖放到控件上的数据，需要对待接收数据的控件进行设置，即设置 setAcceptDrops(True)，并重新实现 dragEnterEvent() 和 dropEvent()事件。在 dragEnterEvent()事件中，通常会声明可接收的数据类型。

以下代码片段展示了如何重写 dragEnterEvent()事件，以便仅能处理纯文本数据：

```
def dragEnterEvent(self, event: QDragEnterEvent):
    if event.mimeData().hasFormat("text/plain"):
        event.acceptProposedAction()
```

dropEvent()事件用于解压缩被拖放到控件上的数据，并以适合应用程序的方式对其进行处理。以下代码片段会将事件的文本数据传递给 QTextBrowser 对象 textBrowser，通过使用 QComboBox 对象 mimeTypeCombo 显示用于描述数据的 MIME 类型列表：

```
def dropEvent(self, event: QDropEvent):
    textBrowser.setPlainText(event.mimeData().text())
    mimeTypeCombo.clear()
    mimeTypeCombo.addItems(event.mimeData().formats())
    event.acceptProposedAction()
```

16.1.2　拖放操作的数据

拖放操作的数据包括数据传递方式和数据类型。

1. 拖放操作的数据传递方式

在一般情况下，拖放操作（DropAction）具有复制、移动和链接 3 种操作。

- 复制操作：目标位置接收被拖动数据的完全复制。
- 移动操作：源位置将删除原有数据，而目标位置将获取对该数据的控制权。
- 链接操作：将目标位置与源位置的数据相互关联，类似于桌面应用程序的快捷方式。

拖动操作如表 16-2 所示。

表 16-2　拖放操作

拖动类型	描述
Qt.DropAction.CopyAction	将数据复制到目标位置
Qt.DropAction.MoveAction	将数据从源位置移动到目标位置
Qt.DropAction.LinkAction	创建从源位置到目标位置的链接
Qt.DropAction.IgnoreAction	忽略操作（不对数据做任何操作）

2. 拖放操作的数据类型

拖放操作所传输的信息并不局限于文本和图像，任何类型的信息都可以通过拖放操作进行传递。为了在应用程序之间实现拖放操作，应用程序必须声明可以接收哪种数据格式，以及可以生成哪种数据格式。这个功能可以通过 MIME 类型来实现。采用标准 MIME 类型可以最大限度地提高应用程序的操作性。

为了支持其他媒体类型，可以使用 QMimeData 对象的 setData()方法来设置数据。在设置数据时，需要提供完整的 MIME 类型及包含适当格式数据的 QByteArray，示例代码如下：

```
# 创建一个 QByteArray 对象
output = QByteArray()
# 创建一个 QBuffer 对象，并将 QByteArray 对象传递给它
output_buffer = QBuffer(output)
# 打开 QBuffer 对象，以便写入数据
output_buffer.open(QIODevice.OpenModeFlag.WriteOnly)
# 获取 imageLabel 的 pixmap 对象，并将其转换为 QImage 对象
```

```
image = imageLabel.pixmap().toImage()
# 将 QImage 对象保存到 QBuffer 对象中，格式为 .png
image.save(output_buffer, "PNG")
# 将 QByteArray 对象设置为 mimeData 的数据，格式为 .png
mime_data.setData("image/png", output)
```

以上代码实现了从标签中获取像素图，并将其作为可移植网络图形（.png）文件存储到 QMimeData 对象中。

> 📖 **提示**　QByteArray 是 PyQt 库中用于处理字节数组的类。它提供了简单且高效的方法来操作和管理二进制数据，常用于需要处理原始二进制数据的情况，如字节流、文件读写及网络通信等。QBuffer 是 PyQt 库中用于读取和写入字节数据的类，常用于处理内存中的数据，而不需要实际文件系统或网络通信的情况。QBuffer 类也可以用于数据缓冲区的读写和数据流的操作。

16.2　QDrag 类——拖放操作的核心

PyQt 的拖放操作主要依赖于 QDrag 类，该类负责处理拖放操作的大部分细节。

16.2.1　QDrag 类的基本使用方法

拖放操作所要传输的数据包含在 QMimeData 对象中，用户可以使用 setMimeData()方法来指定该对象：

```
drag = QDrag(self)
mimeData = QMimeData()
mimeData.setText(commentEdit.toPlainText())
drag.setMimeData(mimeData)
```

在进行拖放操作时，可以使用图像来直观地表示相关数据。该图像会随着鼠标指针的移动而移动到目标位置。该图像通常显示为一个代表所传输数据 MIME 类型的图标，用户可以使用 setPixmap()方法来设置该图像，如图 16-1 所示。

图 16-1　是否设置了图像

为了明确鼠标指针热点在图像上的具体位置，可以使用 setHotSpot()方法指定相对于图像左上角的坐标。

```
drag.setHotSpot(QPoint(drag.pixmap().width()//2, drag.pixmap().height()//2))
```

以上代码示例可以确保鼠标指针热点准确地指向图像的中心位置。

> 🖝 提示　热点是拖放操作中的一个概念。当进行拖放操作时，通常会有一个图标或图像来表示被拖放的数据。这个图标会跟随鼠标指针移动，而热点指定了这个图标上的哪个点应该与鼠标指针对齐。

16.2.2　QDrag 类的常用方法和信号

1. QDrag 类的常用方法

QDrag 类的常用方法详见本书配套资料。

2. QDrag 类的信号

- actionChanged(DropAction)：当与拖放相关的操作发生变化时，会发出该信号，参数为拖放操作的数据传递方式。
- targetChanged(QObject)：当拖放操作的目标发生变化时，会发出该信号。

16.3　【实战】数字合并小游戏

本节将实现一个简单的数字合并小游戏。

简单地说，数字合并小游戏就是将窗体上的数字两两相加，得到一个新数字。

1. 程序功能

窗体上随机分布 10 个 10 ~ 100 的数字，单击鼠标左键不释放并拖放鼠标，可以将其中的一个数字拖动到另一个数字的上方。在释放鼠标左键后，窗体上会显示一个新的数字，恰好是这两个数字之和，类似于将原有的数字进行了相加，如图 16-2 所示。

图 16-2　数字合并小游戏

2. 程序结构

数字合并小游戏的程序较为简单，大约有 160 行代码。该程序主要包含两个类，分别是 NumLabel 和 MyWidget 类。其中，NumLabel 是继承自 QLabel 类的自定义标签类，用于实现自定义标签的功能；MyWidget 继承自 QWidget 类，用来作为主程序。

程序的结构图详见本书配套资料。

3. 程序实现

这里仅展示核心代码，完整程序位于本书配套资料的 PyQt6\chapter16\numberGame.py 中。

（1）自定义标签。

```
current_dir = os.path.dirname(os.path.abspath(__file__))    # 当前目录

class NumLabel(QLabel):
    def __init__(self, Parent=None):
        super().__init__(Parent)
        self.value = 0                                # 每个自定义标签的初始值
        randomNum = self.getRandom()
        self.setValue(randomNum)

    def getRandom(self):
        """10~100 随机数"""
        randomNum = random.randint(10, 100)
        return randomNum

    def setValue(self, num):
        """
        设置标签上显示数字
        num 表示待显示的数字
        """
        self.value = num
        font = QFont()
        font.setPointSize(30)                         # 字体大小为 30px
        self.setFont(font)
        self.setText(str(num))
        self.setAlignment(Qt.AlignmentFlag.AlignCenter)       # 居中显示

    def getValue(self):
        """以 int 型返回标签的数字"""
        return self.value

    def mousePressEvent(self, event):
        if event.button() == Qt.MouseButton.LeftButton:
            self.dragStartPosition = event.position().toPoint()
        super().mousePressEvent(event)

    def mouseMoveEvent(self, event):
        if event.button() != Qt.MouseButton.LeftButton:
        # 限制必须单击鼠标左键不释放才能进行拖动
            return
        if(event.position().toPoint()-self.dragStartPosition)
```

```
                      .manhattanLength()<QApplication.startDragDistance():
                      # 拖放的距离必须足够
            return
        super().mouseMoveEvent(event)
```

（2）主程序。

```
class MyWidget(QWidget):
    def __init__(self):
        super().__init__()
        self.setWindowTitle("拖放举例")
        self. resize(800, 600)
        self.setAcceptDrops(True)
        self.numLabelList = [] # 暂存自定义标签对象
        self.initUI()
        self.show()

    def getRandomList(self, length):
        """
        生成随机坐标
        length 表示根据具体的窗体尺寸生成随机坐标的上限
        读者可以将该方法设置为任何自己喜欢的方式，这里仅用于使自定义标签随机分布
        """
        diyList = []
        interval = (length-80)//20
        first = 50
        for i in range(20):
            last = first + interval
            diyList.append(random.randint(first, last))
            first = last
        return random.sample(diyList, 10)

    def initUI(self):
        """初始化自定义标签位置"""
        widthList = self.getRandomList(self.width())      # x 坐标列表
        heightlist = self.getRandomList(self.height())    # y 坐标列表
        points = zip(widthList, heightlist)
        for point in points:
            sx = point[0]
            sy = point[1]
            self.numLabelobj = NumLabel(self)
            self.numLabelobj.move(sx, sy)
```

```python
            self.numLabelList.append(self.numLabelobj)

    def comparePoint(self, numLabelObj):
        """
        查看自定义标签是否和其他标签存在重合部分
        numLabelObj 表示待查看的标签
        """
        for item in self.numLabelList:
            if numLabelObj is not item:
                if numLabelObj.geometry().intersects(item.geometry()):
                    return item  # 若存在重合, 则返回重合的自定义标签
        return False  # 否则返回 False

    def dragEnterEvent(self, event):
        if event.mimeData().hasFormat("application/x-xdbcb8"):
            if event.source() == self:
            # 如果事件的源对象是当前对象, 则将拖放操作的动作设置为移动操作, 并接受该事件
                event.setDropAction(Qt.DropAction.MoveAction)
                event.accept()
            else:
                event.acceptProposedAction()
                # 根据事件的类型和当前的状态决定是否接受这个动作
        else:
            event.ignore()

    def dropEvent(self, event):
        if event.mimeData().hasFormat("application/x-xdbcb8"):
            self.itemNum.move(event.position().toPoint() - self.offset)
            # 将自定义标签移动到需要放下的位置
            if event.source() == self:
                event.setDropAction(Qt.DropAction.MoveAction)
                compareItem = self.comparePoint(self.itemNum)
                if compareItem:
                    number1 = self.itemNum.getValue()
                    number2 = compareItem.getValue()
                    newNumber = number1 + number2
                    self.itemNum.setValue(newNumber)
                    self.itemNum.adjustSize()        # 自定义标签适应内容的大小
                    compareItem.move(-100, -100)    # 隐藏自定义标签
                event.accept()
            else:
```

```python
                event.acceptProposedAction()
        else:
            event.ignore()


    def dragMoveEvent(self, event):
        if event.mimeData().hasFormat("application/x-xdbcb8"):
            if event.source() == self:
            # 如果事件的源对象是当前对象，则将拖放操作的动作设置为移动操作，并接受该事件
                event.setDropAction(Qt.DropAction.MoveAction)
                event.accept()
            else:
                event.acceptProposedAction()
        else:
            event.ignore()


    def mousePressEvent(self, event):
        self.itemNum = self.childAt(event.position().toPoint())
        # 返回被拖放的自定义标签
        if self.itemNum:
            self.offset=QPoint(event.position().toPoint()-self.itemNum.
pos()) # 返回鼠标指针坐标与自定义标签坐标的偏移量
            mimeData = QMimeData()
            mimeData.setData("application/x-xdbcb8", QByteArray())
            drag = QDrag(self)
            pixmap = QPixmap(f"{current_dir}\\heart.png")
            drag.setPixmap(pixmap)
            drag.setMimeData(mimeData)
            drag.setHotSpot(QPoint(pixmap.width()//2,pixmap.height()//2))
            drag.exec(Qt.DropAction.MoveAction)
```

第 17 章
PyQt 6 中的动画处理

PyQt 中的动画框架可以十分方便地处理控件元素的动画，不仅可以对控件元素进行动态效果处理，还支持多种动画类型和自定义动画。

17.1 动画框架

PyQt 的动画框架提供了丰富的工具和接口，可以轻松地创建各种复杂的动态效果。

17.1.1 动画框架中涉及的类

PyQt 的动画框架主要涉及以下几个类，它们均位于 PyQt6.QtCore 模块中。

（1）QAbstractAnimation：所有动画的基类。

（2）QVariantAnimation：动画的基本类。

（3）QAnimationGroup：动画组的抽象基类。

（4）QPropertyAnimation：为 PyQt 属性添加动画效果。

（5）QParallelAnimationGroup：并行动画组。

（6）QSequentialAnimationGroup：顺序动画组。

（7）QPauseAnimation：暂停串行动画组。

（8）QEasingCurve：用于控制动画的缓动曲线。

（9）QTimeLine：用于控制动画的时间轴。

其中，前 7 个类存在继承关系如图 17-1 所示，后两个类需要与前 7 个类结合使用，常用的是 QPropertyAnimation 类、QEasingCurve 类和动画组类（QParallelAnimationGroup 和 QSequentialAnimationGroup）。

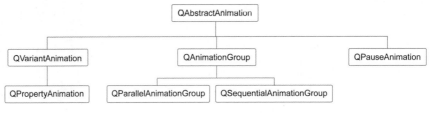

图 17-1　类之间的继承关系

17.1.2　QPropertyAnimation 类

1. QPropertyAnimation 类的基本使用方法

QPropertyAnimation 类常用于在动画执行过程中改变 PyQt 控件的属性值，下面通过一个简单的例子来说明。

```
button = QPushButton("按钮", self)
button.move(50, 50)
anim = QPropertyAnimation(button, b"pos", self)
anim.setDuration(10000)
anim.setStartValue(QPoint(50, 50))
anim.setEndValue(QPoint(200, 200))
anim.start()
```

在执行上面的代码后，按钮将在 10000ms 内从坐标(50,50)移动到坐标(200,200)。

在创建 QPropertyAnimation 对象时，首先需要指定产生动画的控件，如上面代码中的 button；然后需要设置动画运行时属性的名称（propertyName），如上面代码中的 "b"pos""，表明是针对 button 的坐标进行动画；最后需要将 QPropertyAnimation 对象的父对象设置为合适的窗体或其他控件，如上面代码中的 self，以确保在窗体关闭时正确地清理内存。

默认的动画持续时间是 250ms。在上面代码中，使用 setDuration()方法设置持续时间为 10000ms。setStartValue()和 setEndValue()方法分别用于设置动画的起始值和结束值。start()方法用于启动动画。

需要注意的是，在初始化 QPropertyAnimation 对象时，需要为 propertyName 参数指定进行动画属性的名称。这个属性的名称应该与需要进行动画对象的属性名称相匹配，而不是随便取的。将上面代码中的 "b"pos"" 改成 "b"123"" 会出现如下提示，并且不会产生动画。

```
QPropertyAnimation: you're trying to animate a non-existing property 123
of your QObject
```

读者可以在 Qt 的帮助手册中查看相关属性名称。

当然，不是所有的属性名称均可以采用 "b"属性名称"" 的方式来表示，如使用 "b"rect"" 会出现如下提示：

```
QPropertyAnimation: you're trying to animate the non-writable property
rect of your QObject
```

为了能够播放动画，属性名称必须是可读写的，没有对应的 setRect()方法来允许动画改变它的值，但是可以使用"b"geometry""属性进行替换。

2. QPropertyAnimation 类的枚举值

QPropertyAnimation 类涉及以下几个枚举值。

（1）动画删除策略，如表 17-1 所示。

表 17-1　动画删除策略

枚举类型	描述
QPropertyAnimation.DeletionPolicy.KeepWhenStopped	动画在停止时不会被删除
QPropertyAnimation.DeletionPolicy.DeleteWhenStopped	动画将在停止时自动删除

（2）动画方向，如表 17-2 所示。

表 17-2　动画方向

枚举类型	描述
QPropertyAnimation.Direction.Forward	播放方向为正，从起始值过渡到结束值，默认
QPropertyAnimation.Direction.Backward	播放方向为反，从结束值过渡到起始值

（3）动画状态，如表 17-3 所示。

表 17-3　动画状态

枚举类型	描述
QPropertyAnimation.State.Stopped	动画未播放
QPropertyAnimation.State.Paused	动画暂停（暂时中止）
QPropertyAnimation.State.Running	动画正在播放

3. QPropertyAnimation 类的常用方法和信号

（1）QPropertyAnimation 类的常用方法详见本书配套资料。

（2）QPropertyAnimation 类的信号。

- currentLoopChanged(int)：当当前循环发生变化时，会发出此信号，参数为当前循环次数。
- directionChanged(Direction)：当方向发生变化时，会发出此信号，参数为新的方向。
- finished()：当动画停止并结束播放后，会发出此信号。
- stateChanged(newState, oldState)：当动画的状态从 oldState 变为 newState 时，会发出此信号。
- valueChanged(Any)：QVariantAnimation 当当前值改变时，会发出此信号。

17.1.3　QEasingCurve 类

QEasingCurve 类具备创建缓和曲线的功能。相较于简单的恒定速度，缓和曲线可以更自然地实现从一个值到另一个值的过渡。缓和曲线用于控制动画的速度变化，使动画在不同的时间点以不同的速度进行变化。QEasingCurve 类允许在动画中实现各种效果，如匀速、加速等。

QEasingCurve 类通常与 QVariantAnimation 和 QPropertyAnimation 类结合使用，也可单独使用。它通常用于从零速度开始加速到插值（ease in）或减速到零速度（ease out）。

> 📌 提示　插值可以被视为在两个点之间平滑过渡的过程，用于在动画中创建平滑的运动。

为计算插值，缓和曲线提供了 valueForProgress 方法，其中 progress 参数用于指定插值的进度（0~1）：0 表示起始值，1 表示结束值。返回值是插值的有效进度。

QEasingCurve 类提供了 47 种不同类型的缓和曲线供用户选择，其中包括具有弹簧弹性的曲线和反弹曲线，以及具有"回旋镖"行为的曲线，如 InBack、OutBack 等。这些曲线在插值到端点之外后会返回端点，其行为类似于回旋镖。示例代码如下：

```
anim = QPropertyAnimation(button, b"pos", self)
anim.setDuration(10000)
anim.setStartValue(QPoint(50, 50))
anim.setEndValue(QPoint(200, 200))
anim.setEasingCurve(QEasingCurve.Type.InOutQuad)
anim.start()
```

以上代码实现了二次函数（t^2）的缓和曲线：先加速到一半，再减速。Qt 官方提供了一个包含 47 种不同类型缓和曲线的示例程序，运行效果如图 17-2 所示。

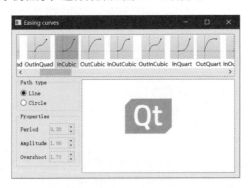

图 17-2　缓和曲线示例程序运行效果

17.1.4　动画组类

动画组的基类是 QAnimationGroup，其包含两个子类——QParallelAnimationGroup 和 QSequentialAnimationGroup，代表并行动画组和顺序动画组。

1. 动画组

动画组是动画的组合。动画组负责管理动画的状态，即决定何时开始、停止、恢复和暂停动画。要启动一个顶层动画组，只需使用动画组的 start() 方法即可。

> 📄提示　顶层动画组是指未被嵌套在其他动画组内的独立组。为了避免产生无法估计的结果，不建议直接激活子组。

通过调用 removeAnimation() 方法可以删除动画，通过调用 clear() 方法可以清除动画组。另外，通过监听 ChildAdded 和 ChildRemoved 事件可以跟踪组中动画的变化。

2. QParallelAnimationGroup 类

QParallelAnimationGroup 类提供了一个并行动画组。当它调用 start() 方法时，将启动所有动画，即并行运行所有动画。当持续时间最长的动画播放结束时，动画组也会随之结束。示例代码如下：

```
# 动画 1
anim1 = QPropertyAnimation(button, b"pos", self)
anim1.setDuration(10000)
anim1.setStartValue(QPoint(50, 50))
anim1.setEndValue(QPoint(200, 200))
# 动画 2
anim2 = QPropertyAnimation(button, b"pos", self)
anim2.setDuration(10000)
anim2.setStartValue(QPoint(200, 200))
anim2.setEndValue(QPoint(50, 50))
# 动画分组
animgroup = QParallelAnimationGroup(self)
animgroup.addAnimation(anim1)
animgroup.addAnimation(anim2)
animgroup.start()
```

在上面的代码中，anim1 和 anim2 是提前设置好的两个动画。

3. QSequentialAnimationGroup 类

QSequentialAnimationGroup 类提供了一个顺序动画组，即在一个动画播放完后开始播放另一个动画。动画的播放顺序与添加到动画组的顺序一致（使用 addAnimation() 或 insertAnimation() 方法来添加）。动画组在最后一个动画播放完后结束运行。

动画组中最多只有一个动画处于活动状态，并通过 currentAnimation() 方法返回该动画。使用 addPause() 或 insertPause() 方法可以为顺序动画组添加暂停功能。

17.2 【实战】赛车模拟小游戏

本节将实现一个简单的赛车模拟小游戏。赛车在行驶过程中需要躲避随机出现的障碍物，避免发生交通事故。

17.2.1 程序功能

（1）程序在执行后，首先会进行倒计时，这时赛车准备出发，如图 17-3 所示。

（2）在比赛开始后，在行驶过程中，可以利用键盘上的方向键来移动赛车。这里利用人视觉上的错觉来实现赛车就像在不断地向前行驶的效果。如果不使用键盘上的方向键，则赛车的位置不会发生任何变化，但是左右赛道和起点却向下方移动。同时，窗体上还会模拟赛车的前进距离，如图 17-4 所示。

（3）每隔一段时间赛道上会随机出现一个障碍物，用户需要使用方向键移动赛车，以避免撞车。如果发生碰撞，则提示撞车了，游戏结束，如图 17-5 所示。

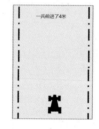
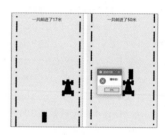

图 17-3　赛车准备出发　　图 17-4　赛车行驶过程中　　图 17-5　撞车了

17.2.2 程序结构

赛车模拟小游戏的程序相对简单，大约有 220 行代码。程序结构图详见本书配套资料。

17.2.3 程序实现

为简化游戏设计，赛车模拟小游戏中控件的位置全部采用固定坐标。其中，赛车、起点、左右赛道、障碍物均使用 QLabel 对象来加载图片，其动画就是 QLabel 对象动画。

左右边赛道控件各采用了双赛道设计，两个赛道进行并行动画（循环播放），这样可以实现赛车行驶的效果，如图 17-6 所示。其中，左赛道 1 位于窗体外，所以在开始游戏时不显示。

本实战的完整程序位于本书配套资料的 PyQt6\chapter17\race.py 中。

图 17-6　赛道示意图

第 18 章

Graphics View 框架——图形元素操作的便捷框架

在软件开发过程中，如果需要大量的图元（图形元素）进行交互操作，那么使用 Graphics View 框架将是一个不错的选择。因为它会降低操作难度，提高便利性。

18.1 Graphics View 框架

Graphics View 框架提供了一套强大的工具，不仅能方便地管理和定制 2D 图元，还能实现与用户的交互操作，支持旋转与缩放。该框架包括一个事件传播架构，允许对场景中的图元进行精确交互，使图元可以对按键事件、鼠标按下、移动、释放和双击事件等进行处理，还可以跟踪鼠标指针的移动。

18.1.1 Graphics View 框架的主要概念

Graphics View 框架提供了一种基于图元的模型－视图编程方法，多个视图可以观察单个场景，而场景则包含具有不同几何形状的图元。

在 Graphics View 框架中，主要包括以下 3 个非常重要的概念，它们均位于 PyQt6.QtWidgets 模块中。

1. QGraphicsScene（场景）

QGraphicsScene 是一个图形场景，用于管理 2D 图元（QGraphicsItem）。它是一个虚拟的画布，用户可以在其中添加、删除和管理多个图元。场景提供了一个容器，用户可以在其中放置图元，并在需要时进行管理和操作。场景可以被看作一个绘图板，而图元就是在绘图板上绘制的图形元素。

2. QGraphicsView（视图）

QGraphicsView 是一个用于显示 QGraphicsScene 中图元的可视化组件。它提供了一个视口，用于显示场景，并支持用户交互操作（如平移、缩放、选择等）。视图负责将场景中的图元渲染到屏幕上，并处理与视图相关的事件。

> 📌 提示　QGraphicsView 可以处理鼠标和键盘事件，以便用户与场景中的图元进行交互。

3. QGraphicsItem（图元）

QGraphicsItem 是一个抽象基类，用于表示 2D 图元。这些图元可以是矩形、椭圆、文本、路径和图像等。每个图元都可以具有附加属性，如颜色、填充和边框。QGraphicsItem 提供了一些基本的功能，如绘制自身、处理鼠标和键盘事件等。每个 QGraphicsItem 对象都可以被添加到同一个 QGraphicsScene 中，并可以在场景中移动和改变属性。

> 📌 提示　总的来说，这三者之间的关系如图 18-1 所示。
> QGraphicsScene 就像一张很大的稿纸，用户可以在稿纸上写各种文字（QGraphicsItem）。
> QGraphicsView 则像稿纸上的黑色框，在这些框中，可以看到 QGraphicsScene 中的一部分甚至全部的文字。

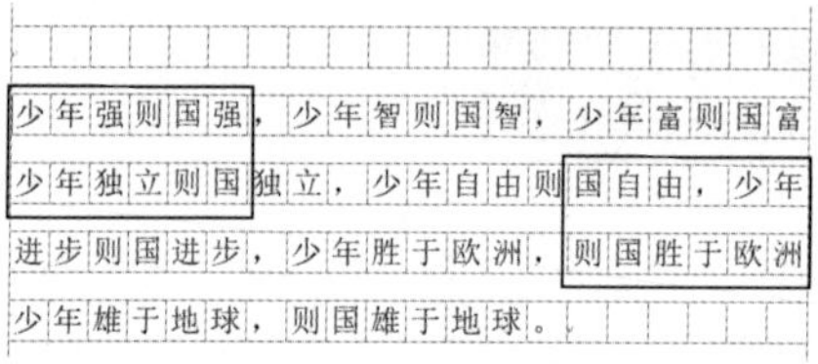

图 18-1　QGraphicsScene、QGraphicsView 和 QGraphicsItem 之间的关系

18.1.2　Graphics View 框架的坐标体系

Graphics View 框架的坐标体系基于笛卡儿坐标系（平面直角坐标系 x 轴、y 轴）。场景中的图元位置由 x 坐标和 y 坐标构成，x 轴向右，y 轴向下，如图 18-2 所示。

框架中有 3 个有效的坐标：场景坐标、视图坐标和图元坐标。用户可以在 3 个坐标之间进行映射转换。

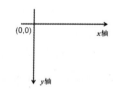

图 18-2　笛卡儿坐标系

1. 场景坐标（Scene Coordinates）

场景是所有图元的基本坐标系。场景坐标描述了每个顶级图元的位置，还构建了从视图传递到场景的所有事件的基础。QGraphicsItem.scenePos()方法可以返回场景中图元的位置坐标，QGraphicsItem.sceneBoundingRect() 方法可以返回在场景坐标中图元的边界矩形。QGraphicsScene.setSceneRect()方法可以更改场景的坐标原点和大小。通过设置不同的场景矩

形，可以改变场景坐标的原点位置及坐标轴的方向，从而适应不同的需求。例如，将(0,0)放置在场景的左上角而不是中心。

2. 视图坐标（View Coordinates）

视图坐标类似于控件坐标，其中每个单元对应一个像素。在 QGraphicsView 视口中，左上角始终位于(0,0)，而右下角则始终位于(视口宽度,视口高度)。所有鼠标事件和拖放事件都作为视图坐标被接收。为了与图元进行交互，需要将这些视图坐标映射到场景坐标系中。

3. 图元坐标（Item Coordinates）

图元存在于它们各自的本地坐标系中，这些坐标系以图元的中心点(0,0)为原点，并且是所有变换的中心点，如图 18-3 所示。

图元的位置是图元中心点在其父组件坐标系中的坐标。当图元移动，其坐标系统也会随之移动。当父组件移动时，子组件的图元坐标会相应地调整，以保持它们之间的相对位置关系。如果图元没有父组件，那么它的位置是根据场景坐标系来确定的。当子图元的中心点与其父组件的中心点重合时，则在场景坐标系中这两个图元的中心点将对应同一个位置。如果子图元相对于父组件原点的位置是(10,0)，那么子图元坐标系中的(0,10)点将对应于父组件坐标系中的(10,10)点，如图 18-4 所示。

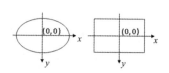

图 18-3　图元的坐标系

图 18-4　子图元坐标示例

> 💡 **提示**　在 PyQt 中，图元坐标使用 QPointF 类型来表示，包含两个浮点数，分别表示横坐标和纵坐标。例如，QPointF(100.0, 200.0)表示一个位于 $x=100.0$，$y=200.0$ 的点。

4. 坐标映射(Coordinate Mapping)

通常，在处理场景中的图元时，需要将场景中的坐标和图元的坐标进行映射。例如，当在 QGraphicsView 框架的视口中单击鼠标时，可以通过调用 QGraphicsView.mapToScene()方法和 QGraphicsScene.itemAt()方法来查询场景中鼠标指针下的图元。如果想了解图元所在视口中的位置,则可以先在图元上调用 QGraphicsItem.mapToScene()方法，再在视图上调用 QGraphicsView.mapFromScene()方法。坐标映射方法如表 18-1 所示。

表 18-1　坐标映射方法

映射方法	返回值类型	描述
QGraphicsItem.mapFromScene(QPointF)	QPointF	从场景坐标映射到图元坐标

续表

映射方法	返回值类型	描述
QGraphicsItem.mapToScene(QPointF)	QPointF	从图元坐标映射到场景坐标
QGraphicsItem.mapToParent(QPointF)	QPointF	从子图元坐标映射到父图元坐标
QGraphicsItem.mapFromParent(QPointF)	QPointF	从父图元坐标映射到子图元坐标
QGraphicsItem.mapToItem(QPointF)	QPointF	从本图元坐标映射到其他图元坐标
QGraphicsItem.mapFromItem(QPointF)	QPointF	从其他图元坐标映射到本图元坐标
QGraphicsView.mapToScene(QPointF)	QPointF	从视图坐标映射到场景坐标
QGraphicsView.mapFromScene(QPointF)	QPointF	从场景坐标映射到视图坐标

5. 举例说明

为了加深对 3 种坐标的理解，这里举一个简单的例子：在视图中显示"我爱 PyQt"文字。

（1）不设置视图坐标。

代码如下：

```
app = QApplication(sys.argv)
scene = QGraphicsScene()
scene.setSceneRect(0, 0, 400, 400)
textItem = QGraphicsSimpleTextItem()
textItem.setText("我爱 PyQt")
textItem.setPos(scene.sceneRect().left(), scene.sceneRect().top())
scene.addItem(textItem)
view = QGraphicsView(scene)
view.show()
print(f"视图坐标(0, 0)-->场景坐标{(view.mapToScene(0, 0).x(), view.
mapToScene(0, 0).y())}")
print(f"场景坐标(0.0, 0.0)-->视图坐标{(view.mapFromScene(0, 0).x(), view.
mapFromScene(0, 0).y())}")
topLeftPoint = QPointF(scene.sceneRect().topLeft())
print(f"场景左上角坐标{(topLeftPoint.x(), topLeftPoint.y())}-->视图坐标
{(view.mapFromScene(topLeftPoint.x(), topLeftPoint.y()).x(),view.
mapFromScene(topLeftPoint.x(), topLeftPoint.y()).y())}")
sys.exit(app.exec())
```

上述代码执行结果如下：

```
视图坐标(0, 0)-->场景坐标(0.0, 0.0)
场景坐标(0.0, 0.0)-->视图坐标(0, 0)
场景左上角坐标(0.0, 0.0)-->视图坐标(0, 0)
```

从代码执行结果可以看出，当定义场景矩形坐标为(0, 0, 400, 400)时，视图和场景的坐标(0, 0)

是重合的，场景和视图左上角坐标为(0, 0)。

如果将场景矩形修改为 scene.setSceneRect(-200, -200, 400, 400)，再执行代码，则可以看到以下执行结果：

```
视图坐标(0, 0)-->场景坐标(-200.0, -200.0)
场景坐标(0.0, 0.0)-->视图坐标(200, 200)
场景左上角坐标(-200.0, -200.0)-->视图坐标(0, 0)
```

从代码执行结果可以看出，当定义场景矩形坐标为(-200, -200, 400, 400)时，视图和场景相同的坐标出现了错位。

如果将场景矩形修改为 scene.setSceneRect(-400, -400, 400, 400)，再执行代码，则可以看到以下执行结果：

```
视图坐标(0, 0)-->场景坐标(-400.0, -400.0)
场景坐标(0.0, 0.0)-->视图坐标(400, 400)
场景左上角坐标(-400.0, -400.0)-->视图坐标(0, 0)
```

因此，根据本例中的代码执行结果可知，在不设置视图坐标的前提下，视图的坐标(0, 0)总是与场景左上角坐标保持一致。

（2）设置视图坐标。

假设视图尺寸小于场景尺寸，修改代码如下：

```
scene = QGraphicsScene()
scene.setSceneRect(0, 0, 400, 400)
view = QGraphicsView(scene)
view.resize(300, 300)
```

程序执行结果如下：

```
视图坐标(0, 0)-->场景坐标(51.0, 51.0)
场景坐标(0.0, 0.0)-->视图坐标(-51, -51)
场景左上角坐标(0.0, 0.0)-->视图坐标(-51, -51)
```

假设视图尺寸等于场景尺寸，修改代码如下：

```
scene = QGraphicsScene()
scene.setSceneRect(0, 0, 400, 400)
view = QGraphicsView(scene)
view.resize(400, 400)
```

程序执行结果如下：

```
视图坐标(0, 0)-->场景坐标(1.0, 1.0)
场景坐标(0.0, 0.0)-->视图坐标(-1, -1)
场景左上角坐标(0.0, 0.0)-->视图坐标(-1, -1)
```

假设视图尺寸大于场景尺寸，修改代码如下：

```
scene = QGraphicsScene()
scene.setSceneRect(0, 0, 400, 400)
view = QGraphicsView(scene)
view.resize(1000, 1000)
```

程序执行结果如下：

```
视图坐标(0, 0)-->场景坐标(-299.0, -239.0)
场景坐标(0.0, 0.0)-->视图坐标(299, 239)
场景左上角坐标(0.0, 0.0)-->视图坐标(299, 239)
```

因此，当视图尺寸小于或等于场景尺寸时，视图位于场景内，视图的(0, 0)坐标位于场景坐标的右下角；当视图尺寸大于场景尺寸时，视图位于场景内，视图的(0, 0)坐标位于场景坐标的左上角。

18.2 QGraphicsScene 类——场景

QGraphicsScene 类主要用于管理大量的 2D 图元。

18.2.1 QGraphicsScene 类的基本使用方法

QGraphicsScene 类是图元的容器，通常与视图结合使用。场景没有自己的图形外观，仅用于管理图元，需要创建一个视图控件来可视化场景。用户可以使用 addItem()方法来添加 QGraphicsItem 对象，或者选择更方便的方法，如 addEllipse()、addLine()、addPath()、addPixmap()等。

场景的边界矩形是通过调用 setSceneRect()方法来设置的。图元可以被放置在场景的任何位置。在默认情况下，场景的大小不受限制。如果未设置场景矩形，则场景将使用所有图元的边界区域作为场景矩形（通过调用 itemsBoundingRect()方法来确定）。通过使用 items()方法可以在几毫秒内确定图元的位置。itemAt()方法可以返回指定位置的顶层图元。

18.2.2 QGraphicsScene 类的常用方法

QGraphicsScene 类的方法较多，常用的方法详见本书配套资料。

18.3 QGraphicsView 类——视图

QGraphicsView 类负责展示 QGraphicsScene 中的场景。

18.3.1 QGraphicsView 类的基本使用方法

创建 QGraphicsView 对象可以使用以下两种方法。

方法一：将场景对象传递给自身的构造方法。

方法二：通过直接调用 setScene()方法进行设置。

示例代码如下：

```
# 方法一
scene = QGraphicsScene(0, 0, 400, 400)
view = QGraphicsView(scene)
view.show()
# 方法二
scene = QGraphicsScene(0, 0, 400, 400)
view = QGraphicsView()
view.setScene(scene)
view.show()
```

在 QGraphicsView 对象调用 show()方法后，视图将默认切换到场景的中心，并显示此时可见的图元。在默认情况下，可以通过调用 viewport()方法来获取 QGraphicsView 的视口控件，也可以通过调用 setViewport()方法来替换视口控件。

QGraphicsView 类支持缩放、旋转等变换操作，通过 rotate()、scale()、translate()或 shear()方法来实现。在进行变换时，QGraphicsView 类会确保视图的中心保持不变。

通过 QGraphicsView 类，可以将鼠标和键盘事件转换为场景事件（这些事件继承自 QGraphicsSceneEvent 类）。例如，当单击一个可选图元时，这个图元会通知场景它已被选中，同时图元自身会重新绘制以显示被选中的矩形。又如，如果通过单击鼠标按键不释放并拖动鼠标来移动可移动图元，那么这个图元会接收鼠标的移动事件，并据此更新自身的位置。

> ☛ **提示** QGraphicsView 类还提供了映射方法 mapToScene()和 mapFromScene()，以及图元访问方法 items()和 itemAt()。这些方法可以在视图坐标和场景坐标之间进行映射，并使用视图坐标查找场景中的图元。

18.3.2 QGraphicsView 类的常用方法

QGraphicsView 类的方法较多，常用的方法详见本书配套资料。

18.4 QGraphicsItem 类——图元

QGraphicsItem 类是 QGraphicsScene 中所有图形元素的基类，负责定义图元的几何图形、碰撞检测、绘画实现，以及图元交互的事件处理程序。

18.4.1 QGraphicsItem 类的基本使用方法

QGraphicsItem 类除了可以让用户自定义图元类型，还提供了一些便捷的图元类型。

- QGraphicsEllipseItem：用于提供一个椭圆图元。
- QGraphicsLineItem：用于提供一个线条图元。
- QGraphicsPathItem：用于提供一个任意路径图元。
- QGraphicsPixmapItem：用于提供一个图像图元。
- QGraphicsPolygonItem：用于提供一个多边形图元。
- QGraphicsRectItem：用于提供一个矩形图元。
- QGraphicsSimpleTextItem：用于提供一个简单文本标签图元。
- QGraphicsTextItem：用于提供一个高级文本浏览器图元。

图元的 pos()方法用于返回图元在父坐标中的位置。如果图元没有父图元，那么该方法返回的位置是图元在场景（scene）坐标系中的位置。用户可以通过 setVisible()方法来设置图元是否应该可见，通过 setEnabled()方法来启用或禁用图元。如果禁用某个图元，则同时禁用该图元的所有子图元。

如果想自定义一个图元，则首先创建 QGraphicsItem 类的子类，然后实现 boundingRect()方法（用于返回图元绘制区域的估计值），最后实现 paint()方法（用于实现实际的绘制）。示例代码如下：

```
class CustomGraphicsItem(QGraphicsItem):
    def __init__(self, parent=None):
        super().__init__(parent)

    def boundingRect(self):
        return QRectF(0, 0, 100, 100)

    def paint(self, painter, option, widget):
        painter.drawRect(QRectF(0, 0, 100, 100))
```

QGraphicsItem 类还具备碰撞检测机制，可以通过两种方法来实现。

方法一：重新实现 shape()方法，以返回图元的准确形状，并通过 collidesWithItem()方法的默认实现来检测形状之间的交集。

方法二：重新实现 collidesWithItem()方法，以提供自定义图元和形状冲突算法。

另外，也可以调用 contains()方法来确定图元是否包含点。

QGraphicsItem 类中的 shape()与 boundingRect()方法虽然都用于返回图元的大致形状，但二者还是有区别的。

- shape()方法用于获取图元的形状，返回一个表示图元形状的 QPainterPath 对象。通过调用 shape()方法，用户可以获取图元的路径信息，并使用该路径进行绘制或其他操作。

- boundingRect()方法用于获取图元的边界矩形，返回一个表示图元边界矩形的 QRectF 对象。通过调用 boundingRect()方法，用户可以获取图元的位置和大小信息，并使用该矩形进行布局或其他操作。

图元由视图绘制，先从父图元开始，再按照升序堆叠顺序绘制子图元。通过调用 setZValue()方法可以设置图元的堆叠顺序。其中，具有低 z 值的图元会在具有高 z 值的图元之前进行绘制。

18.4.2　QGraphicsItem 类的常用方法

QGraphicsItem 类的方法较多，常用的方法详见本书配套资料。

18.5　【实战】飞机碰撞大挑战

本节将实现飞机碰撞大挑战。

飞机碰撞大挑战的主要目标是避免敌机碰撞我方飞机，如图 18-5 所示。

1. 程序功能

（1）飞机飞行。整个地图背景会不停地向下移动，产生类似于飞机不停地飞行的效果。

（2）飞机控制。在我方飞机上按住鼠标按键不释放，即可通过拖动飞机来控制其前后左右飞行。

（3）敌机出现的位置是随机的，并且飞行速度都比较快。

（4）双方飞机碰撞后会显示爆炸效果。

（5）如果挑战失败，则询问用户是否继续挑战。

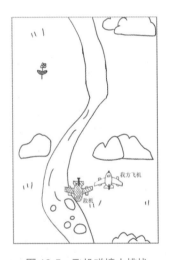

图 18-5　飞机碰撞大挑战

2. 程序结构

整个程序包含 4 个类及一些函数。这 4 个类是 Map、Bomb、Plane 和 Enemy，分别代表地图、爆炸效果、我方飞机和敌机。

整个程序的结构图详见本书配套资料。

3. 程序实现

整个程序大约有 230 行代码，这里仅介绍核心代码，完整程序位于本书配套资料的 PyQt6\chapter18\planeGame.py 中。

（1）定时器的设置。

因为整个程序涉及的动画比较多，包括地图的滚动、敌机的出现和飞行、爆炸效果的呈现，所以使用 4 个定时器来实现。其中，爆炸效果的定时器在 Bomb 类中，另外 3 个定时器不属于任何一个类。

```python
map_timer = QTimer()                    # 地图滚动的时间间隔
timerEnemyPlane = QTimer()              # 敌机出现的时间间隔
timerEnemyPlaneSpeed = QTimer()         # 敌机前进的时间间隔
```

（2）地图类。

地图类是自定义的 QGraphicsView 类，设置了两张图片作为背景。这两张图片在定时器的作用下缓缓向下滚动，仿佛飞机正在飞行。

```python
class Map(QGraphicsView):
    def __init__(self, Parent=None):
        super().__init__(Parent)
        self.resize(512, 768)     # 地图的尺寸为 512px×768px
        self.setWindowTitle("飞机碰撞大挑战")
        backgroundPath = f"{current_dir}\\img\\background.jpg" # 地图背景路径
        self.mapUp = QPixmap(backgroundPath)
        self.mapDown = QPixmap(backgroundPath)
        self.mapUp_y = -768
        self.mapDown_y = 0
        self.mapSpeed = 2          # 地图每次滚动的速度
        map_timer.timeout.connect(self.mapScroll)
        map_timer.start(10)        # 地图每次滚动的时间间隔


    def mapScroll(self):
        """每个时间间隔自动滚动地图"""
        self.viewport().update() # 强制刷新窗体绘图
        self.mapUp_y += self.mapSpeed
        if self.mapUp_y >= 0:
            self.mapUp_y = -768
        self.mapDown_y += self.mapSpeed
        if self.mapDown_y >= 768:
            self.mapDown_y = 0

    def drawBackground(self, painter, rect):
        """绘制背景图片"""
        painter.drawPixmap(self.mapToScene(0,self.mapUp_y),self.mapUp)
        painter.drawPixmap(self.mapToScene(0,self.mapDown_y),self.mapDown)
```

（3）爆炸类。

爆炸类继承自 QGraphicsItem，需要实现 boundingRect()和 paint()方法。爆炸类中的定时器用于实现爆炸过程中图片的快速切换。在这些图片快速切换后，会显示爆炸效果。

```python
class Bomb(QGraphicsItem):
    '''在飞机受到碰撞后显示爆炸效果'''
    def __init__(self):
        super().__init__()
        self.i = 1
        self.bombPath = f"{current_dir}\\img\\bomb1.png"
        self.bomb_timer = QTimer()
        self.bomb_timer.timeout.connect(self.picSwitch)
        self.bomb_timer.start(30)        # 爆炸图片切换的时间间隔

    def picSwitch(self):
        '''爆炸过程中图片的切换'''
        self.i += 1
        self.bombPath = f"{current_dir}\\img\\bomb{self.i}.png"
        self.update()                    # 强制刷新
        if self.i > 6:
            self.bomb_timer.stop()

    def boundingRect(self):
        '''
        将图元的外边界定义为矩形，所有绘画必须限制在该矩形内
        使用 QGraphicsView 类来确定图元是否需要重绘
        '''
        return QRectF(-43, -48, 86, 95)

    def paint(self, painter, option, widget):
        '''实现爆炸效果'''
        bombPix = QPixmap(self.bombPath)
        painter.drawPixmap(QRect(-43, -48, 86, 95), bombPix)
```

（4）飞机类。

飞机分为我方飞机和敌机，敌机的代码实现和我方飞机的代码实现类似，这里不重复展示。我方飞机的代码实现如下，其中鼠标事件至关重要，只有这样才能实现通过鼠标控制我方飞机的飞行方向。

```python
class Plane(QGraphicsItem):
    '''我方飞机'''
    def __init__(self):
```

```python
        super().__init__()
        self.setFlag(QGraphicsItem.GraphicsItemFlag.ItemIsMovable, True)
        # 飞机可以移动

    def boundingRect(self):
        return QRectF(-50, -33, 100, 65)

    def paint(self, painter, option, widget):
        '''绘制我方飞机'''
        planePath = f"{current_dir}\\img\\plane.png"
        planePix = QPixmap(planePath)
        painter.drawPixmap(QRect(-50, -33, 100, 65), planePix)

    def mousePressEvent(self, event:QGraphicsSceneMouseEvent):
        '''获取场景坐标和本地坐标'''
        self.setCursor(Qt.CursorShape.ClosedHandCursor)
        scenePos = event.scenePos()
        # 保存当前的一些信息
        self.m_pressedPos = scenePos  # 鼠标按键被按下时的坐标
        self.m_startPos = self.pos()
        return super().mousePressEvent(event)

    def mouseMoveEvent(self, event:QGraphicsSceneMouseEvent):
        '''获取场景坐标和本地坐标'''
        scenePos = event.scenePos()
        # 计算坐标偏移量
        dx = scenePos.x() - self.m_pressedPos.x()
        dy = scenePos.y() - self.m_pressedPos.y()
        # 设置我方飞机在场景中的位置
        self.setPos(self.m_startPos + QPointF(dx, dy))
        self.update()
```

（5）一些函数的调用。

以下函数的调用并不在任何一个类中，主要用于实现我方飞机和敌机的出现、敌机的攻击及爆炸效果的展示。

```python
def enemyPlaneAttack(scene):
    '''敌机出现'''
    x = random.randint(-150, 150)          # 随机坐标
    y = random.randint(-1000, -500)
    enemyPlane = Enemy()
    enemyPlaneList.append(enemyPlane)       # 将敌机放入敌机列表
```

```
        enemyPlane.setPos(QPointF(x, y))                    # 设置敌机的场景坐标
        scene.addItem(enemyPlane)

def bombing(enemyPlane):
    '''发生爆炸'''
    scene = enemyPlane.scene()                              # 敌机所在场景
    bomb = Bomb()
    bomb.setPos(plane.pos())
    scene.addItem(bomb)

def enemyPlaneFlying(plane):
    '''敌机被攻击'''
    for enemyPlane in enemyPlaneList:
        x = enemyPlane.x()
        y = enemyPlane.y() + 5
        enemyPlane.setPos(QPointF(x, y))
        if enemyPlane.collidesWithItem(plane):              # 检测是否发生碰撞
            map_timer.stop()
            timerEnemyPlane.stop()
            timerEnemyPlaneSpeed.stop()
            plane.setVisible(False)                         # 我方飞机不可见
            enemyPlane.setVisible(False)                    # 敌机不可见
            bombing(enemyPlane)                             # 发生爆炸
            answer = QMessageBox.question(QWidget(), "询问", "你挂了! 再来一
次? ", QMessageBox.StandardButton.Yes | QMessageBox.StandardButton.No)
            if answer == QMessageBox.StandardButton.No:
                QApplication.quit()                         # 若不同意继续挑战, 则直接关闭程序
            else:
                enemyPlaneList.clear()
                map_timer.start()
                timerEnemyPlane.start()
                timerEnemyPlaneSpeed.start()
                plane.setVisible(True)
                plane.setPos(QPointF(0, 150))
                enemyPlane.setPos(0, 1000)     # 将敌机移至(0,1000)坐标
                plane.scene().removeItem(enemyPlane)  # 将敌机从场景中移除

def planeAttack(scene):
    '''我方飞机出现'''
    plane = Plane()
    plane.setPos(QPointF(0, 150))                           # 飞机起始位置
```

```
        scene.addItem(plane)
        return plane
```

敌机在攻击时需要进行图元碰撞检测，这是利用 collidesWithItem()方法进行判断的。该方法包含以下 4 种判断方式。

- Qt.ItemSelectionMode.ContainsItemShape：如果被检测物的形状（shape()方法的返回值）完全包含在检测物内，则表示发生了碰撞。
- Qt.ItemSelectionMode.IntersectsItemShape：如果被检测物的形状（shape()方法的返回值）与检测物有交集，则表示发生了碰撞，这是默认判断方式。
- Qt.ItemSelectionMode.ContainsItemBoundingRect：如果被检测物的包含矩形（boundingRect()方法的返回值）完全包含在检测物内，则表示发生了碰撞。
- Qt.ItemSelectionMode.IntersectsItemBoundingRect：如果被检测物的包含边界矩形（boundingRect()方法的返回值）与检测物有交集，则表示发生了碰撞。

由于飞机的图像是由笔者自行绘制的，并且抠图技术不太专业，可能会导致即使飞机没有发生实际碰撞，但在视觉上接近时也会出现爆炸的情况。要想实现精确的碰撞检测，需要精确绘制飞机的图像。读者可以通过测试来验证这一点。

（6）场景、视图、图元及定时器的使用。

```
        app = QApplication(sys.argv)
        scene = QGraphicsScene(-200, -200, 400, 400)
        plane = planeAttack(scene)
        timerEnemyPlane.timeout.connect(lambda:enemyPlaneAttack((scene)))
        timerEnemyPlane.start(1500)
        timerEnemyPlaneSpeed.timeout.connect(lambda:enemyPlaneFlying(plane))
        timerEnemyPlaneSpeed.start(5)
        gameMapView = Map(scene)
        gameMapView.setRenderHint(QPainter.RenderHint.Antialiasing)   #抗锯齿
        gameMapView.show()
        sys.exit(app.exec())
```

第 19 章
PyQt 6 窗体的美化

在 PyQt 中，样式表用于美化窗体。通过样式表，可以灵活地调整窗体的外观，包括窗体的背景颜色、字体和边框等。

19.1 QSS

QSS 可以使用 QApplication.setStyleSheet()方法在整个应用程序上设置，也可以使用 QWidget.setStyleSheet()方法在特定的窗体控件（及其子窗体）上设置。

例如，以下 QSS 指定所有 QLineEdit 控件都使用黄色作为背景颜色，并且所有 QCheckBox 控件都使用红色作为文本颜色：

```
QLineEdit { background: yellow }
QCheckBox { color: red }
```

使用 QSS 可以最大程度地确保应用程序样式的统一。

19.2 QSS 语法及使用方法

QSS 语法与 CSS 语法类似，都由一系列样式规则组成。如果没有特殊说明，则在 QSS 中使用的标点符号均为英文标点符号。

19.2.1 QSS 语法

QSS 样式规则由选择器和声明组成。选择器用于指定哪些控件受规则影响，而声明则用于指定应在控件上设置哪些属性。例如：

```
QPushButton { color: red }
```

在上面的样式规则中，QPushButton 是选择器，{color：red}是声明。该规则指定 QPushButton 类及其子类（如 diyButton）使用红色作为文本颜色。

> 📌 提示　QSS 通常不区分大小写（color、Color、COLOR 和 cOloR 引用的都是相同属性），但针对类名、对象名和 PyQt 的属性名，要区分大小写。

QSS 可以为同一个声明指定多个选择器，使用逗号"，"进行分隔。例如：

```
QPushButton, QLineEdit, QComboBox { color: red }
```

等同于：

```
QPushButton { color: red }
QLineEdit { color: red }
QComboBox { color: red }
```

样式规则声明是由多个"属性：值"对组成的列表，使用花括号"{}"括起来，并使用分号分隔每个属性值对。例如：

```
QPushButton { color: red; background-color: white }
```

19.2.2　选择器类型及子控件的样式设置

QSS 支持 CSS 2 中定义的所有选择器。表 19-1 所示为常用的选择器类型。

表 19-1　常用的选择器类型

选择器类型	举例	说明
通用选择器	*	匹配所有小控件
类型选择器	QPushButton	匹配 QPushButton 类及其子类的实例
类选择器	.QPushButton	匹配 QPushButton 类的实例，但不匹配其子类的实例
ID 选择器	QPushButton#subButton	匹配对象名为 subButton 的所有 QPushButton 类的实例
后代选择器	QDialog QPushButton	匹配 QDialog 类后代（子级、孙级等）的所有 QPushButton 类的实例
子选择器	QDialog>QPushButton	匹配作为 QDialog 类直接子级的所有 QPushButton 类的实例

如果想对子控件进行样式设置，如对 QComboBox 的下拉按钮进行样式设置，则代码如下：

```
QComboBox::drop-down { image: url(dropdown.png) }
```

在执行上面的代码后，会使用 dropdown.png（五角星图案）作为 QComboBox 的下拉按钮。图 19-1 所示为使用样式前后对比。

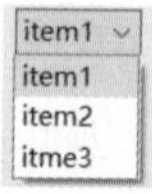

（a）使用样式之前 　　　（b）使用样式之后

图 19-1　使用样式前后对比

19.2.3　伪状态

选择器可能包含伪状态。伪状态是指在 QSS 中使用的一些特殊关键字（如:hover、pressed 等），它们表示控件的不同状态，如鼠标指针悬停、按下、禁用等。这些伪状态可以轻松地为控件添加交互效果和视觉效果。

1. 伪状态的基本使用方法

伪状态位于选择器的末尾，中间包含冒号 ":"。例如，定义当鼠标指针悬停在 QPushButton（普通按钮）上时的样式，可以使用以下规则：

```
QPushButton:hover { color: white }
```

使用感叹号运算符可以否定伪状态。例如，当鼠标指针没有悬停在 QRadioButton 上时，可以使用以下规则：

```
QRadioButton:!hover { color: red }
```

2. 伪状态链的使用方法

多种伪状态可以联合使用，形成伪状态链。

（1）表示逻辑与的关系。以下规则适用于当鼠标指针悬停在已选中的 QCheckBox 上的情况：

```
QCheckBox:hover:checked { color: red }
```

（2）使用逗号运算符表示逻辑或的关系。以下规则适用于当鼠标指针悬停在 QCheckBox 上或已选中 QCheckBox 的情况：

```
QCheckBox:hover, QCheckBox:checked { color: red }
```

（3）当伪状态链中出现否定的伪状态时。以下规则适用于当鼠标指针悬停在未被按下的 QPushButton 上的情况：

```
QPushButton:hover:!pressed { color: blue }
```

（4）当伪状态与控件某个部分同时出现时。以下规则适用于当鼠标指针悬停在 QComboBox 下拉按钮上的情况：

```
QComboBox::drop-down:hover { image: url(dropdown_bright.png) }
```

3. 伪状态关键字

常用的伪状态如表 19-2 所示。

表 19-2　常用的伪状态

伪状态	描述	伪状态	描述
:active	控件处于驻留在活动窗体中时的状态	:maximized	窗体处于最大化时的状态
:checked	控件处于已选中时的状态	:minimized	窗体处于最小化时的状态
:closed	控件处于关闭时的状态	:movable	控件处于可以移动时的状态

续表

伪状态	描述	伪状态	描述
:disabled	控件已禁用时的状态	:pressed	正在使用鼠标按键单击控件状态
:edit-focus	控件具有编辑焦点时的状态	:read-only	控件被标记为只读或不可编辑时的状态
:enabled	控件已启用时的状态	:selected	控件被选中时的状态
:focus	控件具有输入焦点时的状态	:unchecked	该控件未选中时的状态
:hover	当鼠标指针悬停在控件上时的状态	:window	控件是一个窗体（顶级控件）时的状态

19.2.4 解决样式冲突

当同一类型控件存在多种样式时，可能会产生冲突。

1. 控件类与控件实例对象使用相同属性

例如，以下规则：

```
QPushButton#subButton { color: gray }
QPushButton { color: black }
```

图 19-2 灰色文字按钮

这两条规则都适用于 QPushButton 类的实例，并且 color 属性存在冲突，但是第一条规则比第二条规则更具体，因为第一条规则引用的是单个对象 subButton，而不是类的所有实例。因此，在程序执行后，subButton 上的文字会呈现灰色而不是黑色，如图 19-2 所示。

因此，得到一个结论：程序会优先执行更加具体的规则。

💡提示　QPushButton 对象需要先使用 setObjectName("subButton")方法设置对象名称，之后关于 QPushButton#subButton 的 QSS 规则才能生效。

同理，具有伪状态的选择器比不指定伪状态的选择器更具体。

2. 同一类控件使用不同伪状态

如果出现如下规则，那么程序会怎么执行呢？

```
QPushButton:hover { color: gray }
QPushButton:enabled { color: black }
```

经过测试，发现程序仅执行了第 2 条规则，即 QPushButton 上的文字显示为黑色，如图 19-3 所示。

如果希望在启用按钮后，当将鼠标指针悬停在按钮上时文字是灰色的，则可以对以上规则进行重新排序，具体如下：

```
QPushButton:enabled { color: black }
QPushButton:hover { color: gray }
```

程序执行结果如图 19-4 所示。

图 19-3　黑色文字按钮

图 19-4　程序执行结果

之所以会出现如图 19-4 所示的结果，是因为对样式表而言，如果选择器类型具有相同的特异性，则最后设置的规则将覆盖之前的规则。笔者建议采用伪状态链的方式，或者将原先的规则改成以下形式，以更易于理解。

```
QPushButton:hover:enabled { color: gray }
QPushButton:enabled { color: black }
```

19.2.5　样式继承

在 CSS 中，如果未明确设置项的字体和颜色，则子元素会自动从父项继承这些样式。但是在使用 QSS 时，窗体控件不会自动从其父窗体控件继承字体和颜色设置。

假设，QGroupBox 作为父对象，其中包含两个按钮对象，现在仅对 QGroupBox 进行样式设置，代码如下：

```
groupBox = QGroupBox(self)
button1 = QPushButton('单击我', groupBox)
button2 = QPushButton('单击你', groupBox)
vbox = QVBoxLayout()
vbox.addWidget(button1)
vbox.addWidget(button2)
groupBox.setLayout(vbox)
groupBox.setTitle("按钮分组")
groupBox.setStyleSheet("QGroupBox { color: gray } ")
```

程序执行效果如图 19-5 所示。虽然 QGroupBox 是按钮的父对象，但只有"按钮分组"4 个字显示为灰色，而按钮上的文字仍采用系统默认的颜色。如果想对 QGroupBox 及其子对象设置颜色，则可以这样改写 QSS：

```
groupBox.setStyleSheet("QGroupBox, QGroupBox * { color: gray }")
```

QGroupBox 上的样式表会强制 QGroupBox（及其子类）使用灰色文本，这样所有文字会显示为灰色，程序执行效果如图 19-6 所示。

图 19-5　程序执行效果 1

图 19-6　程序执行效果 2

19.2.6 在 Qt 设计师中设计样式

在 Qt 设计师中设计样式非常简单，只需在待设计样式的控件上单击鼠标右键，在弹出的右键菜单中选择"改变样式表..."命令，如图 19-7 所示。

在弹出的"编辑样式表"对话框（见图 19-8）中填写需要的样式代码。

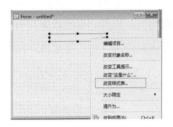

图 19-7　"改变样式表..."命令

图 19-8　"编辑样式表"对话框

> 📁提示　"编辑样式表"对话框会对样式表进行校对，样式表必须是"有效样式表"（对话框会在左下角给出提示）。

19.3　利用 QSS 自定义 PyQt 控件

QSS 在布局设计中运用了"盒子模型"的概念。在 PyQt 中，可以通过 QSS 来定义控件的样式。

> 📁提示　盒子模型是一种在 Web 开发中广泛使用的布局方法。在 QSS 中，每个控件都被视为一个盒子，由内容、填充、边框和外边距组成。通过调整这些属性，可以精确地控制控件的大小和位置。

19.3.1 盒子模型

在 CSS 中，盒子模型是用于描述网页元素尺寸和布局的模型。每个网页元素（如图像、块级元素等）都可以被视为一个矩形"盒子"。

1. 盒子模型的基本概念

图 19-9　盒子模型

在 QSS 中，也有盒子模型的概念。在使用 QSS 时，每个控件都被视为一个包含 4 个同心矩形的盒子：边距矩形（MARGIN）、边框矩形（BORDER）、填充矩形（PADDING）和内容矩形（CONTENT），如图 19-9 所示。

在默认情况下，边距、边框宽度和填充属性的值都为零，因此 4 个矩形（边距矩形、边框矩形、填充矩形和内容矩形）的尺寸完全相同。

2. 使用盒子模型指定背景图像

使用 background-image 属性可以为窗体控件指定背景图像，示例代码如下：

```
class Example(QMainWindow):
    def __init__(self):
        super().__init__()
        self.resize(400, 300)
        self.setWindowTitle('QSS 举例')
        self.setStyleSheet("background-image: url('background.png');")
```

程序执行效果如图 19-10 所示。

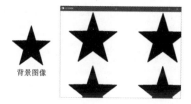

图 19-10　程序执行效果 1

在默认情况下，background-image 属性仅用于在边框内区域绘制背景图像。如果需要更改此设置，则可以使用 background-clip 属性，示例代码如下：

```
QPushButton {
    background-color: lightblue;
    background-image: url("button-background.png");
    background-clip: padding-box;
    border: 2px solid darkblue;
}
```

💡 提示　背景图像不会根据窗体控件的尺寸而缩放。从图 19-10 可以看出，背景图像是重复出现的。

若要使"外观"或背景随着窗体控件尺寸进行缩放，则必须使用边框图像，即通过指定 border-image 属性来实现，示例代码如下：

```
self.setStyleSheet("border-image: url('background.png');")
```

程序执行效果如图 19-11 所示。由图 19-11 可知，图像已经可以缩放。

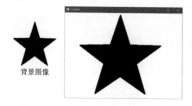

图 19-11　程序执行效果 2

19.3.2 QSS 支持的控件类型

QSS 支持的控件类型共包含 43 种。读者可以根据需要查找某个控件类型 QSS 的使用方法，下面仅列举常用的控件类型。

- 按钮类控件：QPushButton、QRadioButton、QCheckBox、QToolButton、QDialogButtonBox。
- 项目类控件：QListWidget、QTreeWidget、QTableWidget、QListView、QTreeView、QTableView。
- 可容纳控件：QWidget、QDialog、QFrame、QGroupBox、QTabWidget、QDockWidget、QToolBar、QToolBox。
- 输入控件：QDateEdit、QDateTimeEdit、QDoubleSpinBox、QSlider、QSpinBox、QTextEdit、QTimeEdit、QLineEdit、QComboBox。
- 可显示控件：QToolTip、QLabel、QProgressBar。

19.3.3 QSS 支持的控件属性

QSS 支持的控件属性多达 97 种，本书配套资料中仅列举了属于 PyQt 的属性。

19.3.4 QSS 支持的子控件

QSS 支持的子控件包含 36 种。由于 QSS 支持的子控件数量过多，因此本书配套资料中仅列举了常见的几种。

19.4 【实战】QSS 应用——创建一个具有丰富外观的窗体

为了更好地展示不同控件在样式表下的外观，本节将一些典型的样式集中在一个例子中，以便读者理解。

19.4.1 程序功能

整个程序是使用 Eric 7 来构建的，界面由 Qt 设计师完成，基础界面如图 19-12 所示，包括菜单栏、菜单项、工具栏、选项卡控件、单选按钮、多选框、工具按钮、普通按钮、单行输入栏、标签、下拉列表和整数输入框、进度条、水平（垂直）滚动条、水平（垂直）滑块、文本输入控件、工具箱、列表控件、树形结构控件、表格控件和状态栏。

在使用 QSS 后，界面如图 19-13 所示。

由图 19-13 可知，在使用 QSS 后，外观有了较为明显的变化，变得更加绚丽多彩。

（a）"选项卡 1"选项卡中的控件　　　　　（b）"选项卡 2"选项卡中的控件

图 19-12　基础界面

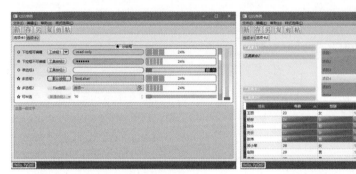

（a）"选项卡 1"选项卡中的控件　　　　　（b）"选项卡 2"选项卡中的控件

图 19-13　使用 QSS 后的界面

19.4.2　程序结构

因为程序是使用 Eric 7 来构建的，因此包含 UI 文件（qssDemo.ui）、资源文件（imgRes.qrc）、样式文件（style.qss）、编译成 Python 文件后的 UI 和资源文件（Ui_qssDemo.py 和 imgRes_rc.py），以及主程序文件 qssDemoFunction.py。

其中，需要使用 3.2.6 节中提到的资源编译工具将资源文件编译成 Python 文件。

19.4.3　程序实现

主程序文件 qssDemoFunction.py 中大约有 180 行代码，QSS 代码大约有 750 行。由于涉及的 QSS 代码较多，读者可以在本书配套的"PyQt6\chapter19\style.qss"中查看完整代码，这里仅展示主程序的核心代码。

【代码片段 1】

以下代码主要用于展示表格数据。在单击表格标题时，能够根据内容进行排序（会出现三角形图形），此时将按照年龄顺序由小到大地进行排序，如图 19-14 所示。

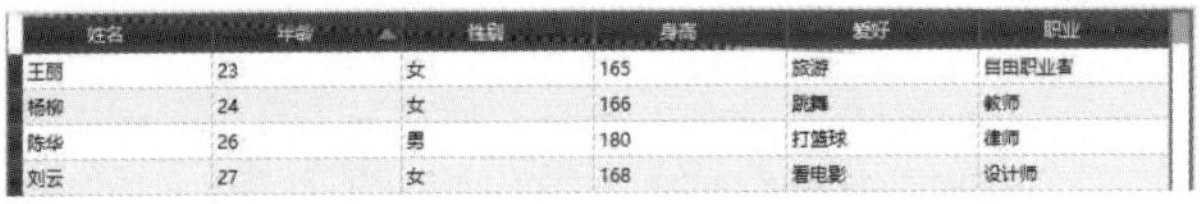

姓名	年龄	性别	身高	爱好	职业
王丽	23	女	165	旅游	自由职业者
杨柳	24	女	166	跳舞	教师
陈华	26	男	180	打篮球	律师
刘云	27	女	168	看电影	设计师

图 19-14　表格数据展示

```
class TableModel(QAbstractTableModel):
    def __init__(self, data):
        super().__init__()
        self._data = data                              # 存储表格数据

    def rowCount(self, parent=None):
        return len(self._data)                         # 返回表格的行数

    def columnCount(self, parent=None):
        return len(self._data[0])                      # 返回表格的列数

    def data(self, index, role):
        if role == Qt.ItemDataRole.DisplayRole: # 如果角色是显示角色
            return self._data[index.row()][index.column()]
            # 则返回对应单元格的数据
        return None

    def headerData(self, section, orientation, role=Qt.ItemDataRole.
DisplayRole):
        if role == Qt.ItemDataRole.DisplayRole and orientation == Qt.
Orientation.Horizontal:          # 如果角色是显示角色且方向是水平方向
            if section == 0:
                return "姓名"                          # 返回第 1 列的表头文本
            elif section == 1:
                return "年龄"                          # 返回第 2 列的表头文本
            elif section == 2:
                return "性别"                          # 返回第 3 列的表头文本
            elif section == 3:
                return "身高"                          # 返回第 4 列的表头文本
            elif section == 4:
                return "爱好"                          # 返回第 5 列的表头文本
            elif section == 5:
                return "职业"                          # 返回第 6 列的表头文本
        return None

class FunctionMainWindow(QMainWindow, Ui_MainWindow):
```

```python
    def __init__(self, parent=None):
        super().__init__(parent)
        self.setupUi(self)
        self.setWindowTitle("QSS 举例")
        self.tableView.verticalHeader().setDefaultSectionSize(22)
        # 默认行高为 22px
        self.tableView.setAlternatingRowColors(True)     # 交替行颜色
        self.tableView.horizontalHeader().setSectionResizeMode(QHeaderView.
ResizeMode.Stretch)                                      # 自动分配列宽

        data = [
            ["王丽", 23, "女", 165, "旅游", "自由职业者"],
            ......                                        # 省略表格数据
        ]
        self.proxy_model = QSortFilterProxyModel()
        self.proxy_model.setSourceModel(TableModel(data))
        self.tableView.setModel(self.proxy_model)
        self.tableView.setSortingEnabled(True)            # 开启排序功能
        self.tableView.sortByColumn(1, Qt.SortOrder.AscendingOrder)
        # 按照第 2 列进行升序排序
        # 创建一个 QSortFilterProxyModel 对象，用于对数据进行过滤和排序
        self.proxy_model = QSortFilterProxyModel()
        # 设置代理模型的数据源为 TableModel(data)，其中 data 是一个包含表格数据的列表
        self.proxy_model.setSourceModel(TableModel(data))
        self.tableView.setModel(self.proxy_model)
        self.tableView.setSortingEnabled(True)            # 启用表格视图的排序功能
        self.tableView.sortByColumn(1, Qt.SortOrder.AscendingOrder)  # 按照
第 2 列（索引为 1）进行升序排序
```

【代码片段 2】

以下程序用于实现树形结构控件，其中已省略数据填充、状态栏设置及按钮菜单设置代码。

```python
# 树形结构控件的数据模拟
self.treeModel = QStandardItemModel(self)
self.treeView.setModel(self.treeModel)
self.treeView.setColumnWidth(0, 50)                       # 列宽
self.treeModel.setHorizontalHeaderLabels(["项目"])        # 设置标题标签
self.root = self.treeModel.invisibleRootItem()            # 总的根节点
item1 = QStandardItem("节点 1")
# 省略节点 2、节点 3、节点 4 的代码
self.root.appendRows([item1, item2, item3, item4])
```

```
childItem1 = QStandardItem("子节点1")
# 省略子节点2、子节点3、子节点4的代码
item4.appendRows([childItem1, childItem2, childItem3, childItem4])
child2Item = QStandardItem("子节点5")
childItem4.appendRow(child2Item)
self.treeView.expandAll() # 默认展开节点
# 设置状态栏的标签
statusBarLabel = QLabel("Hello, PyQt6!")
self.statusBar.addWidget(statusBarLabel)
# 设置按钮菜单
menu = QMenu(self)
menu.addAction("菜单项1")
menu.addSeparator()
# 省略菜单项2、菜单项3的代码
self.pushButton_3.setMenu(menu)
```

【代码片段3】

以下代码用于实现是否加载样式的选择。

```
@pyqtSlot()
def on_action_2_triggered(self):
    """不加载样式"""
    self.setStyleSheet("")


@pyqtSlot()
def on_action_3_triggered(self):
    """加载自定义样式"""
    qssPath = f"{current_dir}\\style.qss"
    with codecs.open(qssPath, "r", "utf-8") as f:
        qssContent = f.read()
        self.setStyleSheet(qssContent)
```

19.4.4 QDarkStyleSheet

想让软件的外观更美观，除了熟练使用 QSS，还需要具有一定的审美眼光。对于普通人说，使用一些优秀的开源 QSS 样式更加实际。

目前，QDarkStyleSheet 的最新版本是 QDarkStyleSheet 3，它支持 PyQt 6 和 PySide 6，并且在 GitHub 上已经获得了 2600 多个星标（表示对该项目的认可程度和喜爱程度）。

QDarkStyleSheet 的使用方法非常简单。

首先，使用 pip 进行安装。

```
pip install qdarkstyle
```

然后，直接调用。具体到本节的例子中，可使用以下代码进行调用：

```
import qdarkstyle
@pyqtSlot()
def on_actionQDarkStyleSheet_2_triggered(self):
    """加载 QDarkStyleSheet 样式"""
    self.setStyleSheet(qdarkstyle.load_stylesheet_pyqt6())
```

程序执行效果如图 19-15 所示。

图 19-15　程序执行效果

第 20 章
PyQt 6 与数据库的联合使用

在信息系统中，将数据保存在数据库中是一种普遍的需求。本章将学习 PyQt 与数据库的结合使用，并对 12.3.4 节中的简单图书管理系统进行升级，将原先保存在文本文件中的数据迁移到数据库中，以实现通过数据库对图书数据进行处理和管理。

20.1 SQLite

本章应用系统连接的数据库是 SQLite。目前，SQLite 的最新版本是 SQLite 3.46.0（截至 2024 年 6 月）。为什么选择 SQLite 呢？因为它小巧、简单、免费且无须进行复杂配置，特别适合数据量不大，仅需在个人电脑上使用的软件。

20.1.1 安装 SQLite

1. 下载

进入 SQLite 官网，进入 DownLoad 页面，下载合适版本，这里下载的是 Windows 64 位版本的 SQLite 和相应的工具包。

在下载完后解压缩，可以看到其中包含 sqldiff.exe、sqlite3.def、sqlite3.dll、sqlite3.exe、sqlite3_analyzer.exe 这几个文件。将这些文件放到合适的目录下，如放到"C:\sqlite"目录下。

2. 添加环境变量

将 C":\sqlite"目录添加到操作系统的环境变量中，如图 20-1 所示。

图 20-1　将目录添加到环境变量中

3. 验证 SQLite

进入命令行，输入"sqlite3"命令，如果出现以下命令行提示，则表明已经完成配置，否则需要检查环境变量是否添加成功。

```
D:\>sqlite3
SQLite version 3.44.0 2023-11-01 11:23:50 (utf8 I/O)
Enter ".help" for usage hints.
Connected to a transient in-memory database.
Use ".open FILENAME" to reopen on a persistent database.
sqlite>
```

20.1.2　使用 SQLite 的命令行

这里简单介绍使用 SQLite 命令行的基本方法。

1. 创建数据库

在当前目录创建一个名为 test.db 的数据库，命令如下：

```
sqlite> .open test.db
```

如果这个数据库已经存在，则 SQLite 会将它打开，否则会创建一个新的数据库。

2. 创建表

使用 SQLite 创建一个学生表，其中包括学号、姓名和年龄，命令如下：

```
sqlite> create table student(
(x1...> stuid int primary key not null,
(x1...> name varchar,
(x1...> age int);
```

3. 插入数据

向学生表中插入 3 位学生的基本信息，命令如下：

```
sqlite> INSERT INTO student (stuid,name,age) VALUES(1,'xdbcb8',20);
sqlite> INSERT INTO student (stuid,name,age) VALUES(2,'xdbcb8_2',21);
sqlite> INSERT INTO student (stuid,name,age) VALUES(3,'xdbcb8_3',30);
```

4. 查找数据

查找所有学生数据，命令如下：

```
sqlite> select * from student;
1|xdbcb8|20
2|xdbcb8_2|21
3|xdbcb8_3|30
```

5. 删除数据

删除 stuid 为 2 的学生数据，命令如下：

```
sqlite> delete from student where stuid=2;
sqlite> select * from student;
1|xdbcb8|20
3|xdbcb8_3|30
```

20.1.3 使用 SQLite 的图形界面软件

使用命令行进行数据库的增加、删除、更新和查询操作相对烦琐，因此推荐使用数据库图形界面软件来进行操作。这里使用 SQLite Expert。该软件分为个人版和专业版，其中个人版是免费的，而专业版需要付费。通过使用该软件，可以轻松地实现数据库的增加、删除、更新和查询等操作，从而提高工作效率。

相较于 SQLite Expert 专业版，SQLite Expert 个人版不支持以下功能。

（1）修复已损坏的数据库。

（2）在线备份数据库。

（3）高级 SQL 编辑器，自动补全代码和语法突出显示功能。

（4）通过剪贴板（拖放操作）在表和数据库之间进行复制或粘贴。

（5）将数据导出为 Excel、XML、JSON、HTML、CSV、TSV、ADO 数据源、SQL 脚本、SQLite 数据库格式；从 ADO 数据源、SQL 脚本、SQLite、CSV、TSV 中导入数据。

（6）根据当前表上的可见字段生成 SELECT 语句、INSERT 语句、UPDATE 语句和 DELETE 语句等功能。

> 💬提示 从学习角度来看，SQLite Expert 个人版本完全可以满足需求。除了 SQLite Expert，还有 DB Browser for SQLite、SQLiteSpy 等工具。感兴趣的读者可以试用一下，从而选择最适合自己的工具。

1. 打开数据库

在下载并安装 SQLite Expert 个人版后，打开 20.1.2 节中创建的数据库 test.db，如图 20-2（a）所示。新建数据库同样通过"File"菜单完成操作。展示数据库如图 20-2（b）所示。

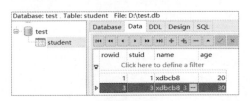

（a）打开数据库　　　　　　（b）展示数据库

图 20-2　打开和展示数据库

2. 新建表

在 SQLite Expert 个人版界面左侧数据库 test 上单击鼠标右键，在弹出的右键菜单中选择"New Table"命令，可以新建表，并对其进行设计。

3. 使用 SQL 语句

在 SQL 语句的执行区域中输入 SQL 语句后，单击"Execute SQL"按钮即可执行该语句，如图 20-3 所示。

以上是 SQLite Expert 的基本使用方法。数据库的基础操作都可以通过 SQLite Expert 个人版工具实现，使用较为方便。

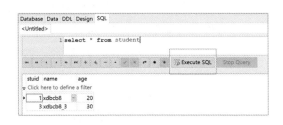

图 20-3　执行 SQL 语句

20.2　PyQt 6 与数据库的结合使用

一般来说，在 PyQt 中使用数据库有以下两种方式。

方式一：采用 Python 提供的库对数据库进行操作。

方式二：使用 PyQt 提供的类对数据库进行操作。

本章主要介绍使用 PyQt 提供的类对数据库进行操作。

20.2.1　QSqlDatabase 类——连接数据库

QSqlDatabase 类主要用于连接和访问数据库，位于 PyQt6.QtSql 模块中。

1. QSqlDatabase 类的基本使用方法

QSqlDatabase 类是用于连接访问数据库的接口。QSqlDatabase 类的一个实例表示一个数据库连接，一个数据库可以有多个连接。addDatabase(str, str) 方法可以创建一个连接，其中第 1 个参数表示要使用的驱动程序或驱动程序类型，第 2 个参数表示连接名称。

需要注意的是，在使用 QSqlDatabase 类创建一个 QSqlDatabase 连接时，需要使用可以识别的数据库驱动程序名称。当前支持的数据库驱动程序类型如表 20-1 所示。

表 20-1　当前支持的数据库驱动程序类型

驱动程序类型	数据库驱动程序名称	驱动程序类型	数据库驱动程序名称
QDB2	IBM DB2 驱动程序	QODBC	ODBC 驱动程序(包括 Microsoft SQL Server)
QIBASE	Borland InterBase 驱动程序	QPSQL	PostgreSQL 驱动程序

续表

驱动程序类型	数据库驱动程序名称	驱动程序类型	数据库驱动程序名称
QMYSQL	MySQL 驱动程序	QSQLITE	SQLite 3 及以上驱动程序
QOCI	Oracle Call Interface 驱动程序	QMIMER	Mimer SQL 11 或以上驱动程序

如果未指定连接名称，则会创建默认连接。

在创建完 QSqlDatabase 对象后，先使用 setDatabaseName()、setUserName()、setPassword()、setHostName()、setPort()和 setConnectOptions()方法设置连接参数，再使用 open()方法激活程序与数据库的连接。连接在被激活之前是不可用的。

如果已经创建多个数据库连接，则可以使用带有连接名称的 database()方法来获取该连接，或者使用带有连接名称的 removeDatabase()方法来删除连接。

2. 使用 QSqlDatabase 类连接 SQLite 数据库

SQLite 数据库的连接较为简单，下面是连接 SQLite 数据库的简单示例代码：

```
db = QSqlDatabase.addDatabase("QSQLITE")
dbPath = "./book.db" # 数据库的路径
db.setDatabaseName(self.dbPath)
ok = db.open()
```

只需指定数据库文件的路径即可。

3. 使用 QSqlDatabase 类连接 MySQL 数据库

连接 MySQL 数据库的方法较为复杂，这里提供两种思路：①使用相应的 MySQL 驱动程序进行连接，②使用 ODBC（Open Database Connectivity，开放数据库连接）的方式进行连接。

（1）使用 MySQL 驱动程序来连接 MySQL 数据库。

下面是连接 MySQL 数据库的简单示例代码：

```
db = QSqlDatabase.addDatabase("QMYSQL")
db.setHostName("127.0.0.1")
db.setPort(3306)
db.setDatabaseName("数据库名")      # 将原数据库名修改为自己的数据库名
db.setUserName("用户名")           # 将原用户名修改为自己的用户名
db.setPassword("密码")             # 将原密码修改为自己的密码
ok = db.open()
```

如果直接使用上面的代码来连接 MySQL 数据库，则大概率会提示以下错误：

```
QSqlDatabase: QMYSQL driver not loaded
```

提示这个错误的原因是在安装完 PyQt 6 后,没有包含 MySQL 驱动程序。在 C:\Python\Lib\site-packages\PyQt6\Qt6\plugins\sqldrivers 目录下只有 qsqlite.dll、qsqlodbc.dll、qsqlpsql.dll 这 3

个 dll 文件（C:\Python 为 Python 安装目录，下同）。

针对上面的问题，笔者从 GitHub 上找到了多种版本 MySQL 数据连接的驱动程序，读者可以尝试一下。

在安装完 MySQL 数据库（笔者测试的是 MySQL8.0.30 版本）后，需要将 C:\MySQL\MySQL Server 8.0\lib 目录下的 libmysql.dll（C:\MySQL 是 MySQL 的安装目录）复制到 C:\Python\Lib\site-packages\PyQt6\Qt6\bin 目录下（读者需要将 Python 安装目录更换为自己的，下同）。

将从 GitHub 上下载的 MySQL 对应版本驱动程序文件中的 qsqlmysql.dll 和 qsqlmysqld.dll 复制到\PyQt6\Qt6\plugins\sqldrivers 目录下，这样才能使用驱动程序方式连接 MySQL 数据库。

> 📢提示　PyQt 6 的子版本和驱动程序的版本要保持一致，如本书使用的是 PyQt 6.4.3 版本，那么 MySQL 驱动程序也要是 6.4.3 版本的（软件的位数也要保持一致）。
>
> GitHub 上提供了 Windows 和 Linux 两个版本，其中 Windows 版本分为由 MinGw 和 MSVC2019 两种不同编译方式产生的驱动程序。经过测试，MSVC2019 驱动程序可以成功连接 MySQL 数据库。

为了便于读者进行测试，笔者将该 GitHub 的项目地址放到了本书配套资料的 TOOLS 目录中。

（2）使用 ODBC 的方式来连接 MySQL 数据库。

首先，确保在安装 MySQL 时，同时安装了 ODBC，如图 20-4 所示。

在安装完后，在操作系统（Windows 10）的搜索栏中输入 ODBC，找到 ODBC 数据源，如图 20-5 所示。

图 20-4　MySQL 的 ODBC 安装

图 20-5　ODBC 数据源

其次，创建新的数据源，如图 20-6 所示。

> 📢提示　MySQL 的 ODBC 驱动程序提供了 ANSI 和 Unicode 两种选项。
>
> ANSI 驱动程序可以处理英文字符集。对于非英文字符的处理，ANSI 驱动程序可能会出现乱码等情况。在性能方面，ANSI 驱动程序的表现稍微优于其他驱动程序，但差异并不明显。
>
> Unicode 驱动程序支持几乎所有字符集的字符。对于需要处理非英文字符的应用程序，使用 Unicode 驱动程序是更好的选择。

再次，添加数据库信息，并单击"Test"按钮进行测试，确保配置正确，如图 20-7 所示。注意：需要记住在"Data Source Name"输入栏中填写的内容。

图 20-6　创建新的数据源

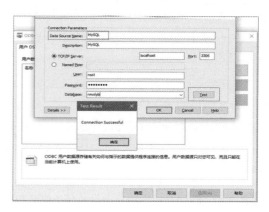

图 20-7　添加数据库信息

最后，使用代码进行连接，示例代码如下：

```
db = QSqlDatabase.addDatabase("QODBC")
db.setHostName("127.0.0.1")
db.setPort(3306)
db.setDatabaseName("MySQL")        # "Data Source Name" 输入栏中的内容：MySQL
db.setUserName("用户名")            # 将原用户名修改为自己的用户名
db.setPassword("密码")              # 将原密码修改为自己的密码
ok = db.open()
```

从上面代码可以看出，addDatabase()方法中的参数已经发生变化了。

4. QSqlDatabase 类的常用方法

QSqlDatabase 类的常用方法详见本书配套资料。

20.2.2　QSqlQuery 类——数据库执行

在使用 QSqlDatabase 类连接数据库后，接下来使用 QSqlQuery 类执行和操作 SQL 语句。QSqlQuery 类位于 PyQt6.QtSql 模块。

1. QSqlQuery 类的基本使用方法

QSqlQuery 类中封装了在 QSqlDatabase 类上执行的 SQL 查询所涉及的创建、导航和检索数据功能。它既可以用于执行数据操作语言语句，如 SELECT、INSERT、UPDATE 和 DELETE，也可以执行数据定义语言语句，如 CREATE TABLE 等。

（1）使用 QSqlQuery 对象执行查询语句。

QSqlQuery 对象在成功执行一个 SQL 语句后，会变为"活动"状态。此时，如果调用 isActive()方法，则它会返回 True。在进行"活动查询"时，需要确保其定位到了一个"有效记录"，这时 isValid()

方法会返回 True。只有在这种情况下，才能从查询中检索数据。对于某些数据库系统，如果尝试在一个活动的 SELECT 查询上调用 commit()或 rollback()方法，则操作会失败。这可能是因为 SELECT 查询不应该改变数据库的状态，因此尝试提交或回滚这样的查询是没有意义的。

　　QSqlQuery 类提供了多种方法用于数据检索，如 next()方法（用于在记录可用的情况下检索结果中的下一条记录。一旦检索结果是有效记录，则可以使用 value()方法检索数据。示例代码如下：

```
query = QSqlQuery("SELECT country FROM countries")
while query.next():
    country = query.value(0)
    doSomething(country)
```

　　在执行以上代码后，会从 countries 表中查找 country 的集合。要访问查询返回的数据，可以使用 value(int)方法来实现。

> 提示　在 SELECT 语句返回的数据中，每个字段都可以通过传递其在语句中的位置来访问，位置从 0 开始计数。但是，使用 SELECT * From 查询可能导致返回的字段顺序是不确定的。

　　如果没有按照名称访问字段，则可以使用 record().indexOf()方法将字段名称转换为索引，示例代码如下：

```
query = QSqlQuery("SELECT * FROM countries")
fieldNo = query.record().indexOf("country")
while query.next():
    country = query.value(fieldNo)
    doSomething(country)
```

（2）使用 QSqlQuery 对象执行插入数据。

　　QSqlQuery 类除了支持通过 SQL 语句直接插入数据，还支持以参数值绑定的方式插入数据（并非所有 SQL 操作都支持绑定值）。下面介绍几种使用不同绑定值插入数据的方法。

① 使用命名占位符绑定命名值。

```
query = QSqlQuery()
query.prepare("INSERT INTO test (name, age) VALUES (:name, :age)")
query.bindValue(":name", "xdbcb8")
query.bindValue(":age", 10)
result = query.exec()
```

② 使用命名占位符绑定位置值。

```
query = QSqlQuery()
query.prepare("INSERT INTO test (name, age) VALUES (:name, :age)")
query.bindValue(0, "xdbcb8")
```

```
query.bindValue(1, 10)
result = query.exec()
```

③ 使用位置占位符绑定值方法一。

```
query = QSqlQuery()
query.prepare("INSERT INTO test (name, age) VALUES (?, ?)")
query.bindValue(0, "xdbcb8")
query.bindValue(1, 10)
result = query.exec()
```

④ 使用位置占位符绑定值方法二。

```
query = QSqlQuery()
query.prepare("INSERT INTO test (name, age) VALUES (?, ?)")
query.addBindValue("xdbcb8")
query.addBindValue(10)
result = query.exec()
```

⑤ 将值绑定存储过程。

以下代码调用名为 AsciiToInt() 的存储过程，这里使用 MySQL 8.0 作为数据库。

存储过程代码如下，其目的是将一个输入的字符（input_char）转换为对应的 ASCII 码值，并将该值存储到输出参数（output_int）中。

```
DELIMITER //
CREATE PROCEDURE AsciiToInt(IN input_char CHAR(1), OUT output_int INT)
BEGIN
    SET output_int = ASCII(input_char);
END //
DELIMITER ;
```

PyQt 6 代码如下：

```
query = QSqlQuery()
query.prepare("CALL AsciiToInt(:input_char, @output_int)")
query.bindValue(":input_char", "A")
query.exec()
# 重新执行一个查询来获取@output_int 的值
query.exec("SELECT @output_int")
while query.next():
    i = query.value(0)
    print(i)  # 最终的执行结果是 65
```

2. QSqlQuery 类的常用方法

QSqlQuery 类的常用方法详见本书配套资料。

20.3　【实战】简单图书管理系统 Plus 版

本节将对 12.3.4 节中的简单图书管理系统进行升级，将原先保存在文本文件中的数据迁移到数据库中。数据库使用 SQLite。

20.3.1　程序功能和结构

1. 程序功能

简单图书管理系统 Plus 版的功能与原来简单图书管理系统的功能类似，但是以下两个方面存在区别。

（1）在作者国籍（地区）和图书分类数据管理方面，原来采用修改完后统一保存的方法，现在采用修改数据的同时将数据保存到数据库中的方法，如图 20-8 所示。

（2）在搜索图书方面，在找到该图书后，原来采用高亮显示该图书的数据的方法，现在采用在表格中仅显示该图书的数据的方法，如图 20-9 所示；若搜索框为空，单击"搜索"按钮后会显示数据库中的所有图书数据。

图 20-8　作者国籍（地区）管理

图 20-9　搜索图书

2. 程序结构

与原系统相比，简单图书管理系统 Plus 版将新增一个 Python 文件（dbmanagement.py）和一个数据库文件（book.db），其中 dbmanagement.py 主要用于实现对数据库的操作。

20.3.2　程序实现

由于大部分代码和原系统相同，为了节约篇幅，这里仅展示与数据库相关的代码，完整程序位于本书配套资料的"PyQt6\chapter20"中。

（1）dbmanagement.py 主要负责数据库的管理，涉及连接、关闭数据库，执行基本的数据库语句，查询及插入图书数据。

【代码片段】

```
current_dir = os.path.dirname(os.path.abspath(__file__))  # 当前路径
```

```python
class DbManager:
    def __init__(self):
        self.connectDatabase()

    def connectDatabase(self):
        '''连接数据库'''
        self.db = QSqlDatabase.addDatabase("QSQLITE")
        self.dbPath = f"{current_dir}\\db\\book.db"  # 数据库的路径
        self.db.setDatabaseName(self.dbPath)
        isSuccess = self.db.open()
        if not isSuccess:
            QMessageBox.critical(None, "严重错误", "数据连接失败，无法使用程序，请
按取消键退出", QMessageBox.StandardButton.Cancel)
            print(self.db.lastError().text())
            sys.exit()

    def closeDB(self):
        '''关闭数据库'''
        self.db.close()

    def execute(self, sql):
        '''
        执行数据库的 SQL 语句
        sql 表示 SQL 语句
        '''
        query = QSqlQuery()
        result = query.exec(sql)
        if not result:
            return query.lastError().text()           # 出现错误

    def executeInsertBook(self, bookinfo):
        """
        插入图书数据
        bookinfo 表示图书字典信息·
        """
        query = QSqlQuery()
        query.prepare("INSERT INTO books (isbn, country, subtitle, author,
classification, publisher, pages, pubdate, price, summary, img) "
                "VALUES (?, ?, ?, ?, ?, ?, ?, ?, ?, ?, ?)")
        query.addBindValue(bookinfo["isbn"])
        query.addBindValue(bookinfo["country"])
```

```python
            …… # 省略类似代码
        result = query.exec()
        if not result:
            return query.lastError().text()

    def query(self, sql):
        '''
        查询所有非图书数据
        sql 表示 sql 语句
        '''
        result = []
        query = QSqlQuery(sql)
        while query.next():
            result.append(query.value(0))
        return result

    def queryBook(self, sql):
        '''
        查询所有图书数据
        sql 表示 sql 语句
        '''
        result = []
        query = QSqlQuery(sql)
        while query.next():
            country = query.value(0)
            isbn = query.value(1)
            subtitle = query.value(2)
            …… # 省略类似代码
            book = {"country" : country, "isbn" : isbn, "subtitle" :
subtitle, "author" : author, "classification" : classificationName,
                    "publisher" : publisher, "pages" : pages, "pubdate" :
pubdate, "price" : price, "summary" : summary, "img" : img}
            result.append(book)
        return result
```

（2）datamanagement.py 主要负责作者国籍（地区）、图书分类、图书数据的具体管理，涉及具体的 SQL 语句。在这个 Python 文件中，很多方法的名称与原系统的方法名称相同，但是在具体的实现上存在较大差异。

【代码片段】

```python
from dbmanagement import DbManager
dataBase = DbManager() # 连接数据库并进行初始化
```

```python
class CountryManagement:
    """作者国籍（地区）操作类"""
    def insert_country_db(self, country):
        """添加作者国籍（地区）信息"""
        sql = f"INSERT INTO countries(countryName) VALUES('{country}')"
        issuccess = dataBase.execute(sql)
        if issuccess:       # 若数据库操作失败，则返回-1，下同
            return -1

    def del_country_db(self, country):
        """删除作者国籍（地区）信息"""
        sql = f"DELETE FROM countries WHERE countryName = '{country}'"
        issuccess = dataBase.execute(sql)
        if issuccess:
            return -1

    def modify_country_db(self, old, new):
        """
        修改作者国籍（地区）信息
        old 表示原有的国籍（地区）名称
        new 表示新的国籍（地区）名称
        """
        sql = f"UPDATE countries SET countryName = '{new}' WHERE
countryName = '{old}'"
        issuccess = dataBase.execute(sql)
        if issuccess:
            return -1

    def loadCountry(self):
        """载入作者国籍（地区）数据"""
        sql = "SELECT countryName FROM countries"
        countryList = dataBase.query(sql)
        return countryList

class ClassificationManagement:
    """图书分类操作类"""
    ......                              # 大部分方法与作者国籍（地区）操作类相似，这里省略相关代码

class BookManagement:
    """图书管理操作类"""
```

```python
    def insert_book_db(self, bookinfo):
        """
        添加一条图书记录
        bookinfo 表示一本图书的字典信息
        """
        issuccess = dataBase.executeInsertBook(bookinfo)
        if issuccess:
            return -1

    def del_book_db(self, isbn):
        """
        删除图书
        isbn 表示 isbn 编号
        """
        sql = f"DELETE FROM books WHERE isbn = '{isbn}'"
        issuccess = dataBase.execute(sql)
        if issuccess:
            return -1

    def save_book_db(self, bookinfo):
        """
        保存修改后的图书档案
        bookinfo 表示一本图书的字典信息
        """
        isbn = bookinfo["isbn"]
        country = bookinfo["country"]
        …… # 省略图书的其他信息
        sql = f"UPDATE books SET country = '{country}', subtitle =
'{subtitle}', author = '{author}', classification = '{classification}', \
            publisher = '{publisher}', pages = {pages}, pubdate =
'{pubdate}', price = {price}, summary = '{summary}', img = '{img}' WHERE
isbn = '{isbn}'"
        result = dataBase.execute(sql)
        if result:
            return -1

    def query_book_db(self, isbn="", author="", subtitle=""):
        """查找某本图书"""
        if isbn:
            # 按照 ISBN 进行查找
            conditions = f"isbn LIKE '%{isbn}%'"
```

```python
        if author:
            # 按照作者进行查找
            conditions = f"author LIKE '%{author}%'"
        if subtitle:
            # 按照书名进行查找
            conditions = f"subtitle LIKE '%{subtitle}%'"
        sql = f"SELECT country, isbn, subtitle, author, classification,
publisher, pages, pubdate, price, summary, img FROM books WHERE {conditions}"
        booksList = dataBase.queryBook(sql)
        return booksList


    def loadBook(self):
        """载入全部图书数据"""
        sql = "SELECT country, isbn, subtitle, author, classification,
publisher, pages, pubdate, price, summary, img FROM books"
        booksList = dataBase.queryBook(sql)
        return booksList
```

第 21 章
自定义简单网页浏览器

PyQt 提供了丰富的 Web 访问和控制类，如 QWebEngineView 和 QWebEngineHistory 类等。通过这些类，开发者可以轻松地设计出相关的 Web 程序。

21.1 PyQt6-WebEngine

PyQt6-WebEngine 是 Qt 公司 Qt WebEngine 在 Python 环境下的运行库，适用于 PyQt 6。

21.1.1 PyQt6-WebEngine 的安装

PyQt6-WebEngine 需要单独使用 pip 来安装，代码如下：

```
pip install PyQt6-WebEngine
```

如果使用商用 PyQt6-WebEngine，则需要遵守 GNU GPL v3 和 Riverbank 的商业许可证。

> **提示** PyQt6-WebEngine 的版本号需要和 PyQt 的版本号保持一致。

21.1.2 PyQt6-WebEngine 的简介

PyQt6-WebEngine 提供了一个 Web 浏览器引擎（基于 Chromium 内核），可以将 Web 内容嵌入 PyQt 的应用程序。

1. 主要组成

PyQt6-WebEngine 主要由 3 个部分组成：控件模块、基于 Qt Quick 的网络应用程序模块（不在本章的介绍范围）、核心模块。

2. 控件模块

控件模块的核心是 QWebEngineView 类（视图类），其结构如图 21-1 所示。

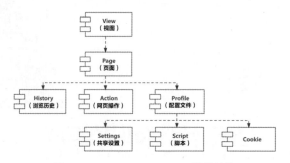

图 21-1　QWebEngineView 类的结构

视图中的页面包含浏览历史、网页操作和配置文件，而配置文件包含网页的共享设置、脚本和Cookie。

3. 核心模块

核心模块也被称为 QtWebEngineCore，用于处理由 Chromium 网络堆栈发出的 URL 请求，并访问其 HTTP Cookie。Chromium 提供了自己的网络和绘制引擎，并与其相关模块紧密地开发在一起。

> 📌提示　PyQt6-WebEngine 本身是一个基于 Chromium 项目的 Web 浏览器引擎库。然而，PyQt6-WebEngine 并不包含或使用由 Google 构建和交付 Chrome 浏览器的服务或插件。

QtWebEngineCore 所包含的核心类详见本书配套资料。

21.2　自定义简单网页浏览器涉及的常用类

PyQt6-WebEngine 涉及的功能非常多，由于篇幅有限，这里无法全部介绍，仅重点介绍本章实战部分涉及的类。

21.2.1　QWebEngineView 类

QWebEngineView 类提供了一个用于查看和编辑 Web 文档的控件，位于 PyQt6.QtWebEngineWidgets 模块，继承自 QWidget 类中。

1. QWebEngineView 类的基本使用方法

QWebEngineView 类的 load()方法可以将网站加载到 Web 视图中。setUrl()方法也可以用于加载网站，并且允许使用空 URL，即显示空白网页（URL 为 about:blank）。如果已经有现成的HTML 内容，则可以使用 setHtml()方法进行呈现。

loadStarted 信号在视图开始加载时发出，loadProgress 信号在 Web 视图的元素完成加载时发出，而 loadFinished 信号在视图完全加载完成时发出。

page()方法用于返回一个指向网页的对象。QWebEngineView 类包含一个 QWebEnginePage 对象，通过这个对象可以访问页面上下文中的 QWebEngineHistory 对象。

HTML 文档的标题可以通过 title()方法来获取。此外，网站附带的图标可以通过 icon()方法进行访问，也可以通过 iconUrl()方法访问图标的 URL。如果标题或图标发生了变化，则会发出相应的 titleChanged、iconChanged 和 iconUrlChanged 信号。setZoomFactor()方法可以按比例缩放网页内容。如果允许用户打开新的网页窗体，则必须继承 QWebEngineView 类并重新实现 createWindow()方法。

2. QWebEngineView 类的常用方法

QWebEngineView 类的方法较多，常用方法详见本书配套资料。

3. QWebEngineView 类的常用信号

QWebEngineView 类的信号较多，这里仅列举常用的信号。

- loadFinished(bool)：当页面加载完成时，会发出此信号，参数用于指示加载是否成功。
- loadProgress(int)：每当 Web 视图中的元素完成加载时，就会发出此信号，参数范围为 0 ~ 100，恰好是 QProgressBar 类的默认范围。
- loadStarted()：当开始加载页面时，会发出此信号。
- titleChanged(Optional[str])：每当视图的标题改变时，就会发出此信号，参数为标题。
- urlChanged(QUrl)：当视图的 URL 发生变化时，会发出此信号，参数为新浏览的 URL。
- iconChanged(QIcon)：当与视图关联的图标发生更改时，会发出此信号，参数为新的图标。
- iconUrlChanged(QUrl)：当与视图关联的图标 URL 发生更改时，会发出此信号，参数为新的图标 URL。

21.2.2　QWebEnginePage 类

QWebEnginePage 类提供了一个用于查看和编辑 Web 文档的对象，位于 PyQt6. QtWebEngineCore 模块中。

1. QWebEnginePage 类的基本使用方法

QWebEnginePage 类是 QWebEngineView 类的核心组件，负责加载和渲染 Web 内容。它包含一个用于处理 Web 页面加载和渲染的引擎，以及管理 JavaScript 执行和事件处理的机制。QWebEnginePage 类包含 HTML 文档的内容、网页浏览历史记录和操作，它的很多方法都与 QWebEngineView 类非常相似，如使用 load()方法或 setUrl()方法来加载页面等。

QWebEnginePage 类使用多进程架构来实现 Web 内容的加载和渲染，每个 QWebEnginePage 类都由一个专用的进程来管理。这种设计可以有效地隔离 Web 内容和应用程序的其他部分，防止潜在的安全问题。因此它们可以并行运行，不会互相阻塞。

使用 runJavaScript() 方法可以在网页上执行脚本，但是需要小心防止安全漏洞和注入攻击。示例代码如下：

```python
def handle_result(result):
    print("Result:", result)


app = QApplication([])
view = QWebEngineView()
page = view.page()
script = """function add(num1, num2) {
  return num1 + num2;
}
var result = add(1,2);
result;
"""
page.runJavaScript(script, handle_result)
sys.exit(app.exec())
```

程序执行后，回调函数 handle_result() 会得到 JavaScript 代码的执行结果 3，最终输出结果为：

```
Result: 3
```

2. QWebEnginePage 类的常用方法

QWebEnginePage 类中包含丰富的属性设置枚举值和自带的方法。

（1）枚举值。

① 操作枚举值。

QWebEnginePage 类中包含一种枚举值，它定义了网页中可以进行的操作（WebAction），如复制、粘贴等。这些操作只有在适用时才会生效。通过 action(WebAction) 方法可以返回操作的 isEnabled() 方法的返回值，以确定其是否可用，示例代码如下：

```
QWebEnginePage.action(QWebEnginePage.WebAction.Back).isEnabled()
# 查看后退操作是否可用
```

QWebEnginePage 类共提供了 48 种可以在网页中操作的方法，表 21-3 列举了常见操作方法的枚举值。

表 21-1　QWebEnginePage 类的常见操作方法枚举值

枚举值	描述
QWebEnginePage.WebAction.Back	后退
QWebEnginePage.WebAction.Copy	将当前选中的内容复制到剪贴板中
QWebEnginePage.WebAction.Cut	将当前选中的内容剪切到剪贴板中
QWebEnginePage.WebAction.Forward	向前

续表

枚举值	描述
QWebEnginePage.WebAction.Paste	从剪贴板中粘贴内容
QWebEnginePage.WebAction.Redo	重做上次编辑操作
QWebEnginePage.WebAction.Reload	重新加载当前页面
QWebEnginePage.WebAction.SelectAll	选择所有内容
QWebEnginePage.WebAction.Stop	停止加载当前页面
QWebEnginePage.WebAction.Undo	撤销上次编辑操作
QWebEnginePage.WebAction.Unselect	清除当前选区
QWebEnginePage.WebAction.ViewSource	在新标签中显示当前页面的源代码

② 新建窗体枚举值。

窗体枚举值描述了 createWindow() 方法可以创建的窗体类型，如表 21-2 所示。

表 21-2　窗体类型

枚举值	描述
QWebEnginePage.WebWindowType.WebBrowserBackgroundTab	一个不隐藏当前可见 WebEngineView 的 Web 浏览器选项卡
QWebEnginePage.WebWindowType.WebBrowserTab	Web 浏览器选项卡
QWebEnginePage.WebWindowType.WebBrowserWindow	一个完整的 Web 浏览器窗体
QWebEnginePage.WebWindowType.WebDialog	一个没有标题栏、边框等标准窗体元素的窗体

（2）QWebEnginePage 类的方法。

QWebEnginePage 类的常用方法详见本书配套资料。其中，一些方法与 QWebEngineView 类中的方法相同，如 findText()、history()、icon()、iconUrl()、load()、settings()、setUrl()、setZoomFactor()、title()、url() 等。

3. QWebEnginePage 类的常用信号

QWebEngineView 类中的信号也可以在 QWebEnginePage 类中使用，其他常用信号如下。

- findTextFinished(QWebEngineFindTextResult)：当页面上的搜索字符串搜索完成时，会发出此信号，参数为字符串搜索的结果。
- linkHovered(Optional[str])：当鼠标指针悬停在 URL 链接上时，会发出此信号，参数为链接的目标 URL。
- selectionChanged()：每当选择发生变化时，无论是通过交互方式还是编程方式，就会发出此信号。
- windowCloseRequested()：每当页面请求关闭 Web 浏览器窗体时，就会发出此信号。例如，当通过 JavaScript 的 window.close()方法请求关闭 Web 浏览器时，会发出此信号。

21.2.3 QWebEngineDownloadRequest 类

QWebEngineDownloadRequest 类提供了下载信息，位于 PyQt6.QtWebEngineCore 模块中。

1. QWebEngineDownloadRequest 类的基本使用方法

QWebEngineDownloadRequest 类的生命周期从挂起的下载请求开始，到完成下载结束。QWebEngineDownloadRequest 对象可用于获取新下载的信息，监控下载进度，以及暂停、恢复和取消下载操作。

下载通常由 Web 页面上的用户触发。WebEngineProfile 负责通知应用程序存在新的下载请求。它会通过新创建的 QWebEngineDownloadRequest 类来发出 downloadRequested 信号。应用程序可以检查这个请求并决定是否接受它。信号处理程序必须显式调用下载请求对象上的 accept()方法，这样 PyQt6-WebEngine 才会真正开始下载并将数据写入磁盘。如果没有调用 accept()方法，则下载请求会被自动拒绝，不会有任何内容写入磁盘。

> 📌 提示　部分设置，如设置保存文件（调用 setDownloadDirectory()方法）的路径和文件名（调用 setDownloadFileName()方法），只能在调用 accept()方法之前进行。

除了基本的文件下载功能，PyQt6-WebEngine 还具备保存完整网页的功能。这项功能涉及对页面 HTML 的解析，下载所有相关资源，并将所有内容整合为一种特殊文件格式（通过调用 savePageFormat()方法来实现）。为了确定下载的内容是文件还是网页，可以使用 isSavePageDownload()方法进行判断。

2. QWebEngineDownloadRequest 类的常用方法

QWebEngineDownloadRequest 类包含丰富的属性设置枚举值和自带的方法。

（1）枚举值。

QWebEngineDownloadRequest 类中包含 3 种枚举值，分别是 DownloadInterruptReason（下载被中断的原因）、DownloadState（下载中的状态）和 SavePageFormat（保存网页的格式）。

- DownloadInterruptReason 提供了 24 种下载被中断的原因。常见的下载被中断的原因如表 21-3 所示。

表 21-3　常见的下载被中断的原因

枚举值	描述
QWebEngineDownloadRequest.DownloadInterruptReason.FileNameTooLong	目录或文件名太长
QWebEngineDownloadRequest.DownloadInterruptReason.FileNoSpace	目标驱动器空间不足
QWebEngineDownloadRequest.DownloadInterruptReason.NetworkDisconnected	网络连接已经终止

续表

枚举值	描述
QWebEngineDownloadRequest.DownloadInterruptReason.NetworkFailed	一般网络故障
QWebEngineDownloadRequest.DownloadInterruptReason.NetworkServerDown	服务器宕机
QWebEngineDownloadRequest.DownloadInterruptReason.NetworkTimeout	网络操作超时
QWebEngineDownloadRequest.DownloadInterruptReason.NoReason	未知原因或未中断
QWebEngineDownloadRequest.DownloadInterruptReason.ServerBadContent	服务器没有请求的数据

- DownloadState 提供了 5 种下载状态，如表 21-4 所示。

表 21-4　下载状态

枚举值	描述
QWebEngineDownloadRequest.DownloadState.DownloadCancelled	下载已取消
QWebEngineDownloadRequest.DownloadState.DownloadCompleted	下载成功
QWebEngineDownloadRequest.DownloadState.DownloadInProgress	正在下载中
QWebEngineDownloadRequest.DownloadState.DownloadInterrupted	下载已中断（因服务器或失去连接而引起的）
QWebEngineDownloadRequest.DownloadState.DownloadRequested	已请求下载，但尚未被接受

- SavePageFormat 描述了保存网页的格式，如表 21-5 所示。

表 21-5　保存网页的格式

枚举值	描述
QWebEngineDownloadRequest.SavePageFormat.UnknownSaveFormat	这不是请求下载完整的网页
QWebEngineDownloadRequest.SavePageFormat.singleHtmlSaveFormat	仅另存为单个 HTML 页面，不保存图像等资源
QWebEngineDownloadRequest.SavePageFormat.CompleteHtmlSaveFormat	保存为完整的 HTML 页面，如包含单个 HTML 页面和资源的目录
QWebEngineDownloadRequest.SavePageFormat.MimeHtmlSaveFormat	保存为 MIME HTML 格式的完整网页

（2）QWebEngineDownloadRequest 类的常用方法详见本书配套资料。

3. QWebEngineDownloadRequest 类的常用信号

- interruptReasonChanged()：如果下载被中断，则会触发此信号。
- isFinishedChanged()：当下载完成（无论是成功还是失败）时，会触发此信号。
- isPausedChanged()：当下载被暂停或恢复时，会触发此信号。
- receivedBytesChanged()：在下载过程中，随着数据的接收，会定期触发此信号。

- stateChanged(DownloadState)：当下载状态发生变化时（如从初始化到下载中，或者从下载中到完成），会触发此信号，DownloadState 参数用于指示新的状态。
- totalBytesChanged()：在开始下载之前或下载过程中，如果总字节数发生变化，则会触发此信号。

21.3 【实战】自定义简单网页浏览器

21.3.1 程序功能

自定义简单浏览器主要可以实现以下 4 个功能。

（1）多网页浏览：可以打开多个标签来浏览网页，每个网页互不干扰，如图 21-2 所示。

（2）收藏网址：用户可以将自己喜爱的网址添加到工具栏上，如图 21-3 所示。

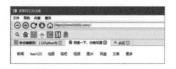

图 21-2　多网页浏览

图 21-3　收藏网址

（3）下载文件：用户可以下载文件。这里使用百度网盘的 Windows 软件包进行下载测试，如图 21-4 所示。

图 21-4　下载文件

（4）其他小功能：包括页面的前进、后退、刷新、停止、访问主页、缩放页面、快捷输入网址、多种关闭标签方式。多种关闭标签方式如图 21-5 所示。

图 21-5　多种关闭标签方式

21.3.2 程序结构

整个程序使用 Eric 7 来构建项目，使用 Qt 设计师进行主界面设计（main.ui），其中包含一个资源文件（img.qrc）和一个编译后的资源文件（img_rc.py）。

　　程序的主要功能是使用 5 个 Python 文件来实现的，分别是 webview.py、downLoadDialog.py、bookmark.py、webPageTab.py 和 mainFunction.py，具体如下。

- webview.py：继承自 QWebEngineView 类，主要用于调整页面大小和重写 createWindow() 方法。
- downLoadDialog.py：自定义下载文件的对话框。
- bookmark.py：主要用于实现收藏网址功能。
- webPageTab.py：自定义 QTabWidget 类，主要用于展示网页。
- mainFunction.py：主程序。

　　Python 文件之间的关系如图 21-6 所示，其中只有在单击"开始下载"按钮时才会执行 downLoadDialog.py 文件中的程序，因此图 21-6 中未标注此文件。完整程序位于本书配套资料的 PyQt6\chapter21 中。

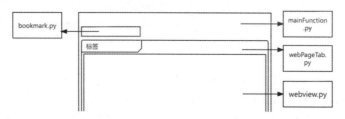

图 21-6　Python 文件之间的关系

21.3.3　程序实现

1．webview.py

　　webview.py 中包含自定义的 WebView 类，它继承自 QWebEngineView 类。QWebEngineView 类的某些设置不是默认启用的。这里为了提供更好的网页浏览体验，将启用两个服务：Flash 播放器支持和浏览速度加快。然而，遗憾的是，很多在线视频不支持播放。

【代码片段】

```
class WebView(QWebEngineView):
    def __init__(self, tabWidget):
        super().__init__()
        self.tabWidget = tabWidget
        self.zoom = 1.0                              # 缩放因子
        setting = self.page().profile().settings()   # 浏览器设置
        setting.setAttribute(QWebEngineSettings.WebAttribute.
PluginsEnabled, True)# 可以支持 Flash 播放器，默认关闭
        setting.setAttribute(QWebEngineSettings.WebAttribute.
```

```
DnsPrefetchEnabled, True)"""""指定 WebEngine 是否会尝试预取 DNS 条目，以加快浏览速度，在
默认情况下是关闭的"""

    def getZoom(self):
        """返回缩放因子"""
        return self.zoom


    def setZoom(self, p):
        """设置缩放因子"""
        self.zoom = p


    def createWindow(self, WebWindowType):
        '''新页面'''
        if (WebWindowType == QWebEnginePage.WebWindowType.WebBrowserTab or
        WebWindowType==QWebEnginePage.WebWindowType.WebBrowserBackgroundTab):
                return self.tabWidget.addnewTab()
                # 返回新增加的 QWebEngineView 对象
```

2. downLoadDialog.py

在 downLoadDialog.py 中包含自定义的 DownLoadDialog 类，它继承自 QDialog 类。当下载信号出现并且被接收时，会弹出 DownLoadDialog 下载对话框。因为下载文件的大小是不固定的，所以使用 UnitConversion()方法对文件的大小进行转换，默认单位为字节。同时，创建 downloadStart 信号。当用户单击"开始下载"按钮后，会发出此信号，其参数为下载对象、下载路径和文件名称。

为了确定下载目录，这里提供 3 个快捷选择，即桌面、我的文档和下载，默认选项为桌面。由于每个人使用的操作系统可能不同，这里使用 QStandardPaths 类的枚举值来确定下载目录。该类会根据操作系统自动选择适当的路径，更加方便。由于枚举值较多，加上篇幅有限，因此这里不展示具体数值。

【代码片段】

```
    def pathChoice(self, text):
        """
        选择下载路径
        text 表示项目文本
        """
        if text == "桌面":
            self.path = QStandardPaths.writableLocation(QStandardPaths.
StandardLocation.DesktopLocation)        # 桌面
        elif text == "我的文档":
            self.path = QStandardPaths.writableLocation(QStandardPaths.
StandardLocation.DocumentsLocation)      # 我的文档
```

```
        elif text == "下载":
            self.path =
                        QStandardPaths.writableLocation(QStandardPaths.
StandardLocation.DownloadLocation)    # 下载
        elif text == "清除其他目录...":
            self.downLoadBox.clear()
            self.downLoadBox.addItems(["桌面", "我的文档", "下载", "清除其他目
录..."])
            self.path =
                        QStandardPaths.writableLocation(QStandardPaths.
StandardLocation.DesktopLocation)       # 桌面
        else:
            self.path = self.downLoadBox.currentText()


    def getDownLoadPath(self):
        """自定义下载路径"""
        pathTuple = QFileDialog.getSaveFileName(self, "另存为...", f".
/{self.downLoadName}")
        if not pathTuple[0]:
            return
        self.path, self.downLoadName = os.path.split(pathTuple[0])
        # 获取路径和下载的文件名
        self.downLoadLine.setText(self.downLoadName) # 设置下载的文件名
        self.downLoadBox.insertItem(3, self.path) # 在下拉列表中插入下载目录
        self.downLoadBox.setCurrentText(self.path)
```

3. bookmark.py

　　该文件中的程序主要用于实现收藏网址，将其作为一个工具按钮保存在工具栏中。自定义简单网页浏览器包含两个工具栏，第一个用于访问网址，第二个用于收藏网址。

　　网址的收藏主要利用 JSON 文件保存对应的网址标题、URL 和图标（在有图标的情况下）路径来实现。其中，图标和 JSON 文件是通过将 QStandardPaths 类的枚举值放在特定目录中来实现的。例如，笔者将枚举值放在 C:\Users\Administrator\AppData\Local\python\webBrowser 目录，其中加粗部分的目录则是由 QStandardPaths 类枚举值来确定的。

【代码片段】

```
def dirSetting():
    """URL 收藏及 Web 图标保存的路径"""
    location=QStandardPaths.writableLocation(QStandardPaths.
StandardLocation.ConfigLocation)
    directory = f"{location}/webBrowser"
```

```python
    if not os.path.exists(directory):
        # 如果没有webBrowser目录，则新建一个
        os.makedirs(directory)
    return f"{location}/webBrowser"


def writeBookmarks(bookmarksList):
    """
    将URL收藏写入JSON文件
    bookmarksList表示收藏的URL列表
    """
    directory = dirSetting()
    with codecs.open(f"{directory}/bookmarks.json", 'w', "utf-8") as f:
        json.dump(bookmarksList, f, indent=4)


def readBookmarks():
    """从JSON文件中读取URL收藏列表"""
    directory = dirSetting()
    if os.path.exists(f"{directory}/bookmarks.json"):
        with codecs.open(f"{directory}/bookmarks.json", 'r', "utf-8") as f:
            bookmarksList = json.load(f)
            return bookmarksList
    bookmarksList = []  # 不存在bookmarks.json，说明收藏URL的列表为空
    return bookmarksList


def loadAction2Bar(toolbar):
    """
    将已经收藏的URL添加到浏览器的工具栏上
    toolbar表示工具栏对象
    """
    bookmarksList = readBookmarks()
    if bookmarksList:
        for actionList in bookmarksList:
            title = actionList[0]      # 标题
            URL = actionList[1]
            iconPath = actionList[2]  # 图标路径
            action = QAction(toolbar)
            action.setText(title)
            action.setToolTip(title)
            action.setIcon(QIcon(iconPath))
            action.setData(URL)
            toolbar.addAction(action)
```

```
def add2Bar(webURL, title, icon, toolbar):
    """
    将新的 URL 添加到工具栏上
    webURL 表示 URL 和 QURL 对象
    title 表示标题
    icon 表示图标
    toolbar 表示工具栏对象
    """
    URL = webURL.toString()
    action = QAction(toolbar)
    action.setText(title)
    action.setToolTip(title)
    action.setData(URL)
    if not icon.isNull():                               # 如果图标不为空
        action.setIcon(icon)
        iconSizes = icon.availableSizes() # 返回指定模式和状态的可用图标大小列表
        largestSize = iconSizes[len(iconSizes) - 1] # 选定最大的图标大小
        directory = dirSetting()
        icon_file_name = f"{directory}/icon{title[:5]}.png"
        icon.pixmap(largestSize).save(icon_file_name, "png") # 保存图标
        actionList = [title, URL, icon_file_name]
    else:
        actionList = [title, URL, None]
    toolbar.addAction(action)
    bookmarksList = readBookmarks()
    bookmarksList.append(actionList)
    writeBookmarks(bookmarksList)
```

4. webPageTab.py

该文件中的程序主要用于实现将整个网页浏览的控件添加到 BrowserTabWidget 类（自定义 QTabWidget 类）中。这个部分代码量较多，大约有 300 多行。由于限于篇幅有限，这里仅展示核心代码。

【代码片段 1】

首先定义 5 种信号。在出现这 5 种信号后，将触发相应的方法。

```
hoveredSignal = pyqtSignal(str) # 当将鼠标指针移动到网页 URL 上时产生的信号
currentViewUrlSignal = pyqtSignal(str)  # 当前浏览 URL 的信号
zoomStatusSignal = pyqtSignal(float)    # 浏览页面是否放大的信号
urlChangeSignal = pyqtSignal(str)       # 当前浏览 URL 发生变化时的信号
loadProgressSignal = pyqtSignal(int)    # 载入网页进度的信号
```

【代码片段 2】

在初始化方法中，对属性进行一些设置。

```python
def __init__(self, Parent=None):
    super().__init__(Parent)
    self.setDocumentMode(True)
    # 此属性用于确定选项卡窗体控件是否以适合文档页面的模式进行呈现
    # 在设置后，对于显示页面覆盖大部分选项卡区域的文档类型页面非常有用
    self.setMovable(True)        # 标签可以移动
    self.setTabsClosable(True)   # 标签可以关闭
    self.webviewsList = []       # 暂存网页浏览控件的列表
    self.currentChanged.connect(self.tabChange)
    self.tabCloseRequested.connect(self.closeTab)
    tab_bar = self.tabBar()
    tab_bar.setSelectionBehaviorOnRemove(QTabBar.SelectionBehavior.
SelectPreviousTab)
    # 在删除当前标签后，将上次选择的标签作为当前标签
    tab_bar.setContextMenuPolicy(Qt.ContextMenuPolicy.CustomContextMenu)
    tab_bar.customContextMenuRequested.connect(self.contextMenuTab)
    # 标签的右键菜单
```

【代码片段 3】

创建一个新的标签意味着创建一个新的 WebView 对象。

```python
def addnewTab(self):
    """新打开的网页"""
    newWebView = WebView(self)
    index = self.count()                            # 标签的数量
    self.webviewsList.append(newWebView)    # 将网页浏览控件添加到列表中
    title = f"新标签 {index + 1}"                   # 原始标题
    self.addTab(newWebView, title)          # 创建一个窗体，用于加载网页
    self.setCurrentIndex(index)
    self.page = newWebView.page()                   # 浏览的页面
    self.page.profile().downloadRequested.connect(self.downloadRequested)
    # 触发下载文件信号
    self.page.titleChanged.connect(self.webTitle)   # 触发标题变化信号
    self.page.iconChanged.connect(self.webIcon)     # 触发图标变化信号
    self.page.urlChanged.connect(self.webUrlChange) # 触发 URL 变化信号
    self.page.linkHovered.connect(self.showURL)  # 触发鼠标指针移动到链接上信号
    # 触发载入网页进度信号
    self.page.loadProgress.connect(self.emitLoadProgress)
    return newWebView
```

【代码片段 4 】

文件下载的处理方式。

```
def downloadRequested(self, item):
    """
    获取下载请求的 URL，并启动下载对话框
    item 表示下载对象
    """
    downLoadItem = item
    if downLoadItem and downLoadItem.state() ==
QWebEngineDownloadRequest.DownloadState.DownloadRequested:
        # 只要进入下载状态，就弹出下载对话框
        downloadDialog = DownLoadDialog(downLoadItem, self)
        downloadDialog.downloadStart.connect(self.downloading)
        downloadDialog.exec()

def downloading(self, item, path, downLoadName):
    """准备下载"""
    self.now1 = datetime.now()                          # 开始计时
    self.downLoadItem = item
    self.downLoadItem.setDownloadDirectory(path)        # 设置下载目录
    self.downLoadItem.setDownloadFileName(downLoadName) # 设置下载文件名
    self.downLoadItem.accept()                          # 开始下载
    self.downLoadItem.totalBytesChanged.connect(self.updateProgress)
    # 下载文件的总大小
    self.downLoadItem.receivedBytesChanged.connect(self.updateProgress)
    # 下载文件的接收大小
    self.downLoadItem.stateChanged.connect(self.updateProgress)
    # 下载文件的状态变化
    self.execProgressDialog()
def execProgressDialog(self):
    """弹出下载进程对话框"""
    self.progress = QProgressDialog(self)
    self.progress.setWindowTitle("正在下载文件")
    self.progress.setCancelButtonText("取消")
    self.progress.setMinimumDuration(100)
    # 只有在预估最少时间大于 0.1s 时，才弹出对话框
    self.progress.setWindowModality(Qt.WindowModality.WindowModal)
    # 对话框模态
    self.progress.setRange(0, 100)
    self.progress.canceled.connect(self.canceledDownLoad)
    # 单击"取消"按钮会触发该信号
```

```python
    def canceledDownLoad(self):
        """取消下载"""
        self.downLoadItem.cancel()

    def updateProgress(self):
        """更新进度对话框"""
        duration = (datetime.now() - self.now1).seconds      # 持续时间（单位为 s）
        if duration == 0:
            duration = 1
        totalBytes = self.downLoadItem.totalBytes()          # 总数据量
        receivedBytes = self.downLoadItem.receivedBytes()    # 已经下载的数据量
        bytesPerSecond = receivedBytes / duration            # 平均下载速度
        downLoadState = self.downLoadItem.state()            # 下载状态
        if downLoadState ==
            QWebEngineDownloadRequest.DownloadState.DownloadInProgress:
            # 下载
            if totalBytes >= 0:
                self.progress.setValue(100 * receivedBytes / totalBytes)
                downloadInfo = f"接收: {self.UnitConversion(receivedBytes)}, 总大
小: {self.UnitConversion(totalBytes)}, 平均下载速度: {self.UnitConversion
(bytesPerSecond)}/S" # self.UnitConversion()为单位转换
                self.progress.setLabelText(downloadInfo)
            else:
                self.progress.setValue(0)
                downloadInfo = f"接收: {self.UnitConversion(receivedBytes)}, 总大
小未知, 平均下载速度: {self.UnitConversion(bytesPerSecond)}/S"
                self.progress.setLabelText(downloadInfo)
        elif downLoadState ==
            QWebEngineDownloadRequest.DownloadState.DownloadCompleted:
            # 下载完成
            QMessageBox.information(self, "提示", "下载完成! ")
        elif downLoadState ==
            QWebEngineDownloadRequest.DownloadState.DownloadInterrupted:
            # 下载被终止, 可能是网络问题导致的
            self.progress.setValue(0)
            downloadInfo =
            f"下载失败! \n 接收: {self.UnitConversion(receivedBytes)}, 总大小:
{self.UnitConversion(totalBytes)}, 平均下载速度: {self.UnitConversion
(bytesPerSecond)}/S\n{self.downLoadItem.interruptReasonString()}"
            self.progress.setLabelText(downloadInfo)
```

【代码片段 5】

loadProgressSignal、currentViewUrlSignal、urlChangeSignal、hoveredSignal 信号发射后，会触发 mainFunction.py 文件中 FunctionMW 类的相应方法。

```python
def emitLoadProgress(self, value):
    """
    发射当前载入进度
    value 表示当前载入进度
    """
    self.loadProgressSignal.emit(value)


def tabChange(self, index):
    '''
    当前浏览页面发生任何变化时，地址栏中的 URL 始终与当前浏览页面的 URL 保持一致
    index 表示 QTabWidget 的索引
    '''
    URL = self.tabURL(index).toString()
    self.currentViewUrlSignal.emit(URL)


def webTitle(self, title):
    '''
    获取部分标题
    title 表示标题
    '''
    index = self.currentIndex()
    if len(title) > 16:
        title = title[0:17]
    self.setTabText(index, title)


def webIcon(self, icon):
    '''
    在标签上显示网站图标
    icon 表示网站图标
    '''
    index = self.currentIndex()
    self.setTabIcon(index, icon)


def webUrlChange(self, URL):
    '''
    将浏览的 URL 发射到主窗体中
    '''
```

```
                self.urlChangeSignal.emit(URL.toString()) # 将发生变化的 URL 发射到主窗体中

    def showURL(self, URL):
        '''向主窗体发送 URL'''
        self.hoveredSignal.emit(URL)

    def load(self, URL):
        """载入 URL"""
        index = self.currentIndex()
        if index >= 0 and URL.isValid():
            self.webviewsList[index].setUrl(URL)

    def tabURL(self, index):
        """
        返回标签对应网页的 URL
        index 表示标签的索引
        """
        if index >= 0:
            return self.webviewsList[index].url()
        else:
            return QUrl()
```

【代码片段 6】

该文件中的程序主要用于实现浏览页面的前进和放大功能。其中，类似于 reload()和 stop()的
方法用于实现浏览页面的刷新和停止功能；zoomReset()、zoomOut()和 getZoomFactor()方法用
于实现页面的恢复、缩小和获取浏览标签的缩放因子功能。由于实现方式与其他程序相似，因此这
里不再赘述。

```
    def forward(self):
        """前进"""
        index = self.currentIndex()
        if index >= 0:
            self.webviewsList[index].forward()

    def zoomIn(self):
        """放大"""
        index = self.currentIndex()
        if index >= 0:
            zoomf = self.webviewsList[index].getZoom()
            zoomf += 0.25
            self.webviewsList[index].setZoom(zoomf)
```

```
    if zoomf >= 5.0:
        zoomf =5.0
    self.webviewsList[index].setZoomFactor(zoomf)
    self.zoomStatusSignal.emit(zoomf)
```

【代码片段 7】

这个程序主要用于实现标签的右键菜单和关闭标签的功能，其中标签右键菜单中的命令是否启用与鼠标单击右键的标签相关。

```python
def contextMenuTab(self, point):
    """标签的右键菜单"""
    index = self.tabBar().tabAt(point)
    if index < 0:
        return
    tab_count = len(self.webviewsList)
    context_menu = QMenu()
    copyTab = context_menu.addAction("复制标签")
    closeTab = context_menu.addAction("关闭标签")
    closeOtherTabs = context_menu.addAction("关闭其他标签")
    closeOtherTabs.setEnabled(tab_count > 1)
    closeRightTabs = context_menu.addAction("关闭右侧标签")
    closeRightTabs.setEnabled(index < tab_count - 1)
    closeLeftTabs = context_menu.addAction("关闭左侧标签")
    closeLeftTabs.setEnabled(index > 0)
    chosen_action=context_menu.exec(self.tabBar().mapToGlobal(point))
    if chosen_action == copyTab:              # 复制标签并载入原来标签的网页
        chosenTaburl = self.tabURL(index)
        self.addnewTab().load(chosenTaburl)
    elif chosen_action == closeTab:           # 关闭标签
        self.closeTab(index)
    elif chosen_action == closeOtherTabs:     # 关闭其他标签
        for otherIndex in range(tab_count - 1, -1, -1):
            if otherIndex != index:
                self.closeTab(otherIndex)
    elif chosen_action == closeRightTabs:     # 关闭右侧标签
        for rightIndex in range(tab_count - 1, index, -1):
            self.closeTab(rightIndex)
    elif chosen_action == closeLeftTabs:      # 关闭左侧标签
        for leftIndex in range(0, index):
            self.closeTab(leftIndex)

def closeTab(self, index):
```

```
"""
关闭标签
index 表示索引
"""
if index >= 0 and self.count() > 1:
    webengineview = self.webviewsList[index]
    self.webviewsList.remove(webengineview)
    self.removeTab(index)
```

5. mainFunction.py

mainFunction.py 是由 Eric 7 根据 UI 生成的对话框代码文件，用于实现界面和功能的分离。
mainFunction.py 文件中包括两个类：LineEdit 和 FunctionMW。其中，LineEdit 类继承自 QLineEdit
类，FunctionMW 类是自动生成的代码，用于实现界面和功能的分离。

【代码片段 1】

自定义 QLineEdit 类，当输入 URL 后，单击地址栏时，会选中其中的全部内容，如图 21-7
所示。

图 21-7　选中全部内容

```
def mousePressEvent(self, event):
    # 在单击地址栏后，会选中其中的全部内容
    if event.button() == Qt.MouseButton.LeftButton:
        if self.text():
            self.selectAll()
```

【代码片段 2】

以下代码是对其他 Python 文件代码的整合，用于实现整个简单网页浏览器的使用。界面主要
是使用 QMainWindow 类来实现的。

```
class FunctionMW(QMainWindow, Ui_MainWindow):
    def __init__(self, parent=None):
        super().__init__(parent)
        self.setupUi(self)
        self.initUI()

    def initUI(self):
        """在界面上添加一些控件"""
        self.URL_Line = LineEdit(self.toolBar_url) # 地址栏
        self.URL_Line.setClearButtonEnabled(True)
```

```
        self.URL_Line.returnPressed.connect(self.returnloadURL)
        # 当按"Enter"键后会触发此信号
        self.URL_Line.textChanged.connect(self.autoURL)
        # 当输入 URL 时会触发此信号
        self.toolBar_url.addWidget(self.URL_Line)
        self.toolBar_bookmark.actionTriggered.connect(self.ActionLoadURL)
        self.loadProgress = QProgressBar(self)    # 载入网页进度条
        self.loadProgress.setTextVisible(False)   # 不显示进度数字
        self.loadProgress.setHidden(True)         # 开始时隐藏
        self.statusBar.addPermanentWidget(self.loadProgress)
        # 在状态栏中添加进度条
        self.zoomLabel = QLabel("100%", self)     # 缩放状态
        self.statusBar.addPermanentWidget(self.zoomLabel)
        # 在状态栏中添加页面大小
        self.webPageTabWidget = BrowserTabWidget(self)
        self.setCentralWidget(self.webPageTabWidget)
        # 触发若干 webPageTabWidge 自定义信号
        self.webPageTabWidget.hoveredSignal.connect(self.showURL)
        …… # 省略 webPageTabWidge 其他自定义信号触发代码
        self.newTabLoadURL("")                        # 判断新标签是空 URL
        self.showMaximized()                          # 最大化
        self.getModel()                               # URL 自动补全功能
        self.loadingAction()


    def showLoadProgress(self, value):
        """
        通过使用进度条来显示页面载入进度
        value 表示载入页面进度
        """
        self.loadProgress.setHidden(False)
        self.loadProgress.setValue(value)
        if value == 100:
            self.loadProgress.setValue(0)
            self.loadProgress.setHidden(True)


    def loadingAction(self):
        """将收藏 URL 添加到工具栏中"""
        loadAction2Bar(self.toolBar_bookmark)


    def ActionLoadURL(self, action):
        """在单击已收藏的 URL 后会打开网页
```

```
        action 表示收藏 URL 对应的菜单项
        """
        ActionURL = action.data()
        self.newTabLoadURL(ActionURL)

    def updateZoomLabel(self, p):
        """调整浏览器页面大小的状态
        p 表示页面大小
        """
        value = f"{p*100:.0f}%"
        self.zoomLabel.setText(value)

    def returnloadURL(self):
        """当按"Enter"键后，载入地址栏中的 URL"""
        lineEditURL = self.URL_Line.text().strip()  # 地址栏中的 URL
        if not lineEditURL:
            return
        else:
            webURL = QUrl.fromUserInput(lineEditURL)
            if webURL.isValid():
                self.webPageTabWidget.load(webURL)

    def autoURL(self, text):
        """地址栏，自动补全功能"""
        urlGroup = text.split(".")
        if len(urlGroup) == 3 and urlGroup[-1]:
            return
        elif len(urlGroup) == 3 and not(urlGroup[-1]):
            wwwList = ["com", "cn", "net", "org", "gov", "cc"]
            self.m_model.removeRows(0, self.m_model.rowCount())
            for i in range(0, len(wwwList)):
                self.m_model.insertRow(0)
                self.m_model.setData(self.m_model.index(0, 0), text +
wwwList[i])

            """当输入"www.***."后，会判断最后一个"."是否为空，若为空，则添加常
见的域名后缀，否则不添加域名后缀"""

    def newTabLoadURL(self, URL):
        """新建标签
        URL 表示 URL 地址
        """
```

```python
        self.webPageTabWidget.addnewTab().load(QUrl(URL))

    def showURL(self, URL):
        """在状态栏中显示 URL"""
        self.statusBar.showMessage(URL)

    def currentChange(self, URL):
        """
        在地址栏中显示 URL 并调整当前页面的缩放因子（显示页面缩放比例）
        URL 表示正在浏览的 URL
        """
        self.URL_Line.setText(URL)
        zoomFactor = self.webPageTabWidget.getZoomFactor()   # 当前页面的缩放因子
        self.updateZoomLabel(zoomFactor)
        # 前进、后退菜单项是否启用的设置
        isForwardEnable = \
        self.webPageTabWidget.currentWidget().page().action\
(QWebEnginePage.WebAction.Forward).isEnabled()
        isBackEnable = \
        self.webPageTabWidget.currentWidget().page().action\
(QWebEnginePage.WebAction.Back).isEnabled()
        self.action_F.setEnabled(isForwardEnable)
        self.action_B.setEnabled(isBackEnable)

    @pyqtSlot()
    def on_action_CW_triggered(self):
        """关闭当前标签"""
        currentIndex = self.webPageTabWidget.currentIndex()
        self.webPageTabWidget.closeTab(currentIndex)

    @pyqtSlot()
    def on_action_F_triggered(self):
        """前进"""
        self.webPageTabWidget.forward()   # 省略后退、刷新、停止操作代码

    @pyqtSlot()
    def on_action_HOME_triggered(self):
        """打开主页"""
        self.newTabLoadURL("[主页 URL]")   # 主页 URL 可以自定义设置
        self.currentChange("[主页 URL]")
```

```python
@pyqtSlot()
def on_action_sc2bar_triggered(self):
    """将收藏的 URL 添加到工具栏中"""
    currentWebView = self.webPageTabWidget.currentWidget()
    webURL = currentWebView.url()      # URL
    title = currentWebView.title()     # 标题
    icon = currentWebView.icon()       # 图标
    add2Bar(webURL, title, icon, self.toolBar_bookmark)

@pyqtSlot()
def on_action_I_triggered(self):
    """页面放大"""
    self.webPageTabWidget.zoomIn()
    # 页面缩小、恢复的实现方式与此相似，这里不进行展示
```

建议读者查看资源文件中的全部文件，从而更容易理解代码。

第 22 章
打包 PyQt 程序

使用 PyQt 设计的程序在发送给他人使用时，为了保护源代码不被泄露，可以采用打包程序的方式。这种打包方式既不影响程序的正常使用，也实现了代码的隐藏，为开发人员提供了极大的便利。本章将详细介绍如何使用第三方库对 PyQt 程序进行打包操作。

22.1 PyInstaller

PyInstaller 是常见的 Python 打包工具，可以将 Python 应用程序及其依赖项打包到同一个包中。用户可以在不安装 Python 解释器或任何模块的情况下运行打包后的可执行文件。

PyInstaller 支持 Python 3.8 及更高版本，并能够正确地捆绑多种主要的 Python 包。使用 PyInstaller 打包的程序不支持跨操作系统运行，如要制作 Windows 应用，需要在 Windows 上运行 PyInstaller；要制作 Linux 应用，需要在 Linux 上运行 PyInstaller。

22.1.1 PyInstaller 的安装

PyInstaller 的安装方式非常简单，使用 pip 进行安装即可，命令如下：

```
pip install pyinstaller
```

22.1.2 PyInstaller 的工作原理

PyInstaller 会针对不同的操作系统和 Python 版本进行程序打包，具体工作原理如下。

1. 分析依赖项

PyInstaller 会从代码中找到所有 import 语句，包括导入模块中的 import 语句，直到它具有脚本可能使用的完整模块列表。某些 Python 代码可能会以 PyInstaller 无法检测的方式导入模块，因此必须显式地告知 PyInstaller。

2. 构建打包规范

在分析完所有依赖项之后，PyInstaller 会生成一个规范文件（spec 文件）。这个文件描述了如何将 Python 代码和所有相关文件打包成一个可执行文件。

3. 打包程序

PyInstaller 打包分为两种模式，一种是将相关依赖文件打包到同一个文件夹中（简称单目录），另一种是将代码及其所有依赖项打包为一个可执行文件（简称单文件）。

（1）通过单目录模式打包程序。

假设对 hello.py 使用 PyInstaller 进行打包（下同），默认结果是生成名为 hello 的单个文件夹。此文件夹包含所有脚本的依赖项，以及一个名为 hello 的可执行文件（Windows 中的 hello.exe）。用户可以通过启动 hello 可执行文件来运行应用程序。

在单目录模式下，用户可以轻松地调试在构建应用程序时出现的问题。对于更改代码，在依赖项集不变时，只需使用更新后的 hello 可执行文件替换原来的文件即可。但是，这种方法也存在明显的缺点。由于此模式下文件夹中包含大量文件，用户需要在诸多文件中找到 hello 可执行文件。此外，用户还可能会意外地将文件拖出文件夹，从而产生问题。

（2）通过单文件模式打包程序。

PyInstaller 可以将代码及其所有依赖项打包到一个名为 hello 的可执行文件（Windows 中的 hello.exe）中。这种模式的优点是用户只需启动单个可执行文件，缺点是必须单独分发所有相关文件，并且单个可执行文件的启动速度可能会变慢一些。

（3）可执行文件的工作过程。

① 在单目录模式下。当用户启动程序时，它首先会运行引导加载程序（该程序负责创建一个临时的 Python 环境，以确保 Python 解释器能够在该环境中找到所有导入的模块和库），然后引导加载程序会启动一个 Python 解释器的副本，以执行程序。

② 在单文件模式下。当用户启动程序时，它会创建一个临时文件夹，引导加载程序负责解压缩支持文件并将副本写入该临时文件夹。后续的工作流程与单目录模式下的工作流程类似。当程序终止时，引导加载程序将负责删除该临时文件夹。

4. 使用控制台窗体

在默认情况下，引导加载程序会创建一个命令行控制台（Linux 和 macOS 中的终端窗体，Windows 中的命令窗体）。它为 Python 解释器提供了标准输入和输出的窗体。在代码中使用 print() 方法会将结果输出到命令行控制台，同时任何来自 Python 的错误消息和默认日志记录也会在命令行控制台中显示。当然，可以通过设置让 PyInstaller 不显示命令行控制台。

22.1.3　PyInstaller 实操

本节以 12.3.4 节中的简单图书管理系统为例，将其打包成可执行文件，其中整个应用程序的入口文件是 LibraryManagement.py。

> **提示**　确保以管理员身份运行命令行，否则可能导致 pyinstaller PermissionError: [Errno 13] Permission denied 错误。

1. 不带选项的命令行操作

方式如下：

```
pyinstaller LibraryManagement.py
```

如果在执行命令的过程中出现病毒报错，则建议先关闭杀毒软件，再重新尝试一次。

整个执行过程如下。

（1）PyInstaller 会分析 LibraryManagement.py 并将 LibraryManagement.spec 写入与代码相同目录的文件夹。LibraryManagement.spec 是 PyInstaller 在打包程序时创建的规范文件。spec 文件会告诉 PyInstaller 如何处理代码，而 PyInstaller 可以通过执行 spec 文件来构建应用程序。

在一般情况下，不需要检查或修改 spec 文件，但若遇到以下 4 种情况，则可以修改 spec 文件。

① 当需要与应用程序捆绑数据文件时。

② 当需要告知 PyInstaller 某些特定运行库（.dll 或.so 文件）时。

③ 当需要向可执行文件添加 Python 运行时的选项参数时。

④ 当需要创建一个合并了通用模块的多程序捆绑包时。

（2）在与 LibraryManagement.py 相同目录的 build 文件夹（若没有该文件，则需要先创建）中写入一些日志文件和工作文件。

（3）在与 LibraryManagement.py 相同目录的 dist 文件夹（若没有该文件，则需要先创建）中创建 LibraryManagement 文件夹，其中包含可以分发给用户的可执行文件。

完成后，在 dist\LibraryManagement 目录下可以看到 LibraryManagement.exe，执行该exe 文件，屏幕会显示一个窗体，随后该窗体会消失。使用命令行运行该 exe 文件，会出现如下错误：

```
Traceback (most recent call last):
  File "LibraryManagement.py", line 360, in <module>
  File "LibraryManagement.py", line 31, in __init__
  File "LibraryManagement.py", line 194, in showtable
  File "datamanagement.py", line 135, in loadBook
  File "codecs.py", line 905, in open
FileNotFoundError: [Errno 2] No such file or directory: 'C:\\Users\\
```

```
Administrator\\Desktop\\books\\dist\\LibraryManagement\\_internal\\res\\
book.dat'
   [10268] Failed to execute script 'LibraryManagement' due to unhandled
exception!
```

提示没有数据文件 book.dat。事实上，dist\LibraryManagement 目录中连数据文件和图书封面都没有。因此，不带选项的命令行操作适用于没有数据等资源的简单程序，对于较为复杂的程序可能会出错。

2. 带选项的命令行操作

方式如下：

```
pyinstaller options LibraryManagement.py
```

其中，options 是选项，常用的选项可以分为 4 种，分别是常规选项、生成选项、绑定（搜索）选项和与操作系统相关的一些特定选项等。

（1）常规选项如表 22-1 所示。

表 22-1   常规选项

选项	描述
–h, --help	显示帮助信息并退出
–v, --version	显示程序版本信息并退出
--distpath DIR	打包应用程序的位置，默认值为./dist
--workpath WORKPATH	所有临时工作文件的位置，默认值为./build
–y, --noconfirm	替换输出目录（默认值为 SPECPATH/dist/SPECNAME），并且无须确认
--upx-dir UPX_DIR	UPX 实用程序的路径，默认值为搜索执行路径
--clean	PyInstaller 缓存并在构建之前删除临时文件
--log-level LEVEL	构建在控制台输出的详细信息级别，LEVEL 可以是 TRACE、DEBUG、INFO、WARN、ERROR、CRITICAL 之一（默认值为 INFO）

（2）生成选项主要用于选择打包程序的模式，如表 22-2 所示。

表 22-2   生成选项

选项	描述
–D,--onedir	将相关依赖文件打包到同一个文件夹中（默认选项），单目录
–F,--onefile	将程序打包成一个可执行文件，单文件模式
--specpath DIR	用于存储生成的 spec 文件的文件夹（默认值为当前目录）
–n NAME,--name NAME	要分配给应用程序和 spec 文件的名称
--contents-directory CONTENTS_DIRECTORY	仅适用于--onedir 版本，指定将存放所有支持文件(除可执行文件之外的所有文件)的目录名称

（3）绑定（搜索）选项主要用于添加一些额外的数据或文件，如表 22-3 所示。

表 22-3　绑定（搜索）选项

选项	描述
--add-data SOURCE:DEST	添加数据文件或目录，应采用 "source:dest_dir" 的形式，其中 source 是要收集的文件(或目录)的路径，dest_dir 是相对于顶级应用目录的目标目录，两个路径之间使用 ":" 进行分隔。用户可以多次使用这个选项
--add-binary SOURCE:DEST	添加二进制文件，格式与 --add-data 选项相同。用户可以多次使用这个选项
-p DIR, --paths DIR	搜索导入的路径（如使用 PYTHONPATH），允许多个路径，使用 ":" 进行分隔，用户可以多次使用此选项
--hidden-import MODULENAME, --hiddenimport MODULENAME	指定在脚本代码中不可见的导入。用户可以多次使用这个选项
--collect-submodules MODULENAME	收集指定包或模块中的所有子模块。用户可以多次使用这个选项
--collect-data MODULENAME, --collect-datas MODULENAME	收集指定的包或模块中的所有数据。用户可以多次使用这个选项
--collect-binaries MODULENAME	收集指定包或模块的所有二进制文件。用户可以多次使用这个选项
--collect-all MODULENAME	收集指定包或模块的所有子模块、数据文件和二进制文件。用户可以多次使用这个选项
--copy-metadata PACKAGENAME	复制指定包的元数据。用户可以多次使用这个选项
--recursive-copy-metadata PACKAGENAME	复制指定包及其所有依赖项的元数据。用户可以多次使用这个选项
--additional-hooks-dir HOOKSPATH	搜索钩子的额外路径。用户可以多次使用这个选项
--runtime-hook RUNTIME_HOOKS	指向自定义运行时钩子文件的路径。在运行时，钩子是与可执行文件捆绑在一起的代码，它在任何其他代码或模块执行之前运行，用于设置运行时特定的环境功能。用户可以多次使用这个选项
--exclude-module EXCLUDES	可选的模块或包（Python 名，而不是路径名）将被忽略（就像没有找到一样）。用户可以多次使用这个选项

（4）与操作系统相关的一些特定选项。

① Windows 和 macOS X 特定选项，如表 22-4 所示。

表 22-4　Windows 和 macOS X 特定选项

选项	描述
-c, --console, --nowindowed	打开标准 I/O 控制台窗体（默认选项）

续表

选项	描述
-w, --windowed, --noconsole	在 Windows 和 macOS X 操作系统上运行时，默认不提供一个用于标准输入/输出（standard i/o）的控制台窗口（console window）
--hide-console {minimize-late,hide-late,hide-early,minimize-early}	仅适用于 Windows：在启用控制台的可执行文件中，如果程序拥有控制台窗体（不是从现有控制台窗体启动的），则引导加载程序会自动隐藏或最小化控制台窗体
-i <FILE.ico or FILE.exe,ID or FILE.icns or Image or "NONE">, --icon <FILE.ico or FILE.exe,ID or FILE.icns or Image or "NONE">	FILE.ico：将图标应用于 Windows 可执行文件；FILE.exe,ID：从 exe 文件中提取带有 ID 的图标；FILE.icns：将图标应用到 macOS 的.app 包中；NONE：不应用任何图标，这样操作系统会显示默认值（default:，表示应用 PyInstaller 的图标）。用户可以多次使用这个选项
--disable-windowed-traceback	在 Window(noconsole)模式下禁用未处理异常的回溯转储（仅限 Windows 和 macOS），并显示此功能已禁用的消息

② Windows 特定选项如表 22-5 所示。

表 22-5　Windows 特定选项

选项	描述
--version-file FILE	将文件中的版本资源添加到 exe 文件中
-m <FILE or XML>, --manifest <FILE or XML>	将清单文件或 XML 添加到 exe 文件中
-r RESOURCE, --resource RESOURCE	向 Windows 可执行文件添加或更新资源
--uac-admin	创建一个清单，该清单将在应用程序启动时请求提升
--uac-uiaccess	允许升级应用程序与远程桌面一起工作

由于选项较多，如果读者觉得使用命令行非常不方便，则可以考虑将相关命令写入脚本文件，如 Linux 的 Shell 脚本和 Windows 的批处理文件。当需要设置的参数较多时，可以使用换行符"^"（不包含引号）进行换行。

下面针对简单图书管理系统的程序进行打包，整个程序所在目录结构如下：

```
|—datamanagement.py
|  dialogBook.py
|  LibraryManagement.py
└─res
    |  book.dat
    |  classification.dat
    |  country.dat
    └─book
        BookCovers.png
```

其中，Python 文件分为 3 个，这 3 个文件是数据文件（dat 文件），位于 res 目录中；图片文件位于 res/book 目录中。

基于此目录形式，程序打包（单文件模式）的批处理命令行如下：

```
pyinstaller -w --add-data="./res/book.dat:res" ^
    --add-data="./res/classification.dat:res" ^
    --add-data="./res/country.dat:res" ^
    --add-data="./res/book/BookCovers.png:book" ^
    LibraryManagement.py
```

在执行批处理命令后，即可得到 LibraryManagement.exe 可执行文件。双击该可执行文件，即可启动程序，同时不会出现黑色的命令行控制台。如果增加 "-F" 选项，则可以生成单个可执行文件。

3．压缩打包后的程序大小

不同的打包模式会导致程序大小存在差异。同样以简单图书管理系统为例，该程序在使用单文件模式打包后约为 30.8MB，而在使用单目录模式打包后则约为 77.1MB。这两者之间的差距较大。如果待打包程序更为复杂，则打包后的差异可能会更大。

（1）UPX 压缩。

为了优化打包后文件的大小，这里使用 UPX。截至 2024 年 6 月，Windows 版本的 UPX 最新版本为 UPX 4.2.4，相关程序位于本书配套资料的 TOOLS\UPX 目录中。读者可以通过 Bing 搜索 UPX，通常第一个搜索结果就是官方网站。

> ▶ 提示　UPX 是适用于大多数操作系统的免费程序。UPX 可以压缩可执行文件和库，使它们变得更小。

对于使用 UPX 压缩的 PyInstaller 可执行文件，完整的执行顺序如下。

① 压缩程序通过 UPX 解压缩器代码来启动。

② 在解压缩后，程序执行 PyInstaller 引导加载程序，为 Python 创建临时环境。

③ 使用 Python 解释器执行代码。

（2）UPX 压缩操作实例。

假设已经下载好 UPX 压缩包，并将其解压缩到 "C:\upx-4.2.4-win64" 中，此时如果需要使用 UPX 进行压缩，首先需要在命令行中添加以下选项：

```
--upx-dir="C:\upx-4.2.4-win64"
```

然后开始执行批处理命令。在执行命令过程时，打包程序过程中出现如下信息：

```
663 INFO: UPX is available and will be used if enabled on build targets.
```

表明已经找到 UPX。通过单文件模式完成程序打包后，文件大小由原来的 30.8MB 压缩到了 27MB；通过单目录模式完成程序打包后，文件大小由原来的 77.1MB 压缩到了 48.9MB。

22.2　auto-py-to-exe

在使用 PyInstaller 命令行打包程序时，如果可选项太多记不住怎么办？这时可以使用 auto-py-to-exe 来打包程序。

auto-py-to-exe 可以被看作图形化版的 PyInstaller，支持简体中文，使用非常方便。

22.2.1　auto-py-to-exe 的安装

auto-py-to-exe 仍然可以使用 pip 进行安装，命令行如下：

```
pip install auto-py-to-exe
```

22.2.2　auto-py-to-exe 的操作实例

在命令行输入"auto-py-to-exe"命令，可执行 auto-py-to-exe 程序。auto-py-to-exe 的使用原理与 PyInstaller 命令行的使用原理相似，只是它将命令行方式改成了图形界面方式。这里仍然以简单图书管理系统为例进行程序打包，只需简单 8 步即可完成打包，如图 22-1 所示。

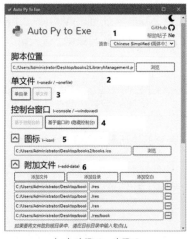

（a）步骤 1~步骤 6　　　　　　　（b）步骤 6~步骤 8

图 22-1　打包步骤

（1）选择语言为简体中文。

（2）选择待打包程序 LibraryManagement.py 的位置。

（3）选择是否打包成单个可执行文件，这里选择单目录。

（4）选择是否需要显示控制台窗口，这里选择隐藏控制台窗口。

（5）设置需要打包后可执行文件的图标。如图 22-2 所示。

图 22-2　设置图标

（6）添加程序涉及的数据，这里主要添加数据文件和图书默认封面。

（7）选择打包后程序的输出位置，这里选择桌面。

（8）单击"将.PY 转换为.EXE"按钮，完成程序打包。

整个过程基本与 PyInstaller 类似，但是更加直观。如果出现杀毒软件报错的情况，则建议先关闭杀毒软件，再重新尝试。

22.3　Nuitka

除了使用 PyInstaller 进行程序打包，目前越来越多的用户使用 Nuitka 作为打包工具。这里简单介绍一下。

22.3.1　Nuitka 的简介

Nuitka 是使用 Python 编写的优化 Python 编译器，可以将相关 Python 代码打包成可执行文件。与程序相关的数据文件既可以包含在可执行文件中，也可以作为单独文件使用。Nuitka 完全兼容 Python3(Python 3.4～Python 3.11)，可在 Windows、macOS、Linux 等平台上工作，目前最新版本是 Nuitka 2.3.1（截至 2024 年 6 月）。

> 📌提示　根据官方文档，Windows 平台不支持 Python 2，需要安装 Python 3.5 或更高版本。

Nuitka 分为标准版（采用 Apache 协议）和商业版。商业版可以保护代码、数据和输出，使得用户无法访问这些内容，但需要单独付费。

本节以 Windows 平台为例介绍 Nuitka 的使用方法。

22.3.2　Nuitka 的安装

Nuitka 的安装主要是分为两个部分，一是 pip 安装，二是 C 编译器安装。

1. pip 安装

pip 安装非常简单，命令如下：

```
pip install -U nuitka # 官方推荐命令
```

或者

```
pip install nuitka
```

第一种 pip 安装方式会在安装 Nuitka 的同时升级所有的依赖包到最新版本，这点需要慎重。

2. C 编译器安装

Nuitka 的使用需要一个支持 C 11 的 C 编译器或一个支持 C++ 03 的 C++编译器。因此，在 Windows 平台上，MinGW64 C11 编译器必须基于 GCC 11.2 或更高版本，或者使用 Visual Studio 2022 或更高版本（社区版即可）。Visual Studio 旧版本仅对商业用户开放支持。在其他平台上，GCC 编译器的版本至少是 GCC 5.1，而 G++编译器的版本至少是 G++ 4.4。macOS X 和大多数 FreeBSD 架构均支持 Clang 编译器。

在首次使用 Nuitka 时，如果没有安装 C 编译器，它会自动从 GitHub 上下载。这是官方推荐的安装方式，因为 Nuitka 会负责升级编译器。然而，这种方式的前提是必须能够顺畅地访问 GitHub 的网络，否则可能会遇到网络超时错误。下面介绍一个临时的解决办法。在 Nuitka 的安装过程中会提示：

```
Is it OK to download and put it in
'C:\Users\yangff\AppData\Local\Nuitka\Nuitka\Cache\downloads\gcc\x86_64\
13.2.0-16.0.6-11.0.1-msvcrt-r1'.

Fully automatic, cached. Proceed and download? [Yes]/No : y
Nuitka:INFO: Downloading 'https://github.com/brechtsanders/winlibs_mingw/
releases/download/13.2.0-16.0.6-11.0.1-msvcrt-r1/winlibs-x86_64-posix-seh-
gcc-13.2.0-llvm-16.0.6-mingw-w64msvcrt-11.0.1-r1.zip'.
Download mingw64 0.0%|                          | 0/?
```

从这个提示中可以看出，下载的 C 编译器位于哪个目录及下载的 URL 是什么（标粗部分）。这样可以先在网络畅通的地方下载 C 编译器，并将其放到对应的目录即可。这样 Nuitka 就能自动安装 C 编译器了。

读者可以在本书配套资料的 TOOLS 目录中找到此编译器。

22.3.3 Nuitka 的操作实例

1. 不带选项的命令行操作

假设有一个名为 hello.py 的 Python 文件，其中代码如下：

```
def hello(message):
    return "Hello " + message


def main():
```

```
    print(hello("xdbcb8"))

if __name__ == "__main__":
    main()
```

使用 Nuitka 的简单方式如下：

```
nuitka hello.py
```

如果在执行命令的过程中出现杀毒软件错误，则建议先关闭杀毒软件，再重新尝试。

Nuitka 会递归地编译整个程序，并在与 hello.py 的相同目录生成 hello.exe。读者只需使用命令行执行 hello.exe 程序即可，非常简单。如果在执行 hello.exe 后出现以下类似错误：

由于找不到 python39.dll，无法继续执行代码。重新安装程序可能会解决此问题。

则需要查看操作系统环境变量中是否已添加 Python 可执行文件的路径。此情况可能会在使用虚拟环境时出现，读者只需将使用的虚拟环境添加到环境变量中即可。

2. 带选项的命令行操作

在选择模式时，两个基本的选项是单目录模式和单文件模式。

在单目录模式下，当使用--standalone 选项进行构建时，不会生成单一的可执行文件，而是一个完整的文件夹。读者可以将生成的 hello.dist 文件夹复制到另一台机器上，并从中找到可执行文件来运行。

在单文件模式下，当使用--onefile 选项进行构建（不推荐）时，虽然可以创建单一的可执行文件，但这会增加调试的难度，尤其是在数据文件丢失的情况下。

下面仍然以简单图书管理系统为例，将其打包成可执行文件。因为使用的选项较多，所以这里采用批处理命令方式，代码如下：

```
nuitka --standalone --enable-plugins=pyqt6 ^
    --disable-console --windows-icon-from-ico=books.ico ^
    --include-data-file=./res/*.dat=res/ ^
    --include-data-file=./res/book/*.png=res/book/ ^
    LibraryManagement.py
```

打包过程中可能会出现以下提示：

```
Nuitka will make use of Dependency Walker (https://dependencywalker.com) tool
    to analyze the dependencies of Python extension modules.
    Is it OK to download and put it in
    'C:\Users\Administrator\AppData\Local\Nuitka\Nuitka\Cache\downloads\depends\x86_64'.
```

直接输入"y"，同意下载即可。

在打包完后，只需将 LibraryManagement.dist 文件夹传递给其他用户即可，其总大小为 51.9MB。下面来解释一下各选项的作用。

（1）--enable-plugins=pyqt6：支持 PyQt 6。若不使用这个选项，则可能会出现如下错误：

```
    from PyQt6.QtCore import Qt
ImportError
```

Nuitka 支持很多第三方库，包括 pyqt5、pyqt6、pyside2、pyside6、tk-inter 等共 28 个。读者可以使用 nuitka --plugin-list 进行查看。目前本书测试使用的 Nuitka 2.3.1 版本对 PyQt 6 的支持并不完美，可能导致 Qt 线程不工作。

（2）--disable-console：用于隐藏命令行窗体。

（3）--windows-icon-from-ico=books.ico：用于设置可执行文件的图标。

（4）--include-data-file=./res/*.dat=res/：用于添加程序使用的数据文件（.dat 文件）。

（5）--include-data-file=./res/book/*.png=res/book/：用于添加图书使用的封面图片。

如果读者想了解其他 Nuitka 选项的含义，则可以使用如下命令进行查看：

```
nuitka --help
```

在 PyQt 程序打包过程中，可能会遇到各种文件，建议读者多使用谷歌或 Bing 进行搜索，特别是使用英文进行搜索，通常会有意想不到的收获。

综合实例篇

第 23 章

综合案例——简单记账本

本章将通过一个案例综合运用本书涉及的 PyQt 知识体系。

用户使用简单记账本可以添加收入和支出记录，使用图表分析收支情况，查看账单明细等。

> **提示** 项目中的所有数据均为模拟数据，仅供项目运行和测试使用。
>
> 在执行程序后，如果没有看到模拟数据，则可以将操作系统日期改为 2024 年 2 月 29 日。这是因为模拟数据大部分是在这个时间段加的，读者后期可以自己添加新数据。

23.1 项目需求

简单记账本需要实现的功能具体如下。

1. 账本的密码登录功能

因为记账数据涉及个人隐私，所以在登录时需要输入密码。

2. 记账功能

（1）可以实现消费支出、收入记录和账户之间的转账。

（2）可以修改账户的余额。

3. 财务概况

（1）了解当天、当月、当年的财务概况信息，以及净资产总额。

（2）了解当月的支出分类及支出情况。

4. 报表功能

（1）了解净资产的变化情况，一二级账户的余额情况，一二级支出的分类情况，以及一二级收入的分类情况。

（2）可以查看每笔记录的收支流水，并支持修改和删除收支流水。

（3）可以根据具体的日期进行筛选和显示。

> **提示**　一个一级账户或分类下面包含若干个二级账户或分类，这里简称为一二级账户或一二级分类。

5. 设置

（1）可以单独设置支出分类和收入分类。

（2）可以设置账户。

（3）可以设置登录密码。

23.2　程序演示

下面将分成几个部分演示简单记账本的主要功能。

1. 密码登录

首次执行简单记账本时会弹出"输入密码"对话框（见图 23-1），要求在输入正确登录密码后才可以执行后续记账操作（默认密码为空）。

图 23-1　"输入密码"对话框

2. 财务概况

在成功登录后，会显示财务概况，包括净资产总额、当天、当月和当年的收支情况，当月的支出分类情况，以及当月的支出趋势，如图 23-2 所示。

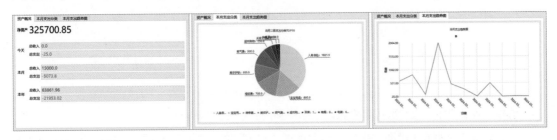

图 23-2　财务概况

3. 记账

简单记账本提供了 4 种类型的账目记录。

（1）消费支出记录（见图 23-3）：其中金额为绿色文本（由于图书印刷的原因，颜色可能不太明显，读者可以执行程序后查看）。

支出分类和账户选择：需单击右侧 按钮，在弹出的对话框中双击分类或账户进行选择，如图 23-4 所示。

图 23-3　消费支出记录

图 23-4　支出分类和账户选择

（2）收入记录：在记录时，可以选择合适的分类，如图 23-5 所示，其中金额为红色文本。

图 23-5　收入记录

（3）账户之间的转账（见图 23-6）：单击"换"按钮可以互换转出、转入账户。

（4）修改账户余额，如图 23-7 所示。

图 23-6　账户之间的转账

图 23-7　修改账户余额

4. 收支流水

选择"收支流水"菜单即可查看某段日期范围内的收支流水情况。

（1）收支流水查看（见图 23-8）：可以通过"支出"或"收入"单选按钮进行筛选。对于数量较大的流水信息，提供分页功能，便于查看。

（2）修改或删除流水。

双击某条流水信息，可以修改该条流水信息，包括修改金额、选择合适的收支分类和账户等；单击"删除"按钮，可以删除该条流水信息，如图 23-9 所示。

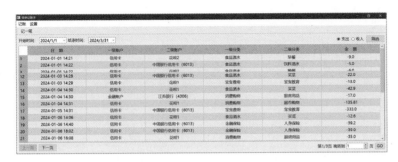

图 23-8　收支流水

图 23-9　修改或删除流水

5. 报表

报表菜单用于从多个维度展示账本的资金情况。

（1）净资产趋势。

净资产趋势旨在向用户显示其净资产的变化情况，通过这种直观的方式了解个人财富的变化，如图 23-10 所示。

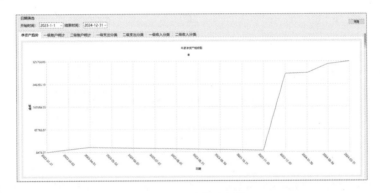

图 23-10　净资产趋势

（2）一二级账户统计。

一二级账户用于展示特定日期范围内用户账户的余额情况，这里分为一级账户统计和二级账户统计。

- 一级账户统计如图 23-11 所示，其中红色文本表示实际金额，绿色文本表示预支金额（类似于贷款账户的钱，下同）。
- 二级账户统计是对一级账户统计的进一步细分，其中涉及的账户较多，如图 23-12 所示。

图 23-11　一级账户统计

图 23-12　二级账户统计

（3）一二级支出分类。

一二级支出分类用于展示特定日期范围内用户支出分类的情况，从而使用户了解哪些分类钱花得最多（在图例中使用绿色表示）。这里同样分为一级支出分类和二级支出分类。

- 一级支出分类属于大类，如图 23-13 所示。

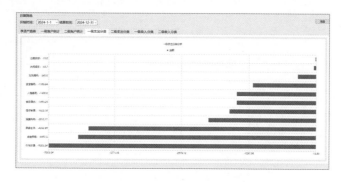

图 23-13　一级支出分类

- 二级支出分类是对一级支出分类的进一步细分。因为二级支出分类较多，这里仅展示前 10 项支出分类，如图 23-14 所示。

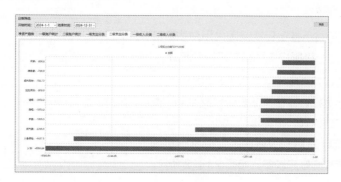

图 23-14　前 10 项二级支出分类

（4）一二级收入分类。

一二级收入分类用于展示特定日期范围内用户收入分类的情况，从而使用户了解哪些收入分类赚钱最多（在图例中使用红色表示）。这里同样分为一级收入分类和二级收入分类。

- 一级收入分类属于大类，如图 23-15 所示。

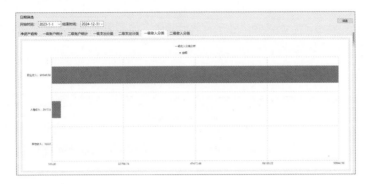

图 23-15　一级收入分类

- 二级收入分类如图 23-16 所示。

图 23-16　二级收入分类

6. 账本设置

账本设置用于设置收支分类、账户及密码等。

（1）设置收支分类。

设置收支分类是指对账本中的收入、支出分类进行设置，包括增加、删除、修改一二级分类信息。这里以设置支出分类为例，步骤如下。收入分类的设置与此类似。

在一级支出分类上单击鼠标右键，弹出右键菜单，其中包含"添加一级支出分类"、"重命名一级支出分类"、"删除该一级支出分类"和"添加二级支出分类"命令，如图 23-17 所示。

二级支出分类的右键菜单如图 23-18 所示。

图 23-17　一级支出分类的右键菜单

图 23-18　二级支出分类的右键菜单

📢 提示　在简单记账本中，预设的一级分类和一级账户的删除和重命名命令是禁用的，只有自定义的一级分类或账户才能执行这些操作。

（2）设置账户。

设置账户的方式与设置收支分类的方式类似，唯一的区别在于在对金融账户和现金二级账户进行添加或重命名时有限制，不能随意输入信息，如图 23-19 所示。

图 23-19　金融账户和现金账户重命名

在添加信用卡账户的二级账户时，需要选择是银行信用卡还是其他借贷账户，如图 23-20 所示。不同类型的账户对应不同的添加方式。

（3）设置密码。

简单记账本的默认登录密码为空。用户可以在"设置密码"对话框（见图 23-21）中设置自己的登录密码，以保护隐私。

图 23-20　添加信用卡账户

图 23-21　"设置密码"对话框

23.3　PyQt6-Charts

PyQt6-Charts 是 Qt 公司 Qt Charts 在 Python 环境下的运行库，专为 PyQt 6 设计。

它提供了一组易于使用的图表组件，包括线形图、样条图、面积图、散点图、条形图和饼图等。

📢 提示　如果想在商业项目中使用 PyQt6-Charts，则需要购买 PyQt 6 的商业版本。

1. PyQt6-Charts 的安装

使用 pip 方式安装 PyQt6-Charts，安装命令如下：

```
pip install PyQt6-Charts
```

注意：如果 PyQt 的版本是 PyQt 6.4，那么 PyQt6-Charts 的版本也要是 PyQt6-Charts 6.4，否则可能会出现"找不到指定的程序"错误。

2. PyQt6-Charts 的类

PyQt6-Charts 共包含 49 个类，简单记账本项目中涉及的类如表 23-1 所示。

表 23-1　简单记账本项目中涉及的类

类	描述	类	描述
QBarSet	表示柱状图中的一组柱状	QChartView	可以显示图表的独立控件
QHorizontalBarSeries	以按类别分组的水平柱状图形式表示数据	QBarCategoryAxis	将类别添加到图表的轴上
QLineSeries	以折线图表示数据	QDateTimeAxis	将日期和时间添加到图表的轴上
QPieSeries	以饼图表示数据	QValueAxis	向图表的坐标轴添加值
QChart	管理图表系列、图例和轴等	—	—

下面简单介绍这 9 个类。

（1）QBarSet 类。

该类表示柱状图中的一组柱状图，如图 23-22 所示。柱状图集合的第一个值被认为属于第一类，第二个值属于第二类，以此类推。集合中间的缺失值表示数值零。在通常情况下，不显示数值为零的柱状图。

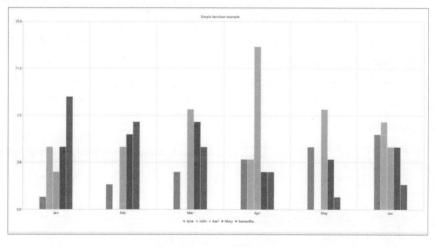

图 23-22　柱状图

常用方法如下。

- append(float)：将指定的新值附加到柱状图集合的末尾。
- insert(int, float)：在 index 指定的位置插入值。插入值后面的值会向上移动一个位置。

（2）QHorizontalBarSeries 类。

该类用于将一系列数据表示为按类别分组的水平柱状图，如图 23-23 所示。

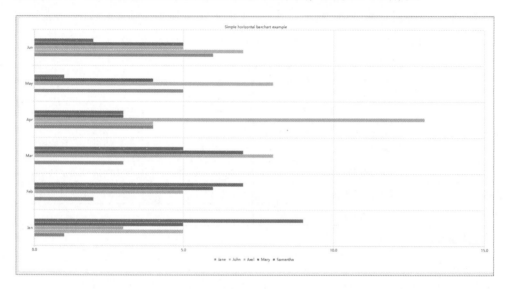

图 23-23　水平柱状图

常用方法如下。

- append(QBarSet) → bool：将指定的柱状图集合添加到柱状图中，并负责其资源管理。如果集合为空或已存在，则不执行添加操作。若添加成功，则返回 True。
- append(Iterable[QBarSet]) → bool：向指定的柱状图中添加一个柱状图集合列表。如果所有集合都成功添加，则返回 True。如果集合列表中存在空集合或之前已添加该集合，则不会添加任何内容，并返回 False。如果集合列表中出现重复的集合，则不会添加任何内容，并返回 False。

（3）QLineSeries 类。

该类以折线图的形式展示数据，如图 23-24 所示。折线图以一系列由直线连接的数据点表示数据。

常用方法如下。

- append(QPointF)：添加数据点。
- append(Iterable[QPointF])：添加指定的数据点列表。

- append(float, float)：添加坐标为 x 和 y 的数据点。

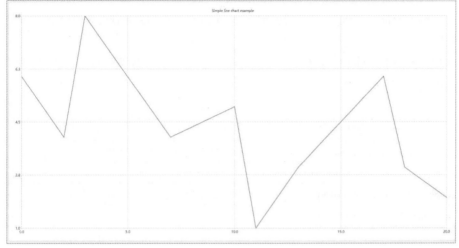

图 23-24　折线图

（4）QPieSeries 类。

该类以饼图的形式展示数据，如图 23-25 所示。饼图由定义为 QPieSlice 对象的切片组成。饼图的大小和位置由相对值控制，相对值的范围为 0.0～1.0，与实际图表矩形相关。在默认情况下，饼图被定义为一个完整的饼图。用户可以通过设置序列的起始角度和角度跨度来创建局部饼图。一个完整的饼图为 360°，0° 位于 12 点钟方向。

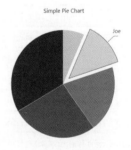

图 23-25　饼图

常用方法如下。

- append(QPieSlice) → bool：添加指定的切片。如果添加成功，则返回 True。
- append(Iterable[QPieSlice]) → bool：添加指定的切片列表。如果添加成功，则返回 True。
- append(Optional[str], value: float) → QPieSlice：添加带有指定值和标签的单个切片。如果 value 为 NaN、Inf 或-Inf，则返回 null，不添加任何值。

（5）QChart 类。

该类用于管理图表图例和轴等的图形表示。QChart 类是一个可以在 QGraphicsScene 中显示的 QGraphicsWidget。为了在布局中简单地显示图表，可以使用 QChartView 类来代替 QChart 类。

常用方法如下。

- addSeries(QAbstractSeries)：将系列类（如 QBarSeries、QLineSeries 等）对象添加

到图表中并获取其所有权。

- addAxis(QAbstractAxis, AlignmentFlag)：按照指定的方向将坐标轴添加到图表中。
- setTitle(Optional[str])：用于设置图表的标题（该标题将显示在图表的顶部），支持 HTML 格式。
- setAnimationOptions(AnimationOption)：用于设置图表的动画选项，枚举类型如表 23-2 所示。

表 23-2　枚举类型 1

枚举类型	描述
QChart.AnimationOption.AllAnimations	启用图表中的所有动画类型
QChart.AnimationOption.GridAxisAnimations	启用图表中的网格轴动画
QChart.AnimationOption.NoAnimation	禁用图表中的动画（默认值）
QChart.AnimationOption.SeriesAnimations	启用图表中的系列动画

- setTheme(ChartTheme)：用于设置图表主题，枚举类型如表 23-3 所示。

表 23-3　枚举类型 2

枚举类型	描述
QChart.ChartTheme.ChartThemeBlueCerulean	天蓝色主题
QChart.ChartTheme.ChartThemeBlueIcy	冰蓝色主题
QChart.ChartTheme.ChartThemeBlueNcs	自然色系统（Natural Color System，NCS）的蓝色主题
QChart.ChartTheme.ChartThemeBrownSand	沙棕色主题
QChart.ChartTheme.ChartThemeDark	黑暗主题
QChart.ChartTheme.ChartThemeHighContrast	高对比度的主题
QChart.ChartTheme.ChartThemeLight	Light 主题，这是默认主题
QChart.ChartTheme.ChartThemeQt	Qt 主题

（6）QChartView 类。

该类继承自 QGraphicsView 类，用于显示图表类，不需要 QGraphicsScene 对象来工作。要在现有的 QGraphicsScene 中显示图表，应该使用 QChart 或 QPolarChart 类。

常用方法如下。

setChart(QChart)：用于设置当前图表。为了避免内存泄露，必须删除之前的图表。

（7）QBarCategoryAxis 类。

该类用于将类别添加到图表的轴上。用户可以设置 QBarCategoryAxis 来显示带有刻度线、网格线和阴影的坐标轴线，其中类别会被绘制在刻度的中间。

常用方法如下。

- append(Iterable[Optional[str]])：用于将类别列表添加到坐标轴上。坐标轴的最大值将被更改，以匹配类别列表中的最后一个类别。如果之前没有定义类别，则坐标轴的最小值也将被更改，以匹配类别中的第一个类别。
- append(Optional[str])：用于将类别添加到坐标轴上。坐标轴的最大值将被更改，以匹配最后一个类别。如果之前没有定义类别，则坐标轴的最小值也将被更改为匹配类别。
- setRange(Optional[str], Optional[str])：用于设置坐标轴的范围。
- setLabelsAngle(int)：用于设置坐标轴标签的角度，单位为°。

（8）QDateTimeAxis 类。

该类用于将日期和时间添加到图表的轴上。QDateTimeAxis 类可以设置为显示带有刻度线、网格线和阴影的坐标轴。标签可以通过设置适当的 DateTime 格式来配置。QDateTimeAxis 类可以正确地处理公元前 4714 年到 287396 年的日期。

常用方法如下。

- setFormat(Optional[str])：用于设置轴上时间或日期的显示格式。字符串参数格式通常基于 PyQt 的日期和时间格式化规则。
- setRange(Union[QDateTime, datetime.datetime], Union[QDateTime, datetime.datetime])：用于设置坐标轴上从最小值到最大值的范围。
- setTickCount(int)：用于设置轴上刻度线的数量。

（9）QValueAxis 类。

该类用于向图表的轴添加值。轴值可以通过设置刻度线、网格线和阴影来显示。坐标轴上的值被绘制在刻度线的位置上。

常用方法如下。

- setLabelFormat(Optional[str])：用于设置坐标轴的标签格式。
- setRange(float, float)：用于设置坐标轴上从最小值到最大值的范围。

23.4　程序设计

为了让读者更好地理解整个项目的开发，这里将从数据库设计、UI 设计和代码实现 3 个方面进行介绍。

1. 数据库设计

简单记账本采用的数据库是 MySQL 8.0，操作数据库的客户端软件是 MySQL Workbench。PyQt 与 MySQL 连接的方式采用 ODBC 数据源，具体如何连接请参考 20.2.1 节。

（1）ODBC 数据源的配置如图 23-26 所示。

连接 PyQt 与数据库的用户名和密码被保存在操作系统的环境变量中（见图 23-27），这样可以避免在程序中直接显示用户名和密码。读者需要将图 23-27 中的 MySQLusrname 和 MySQLpwd 改为自己数据库的用户名和密码。

图 23-26　ODBC 数据源的配置

图 23-27　环境变量

> 📌 **提示**　如果 MySQL 数据库的版本低于 MySQL 8.0，则部分功能将无法实现。

（2）数据库中表和视图的设计。

数据库中共包含 8 张表和 9 张视图。简单记账本程序实现的难点在于对数据库 SQL 语言的使用。读者可以在加载 MySQL 数据后查看详细信息，这里简单介绍表和视图的作用。

- 一级账户表 accounts：包括 idaccount 号和一级账户名称。
- 二级账户表 subaccount：包括 idsubaccount 号、二级账户名称和一级账户的 idaccount 号。
- 一级分类表 classification：包括 idclassification 号、分类名称、支出（收入）标志。
- 二级分类表 subclassification：包括 idsubclassification 号、二级分类名称、一级分类的 idclassification 号和支出（收入）标志。
- 流水表 flowfunds：包括 idflowfunds 号、一级账户的 idaccount 号、二级账户的 idsubaccount 号、一级分类的 idclassification 号和二级分类的 idsubclassification 号、金额、备注、交易日期及时间。
- 最近账户使用表 recentaccount：包括 idrecentAccount 号、二级账户的 idsubaccount 号、一级账户的 idaccount 号、账户交易日期时间。
- 最近分类使用表 recentclassification：包括 idrecentclassification 号、二级分类的 idsubclassification 号、一级分类的 idclassification 号、支出（收入）标志和分类交易的日期及时间。
- 密码设置表 pwdsetting：包括 idpassword 号和密码。
- 二级账户视图 subaccountview：包括二级账户名称和一级账户名称。

- 二级分类视图 subclassificationview：包括二级分类名称、一级分类名称和收支标志。
- 最近使用账户视图 recentaccountview：包括最近使用的二级账户名称和一级账户名称。
- 最近使用分类视图 recentclassificationview：包括二级分类名称、一级分类名称和收支标志。
- 一级账户余额视图 accountbalanceview：包括一级账户名称和余额。
- 二级账户余额视图 subaccountbalanceview：包括二级账户名称和余额。
- 净资产累计视图 assetsview：包括每月的净资产累计值。
- 银行视图 bankview：包括具体的银行名称。
- 流水视图 flowfundsview：包括一二级账户名称、一二级分类名称、金额、备注和流水日期及时间。

2. UI 设计

整个项目由 Eric 7 创建，UI 由 Qt 设计师生成，共包含 15 个 UI 文件，与 UI 相关的 Python 文件由 Eric 7 自动编译。

其中，部分对话框中的"取消"按钮功能是直接通过 Qt 设计师中的"编辑信号/槽"菜单实现的，如图 23-28 所示。

图 23-28　UI 设计举例

3. 代码实现

整个项目的代码较多，除了将 UI 文件自动编译成 Python 文件，还有 22 个 Python 文件。其中，与数据相关的文件有 2 个，其余是具体功能实现文件，大约有 3600 行代码（不含 UI 文件转 Python 文件部分）。由于代码较多，这里仅展示核心代码。完整程序位于本书配套资料的 PyQt6\chapter23\ledger 中。

（1）程序文件的目录结构。

```
|   datamanagement.py
|   dbmanagement.py
|   dbError.log
|   DialogAccountBankSetting.py
|   LineChart.py
|   monthPiechart.py
|   main.py
|   OverView.py
|   run.py
|   ......
|   DialogAccount.ui
|   DialogAccountBankSetting.ui
|   ......
|   Ui_DialogAccount.py
|   Ui_DialogAccountBankSetting.py
```

在上述目录结构中，省略号表明同级目录下还有其他类似文件。因为文件较多，这里无法全部展示。其中，以 ui 结尾的文件是 UI 文件，以 Ui 开头的 Python 文件是由 UI 文件编译生成的 Python 文件。

（2）数据操作相关的实现。

① dbError.log 中包含数据库执行错误的日志信息。

② 在程序中，所有的数据库操作均通过 dbmanagement.py 文件中的 DbManager 类来执行。logging 模块用于记录数据库执行中发生错误的时间点，connectDatabase()方法用于连接数据库，close()方法用于关闭数据库，execute()方法用于执行 SQL 语句，query()方法用于查询数据库中的数据。

> 提示　shutdownMySQl()方法用于关闭 MySQL 安全模式。这个方法需要谨慎使用，因为在修改或删除 MySQL 数据时，开启 MySQL 安全模式可能会阻止这个操作，导致数据库操作失败。

整个项目与数据库的交互是通过 QtSql 模块中的 QSqlQuery 和 QSqlDatabase 类来实现的，其中数据库的用户名和密码保存在系统环境变量中，需要提前设置。连接数据库的方法如下：

```
username = os.environ["MySQLusrname"]    # 用户名
pwd = os.environ["MySQLpwd"]             # 密码
self.db = QSqlDatabase.addDatabase("QODBC")
self.db.setHostName("127.0.0.1")
self.db.setPort(3306)
# Data Source Name 输入栏中的内容：financeData
self.db.setDatabaseName("financeData")
self.db.setUserName(username)
self.db.setPassword(pwd)
isSuccess = self.db.open()
```

关闭 MySQL 安全模式的代码如下：

```
def shutdownMySQl(self):
    sql = "set SQL_SAFE_UPDATES = 0"
    self.execute(sql)
```

③ datamanagement.py 文件主要用于实现程序中具体的账户、分类、流水、密码操作。它使用 4 个类来实现这些操作，分别是 AccountManagement、ClassificationManagement、FlowFunds 和 PwdManagement。

AccountManagement 类包含 17 个方法：loadAllAccount()方法用于载入全部一级账户，loadAllSubAccount()方法用于载入某个一级账户下的全部二级账户,loadAllSubAccountBalance() 方法用于载入某个二级账户的余额，loadAccountBalance()方法用于载入全部一级账户的余额，loadSubAccountBalance()方法用于载入全部二级账户的余额，loadAllBanks()方法用于载入全部银行名称，loadAllRecentSubAccount()方法用于载入全部最近使用账户，loadassets()方法用于载入每月净资产值，loadALLassets()方法用于返回净资产金额，addRecentAccount()方法用于添加最近使用的账户，queryAccountID()方法用于查找账户表中的账户 ID，addAccount()方法用于添加一级账户，addSubAccount()方法用于添加二级账户，renameAccount()方法用于修改一级账户名称，renameSubAccount()方法用于修改二级账户名称，delAccount()方法用于删除一级账户，delSubAccount()方法用于删除二级账户。

ClassificationManagement 类的方法与 AccountManagement 类的方法类似，这里不再一一列举。

FlowFunds 类包含 10 个方法：loadAllFlowfunds()方法用于从流水视图中载入全部支出/收入流水，addFlowfunds()方法用于添加支出/收入流水，modifyFlowfunds()方法用于修改支出/收入流水，delFlowfunds()方法用于删除支出/收入流水，totalPages()方法用于返回流水总数，todayFlow()方法用于返回当天的收支情况，monthFlow()方法用于返回当月的收支情况，yearFlow()方法用于返回当年的收支情况，outinFlow()方法用于返回某个时间段的支出情况，dayFlow()方法用于返回日支出情况（不含转账）。

PwdManagement 类包含 4 个方法：pwdEncryption()方法用于加密密码（采用 MD5 加密方式），queryPwd()方法用于查看是否已设置密码，comparePwd()方法用于比较数据库中的密码与用户填写的密码是否一致，settingPwd()方法用于设置密码。

（3）项目入口文件。

项目的入口文件是 run.py，执行后会弹出登录对话框。

（4）登录对话框。

登录对话框的代码在 DialogPwd.py 文件中，执行代码后程序会到数据库中查询密码：若密码为空，则单击"确定"按钮直接进入主界面；若已设置密码，则必须在密码校验成功后才能进入主界面，否则会给出提示。

（5）主界面。

主界面的代码在 main.py 文件中，其中包含财务概况信息展示，记账、收支流水展示，报表、支出分类设置、收入分类设置、账户设置、密码设置这 8 个菜单项的调用。程序开始执行后会发出 self.action_overview.triggered 信号，这个信号会触发执行财务概况信息展示的方法，这样可以实现在用户进入主界面后就可以看到财务概况的效果。

（6）财务概况信息展示。

财务概况信息展示的代码在 OverView.py 文件中，实现功能的控件是 QTabWidget，它使用 3 个页面来展示资产概况、本月支出分类、本月支出趋势，如图 23-2 所示。

其中，overViewWidget 类包含 5 个方法：setOverview()方法用于展示资产概况，setDateInterval()方法用于设置默认日期区间为当前月份的第一天和最后一天，setOutPie()方法用于设置支出分类饼图，setOutLine()方法用于设置支出折线图，on_tabWidget_currentChanged()

槽方法用于查看当月财务数据，每次切换不同的 QTabWidget 页面会显示不同的财务概况信息。

（7）本月支出分类饼图。

饼图实现的代码在 monthPiechart.py 文件中，功能主要是通过 PieChart 类来实现的，其中涉及饼图实现的几个类为 QChart、QChartView 和 QPieSeries。核心代码如下：

```python
class PieChart():
    def __init__(self, seriesList):
        series = QPieSeries()
        for item in seriesList:
            iteminfo = item[0]          # 饼图中一个切片的说明
            itemdata = item[1]          # 饼图中一个切片的数据
            if float(itemdata) < 0:     # 饼图数据在显示时大于 0
                itemdata = -1 * itemdata
            # 创建一个饼形系列并添加数据
            series.append(f"{iteminfo}: {itemdata}", itemdata)

        # 为每个饼图切片设置标签和颜色
        for slice in series.slices():
            slice.setLabelVisible(True)                      # 使标签可见
            slice.setPen(QColor(Qt.GlobalColor.black))       # 设置边框颜色
            slice.setLabelFont(QFont("Arial", 9))            # 设置标签字体和大小

        # 创建一个图表并将饼形系列添加到该图表中
        chart = QChart()
        chart.addSeries(series)
        chart.setTitle("当月二级支出分类 TOP10")
        # 设置图例及位置
        chart.legend().setVisible(True)
        chart.legend().setAlignment(Qt.AlignmentFlag.AlignBottom)
        chart.setAnimationOptions(QChart.AnimationOption.SeriesAnimations)
        # 创建一个图表视图并将图表添加到该视图中
        self.chart_view = QChartView(chart)
        # 抗锯齿
        self.chart_view.setRenderHint(QPainter.RenderHint.Antialiasing)
```

（8）本月支出趋势折线图。

折线图实现的代码在 LineChart.py 文件中，功能主要是通过 LineChart 类来实现的，其中涉及折线图实现的几个类为 QChart、QChartView、QLineSeries、QValueAxis 和 QDateTimeAxis。核心代码如下：

```python
class LineChart():
```

```python
    def __init__(self, moneyList, title, ytitle):
        self.moneyList = moneyList
        self.cnt = len(self.moneyList)
        self.mindate = QDateTime.fromString(self.moneyList[0][0], "yyyy-
MM-dd")  # x轴的最小值
        self.maxdate = QDateTime.fromString(self.moneyList[self.cnt-1][0],
"yyyy-MM-dd")                              # x轴的最大值
        self.max = float(self.moneyList[0][2])    # 某日的最高消费额
        self.min = float(self.moneyList[0][3])    # 某日的最低消费额
        self.series = QLineSeries()               # 创建折线系列
        self.fill_series()                        # 填充数据

        # 创建图表并添加折线系列
        chart = QChart()
        chart.addSeries(self.series)
        chart.setTitle(title)
        chart.setAnimationOptions(QChart.AnimationOption.SeriesAnimations)

        # 设置 x 轴
        axisX = QDateTimeAxis()
        # 设置日期格式
        axisX.setFormat("yyyy-MM-dd")
        axisX.setTitleText("日期")
        # 设置轴的最小值和最大值（使用 QDate 对象来实现）
        axisX.setRange(self.mindate, self.maxdate)
        # 设置轴，以便按照日期进行刻度划分，一天表示一个刻度
        axisX.setTickCount(self.cnt)
        # 轴标签的角度，合适的角度有助于查看内容
        axisX.setLabelsAngle(45)
        chart.addAxis(axisX, Qt.AlignmentFlag.AlignBottom)

        # 设置 y 轴
        axisY = QValueAxis()
        axisY.setRange(self.min, self.max)
        axisY.setLabelFormat("%.2f")
        axisY.setTitleText(ytitle)
        # 设置 y 轴在图表左侧
        chart.addAxis(axisY, Qt.AlignmentFlag.AlignLeft)

        # 创建图表视图
        self.chart_view = QChartView(chart)
```

```
        self.chart_view.setRenderHint(QPainter.RenderHint.Antialiasing)

    def fill_series(self):
        """填充数据"""
        for item in self.moneyList:
            # 将 QDate 对象转换为整数，用于 x 轴
            """使用 toJulianDay()方法将 QDate 对象转换为从公元前 4714 年 1 月 1 日开始
的连续天数"""
            date = QDate.fromString(item[0], "yyyy-MM-dd")
            x = date.toJulianDay()
            money = item[1]
            # 将支出金额与日期添加到系列中
            self.series.append(x, money)
```

（9）记账。

记账实现的代码在 DialogChargeToAccountFunction.py 文件中，大约有 320 行，使用 QTabWidget 控件来实现主要功能。文件中包含 DialogCharge2AccountFunction 类，该类中包含 dosignal 信号。每完成一次记账，就会发出一次该信号。在初始化方法中，定义了 self.accountIO 作为转账的标志。

DialogCharge2AccountFunction 类包含 10 个自定义方法和 10 个槽方法。10 个自定义方法分别是：loadRecentAC()方法，用于载入最近使用的账户和支出/收入分类；updateRecentAccount() 方法，用于添加最近使用的账户记录；updateRecentClassification()方法，用于添加最近使用的支出 / 收入 分 类 记 录 ； currentTabAccountSetting() 方 法 ， 用 于 实 现 账 户 的 选 择 ； currentTabClassificationSetting()方法，用于实现支出/收入分类的选择；updateClassification() 方法，用于显示最近使用的支出/收入分类；updateCurrentDateTime()方法，用于显示当前选项卡 中的日期及时间；updateAccount()方法,用于显示最近使用的账户；updateSubAccountbalance() 方法，用于显示二级账户的余额；updateFlowFunds()方法，用于实现流水的更新。

10 个槽方法主要用于响应各个控件的信号触发，如调用账户选择对话框或分类选择对话框。当 单击"确定"按钮时，会根据具体的记账类型（支出、收入、转账、修改余额）进行相应的操作。

（10）账户和支出/收入分类的选择。

账户选择的代码在 DialogAccountFunction.py 文件中。由于账户分类采用树形结构，因此采用 树形控件 QTreeView 来实现此功能。其中，Dialog_Account_Function 类包含 subaccountSignal 信号。这个信号是选中账户后发出的，用于在记账对话框中显示哪个账户被选中了。支出/收入分类 选择的代码在 DialogChargeClassificationFunction.py 文件中，实现方式与账户选择类似。

（11）收支流水展示。

收支流水展示的代码在 DialogFlowFunction.py 文件中，大约有 250 行代码。收支流水展示主

要是通过 QTableView 类来实现的。其中，Form_FlowFunction 类包含 6 个自定义方法和 9 个槽方法，并在初始化方法中分别设置 self.flag 为收入和支出分类的标志（默认为支出），self.dateStart 和 self.dateEditEnd 表示按照日期筛选的开始日期和结束日期，self.pages 表示总的流水页数，self.currentPage 表示当前页数。

6 个自定义方法分别是：setDateInterval()方法，用于设置默认的日期区间为当前月份的第一天和最后一天；setHeadView()方法，用于设置表头；initTable()方法，用于进行表格初始化；showTableContent()方法，用于展示表格内容：reflushTable()方法，用于刷新表格数据；cnt_pages()方法，用于统计数据共有多少页。9 个槽方法主要用于在控件相关信号触发后调用对应的方法。

（12）修改流水。

修改流水代码在 DialogFlowDetailFunction.py 文件中。若双击流水明细，则弹出修改流水明细对话框，如图 23-9 所示。相关功能是通过 DialogFlowDetailFunction 类来实现的，其中包含 successSignal（流水更新成功信号，以便触发流水表格的更新），它包含 3 个自定义方法和 4 个槽方法。3 个自定义方法分别是：setData()方法，用于在对话框执行后设置对话框数据；setAccount()方法，用于设置账户；setClassification()方法，用于设置分类。

> 📖 提示 流水的修改和删除会影响账户余额的统计。因为账户余额都是根据流水汇总计算得出的，所以必须慎重处理。

（13）报表。

报表功能实现的代码在 DialogReport.py 文件中，大约有 220 行代码，通过 QTabWidget 控件来实现折线图和水平柱状图页面之间的切换，并且增加了日期筛选的功能。实现功能的 Form_report 类包含 9 个自定义方法和 2 个槽方法。9 个自定义方法分别是：initData()方法，用于实现数据的初始化；assertsLine()方法，用于展示净资产趋势；balanceBar()方法，用于展示一级账户余额；subbalanceBar()方法，用于展示二级账户余额；classificationoutBar()方法，用于展示一级支出分类；subclassificationoutBar()方法，用于展示二级支出分类；classificationinBar()方法，用于展示一级收入分类；subclassificationinBar()方法，用于展示二级收入分类；setWidgetEnable()方法，用于设置是否禁用相关控件（涉及日期选择和筛选按钮）。2 个槽方法分别用于单击筛选按钮和 QTabWidget 控件页面切换时各个报表的展示。

这里折线图是指净资产趋势，其具体实现方式和当月支出趋势折线图类似，这里不再赘述。

（14）账户和支出/收入分类水平柱状图。

水平柱状图分为账户水平柱状图和支出/收入分类水平柱状图，这里为了便于编程，使用两个文件，分别是 accountbarchart.py 和 classificationbarchart.py。这两个文件略有差异，但原理相同。这里以账户水平柱状图为例。其中，涉及水平柱状图实现的几个类为 QChart、QChartView、QBarSet、QBarCategoryAxis、QValueAxis 和 QHorizontalBarSeries。核心代码如下：

```python
class AccountBarChart():
    def __init__(self, accountList, maxormin, title):
        self.accountList = accountList          # 账户数据
        cnt = len(self.accountList)
        setstr0List, setstr1List = [], []       # 收入和支出
        for i in range(cnt):
            setstr0List.append("<<0")
            setstr1List.append("<<0")
        for i in range(cnt):
            if self.accountList[i][1] > 0:
                setstr0List[i] = f"<<{self.accountList[i][1]}"
            else:
                setstr1List[i] = f"<<{self.accountList[i][1]}"
        setstr0 = " ".join(setstr0List)
        setstr1 = " ".join(setstr1List)

        # 创建柱状图数据系列
        set0 = QBarSet("金融类账户金额")
        set1 = QBarSet("负债类账户金额")
        eval("set0" + setstr0)                  # 动态填充数据
        eval("set1" + setstr1)
        set0.setColor(QColor("red"))            # 红色文本表示实际金额
        set1.setColor(QColor("green"))          # 绿色文本表示负债全额（预支全额）
        series = QHorizontalBarSeries()         # 水平柱状图系列
        series.append(set0)                     # 添加系列 0
        series.append(set1)                     # 添加系列 1
        # 创建图表并将其添加到水平柱状图系列中
        chart = QChart()
        chart.addSeries(series)
        chart.setTitle(title)
        chart.setAnimationOptions(QChart.AnimationOption.SeriesAnimations)
        # 出现的动画
        # 设置 x 轴
        axisX = QValueAxis()
        axisX.setLabelFormat('%.2f')            # 设置标签为浮点数格式，保留两位小数
        max = maxormin[0][0]                    # 最大值
        min = maxormin[0][1]                    # 最小值
        axisX.setRange(min, max)                # 设置 x 轴的范围
        chart.addAxis(axisX, Qt.AlignmentFlag.AlignBottom)
        # 将 x 轴添加到图表的底部
        # 设置 y 轴
```

```
    categories = []
    for account in self.accountList:
        categories.append(account[0]+": "+str(account[1]))
        # y 轴中每个柱状图的说明
    axisY = QBarCategoryAxis()
    axisY.append(categories)
    axisY.setLabelsAngle(0) # 说明的角度，这里是 0°
    chart.addAxis(axisY, Qt.AlignmentFlag.AlignLeft)
    # 将 y 轴添加到图表的左侧
    # 创建图表视图
    self.chart_view = QChartView(chart)
    self.chart_view.setRenderHint(QPainter.RenderHint.Antialiasing)
    # 抗锯齿
```

（15）账户、支出/收入分类设置。

账户和支出/收入分类的展示都采用 QTreeView 树形控件。由于账户设置与支出/收入分类设置的实现原理相似，因此以下主要对账户的设置进行说明。

账户设置的代码在 DialogAccountSettingFunction.py 文件中，支出/收入分类设置的代码在 DialogChargeClassificationSettingFunction.py 文件中。账户设置的代码中包含两个类——CreditSelectDialog 和 DialogAccountSettingFunction。

- CreditSelectDialog 类主要用于当需要添加信用卡的二级账户时，确定添加的账户是银行信用卡还是其他借贷账户，默认为银行信用卡。
- DialogAccountSettingFunction 类用于实现一级账户和二级账户的添加、删除、重命名操作。DialogAccountSettingFunction 类包含 15 个自定义方法，分别是：createmodel()方法，用于创建视图所用的标准模型；initData()方法，用于初始化数据；loadAccount()方法，用于载入一二级账户信息；treecontextMenuEvent()方法，用于在初始化时实现右键菜单；accountFunciton()方法，用于实现二级账户的操作；handle_subaccount_addition()方法，用于添加二级账户的预操作；setFinancialsubaccount()方法，用于添加二级金融账户；setCreditsubaccount()方法，用于添加二级信用卡账户；setMoneysubaccount()方法，用于添加二级现金账户；setNormalsubaccount()方法，用于添加普通二级账户；addAcountMenu()方法，用于添加一级账户；renameAcountMenu()方法，用于修改一级账户；delAcountMenu()方法，用于删除一级账户；renameSubAcountMenu()方法，用于修改二级账户；delsubAcountMenu()方法，用于删除二级账户。

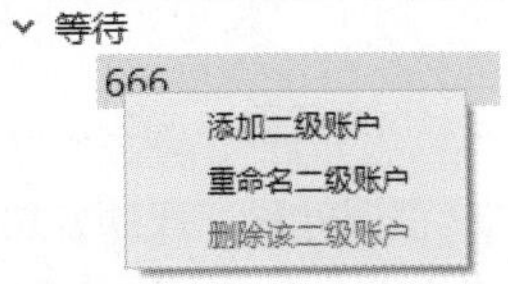

图 23-29　只有 1 个二级账户时的右键菜单

当一级账户下只有 1 个二级账户时，将无法删除此二级账户，除非删除该一级账户。只有 1 个二级账户时的右键菜单如图 23-29 所示。

（16）储蓄卡、信用卡和现金账户的设置。

储蓄卡、信用卡和现金账户设置的代码分别在 DialogAccountBankSetting.py 文件、DialogAccountCreditSetting.py 文件和 DialogAccountMoneySettingFunction.py 文件中。这 3 种账户设置的实现方式类似，这里以储蓄卡的设置为例进行介绍。

储蓄卡的设置是使用 DialogAccountBankSettingFunction 类来实现的。该类包含一个自定义信号 bankaccountSignal，用于在完成设置后发送储蓄卡的信息。

图 23-30 "添加储蓄卡信息"对话框

在设置储蓄卡时，会弹出设置对话框，主要用于记录银行信息和卡号后 4 位信息。银行信息可以通过 QComboBox 控件进行选择或添加。在添加储蓄卡时，如果选择"其他银行"选项，则弹出"添加储蓄卡信息"对话框，如图 23-30 所示。在添加完储蓄卡信息并保存后，账户设置的 QTreeView 树形控件上会显示刚刚添加的储蓄卡。

（17）密码设置。

密码设置的代码在 DialogPwdSettingFunction.py 文件中，密码设置的功能较为简单。如果密码为空，则只需确保两次输入的新密码符合要求即可将其存入数据库，否则需要先验证输入的旧密码与数据库中的密码是否一致，再确保两次输入的新密码输入符合要求。

23.5 案例总结

本项目成功搭建了一个基于 PyQt 6 和 MySQL 8.0 的简单记账本，实现了密码登录、基础财务管理、实时财务统计与多维度分析等功能。用户可以记录收支、转账并实时查看财务状况，包括净资产等重要指标。同时，系统支持自定义分类、灵活筛选记录及设置个性化账户、分类等。当然，这些只是一些基本功能，如果读者有兴趣，可以尝试从以下几个方面进一步提升。

① 代码优化：虽然整体程序大约有 3600 行代码，但某些模块可能存在代码冗余或代码实现不够高效的情况，可以进一步优化，以提高性能。

② 功能完善：简单记账本未涉及借贷、出差报销等处理，可以进一步完善。

③ 错误处理：在部分功能实现中，可能缺乏完善的错误处理机制，导致在遇到异常情况时用户体验不佳或数据安全性受到威胁。

④ 测试覆盖率：在开发过程中，可能未进行充分的测试，特别是对于一些边缘情况和异常场景的处理可能不够完善。